Axiale Gleitringdichtungen

Dr.-Ing. Ehrhard Mayer

Siebte, neubearbeitete und erweiterte Auflage

VDI-Verlag GmbH

Verlag des Vereins Deutscher Ingenieure · Düsseldorf

Titelaufnahme für eine Schrifttumkartei

DK 621–762.6:621–233

Mayer, Ehrhard
Axiale Gleitringdichtungen

Siebte, neubearbeitete und erweiterte Auflage

Düsseldorf. VDI-Verl. 1982. XV, 319 S., 274 Bild., 31 Tab.

CIP-Kurztitelaufnahme der Deutschen Bibliothek

Mayer, Ehrhard:
Axiale Gleitringdichtungen / Ehrhard Mayer. –
7., neubearb. u. erw. Aufl. –
Düsseldorf: VDI-Verlag, 1982.
ISBN 3-18-400500-3

Printed in Germany

ISBN 3-18-400500-3

DEM ANDENKEN
MEINES IN AUSÜBUNG SEINES BERUFES
TÖDLICH VERUNGLÜCKTEN SCHWAGERS
DIPLOM-CHEMIKER DR. WOLFGANG BARON

Vorwort zur siebten Auflage

Federführend für die westdeutsche Großchemie hat die BASF einen Forschungsbericht „Untersuchung des Leckageverhaltens von dynamischen Dichtelementen" [469], der mit Mitteln des Bundesministeriums für Forschung und Technologie gefördert wurde, im März 1981 veröffentlicht, aus dem folgende charakteristische Zeilen wiedergegeben werden:

„Axiale Gleitringdichtungen sind in der Industrie seit ungefähr 40 Jahren in praktischer Anwendung. Die Gleitringdichtung hat die Stopfbuchspackung bis auf wenige Sonderfälle verdrängt. So sind heute praktisch alle Chemie-Normpumpen mit Gleitringdichtungen ausgerüstet; sie sind Stand der Technik. Die Gründe hierfür sind einmal die hohen Auflagen des Umweltschutzes, zum anderen die Forderungen der Betreiber, ein Dichtelement einzusetzen, welches sich durch wartungsfreien Lauf, hohe Standzeit, geringe Leckage und allgemeine Betriebssicherheit auszeichnet. Diese Forderungen können heute unter Kenntnis der genauen Betriebsbedingungen weitgehend erfüllt werden, bedeuten aber eine sorgfältige Auswahl der konstruktiven Gestaltung und der Werkstoffe sowie eine Präzisionsfertigung. Deshalb sollten Gleitringdichtungen nur nach Beratung durch Spezialisten ausgewählt werden."

Zu dieser Entwicklung haben sicherlich die früheren Auflagen des Konstruktionsbuches „Axiale Gleitringdichtungen" (Erstauflage 1963), das zwischenzeitlich in 10 Sprachen übersetzt und mit über 70000 Exemplaren weltweit zum internationalen Standardwerk wurde, maßgeblich mit beigetragen.

In hochindustrialisierten, gleitringdichtungsmäßig erschlossenen Ländern beträgt der Anteil von rotierenden Wellen, die mittels Gleitringdichtungen abgedichtet werden, bereits 75 bis 85% — beispielsweise Westeuropa, USA und Japan — gegenüber osteuropäischen Ländern, in denen der Anteil erst 10 bis 25% ausmacht. Der marktgegebene Sättigungspunkt für Gleitringdichtungen dürfte bei etwa 95 % liegen. Aus bescheidenen Anfängen beginnend, könnte das Maschinenelement „Axiale Gleitringdichtung" als das klassische Beispiel einer jahrzehntelangen, erfolgreichen Tribologie- und Dichtungsforschung zur Einsparung von Energie und Volksvermögen gelten.

Lenggries/Isartal, Januar 1982 *Ehrhard Mayer*

Inhalt

Verzeichnis häufig benutzter Formelzeichen und Ausdrücke

a	mm	verfügbare axiale Verschleißhöhe einer Dichtung
$b = \frac{D-d}{2}$	mm	effektive Dichtbreite
c	mm	radiale Nutentiefe
c_p	kJ/kgK	spezifische Wärme
$d = 2r$	mm	Innendurchmesser der effektiven Dichtfläche
$d_m = 2r_m = \frac{D+d}{2}$	mm	mittlerer Durchmesser der Gleitfläche
d_E	mm	Eintrittsdurchmesser des Dichtmediums
d_H	mm	hydraulischer Durchmesser
e	mm	radiale Wandstärke
f	—	Reibungsbeiwert
h	µm	Spalthöhe der Rauhtiefen
h_0	µm	Schmierfilmhöhe im Dichtspalt
$k = \frac{F_H}{F}$	—	hydraulisches Belastungsverhältnis
l	mm	axiale Ringlänge
$m = \frac{1}{\nu}$	—	Querdehnungszahl
m_1	kg/h	Massenstrom
n	U/min	Drehzahl
p_a	N/cm^2	Außendruck bei Festigkeitsbetrachtungen
p_i	N/cm^2	Innendruck bei Festigkeitsbetrachtungen
p_f	N/cm^2	mittlerer auf die Gleitfläche bezogener Federdruck
p_g	N/cm^2	mittlerer Gleitdruck
p_{sp}	N/cm^2	mittlerer Spaltdruck
p_z	N/cm^2	radiale Drucksteigerung im Dichtspalt durch Zentrifugalkräfte
p_1	bar	Dichtdruck
p_2	bar	Außendruck
p_3	bar	Sperrdruck
q	mm^{-1}	Konstante
r	mm	Innenhalbmesser der Dichtfläche
r_a	mm	Außenhalbmesser eines Kreiszylinders
r_i	mm	Innenhalbmesser eines Kreiszylinders
$r_g = \frac{2}{3}\frac{R^3-r^3}{R^2-r^2} \approx \frac{d_m}{2}$	mm	Gleithalbmesser
$r_m = \frac{r_a+r_i}{2}$	mm	mittlerer Halbmesser eines Kreiszylinders

r_p	mm	Hebelarm einer Kraft
$s = \Sigma s_A + s_B$	μm	Gesamtverwerfung des Dichtspaltes
s_{Ma}	μm	mechanische Verwerfung durch axiale Kräfte
s_{Mr}	μm	mechanische Verwerfung durch radiale Kräfte
s_{Ta}	μm	axiale thermische Verwerfung durch radialen Temperaturgradienten
s_{Tr}	μm	radiale thermische Verwerfung durch axialen Temperaturgradienten
t	°C	Temperatur
u	m/s	Strömungsgeschwindigkeit
$v_g = \frac{\pi d_m n}{60000}$	m/s	mittlere Gleitgeschwindigkeit
$w = \frac{\pi \cdot d_E}{z}$	mm	Nutenabstand
z	—	Anzahl der hydrodynamischen Schmiernuten
A	μm/h	axialer Gleitringverschleiß je Laufstunde
B_1	W/m	Wärmespannungsriß-Widerstandsfaktor eines Werkstoffes
B_2	—	Wärmespannungsriß-Widerstandsfaktor einer Dichtungskonstruktion
C_a	K/mm	axialer Temperaturgradient
C_r	K/mm	radialer Temperaturgradient
C_S	W/m^2K^4	Strahlungszahl
C_F	—	Formfaktor bei Verwerfungen
C_W	—	Wärmeableitfaktor
C_1	—	Formfaktor bei thermischen Spannungsrissen
C_2	$cm/s^{3/2}$	Strömungskonstante
C_3	—	Strömungskonstante
$D = 2R$	mm	Außendurchmesser der effektiven Dichtfläche
D_p	mm	Paßfugendurchmesser
D_W	mm	Wellendurchmesser
E	N/mm^2	Elastizitätsmodul
F	cm^2	Gleitfläche
F_H	cm^2	hydraulisch belastete Fläche
F_S	m^2	strahlende Fläche
F_W	cm^2	tatsächliche Kontaktfläche
H	—	Härte
$K = R_a/R_{max}$	—	Völligkeitsgrad
L	h	Lebensdauer einer Gleitringdichtung

$\overline{M}$	Nmm/mm	bezogenes Moment
M_F	Nmm, Nm	Reibungsmoment durch Flüssigkeitsverwirbelung
M_G	Nmm, Nm	Reibungsmoment durch Gleitflächenreibung
$M_R = M_G + M_F$	Nmm, Nm	Gesamtreibungsmoment einer Dichtung
$N_R = M_R \omega$	kW, W	Leistungsaufnahme einer Dichtung
P	N/cm	bezogene Kraft
P_F	N	Federkraft
P_G	N	auf Gleitfläche wirkende Dichtpressungskraft
P_H	N	hydraulische Belastungskraft
P_R	N	Reibungskraft des radialen Dichtelementes
P_{Sp}	N	Kraft des Spaltdruckes
Q	cm^3/s, cm^3/min, cm^3/h	Leckmenge
R_a	µm	arithmetischer Mittenrauhwert
R_{max}	µm	maximale Rauhtiefe
S	$N/cm^2 s$	Spaltfaktor
S_B	—	Sicherheitsfaktor gegen Bruch
T	K	absolute Temperatur
T_K	K	Temperatur des Kühlmediums
ΔT	K	Temperaturdifferenz beim Versagen durch thermische Spannungsrisse
ΔT_{min}	K	kleinerer Wert von ΔT einer Werkstoffpaarung
W	kW	im Dichtspalt erzeugte Wärmemenge
W_A	kW	durch Ring A abgeleitete Wärmemenge
W_B	kW	durch Ring B abgeleitete Wärmemenge
α	K^{-1}	linearer Wärmeausdehnungskoeffizient
β	—	Temperaturkoeffizient von λ
ϱ	kg/m^3	Dichte
δ	mm, µm	diametrale Überdeckung bei Preß- und Schrumpfsitzen
$\omega = \frac{\pi n}{30}$	s^{-1}	Winkelgeschwindigkeit
ε	—	Dehnung
η	Pa·s	dynamische Viskosität
λ_0	W/mK	Wärmeleitzahl bei 0 °C
$\lambda = \lambda_0(1 + \beta t)$	W/mK	Wärmeleitzahl
ν	—	Poisson-Zahl
ν_1	m^2/s	kinematische Viskosität
σ_{bB}	N/mm^2	Biegebruchfestigkeit
σ_D	N/mm^2	Druckfestigkeit
σ_Z	N/mm^2	Zugfestigkeit

A/B	Werkstoffpaarung: A rotierend, B stationär (das gleiche gilt für Index A und B)
Ha	Panzerungsschicht auf Cr-Ni-Stahl
GG	Grauguß
Ko	kunstharzimprägnierte Hartkohle
Pre	gefüllte Phenolharz-Graphit-Preßmasse
RG	Rotguß

1. Einführung

Dichtungen haben die Aufgabe, Räume verschiedener Drücke, Betriebsstoffe oder Temperaturen zu trennen. Darüber hinaus werden sie herangezogen, um beispielsweise das Eindringen von Fremdkörpern in Betriebsmedien oder das Ausfließen von Schmiermitteln aus Gehäusen zu verhindern.

1.1. Dichtungsarten

In der Industrie kommt eine Vielzahl von Dichtungen zum Einsatz, um die unterschiedlichsten Probleme zu lösen. Je nach den Betriebsbedingungen und Anforderungen werden bei ruhenden Maschinenteilen Flachdichtungen, O-Ringe oder Schweißverbindungen verwendet. Bei der Abdichtung hin- und hergehender Bewegungen werden Weichpackungen, Manschettendichtungen, Kolbenringe, Metallpackungen oder Membrandichtungen und bei der Abdichtung von rotierenden Wellen Labyrinthe, Stopfbüchsen, Wellendichtungen, Manschetten, Lippendichtungen, axiale und radiale Gleitringdichtungen mit einer Vielzahl von Werkstoffen benutzt, um nur einige Ausführungen zu nennen.

1.2. Anwendungsgebiete der Gleitringdichtungen

Gleitringdichtungen lassen sich nach ihrer Konstruktion in zwei Hauptgruppen einteilen: in axiale und radiale Gleitringdichtungen. In Bild 1 ist eine axiale Gleitringdichtung dargestellt. Die in axialer Richtung wirkenden Kräfte beeinflussen hauptsächlich den Leckstrom, der durch den Dichtspalt in radialer Richtung auszutreten versucht. Bei der radialen Gleitringdichtung, Bild 2, wird der Hauptundichtheitsweg zwischen Welle, Büchse und Gleitring gebildet, d. h., der Leckstrom fließt in axialer Richtung. Die axiale Gleitringdichtung ersetzt in immer stärkerem Maße das früher vorherrschende Dichtelement der Stopfbuchspackung bei rotierenden Wellen durch den Vorteil geringerer Leckverluste, erhöhter Betriebssicherheit und Lebensdauer. Die Gleitringdichtung hat die Aufgabe, eine nachgiebige Dichtverbindung zwischen einer stehenden und einer umlaufenden Kreisringfläche herzustellen und aufrechtzuerhalten. Sie vereinigt in sich die Funktion einer Dichtung, eines Lagers und eines Wärmeaustauschers.

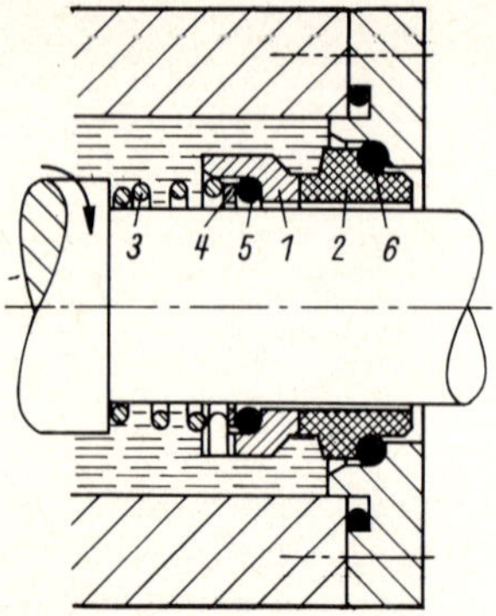

Bild 1
Axiale Gleitringdichtung [2*][1]).

1 rotierender Gleitring
2 stationärer Gegenring
3 Druckfeder
4 Unterlegring
5 Dichtring
6 Lagerring

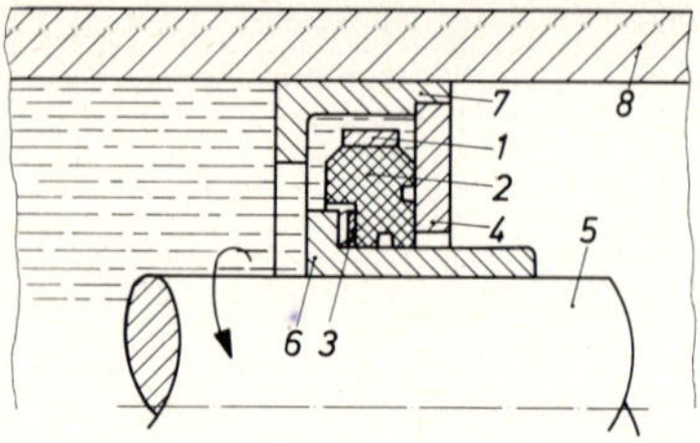

Bild 2
Radiale Gleitringdichtung.

1 Metallbandage
2 Graphitring
3 ringförmige Wellfeder
4 fester Gegenring
5 Turbinenwelle
6 Laufbüchse
7 Dichtungsgehäuse
8 Turbinengehäuse

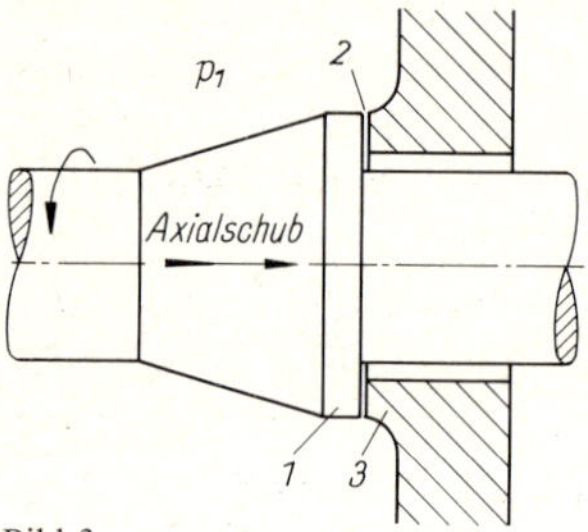

Bild 3a
Gleitringdichtung einfachster Ausführung [218].

1 Wellenbund
2 Dichtspalt
3 Gehäuseschulter

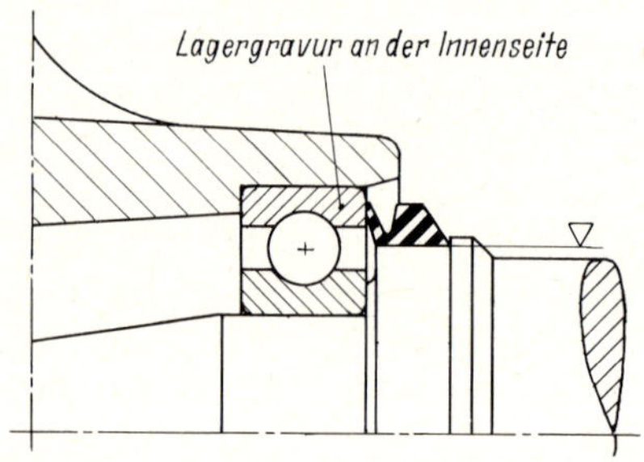

Bild 3b
Axialwirkende, gummielastische V-Ring-Dichtung [11*].

Tabelle 1. Kenngruppen für Druck, Gleitgeschwindigkeit und Belastung bei axialen Gleitringdichtungen.

Kenngruppe	Stufe	Druck bar	Geschwindigkeit m/s	Belastung bar m/s
Nieder-	I	$p_1 \leqq 1$	$v_g \leqq 10$	$p_1 v_g \leqq 10$
Mittel-	II	$p_1 \leqq 10$	$v_g \leqq 10$	$p_1 v_g \leqq 50$
Hoch-	III	$p_1 \leqq 50$	$v_g \leqq 20$	$p_1 v_g \leqq 500$
Höchst-	IV	$p_1 > 50$	$v_g > 20$	$p_1 v_g > 500$

[1]) Die Zahlen mit Stern in eckigen Klammern verweisen auf das Firmenverzeichnis S. 318.

Um die Jahrhundertwende tauchten im Maschinenbau zuerst vereinzelt Stirnflächendichtungen auf, die bei schwierigen Abdichtungsproblemen herkömmliche Weichpackungen und Stopfbuchsen funktionsmäßig und konstruktiv verbessern sollten. Die einfachste Ausführung, Bild 3a, besteht darin, daß man einen Wellenbund direkt gegen eine Gehäusefläche anlaufen läßt. Doch bedingt durch den Mangel an geeigneten Werkstoffen und Bearbeitungsmaschinen kamen die konstruktiven Vorteile dieser Dichtungen nicht zur Wirkung, und erst in den 20er Jahren wurden axiale Gleitringdichtungen zum erstenmal in größerem Umfange in Kühlanlagen eingesetzt. In neuerer Zeit wird eine gummielastische Dichtung, der sogenannte V-Ring, Bild 3b, im Bereich der Stufe I, Tabelle 1, eingesetzt, der im Prinzip gleich aufgebaut ist, jedoch durch den Werkstoff ein elastisches Glied enthält und somit thermisch- und mechanischbedingte Axialbewegungen wesentlich besser überbrücken kann. Die Kraftfahrzeugindustrie erkannte ebenfalls sehr früh die Vorteile der sich selbst nachstellenden, betriebssicher arbeitenden Gleitringdichtungen und setzte sie zuerst bei den Kühlwasserpumpen von Verbrennungsmotoren ein. Heutzutage werden diese Kühlwasserpumpen ausschließlich mit Gleitringdichtungen ausgerüstet.

Selbstverständlich waren die Anforderungen, die an die Dichtungen gestellt wurden, mit den zur Verfügung stehenden Werkstoffen verhältnismäßig einfach zu lösen, da die Betriebsanforderungen mäßig waren, d. h., der Druck des Kühlwassers betrug nur wenige bar, der Verschmutzungsgrad war gering, die Temperaturen lagen selten über 100°C und die Gleitgeschwindigkeit betrug nur wenige m/s. Durch neue Herstellverfahren und bessere Werkstoffe konnten nicht nur Betriebssicherheit und Lebensdauer erhöht, sondern auch die Herstellkosten gesenkt werden. Nachdem sich axiale Gleitringdichtungen in Großserien in der Kraftfahrzeugindustrie bewährt hatten, verwendeten nach dem zweiten Weltkrieg der Pumpenbau und die chemische Großindustrie in steigendem Maße axiale Gleitringdichtungen, deren Einsatzgebiete sich sprunghaft erweiterten. Die Petroleumindustrie ging teilweise so weit, die ausschließliche Verwendung von Gleitringdichtungen in Raffinerien, Pumpstationen und auf Tankern aus Sicherheits- und Wirtschaftlichkeitsgründen vorzuschreiben.

Um die Zeit von 1945 waren für Gleitringdichtungen, Dichtdrücke von 15 bar und Gleitgeschwindigkeiten über 10 m/s bereits kritisch. Im Laufe der letzten 25 Jahre haben sich die Anforderungen hinsichtlich Druck und Gleitgeschwindigkeit um mehr als eine Zehnerpotenz erhöht, und heutzutage werden von der Verfahrenstechnik schon Betriebsdrücke von 500 bar angestrebt. Die sich laufend erweiternden Einsatzgebiete für axiale Gleitringdichtungen sind sehr vielseitig, so daß im folgenden für einige Haupteinsatzgebiete Beispiele angeführt werden sollen.

In den folgenden Abschnitten wird die in Tabelle 1 dargestellte Einteilung hinsichtlich Druck, Gleitgeschwindigkeit und Belastung für axiale Gleitringdichtungen verwandt, wobei unter Belastung das Produkt von Innendruck mal Gleitgeschwindigkeit zu verstehen ist.

Fahrzeugindustrie. In der Fahrzeugindustrie kommen Gleitringdichtungen in Millionenstückzahlen zum Einsatz. Sie übernehmen die Abdichtung der Kühlwasserumwälz- und Förderpumpen in Kraftfahrzeugen, Bild 4, Diesellokomotiven und Schiffsantrieben sowie die Abdichtung der Kurbelwellen, Bild 5.

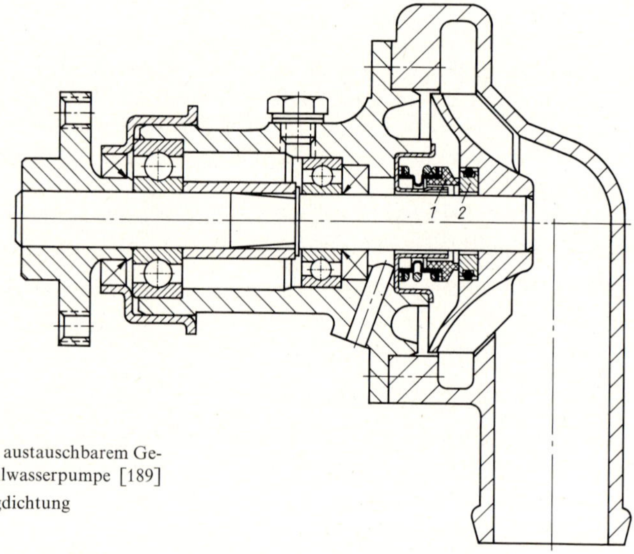

Bild 4
Gleitringdichtung mit austauschbarem Gegenring in einer Kühlwasserpumpe [189]
1 stationäre Gleitringdichtung
2 Gegenring

Sie werden in rotierenden Benzinpumpen und zur Abdichtung von automatischen Getrieben, Drehmomentwandlern und Flüssigkeitswirbelbremsen (hydro retarder) bei schweren Nutzfahrzeugen verwendet.
Sie übernehmen die Abdichtung der Lager von Kettenschleppern und Geländefahrzeugen und sorgen dafür, daß keine Schmierfette und Öle austreten und weder Fremdkörper noch Schmutzwasser eindringen können. Die Betriebsanforderungen liegen vorwiegend im Nieder- und Mittelbereich der Druck-, Geschwindigkeits- und Belastungsstufe I bis II nach Tabelle 1.

Haushaltsmaschinenindustrie. Gleitringdichtungen kommen in Waschmaschinen, Automaten, Wäschetrocknern und Schleudern, Geschirrspülmaschinen und Fleischwölfen sowie bei Heizölförder- und Warmwasserumwälzpumpen zum Einsatz. In Bild 6 ist eine Gleitringdichtung für einen kombinierten Waschautomaten und Trockner dargestellt. Hier verhindert die Dichtung, daß das Fett des Kugellagers ausläuft und Wasser oder Verschmutzungen hineingelangen. Als hochverschleißfeste Werkstoffpaarung kommt Metalloxid gegen einen Spezialkunstharzpreßstoff zum Anlauf. Der Gummibalg ist wegen der hohen Temperaturen beim Trocknungsprozeß aus Silicongummi hergestellt. Für Gleitringdichtungen, die bei Haushaltsmaschinen eingebaut werden, liegt der Einsatzbereich überwiegend bei der Stufe I nach Tabelle 1.

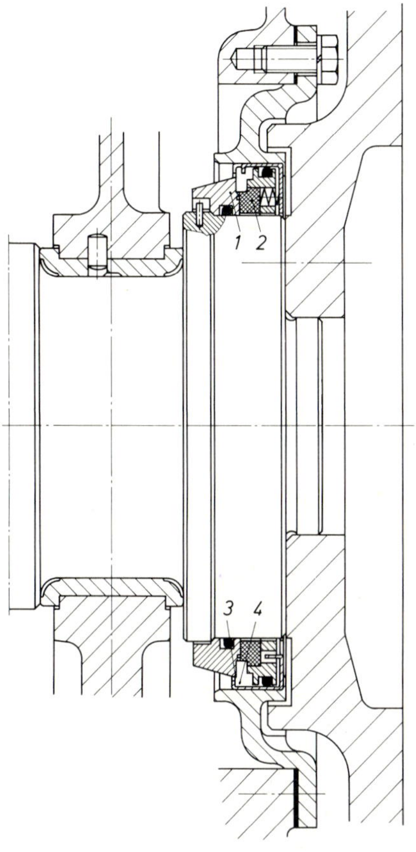

Bild 5
Kurbelwellenabdichtung durch eine hydrodynamische Gleitringdichtung [189]
1 umlaufender Gegenring
2 stationäre Gleitringdichtung
3 Schleuderkante
4 Ölauffangtasse

Bild 6
Stationär angeordnete Gleitringdichtung für einen Waschautomaten [2*].
1 rotierender Keramikring
2 Winkelring
3 Hochverschleißfester Kunstharzring
4 Silicongummibalg
5 Dichtungsgehäuse
6 Federführung und Verdrehsicherung
7 Schlauchfeder
8 axiale Druckfeder

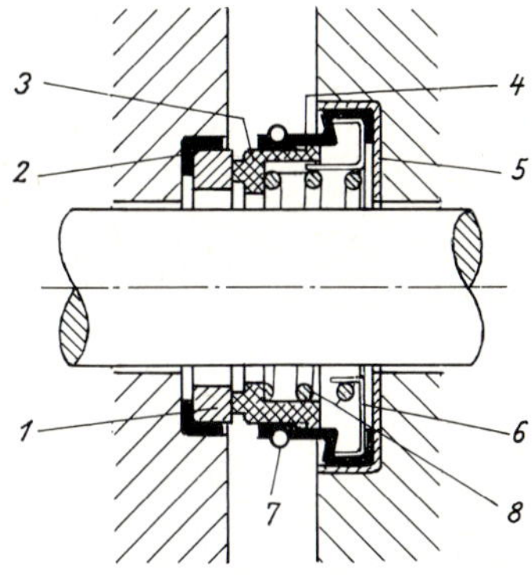

Energieerzeugung und Pumpenbau. In diesem Einsatzgebiet werden Gleitringdichtungen in Kondensat-, Bild 7, und Kesselspeisepumpen, in Wasserturbinen und bei gekühlten Generatoren, bei Gebläsen und in besonderem Maße in Kernenergieanlagen eingesetzt. Ferner werden Zahnradpumpen, Rotationsgebläse, Förderpumpen für Flüssiggase, Asphalt und Pasten, Kompressoren, Kälteverdichter und

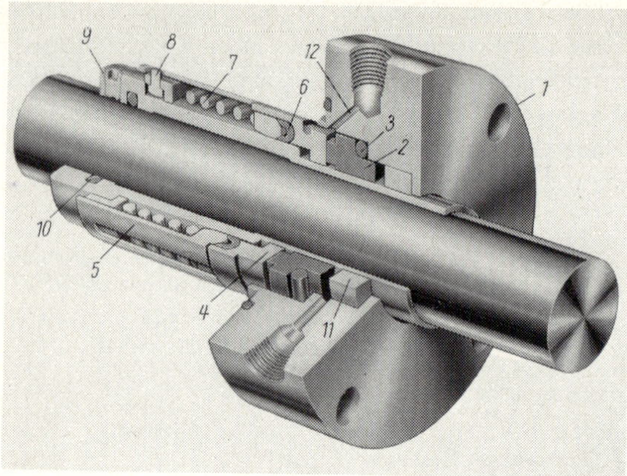

1 Gehäuseflansch
2 stationärer Gegenring
3 Lagerungsring
4 rotierender Gleitring
5 Dichtungsgehäuse
6 radiales Dichtelement
7 Feder
8 Verdrehsicherungsstift
9 Entlastungshülse
10 O-Ring-Dichtung
11 Drosselring
12 Zirkulationsleitung

Bild 7. Entlastete Hochdruckdichtung [1*].

Vakuumpumpen mit axialen Gleitringdichtungen ausgerüstet. Die Betriebsanforderungen liegen im Bereich I bis IV der Tabelle 1.

Verfahrenstechnik. In Raffinerie- und Chemiebetrieben sind die Einsatzgebiete für Gleitringdichtungen besonders vielseitig, da Wellen von Rührwerken, Verdampfern und Mischern, dampfbeheizten Kalandern, Zentrifugen, Gebläsen und Pumpen für die verschiedensten chemischen Produkte abgedichtet werden müssen. Eine Gleitringdichtung in hochkorrosionsfester Ausführung für niedrige Belastungen ist in Bild 8 dargestellt, während Bild 9 eine Gleitringdichtung für Prozeß- und Chemiepumpen zeigt.

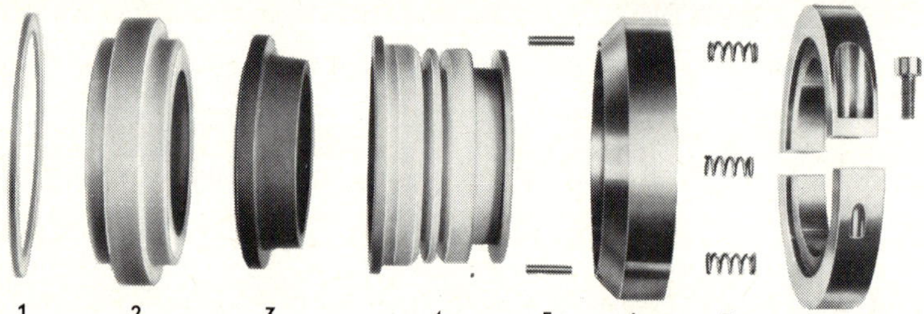

Bild 8. Außenangeordnete, hochkorrosionsfeste Gleitringdichtung in Explosivdarstellung [11*].

1 PTFE-Flachdichtung 2 Keramikgegenring 3 auswechselbarer Gleitring aus verstärktem PTFE 4 PTFE-Balg 5 Verdrehsicherungsstift 6 Trägerring 7 Druckfeder 8 Klemmring 9 Klemmschraube

Der Einsatzbereich im Gebiet der Verfahrenstechnik erstreckt sich von Stufe I bis IV nach Tabelle 1.

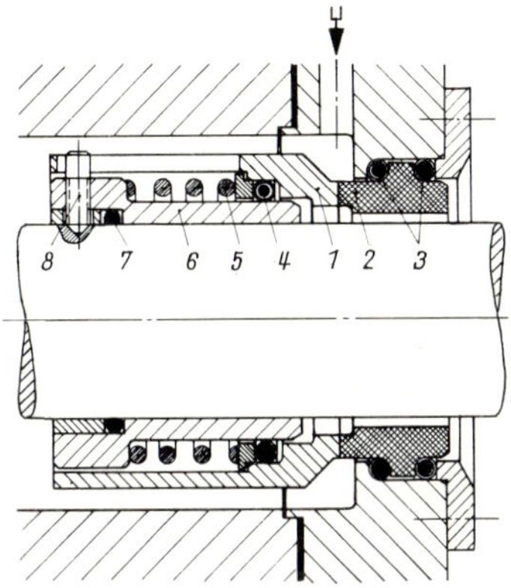

Bild 9
Gleitringdichtung mit doppelt-PTFE-ummanteltem Viton-Ring (TTV) für Prozeß- und Chemiepumpen [2*].

1 Gehäusegleitring
2 doppeltgelagerter Gegenring
3 Lagerring
4 Dichtring
5 Druckfeder
6 Entlastungshülse
7 Dichtung der Entlastungshülse
8 Verdrehsicherung

Luft- und Raumfahrtindustrie. Bei Flugzeugen und Raketen werden Gleitringdichtungen zur Abdichtung von Gasturbinenwellen, Turboladern, Hydraulikaggregaten und Förderpumpen für Brennstoff und Flüssiggase eingesetzt. In Bild 10 ist eine Hochtourendichtung in stationärer Anordnung dargestellt. Die Drücke liegen häufig nur im Bereich der Stufen I bis II, dagegen können die Gleitgeschwindigkeiten über 100 m/s erreichen, während die Belastungen meistens in den Stufen II bis III der Tabelle 1 liegen.

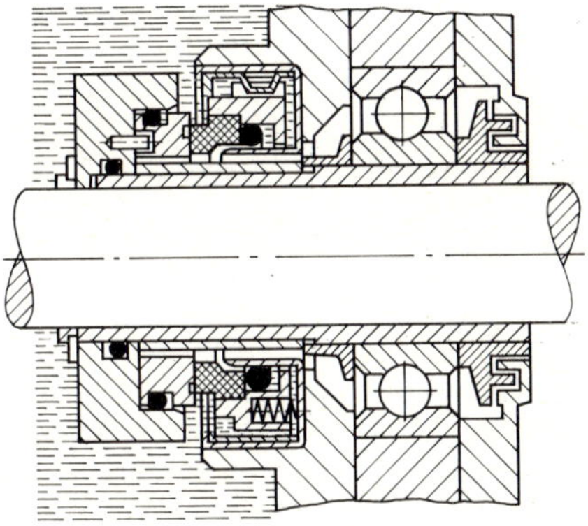

Bild 10
Sonderdichtung für ölgekühlten Hochleistungsgenerator in hydrodynamischer Ausführung [189].
$n = 11\,500$ U/min
$p = 17{,}5$ bar
$t = 80$ bis 125 °C

Diese kurze Zusammenstellung dient nur dem Zweck, einen Einblick in die Vielfalt der Einsatzgebiete und die Verschiedenheit der Anforderungen bei axialen Gleitringdichtungen zu geben. Auf weitere Sonderprobleme wird in späteren Abschnitten eingegangen.

2. Grundsätzliches über axiale Gleitringdichtungen

Axiale Gleitringdichtungen werden in Großserien bei Stückzahlen von einigen Zehntausend bis zu einigen Millionen Dichtungen für eine Dichtungstype, Werkstoffpaarung und Größe oder aber auch in Einzelfertigung von wenigen hundert Stück bis zu einer einzelnen Dichtung hergestellt. Mit steigenden Drücken, Temperaturen und Gleitgeschwindigkeiten sind die Anforderungen vor allem an die Gleitringdichtungen in den letzten Jahren enorm gestiegen; sie erhöhen sich noch durch neue chemische Verbindungen, deren Einfluß auf viele Werkstoffe erst erprobt werden muß, von Langzeiteffekten unter Strahlungsbelastung ganz zu schweigen. Die abzudichtenden Flüssigkeiten und Gase reichen von flüssigem Sauerstoff, hocherhitztem Wasserstoff, wäßrigen Lösungen — wie Bierwürze, Farbflotten, Schlammwasser — über die unterschiedlichsten Säuren, Laugen und Kohlenwasserstoffe bis zu Asphalt, Kakaopasten, radioaktiven Gasen und Flüssigkeiten. Um der Vielzahl der Anforderungen genügen zu können, werden aus chemischen, mechanischen und thermischen Gründen die unterschiedlichsten Werkstoffe eingesetzt.

Die nachfolgenden Betriebsverhältnisse können gegenwärtig beherrscht werden:

Wellenbereich $D_W = 5$ bis 500 mm in einteiliger Ausführung, bis 1000 mm und mehr mit geteilten Kohleringen
Druckbereich $p_1 = 10^{-5}$ mbar bis 450 bar
Temperaturbereich $t = -200\,°C$ bis $+450\,°C$ und höher bei Zusatzkühlung
Geschwindigkeitsbereich von wenigen U/min bis $v_g > 100$ m/s.

Es ist jedoch darauf zu achten, daß die Grenzwerte häufig nur durch Sonderkonstruktionen und Hilfseinrichtungen erreicht werden können.

Bei der Dimensionierung und Konstruktion von axialen Gleitringdichtungen müssen sechs Faktoren berücksichtigt werden, die sich wieder gegenseitig beeinflussen. Die Wunschforderung an eine Gleitringdichtung sieht theoretisch wie folgt aus:

1. Größtmögliche Dichtheit,
2. Höchste Lebensdauer, d. h. niedrigster Verschleiß,
3. Höchste Betriebssicherheit, d. h. keine Wartung und Reparaturen,
4. Niedrigste Reibungsverluste und Wärmeentwicklung,
5. Minimaler Einbauraum,
6. Höchste Wirtschaftlichkeit und Preiswürdigkeit.

Da diese Wünsche leider nicht alle bei einer Gleitringdichtung realisierbar sind, stellt eine Gleitringdichtung eine Kompromißlösung dar, die die Betriebsgegebenheiten berücksichtigen und gegeneinander abwägen muß.

2.1. Aufbau, Wirkungsweise und Kräfte

Bei der axialen Gleitringdichtung drückt eine axiale Kraft einen rotierenden Gleitring gegen einen feststehenden Gegenring oder umgekehrt. Der axiale Undichtheitsweg zwischen Ring und Welle wird durch ein radiales Dichtelement wie O-Ring, Manschette, Dichtlippe oder Kolbenringe usw. weitgehendst geschlossen. Bild 11 zeigt eine belastete, einfache Dichtung.

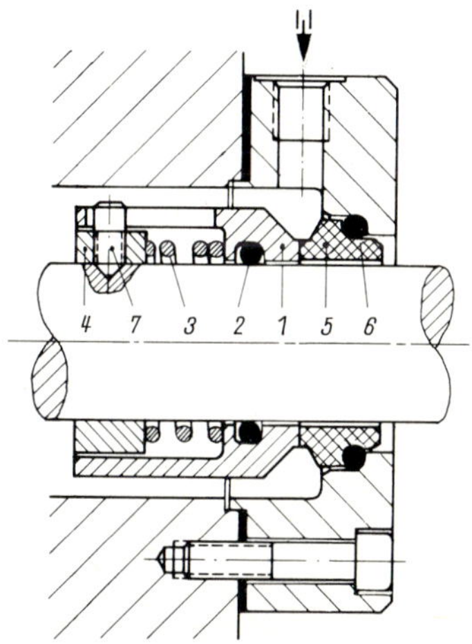

Bild 11
Belastete Gleitringdichtung [2*].

1 Gehäusegleitring
2 Dichtring
3 Druckfeder
4 Mitnehmerring
5 Gegenring
6 Lagerring
7 Verdrehsicherungsstift

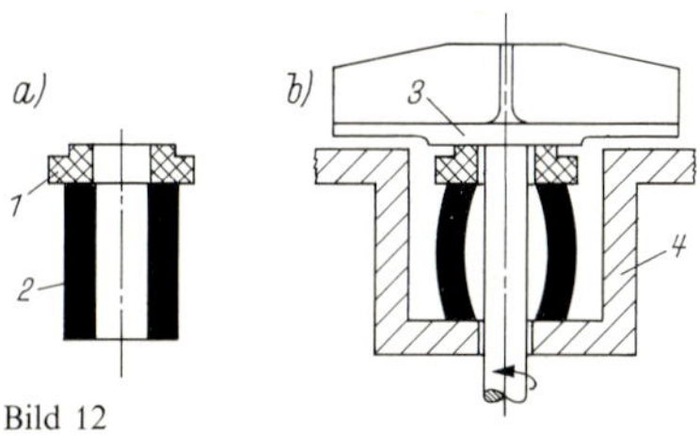

Bild 12
Einfache Gleitringdichtung.

a) Anlieferungszustand
1 Kunstharzring
2 Gummischlauch
b) Einbauzustand
3 Flügelrad
4 Pumpengehäuse

In jedem Fall setzt sich die Gleitringdichtung aus einem feststehenden radialen und einem rotierenden axialen Dichtelement zusammen. Die feste und bewegte Dichtfläche der herkömmlichen Stopfbuchse sind hier praktisch vertauscht, mit dem Vorteil, daß die Geometrie der Dichtflächen nunmehr exakter und weniger aufwendig herzustellen ist und kein Verschleiß mehr an Welle oder Wellenschonbuchse auftritt. Damit eine fehlende Planparallelität der Ringflächen, die thermischen Längsausdehnungen von Maschinen- und Gleitringteilen sowie der Reibungsverschleiß der Stirnflächen ausgeglichen werden können, muß die Gleitringdichtung mindestens ein elastisches Teil — wie Membrane, Faltenbalg, elastisches Gummiformteil oder Feder — enthalten. In Bild 12 ist eine konstruktiv sehr einfache Lösung einer Gleitringdichtung dargestellt. Hier übernimmt der Gummibalg nicht nur die Funktion des radialen Dichtelementes, sondern ebenfalls die Aufgabe der Feder. Das Drehmoment wird hier vom Balg übertragen. Jedoch ist diese

Ausführung nicht betriebssicher, da die Verdrehsicherung nicht ausreicht — s. Abschn. 8.4. — und die Reißgefahr des Balges gegeben ist. In Sonderfällen kann eine Magnetkraft, Bild 13, das Schließen des Dichtspaltes bei fehlendem Innendruck p_1 übernehmen.

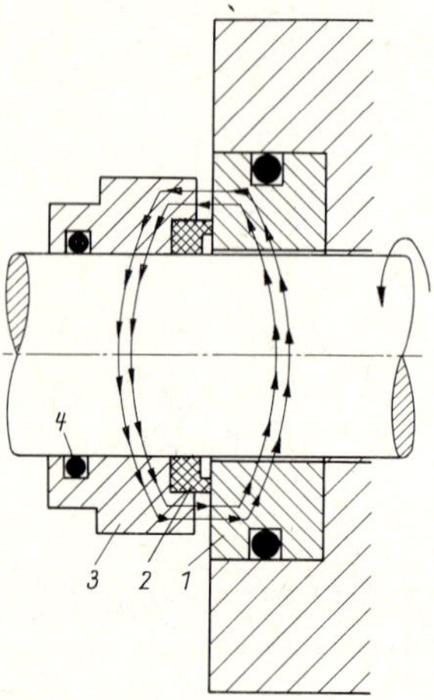

Bild 13
Magnetische Gleitringdichtung mit eingezeichnetem Kraftlinienfluß [10*].

1 stationärer Gegenring
2 kohlekeramischer Gleitring
3 magnetischer Trägerring
4 drehmomentübertragender O-Ring

Gleitringdichtungen können so eingebaut und angeordnet werden, daß die Belastung der Dichtfläche nur durch eine Einzelkraft, wie beispielsweise eine Feder- oder Magnetkraft, erfolgt. So konstruierte Dichtungen, s. z. B. Bild 6, haben aber den Nachteil, daß sie nur in einem sehr engen Druckbereich eingesetzt werden können, da die Dichtflächen bei steigendem Innendruck p_1 sonst abheben. Die hydraulische Belastungskraft P_H ist hier negativ, da sie der Dichtkraft entgegenwirkt. Aus diesem Grunde werden fast alle Gleitringdichtungen konstruktiv so gestaltet oder angeordnet, daß mit steigendem Innendruck p_1 auch die hydraulische Belastung der Gleitflächen wächst. In Bild 14 sind die axialen Kräfte, die am Gleitring angreifen, dargestellt. Die axiale Dichtkraft P_D, die versucht, den Dichtspalt zu schließen, setzt sich aus 4 Komponenten zusammen. Die Federkraft P_F hat die Aufgabe, die Gleitflächen auch bei fehlendem Innendruck in Kontakt zu halten. Konstruktiv werden für diese Aufgabe die verschiedensten Federn — wie Kegel-, Wellenring- und Tellerfedern — sowie Metallfaltenbälge verwendet. Die Federn wirken häufig in Verbindung mit Gummibälgen und Membranen. Die Federkraft kann sich aus der Wirkung einer einzelnen oder einer Vielzahl von Federn zusammensetzen. Beispielsweise wurden bei einer Dichtung für einen Walzenstuhl mit einem Wellendurchmesser $D_W = 1000$ mm 128 einzelne Druckfedern eingesetzt. Der mittlere auf die Gleitfläche bezogene Federdruck wird gewöhnlich in der Größenordnung $p_f = 5$ bis 25 N/cm² gewählt. Die hydraulische Belastungskraft P_H errechnet sich aus der druckbelasteten Fläche

$$P_H = F_H p_1 \tag{1}$$

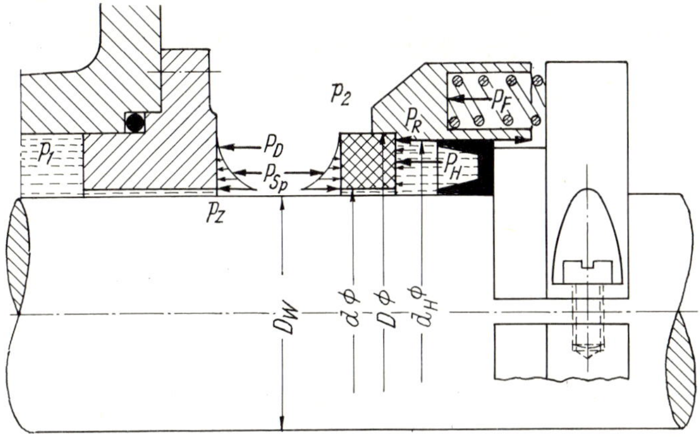

Bild 14. Axiale Kräfte am Gleitring.

P_H hydraulische Belastungskraft
P_{Sp} Kraft des Spaltdruckes
P_D axiale Dichtkraft auf die gleitende Fläche
P_F Federkraft
P_R Reibungskraft des radialen Dichtelementes

wobei beispielsweise

$$F_H = \frac{\pi}{4}(d_H^2 - d^2) \tag{2a}$$

nach Bild 14 oder Bild 16b oder

$$F_H = \frac{\pi}{4}(D^2 - D_W^2) \tag{2b}$$

nach Bild 11 und Bild 15 ist, da hier $D_W = d_H$ ist.

Eine exakte Bestimmung der Reibungskraft des radialen Dichtelements P_R ist selten möglich, da diese Kraft durch Drucksteigerung, Verschleiß und Erwärmung ihre Größe und Richtung ändern kann.
Die Kraft des Spaltdruckes P_{Sp} ist die Hauptkomponente, die der Dichtkraft entgegenwirkt. Sie ist abhängig von der Spaltform, den Rauhtiefen und dem Belastungsverhältnis. Die Gesamtkraft P_G, die axial auf die gleitende Dichtfläche wirkt, errechnet sich normalerweise nach der Formel

$$P_G = P_F + P_H - P_{Sp} \pm P_R \tag{3a}$$

In Sonderfällen, vgl. Bild 6, ist P_H negativ. Es gilt dann die Bezeichnung

$$P_G = P_F - P_H - P_{Sp} \pm P_R \tag{3b}$$

Aus Gl. (3a) und (3b) folgt, daß die Summe der Schließkräfte der Dichtung größer als die Summe der Öffnungskräfte sein muß, damit die Gleitfläche nicht abhebt und die Dichtung damit funktionsunfähig wird. In Bild 15 ist eine Dichtungskonstruktion dargestellt, bei der die Federkraft P_F mit steigendem Innendruck p_1 aufgehoben wird. Hier erfolgt die Belastung bei Drücken von $p_1 > 3$ bis 4 bar rein hydraulisch.

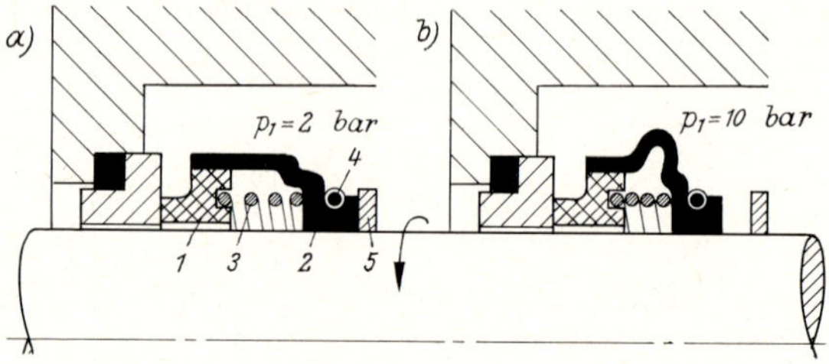

Bild 15. Verhalten einer Balgdichtung bei verschiedenen Dichtdrücken.
a) Federkraft ist noch wirksam b) Federkraft ist aufgehoben, Belastung rein hydraulisch
1 Gleitring 2 Gummibalg 3 Feder 4 Schlauchfeder 5 Widerlager

2.2. Dichtungsparameter

Die vorhergegangenen Ausführungen zeigten bereits, daß eine Dichtung durch Dimensionierung und Anordnung in ihrer Wirkungsweise beeinflußt werden kann. Einen wesentlichen Einfluß auf die Leckverluste, Lebensdauer, Reibungsverluste und Sicherheit üben ferner folgende Größen aus:

1. Das hydraulische Belastungsverhältnis $k = F_H/F$ oder bei Berücksichtigung der Federkraft das Verhältnis p_g/p_1
2. Die Gleitgeschwindigkeit
3. Die Oberflächenrauheit und Parallelität der Gleitflächen
4. Die Temperatur der Dichtflüssigkeit und der Gleitflächen sowie ihr zeitlicher Verlauf
5. Die Spaltform, die von mechanischen und thermischen Verformungen, die während des Betriebes auftreten können, abhängt
6. Die Werkstoffpaarung
7. Das Dichtmedium, seine Schmier- und Kühleigenschaften, sein Verschmutzungsgrad und chemisches Verhalten
8. Ferner Reibungszustand, Schwingungen, Druckstöße, unterbrochener Betrieb, Anfahren unter Last, periodischer Trockenlauf, Aufheizung oder Abkühlung, Strömung in Richtung des Zentrifugaldruckes oder entgegengesetzt, exzentrischer Lauf sowie sonstige konstruktive oder durch Betriebsbedingungen gegebene Verhältnisse, wobei insbesondere die Wärmeableitmöglichkeit eine entscheidende Rolle spielt.

2.3. Dichtungstypen nach Anordnung, Belastung und Bauart

Axiale Gleitringdichtungen lassen sich nach Anordnung, Belastung und Bauart wiederum in verschiedene Gruppen einteilen.

Anordnung. Eine Gleitringdichtung kann im Innern des Druckraumes umlaufend, Bild 16a, oder feststehend, Bild 16b, angeordnet werden. Bei der Innenanordnung schließt der Gegenring, der still stehen oder rotieren kann, den Druckraum in Richtung des Druckgefälles $p_1 > p_2$ ab. Bei der Außenanordnung schließen die feststehende Dichtung, Bild 16c, oder die rotierende Dichtung, Bild 16d, den Druckraum ab. Während feststehende Ausführungen wegen geringer Massenkräfte und reduzierter Reibungsverluste durch Flüssigkeitsverwirbelung — s. Abschn. 6.3. — vor allem bei hohen Drehzahlen oder hochviskosen Medien vorteilhaft sein mögen, ist bei umlaufenden Dichtungen die Wärmeableitmöglichkeit günstiger. Eine Entscheidung über die Anordnung hängt ferner häufig von der Richtung des Temperaturgefälles in radialer Richtung — vom Durchmesser *D* nach *d* oder umgekehrt — von der Richtung des Zentrifugaldruckes, von den Festigkeitswerten der Gleitwerkstoffe sowie von konstruktiven Gegebenheiten, dem chemischen Angriff der Flüssigkeit und den Montagemöglichkeiten, die vielleicht ein schnelles Auswechseln oder eine leichte Kontrollmöglichkeit einer außen angeordneten Dichtung den Vorzug geben, ab, so daß in der Praxis alle in Bild 16 dargestellten Dichtungsanordnungen zum Einsatz kommen.

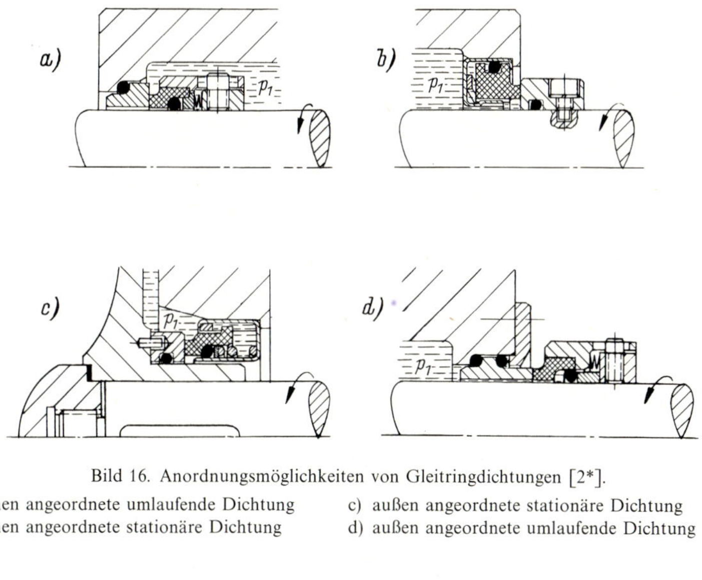

Bild 16. Anordnungsmöglichkeiten von Gleitringdichtungen [2*].

a) innen angeordnete umlaufende Dichtung
b) innen angeordnete stationäre Dichtung
c) außen angeordnete stationäre Dichtung
d) außen angeordnete umlaufende Dichtung

Darüber hinaus gibt es noch Sonderkonstruktionen, bei denen die Dichtung oder der Gegenring schwimmend angeordnet sind. In Bild 17 ist eine solche schwimmende Gleitringdichtung dargestellt. Diese Anordnung bietet den Vorteil, daß die Bearbeitungsgüte der Wellenoberfläche oder sogar die Wellenform — es können beliebig gestaltete Wellenquerschnitte abgedichtet werden — nicht berücksichtigt werden müssen. Ein weiterer Vorteil ist eine verbesserte Wärmeableitmöglichkeit, vgl. Abschn. 9.2. Nachteilig können sich jedoch die zwei Dichtspalte und die Exzentrizität im Lauf auswirken.

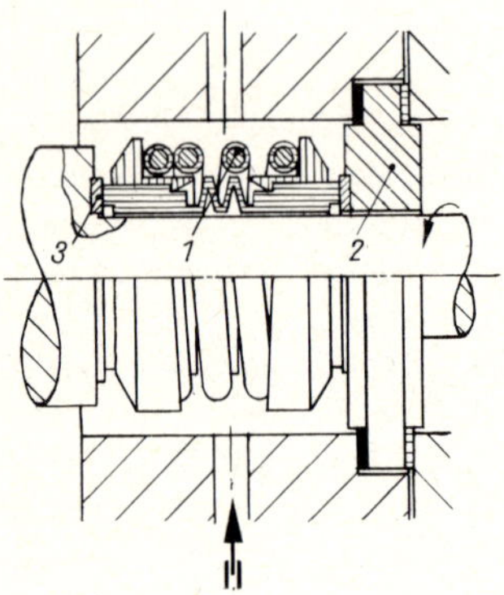

Bild 17
Schwimmend angeordnete Gleitringdichtung mit zwei Gleit- und zwei Gegenringen [3*].
1 PTFE-Gleitringdichtung
2 stationärer Gegenring
3 rotierender Gegenring

Belastung. Ferner lassen sich Gleitringdichtungen nach der Art der Belastung einstufen. Das Verhältnis des Gleitdruckes p_g zum Innendruck p_1 oder auch das hydraulische Belastungsverhältnis

$$k = \frac{F_H}{F} \tag{4}$$

gestatten eine weitere Einteilung von Gleitringdichtungen. Gewöhnlich wird in der Praxis der Federdruck vernachlässigt, so daß das hydraulische Belastungsverhältnis k für die Einteilung bevorzugt wird. Durch die Wahl der Abmessungen kann nun eine Gleitringdichtung entworfen werden, bei der $k \lesseqgtr 1$ wird, s. Bild 18. Für den Fall $k < 1$, Bild 18a, spricht man von einer entlasteten Gleitringdichtung und für die Fälle $k = 1$, Bild 18b, und $k > 1$, Bild 18c, von belasteten Dichtungen. In der Praxis liegen die meisten belasteten Dichtungen im Bereich von $k = 1{,}1 \ldots 1{,}2$, da die Durchgangsbohrung des Gegenringes ja immer größer als der Wellendurchmesser D_W gehalten werden muß. Entlastete Dichtungen werden hauptsächlich mit k-Werten von $0{,}6 \ldots 0{,}9$ ausgeführt. Mit sinkendem k-Wert steigt die Sicherheit gegen thermische Überlastung, jedoch vergrößert sich die Gefahr, daß die Dichtflächen abheben. Da man ungern Wellenschultern bei entlasteten Gleitringdichtungen aus Kostengründen vorsieht, ist ein zusätzliches radiales Dichtelement für die

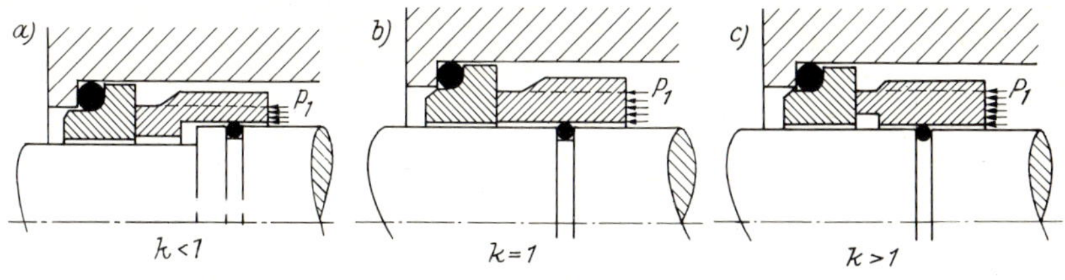

Bild 18. Hydraulische Belastungsverhältnisse bei Gleitringdichtungen.

Entlastungshülse zu berücksichtigen. Hierdurch ergibt sich die Notwendigkeit, einen weiteren Undichtheitsweg zu schließen, Bild 19a. In Bild 19 sind eine entlastete Hochdruckdichtung und eine belastete Mitteldruckdichtung dargestellt, die den Vorteil bieten, für verschiedene Wellendurchmesser und Belastungsverhältnisse nur durch Änderung des eingepreßten Gleitringes eingesetzt werden zu können.

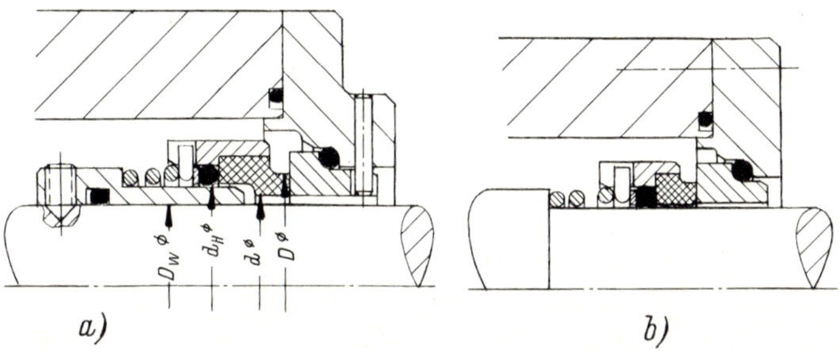

Bild 19. Axiale Gleitringdichtungen mit unterschiedlichen Belastungsverhältnissen [2*].
a) entlastete Dichtung $k=0{,}75$ b) belastete Dichtung $k=1{,}1$

Beispiel 1: Für ein gewünschtes hydraulisches Belastungsverhältnis $k=0{,}75$, Bild 19a, sind die Gleitringabmessungen d und D zu berechnen. Der Wellendurchmesser sei $D_W=60$ mm und die Entlastungsbuchse 5 mm stark. Die notwendige Dichtbreite sei aus Festigkeitsgründen $b=5$ mm dick. Nach Gl. (4) ist

$$k=\frac{F_H}{F}=\frac{D^2-d_H^2}{D^2-d^2}$$

Da die Dichtbreite $b=\dfrac{D-d}{2}$ ist, ergibt sich hiermit eine quadratische Gleichung

$$D^2-4kbD+4kb^2-d_H^2=0 \tag{5a}$$

$$D=2kb\pm\sqrt{(2kb)^2-4kb^2+d_H^2} \tag{5b}$$

Mit den eingesetzten Zahlenwerten — der hydraulische Durchmesser ergibt sich zu $d_H = 70$ mm — errechnet sich der Außendurchmesser zu

$\underline{D = 77{,}4 \text{ mm}}$

und hiermit der Innendurchmesser zu

$\underline{d = 67{,}4 \text{ mm}}$

Häufig ist es zweckmäßig, um glatte Zahlenwerte zu bekommen, entweder die Dichtbreite, das Belastungsverhältnis oder den hydraulischen Durchmesser d_H, falls dies unter Berücksichtigung der Abmessungen des radialen Dichtelements möglich ist, geringfügig zu ändern.

Bauart. Um Gleitringdichtungen beispielsweise auch unter hoher Belastung benutzen zu können, oder sie auch bei Gasabdichtungen oder mangelnder Schmierfähigkeit des Mediums einsetzen zu können, preßt man Schmier-, Kühl- oder Sperrflüssigkeiten unter dem Druck p_3, der häufig durch eine gesonderte Pumpe erzeugt wird und gewöhnlich höher als der Innendruck p_1 ist, durch Bohrungen oder Ringnuten auf die Gleitfläche.
Man kann sich auch dieses Prinzipes zur Änderung des hydraulischen Belastungsverhältnisses k bedienen. Solche Dichtungen werden hydrostatische Gleitringdichtungen genannt, Bild 20. Durch Regelung des Sperrdruckes p_3 können natürlich andere Dichtungskennwerte, wie Leckverlust, Verschleiß, Reibung und Lebensdauer beeinflußt werden.

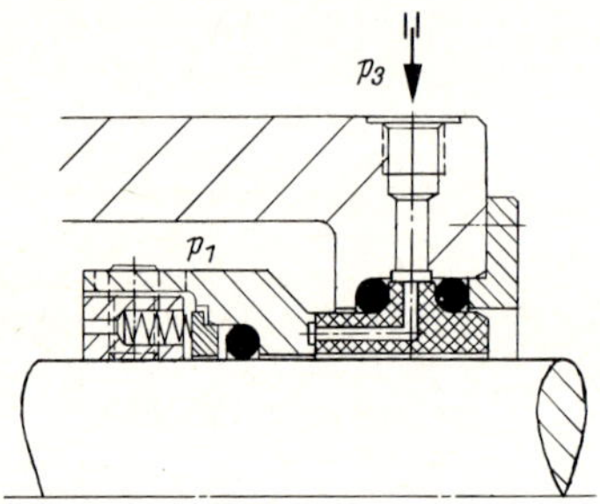

Bild 20
Hydrostatische Gleitringdichtung.

Versieht man die Gleitfläche einer Dichtung mit Ausnehmungen, die durch Rotation hydrodynamische Druck- und Schmierfelder erzeugen können, so spricht man von einer hydrodynamischen Gleitringdichtung, Bild 21. Diese Ausnehmungen in den Gleitflächen, die sich nur über einen Teil der Dichtbreite erstrecken, können als Keilflächen ausgebildet werden oder aber auch durch Werkstoffwahl und Dimensionierung so beeinflußt werden, daß sich durch kontrollierte thermische Verformungen ein verengender Spalt bildet und dadurch die Ausbildung von hydrodynamischen Drücken ermöglicht wird.

D = 250 mm
p_1 = 80 bar
v_g = 18,5 m/s
t = 50 bis 70°C
Reaktorwasser

Bild 21. Hydrodynamische Gleitringdichtung mit Zirkulationsnuten [2*].

Eine Kombination aus den beiden vorher beschriebenen Dichtungstypen ist die hydrodynamisch-hydrostatische Gleitringdichtung, die in Bild 22 dargestellt ist und bei schwierigen Abdichtungsfällen verwendet wird. Diese Dichtung kann infolge des steuerbaren Sperr- und Schmierflüssigkeitsdruckes p_3 hydrostatisch entlastet werden und auch bei hohem Innendruck p_1 unter Last anlaufen. Die

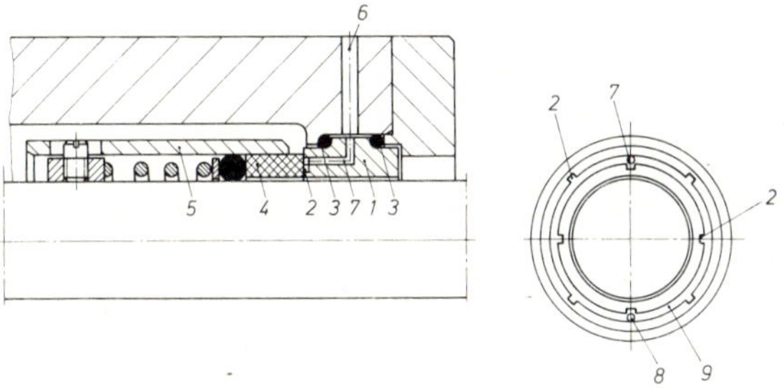

1 stationärer Gegenring
2 hydrodynamische Schmiernuten
3 O-Ringe zur Lagerung
4 mitlaufender Gleitring
5 axiale Gleitringdichtung
6 Bohrung für die Schmierflüssigkeit
7 Bohrung für den Zulauf der Sperrflüssigkeit
8 Bohrung für den Ablauf der Sperrflüssigkeit
9 hydrostatische Ringnut

Bild 22. Hydrostatisch-hydrodynamische axiale Gleitringdichtung.

in dem stationären Gegenring befindlichen Nuten bewirken bei der Drehung der Dichtung Schmier- und Druckfelder zwischen den Gleitflächen sowie eine Sonderkühlung, wodurch es möglich ist, solche Dichtungen bei geringem Kraftverbrauch sehr hoch zu belasten.

Zusätzlich zu den bereits genannten Dichtungstypen sei noch die doppeltwirkende Gleitringdichtung, Bild 23, erwähnt, die sich aus zwei Gleitringdichtungen zusam-

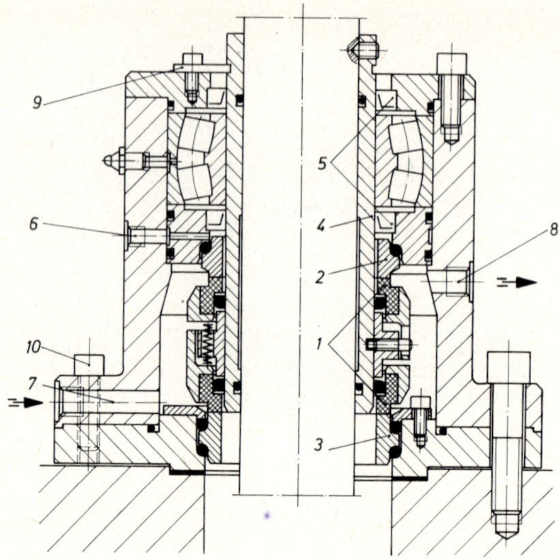

1 rotierende Gleitringe
2 einfachgelagerter stationärer Gegenring
3 doppeltgelagerter stationärer Gegenring
4 Wellenhülse
5 Wellendichtung
6 Drainageanschluß
7 Sperrflüssigkeitszufluß
8 Sperrflüssigkeitsabfluß
9 Montagelehre
10 Montage- und Abdrückschraube

Bild 23
Doppeltwirkende Rührwerksdichtung mit separat gekammertem Doppelpendelrollenlager [2*].

mensetzt. Sie wird hauptsächlich bei der Abdichtung von Gasen, stark festkörperhaltigen Flüssigkeiten, chemisch gefährlichen oder hoch erhitzten Medien eingesetzt. Hier sorgt ein zusätzlicher Sperr-, Schmier- und Kühlflüssigkeitskreislauf dafür, daß der notwendige Sperrdruck p_3 vorhanden ist, die Gleitflächen geschmiert und die Reibungswärme abgeführt werden können. Manchmal wird aus Gründen einer stabilen Lagerung der Welle ein Radiallager bereits zwischen den beiden Dichtungen angeordnet. Dies hat jedoch den Nachteil, daß gewöhnlich nur Öle mit ihren sehr ungünstigen Wärmeableitmöglichkeiten als Schmiermedien eingesetzt werden können.

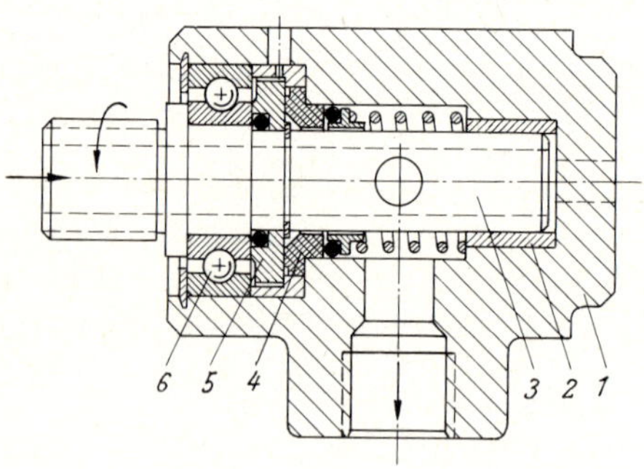

Bild 24
Dichtkopf mit Kugellager [4*].

1 Dichtkopfgehäuse
2 selbstschmierendes Lager
3 Hohlwelle
4 stationärer Gleitring
5 rotierender Gegenring
6 Kugellager

Zum Schluß sei noch auf eine Sonderkonstruktion hingewiesen, den sog. Dichtkopf, der hauptsächlich zur Abdichtung von beheizten, drehenden Kalandern und Walzen dient, Bild 24. Wasserdampf oder heiße Gase strömen durch eine Hohlwelle hinein, während der kühlere Abdampf oder das Kondensat über einen anderen Weg zurückströmen. Da hier die Leckverluste nicht so kritisch sind, verwendet man häufig Drosselspalte an Stelle der radialen Dichtelemente. Die Gleitflächen werden oft wegen der starken Taumelbewegungen kugelig ausgebildet.

2.4. Radiale Dichtelemente

Der Dichtspalt ist nur ein Undichtheitsweg, über den Leckverluste austreten können. Weitere Leckwege sind die Spalte zwischen Welle und Dichtungsgehäuse und zwischen Gegenring und Maschinengehäuse. Um diese abzudichten, wird eine Vielzahl von Ringen mit den verschiedensten Querschnitten und unterschiedlichsten Werkstoffen benutzt. In der praktischen Anwendung überwiegen jedoch gummielastische Werkstoffe, die den Vorteil bieten, auch größere Oberflächenrauheiten überbrücken zu können und darüber hinaus ein besseres Fremdkörper-Einbettungsvermögen aufweisen. In Tabelle 2 sind die wichtigsten Elastomere und ihre Eigenschaften aufgeführt.
In Bild 25 sind die Ringquerschnitte häufig eingesetzter Elastomere dargestellt. Sowohl bei der Gleitringdichtung als auch beim Gegenring werden diese Dichtringe oftmals auch zur Drehmomentübertragung mit herangezogen. O-Ringe bei Gleitringdichtungen werden normalerweise mit 5...12% diametraler Pressung bei

Bild 25. Gummielastische Dichtringe.

a) O-Ring b) X-Ring c) Keil-Ring d) Vierkant-Ring e) L- oder Winkelring f) Dreikant-Ring g) U-Manschette h) Dachmanschette i) geschlitzter O-Ring j) federbelastete Dichtlippe k) doppeltummantelter O-Ring

Shore-Härten A zwischen 60...90 eingesetzt. Jedoch sind unter allen Umständen scharfe Kanten zu vermeiden, da diese die O-Ringe schon beim Einbau oder im Betriebszustand „furnieren", d. h. in dünnen Schichten abschälen. Zulässige Passungstoleranzen für O-Ringe sind nach Versuchen von *Parker* [12*] in Abhängigkeit von Dichtdruck und der Shore-Härte in Bild 26 dargestellt. Bei hohen Drücken werden O-Ringe häufig durch Stützringe aus Leder oder PTFE gegen ein Herausquetschen aus dem Spalt gesichert.
Bild 27 zeigt eine Gleitringdichtung, deren axialer Undichtheitsweg durch eine federbelastete Lippendichtung gesperrt ist. Gummielastische Dichtmanschetten bieten bei Gleitringdichtungen den Vorteil größerer radialer Beweglichkeit. Sonst wirken sich bei Gummimanschetten aber höhere Reibungsverluste nachteilig aus.

Tabelle 2. Die wichtigsten Elastomere und ihre Eigenschaften.

Polymer	Aufbau	Temperatur-Einsatzbereich °C	Festigkeit N/mm²	Dehnung max. bis %	Härte Sh.	Wasser	Dampf	Hydraulik Flüssigkeiten unbrennbar (Esterbasis)	mineralische Fette u. Öle	pflanzliche u. tierische Fette und Öle	Ozon	Kohlenwasserstoffe aliphatisch	Kohlenwasserstoffe aromatisch	Kohlenwasserstoffe halogeniert	Alkohole	Ketone	Ester	Säuren verdünnt	Säuren konzentriert	Laugen verdünnt	Laugen konzentriert	Salzlösungen
Natur-Kautschuk	Kautschuk, K. W. (olefinartig unges. Polymerisat)	−30 bis +120	5 bis 28	−1000	30 bis 98	×	×	–	–	–	–	–	–	–	×	×	–	○	–	×	○	×
Buna S	Butadien-Styrol-Mischpolymerisat	−30 bis +130	5 bis 24	−700	40 bis 95	×	×	–	–	–	○	–	–	–	×	×	–	×	○	×	×	×
Perbunan N	Butadien-Acrylnitril-Mischpolymerisat	−30 bis +130	5 bis 24	−700	40 bis 95	×	○	–	×	×	○	×	○	–	×	–	–	○	–	○	–	×
Neoprene	Chlor-Butadien-Polymerisat	−40 bis +140	5 bis 27	−800	40 bis 95	×	×	–	○	○	×	○	–	–	×	–	–	×	○	×	×	×
Butyl-Kautschuk	Mischpolymerisat v. Isobutylen u. Butadien oder Isopren	−50 bis +150	4 bis 17	−900	40 bis 90	×	×	○	–	○	×	–	○	–	×	○	○	×	○	×	×	×
Hypalone	sulfochloriertes Polyäthylen	−40 bis +140	4 bis 20	−600	40 bis 95	×	○	–	–	○	×	–	–	–	×	–	–	×	○	×	×	×
Silicone-Kautschuk	hochpolymere Organosiloxane	−100 bis +200	2 bis 8	−500	40 bis 80	○	–	–	○	×	×	○	–	–	×	○	–	×	○	×	○	○
Thiokol	Alkylpolysulfid	−40 bis + 80	1 bis 6	−200	65 bis 80	×	–	×	×	×	×	×	○	○	×	○	×	×	○	×	×	×
Vyram	Polyakrylat	−30 bis +120	2 bis 7	−700	70 bis 85	○	–	×	×	×	×	×	○	○	○	–	×	–	–	○	–	○
Vulkollan	Polyurethan	−30 bis + 80	20 bis 32	−600	70 bis 95	○	–	–	×	×	×	×	–	–	○	–	–	–	–	–	–	–
Adiprene	Polyurethan	−40 bis +120	8 bis 30	−700	70 bis 95	×	○	–	×	×	×	×	–	–	○	–	–	–	–	–	–	–
Kel-F Elastomer	Mischpolymerisat v. Chlortrifluoräthylen und Vinylidenfluorid	−50 bis +180	3 bis 12	−700	60 bis 90	×	×	–	–	○	×	○	–	–	×	–	–	×	×	×	×	×
Viton	Mischpolymerisat v. Vinylidenfluorid und Hexafluorpropylen	−60 bis +200	8 bis 16	−300	60 bis 95	×	○	○	×	×	×	×	×	○	○	–	–	×	○	○	–	×
PTFE	Polytetrafluoräthylen	−200 bis +280	14 bis 31	−200	55 D	×	×	×	×	×	×	×	×	×	×	×	×	×	×	×	×	×
EP-Kautschuk	Äthylen-Propylen	−40 bis +200	5 bis 16	−500	50 bis 95	×	×	○	–	–	×	–	–	–	×	○	○	×	○	×	×	×
Fluor-silikon-Kautschuk	fluorierte Polyorganosiloxane	−60 bis +230	5,5 bis 8,5	−400	40 bis 80	○	○	○	×	×	×	×	×	○	×	–	○	○	–	×	○	×

× beständig ○ bedingt beständig – unbeständig

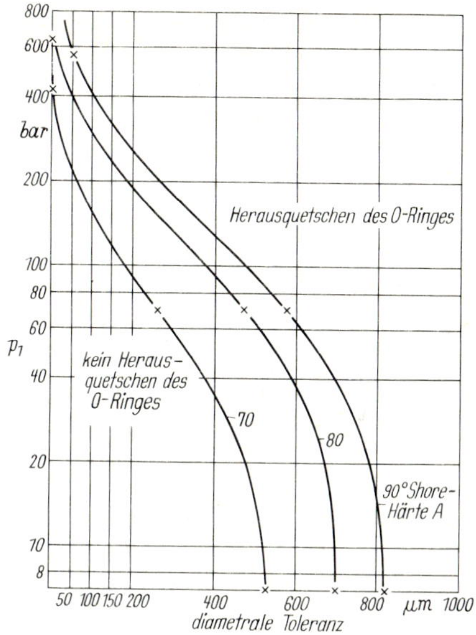

Bild 26
Einfluß des Dichtdruckes, der Toleranzen und der Shore-Härte A auf das Herausquetschen von O-Ringen [12*] ohne Zugabe für Aufweitungen während des Betriebes.

Versuchsbedingungen: 100000 Druckwechsel mit der Frequenz von 150/min von null bis zum aufgeführten Druck

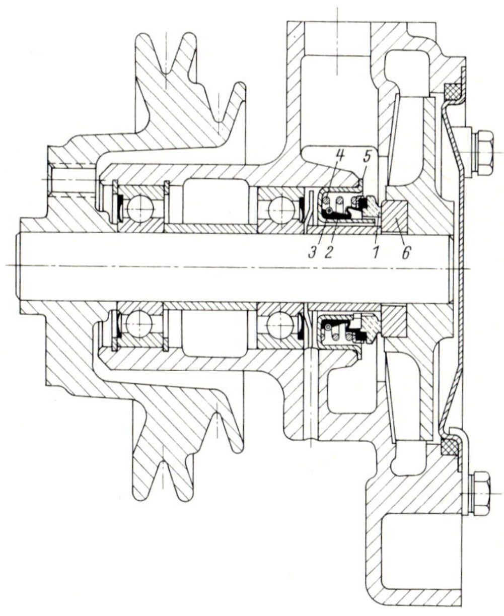

Bild 27
Gleitringdichtung mit federbelasteter Dichtlippe [9*].

1 Gleitring
2 Gummibalg
3 radiale Schlauchfeder
4 Druckfeder
5 Gehäuse
6 Gegenring

Erfahrungsgemäß stellen die Elastomere bei Gleitringdichtungen ein besonders kritisches Teil dar. Auf Grund der Vielzahl der heute zur Verfügung stehenden Kunstkautschuksorten können die meisten Medien zwar mit einer Qualität abgedichtet werden, jedoch treten immer wieder Schwierigkeiten auf, wenn beispielsweise Pumpen, wie es in den Chemie- und Raffineriebetrieben häufig der Fall ist, mit verschiedenen Fördermedien beschickt werden. Hier kommt dann praktisch nur PTFE als Dichtungswerkstoff in Frage. Die Schwierigkeiten mit massiven PTFE-Elementen, insbesondere bei hohen Drücken und intermittierenden Temperaturen auf Grund des diesem Werkstoff eigenen hohen Ausdehnungskoeffizienten, der niedrigen Wärmeleitzahl, der hornartigen Steifigkeit und der Kaltflußneigung, sind hinreichend bekannt. Darüber hinaus sind fast immer Konstruktionsänderungen zur Aufnahme der massiven PTFE-Dichtelemente notwendig.
Die Ursache für den häufigen Ausfall von massiven PTFE-Dichtelementen bei intermittierenden Betriebszuständen ist besonders in dem ungewöhnlichen Ausdehnungsverhalten begründet, Bild 28. Bei ca. 20 °C macht sich eine Volumenänderung bemerkbar, die auf eine bei dieser Temperatur auftretende Kristallumwandlung zurückzuführen ist. Ein Dichtelement, das über oder unter dieser Temperatur verarbeitet worden ist, wird sich in seinen Dimensionen ändern, sobald es diese Zone durchläuft.

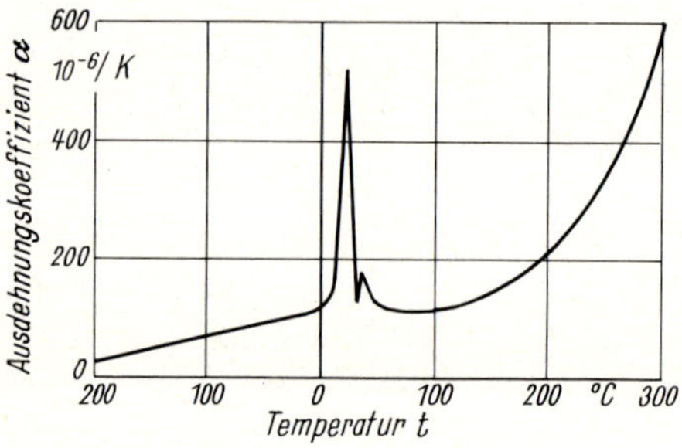

Bild 28
Ausdehnungskoeffizient von PTFE in Abhängigkeit von der Temperatur.

Nach langjähriger Erprobung ist es gelungen, doppelt-PTFE-ummantelte O-Ringe mit elastischem Kernmaterial (s. Bild 25 k) zu entwickeln, die ohne Änderung mit anderen O-Ringen bei offenen Nuten ausgetauscht werden können.
Die doppelt-PTFE-ummantelten O-Ringe kombinieren in idealer Weise die chemische Beständigkeit vom PTFE mit der Elastizität des Kernmaterials, wobei darüber hinaus wesentlich größere Toleranzen und Oberflächenrauhigkeiten überbrückt werden können, als bei Massiv-PTFE-O-Ringen. Normalerweise werden thermisch hochbelastbare Kernwerkstoffe, wie Silikon-Kautschuk, Äthylen-Propylen oder Viton verwandt. Hierdurch können Temperaturen bis 250 °C beherrscht werden.

Der Stoß der äußeren Ummantelung sollte auf der druckabgewandten Seite zu liegen kommen. Ferner ist ein Stützring beispielsweise aus verstärktem PTFE oder Iton vorzusehen, damit die Folie nicht extrudiert. Derartige doppelt-PTFE-ummantelte O-Ringe haben sich auch im Hochdruckbereich bis über 100 bar bewährt.

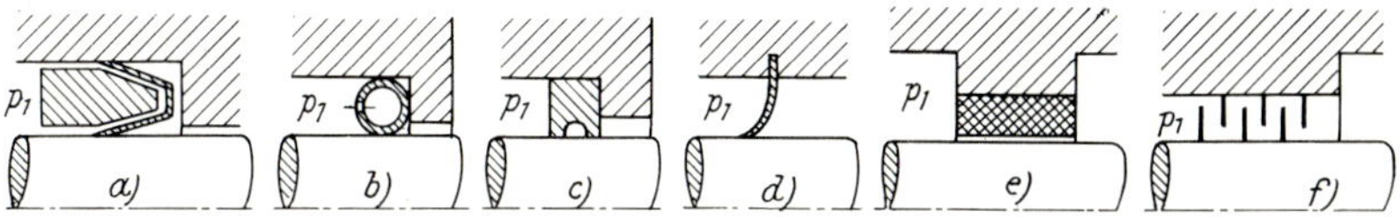

Bild 29. Dichtelemente aus metallischen oder kohlekeramischen Werkstoffen.
a) Metallmanschette
b) Hohlring
c) Kolbenring
d) Membranring
e) Drosselspalt
f) Labyrinth

In Bild 29 sind einige Ausführungen von radialen Dichtelementen dargestellt, wenn die Einsatztemperaturen für elastomere Werkstoffe bereits zu hoch liegen oder aber auf einen minimalen axialen Verschiebewiderstand, wie er Drosselspalten und Labyrinthen eigen ist, besonderer Wert gelegt werden muß.

2.5. Gestaltung und Lagerung von Gegenringen

Eine betriebsfertige Gleitringdichtung setzt sich aus der Dichtung und dem Gegenring zusammen. In Bild 30 sind zwei typische konstruktive Lösungen für einen stationären, Bild 30a, und einen rotierenden Gegenring, Bild 30b, dargestellt. Oft wird auch ein bereits vorhandenes Maschinenteil als Gegenring herangezogen, wie beispielsweise die gehärteten Seitenflächen von Kugellagergehäusen oder bearbeitete Flächen des Flügelrades bei Kühlwasserpumpen an Kraftfahrzeugen. Da häufig jedoch die Oberflächengüte und Planheit von solchen Anlaufflächen sowie

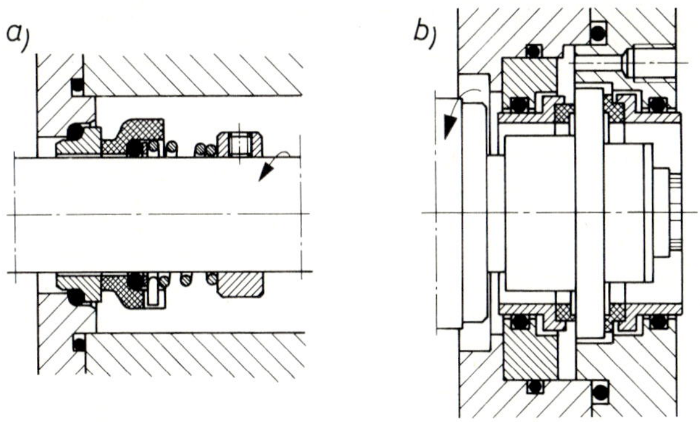

Bild 30. Anordnung von Gegenringen.
a) stationärer Gegenring [2*] b) rotierender Gegenring

die Verschleiß- und Laufeigenschaft ihrer Werkstoffe nicht ausreichen und eine Auswechselbarkeit häufig nicht gegeben ist, zieht man es vor, leicht austauschbare Gegenringe einzusetzen. Preß- und Schrumpfverbindungen werden beim Gegenring nur in Sonderfällen wie beispielsweise im Hoch- und Höchstdruckbereich, Belastungsstufe III und IV in Tabelle 1, angewandt, da die Lösbarkeit oft schwierig ist und die Gleitflächen durch Verwerfungen funktionsunfähig werden können. Die leicht auswechselbare Lagerung auf gleichzeitig dichtenden Ringen aus elastomerischen Werkstoffen hat sich in der Praxis durchgesetzt. Gebräuchliche Ausführungen sind in Bild 31 dargestellt. Bei der Konstruktion ist auf die mechanischen und thermischen Eigenschaften der verwandten Werkstoffe, wie Wärmeausdehnungskoeffizient, Kerbempfindlichkeit oder beispielsweise die schlechte Bearbeitbarkeit bei Metalloxiden und Karbiden, zu achten.

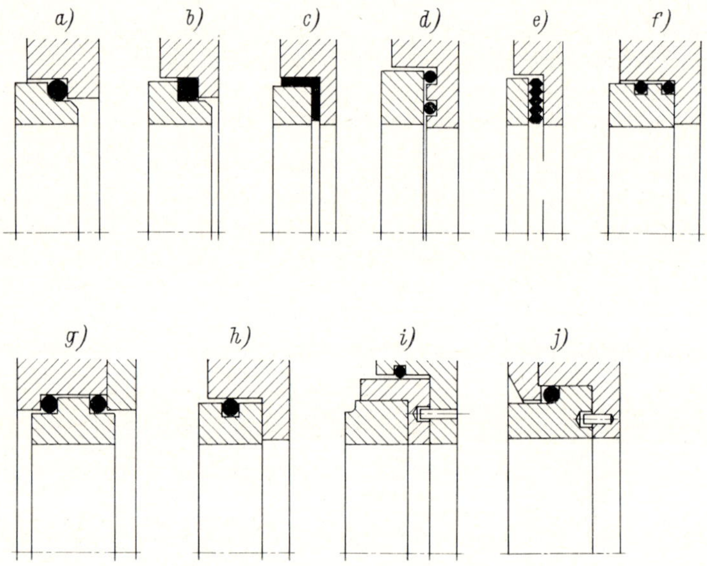

Bild 31. Gebräuchliche Gestaltung und Lagerung von Gegenringen.

a) O-Ring
b) Vierkantring
c) Winkelring
d) Doppel-O-Ring (radial)
e) Profilring
f) Doppel-O-Ring (axial)
g) Doppel-O-Ring (axial)
h) O-Ringnut im Gegenring
i) O-Ringnut im Gehäuse
j) offene O-Ringnut

Die Ausführungen in Bild 31a, b und g werden in der Praxis hauptsächlich eingesetzt, wobei die Ausführung nach Bild 31a jedoch aus Herstellungs-, Ersatz-

teil- und Kostengründen bevorzugt wird. Der O-Ring ist bei Verwendung gummielastischer Werkstoffe, die das Drehmoment ausschließlich übertragen sollen, mit mindestens 10% diametraler Pressung einzubauen. Der Innendurchmesser des O-Ringes soll kleiner als der Durchmesser des Sitzes gewählt werden, damit die Gefahr des Drehens, besonders im kalten Zustand des Anfahrens, vermindert wird. Diese Ausführung hat sich bis zu Drücken von $p_1 = 75$ bar bewährt. Oberhalb dieses Druckes sollten Stützringe vorgesehen werden. O-Ringe aus PTFE werden mit 5% diametraler Pressung und einer zusätzlichen Verdrehsicherung eingebaut. Bei höheren Drücken sieht man Ausführungen wie in Bild 31c, d, e, h und i vor. Konstruktionen nach Bild 31f und g bieten den Vorteil, daß nur ein Ring zur Lagerung herangezogen wird, während der andere die Dichtfunktionen übernimmt. Es ist somit eine erhöhte Sicherheit gegeben.
Die Gestaltung des Gegenringes nach Bild 31j hat sich besonders für druckmäßig hochbelastete Gleitringdichtungen bewährt, da der O-Ring hier keine Lagerfunktion zu übernehmen hat und nur durch den Flüssigkeitsinnendruck belastet wird. Darüber hinaus werden bei entsprechender Bearbeitung der Anlageflächen die mechanischen Deformationen sehr klein gehalten und die Wärmeableitung begünstigt. Gelegentlich werden von Dichtungsherstellern [316] Ausführungen wie nach Bild 31g und h mit beidseitig geläppten Stirnflächen auf den Markt gebracht. Jedoch läßt sich dieser Vorteil der vereinfachten Ersatzteilbeschaffung nur selten ausnutzen, da im Laufe des Betriebes die nicht in Kontakt befindliche Stirnfläche durch Ablagerungen gewöhnlich verschmutzt wird. Die gummielastische Lagerung von Gleit- und Gegenringen bietet darüber hinaus den Vorteil, daß ein planparalleles Einstellen der Dichtflächen sehr leicht möglich wird und daß auftretende Schwingungen sehr gut gedämpft werden. Die Bohrungstoleranzen zwischen Welle, Dichtungsgehäuse, Gegenring und Maschinengehäuse sowie zwischen Gegenring und Welle sollten so groß wie möglich und nur so eng wie nötig ausgeführt werden.

2.6. Preß- und Schrumpfsitze

Es kommt häufig vor, daß Gleitwerkstoffe sowohl in der Dichtung als auch in dem Gegenring durch Preß- und Schrumpfsitze befestigt werden. Ferner werden kombinierte Schrumpf- und Preßsitze oder auch Schrumpf- oder Preßsitze in Verbindung mit Klebe- und Dichtmitteln wie beispielsweise Epoxi-Harzen ausgeführt. Sonderprobleme können entstehen, wenn z. B. nicht ausgehärtete Kunststoffringe auf Phenol-Kresolharzbasis in Messinggehäuse eingepreßt werden und diese durch Spannungskorrosion zum Reißen bringen. Das Hauptproblem ist bei Preß- und Schrumpfsitzen darin zu sehen, daß die Werkstoffe nicht über ihre zulässigen Festigkeitswerte beansprucht werden und die Verbindung betriebssicher bleibt. Bei zähen Werkstoffen ist die Streckgrenze, bei spröden die Bruchfestigkeit bei der Berechnung zugrunde zu legen.

Nach Bild 32, in dem der äußere Ring 1 und der innere Ring 2 benannt ist, entstanden bei der Überdeckung $\delta = D - d_1$ folgende Spannungen: die Zugspannung in Ring 1 wird

$$\sigma_1 = \frac{\delta E_1}{\left(1 + \frac{e_1 E_1 D}{e_2 E_2 d_1}\right) d_1} \approx \frac{\delta E_1}{d_1 \left(1 + \frac{e_1 E_1}{e_2 E_2}\right)} \tag{6}$$

und die Druckspannung in Ring 2

$$\sigma_2 = \frac{\delta E_2}{\left(1 + \frac{e_2 E_2 d_1}{e_1 E_1 D}\right) D} \approx \frac{\delta E_2}{D \left(1 + \frac{e_2 E_2}{e_1 E_1}\right)} \tag{7}$$

Die Oberflächengüte sollte möglichst fein gewählt werden und die Überdeckung möglichst groß, damit auch dieser Undichtheitsweg einwandfrei geschlossen wird und die Drehmomentübertragung nicht gefährdet ist. Ferner ist darauf zu achten, daß durch den Schrumpf- oder Preßvorgang der Innendurchmesser d sich nicht so stark verengt, daß die Dichtung blockiert wird. Die zu wählende Länge des Preßsitzes richtet sich nach dem zu übertragenden Drehmoment und wird gewöhnlich zwischen 5 bis 20 mm gewählt. Ferner ist die Temperatursicherheit von Preß- und Schrumpfsitzen bei Gleitringdichtungen zu berücksichtigen. Die Gefahr des Versagens ist vor allem beim Aufheizen und Abkühlen der Maschinen, beim Stillstand und einem dann plötzlichen Anfahren gegeben. Im Lauf ist der Innenring durch die Stirnflächenreibung fast immer heißer als der äußere Ring, so daß sich die Temperatursicherheit der Verbindung erhöht. Der Schrumpf- oder Preßsitz sollte so dimensioniert sein, daß für die größte im Stillstand auftretende Temperaturerhöhung ΔT_1 die verbleibende Restüberdeckung je nach Durchmesser und zu übertragendem Drehmoment noch mindestens 25 bis 50 µm ist. Sonderprobleme bei der Gestaltung von Kohle-Metall-Verbindungen und die Wahl der Verhältnisse der Ringabmessungen zueinander werden von *Jung* [139] näher diskutiert.

Beispiel 2: Es soll eine Gleitringdichtung hergestellt werden, bei der ein Graphitring, $E_2 = 10000$ N/mm², $\sigma_D = 140$ N/mm², in einen Trägerring aus rostfreiem Stahl, $E_1 = 200000$ N/mm² und $\sigma_{0,2} = 200$ N/mm², eingepreßt werden soll. Die Maße für die Ringe betrugen nach Bild 32:

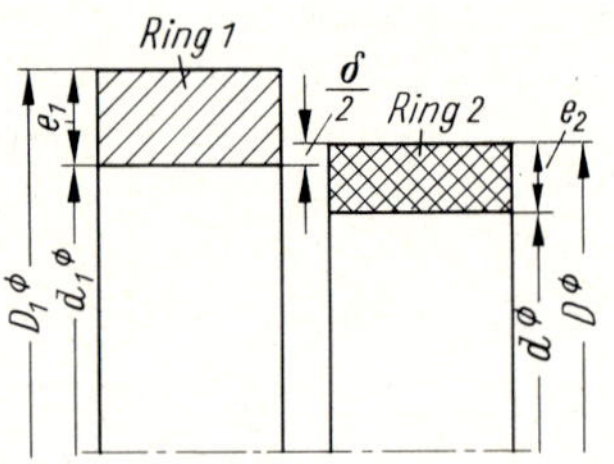

Ring 1	Ring 2
$D_1 = 90$ mm	$D = 82{,}3$ mm
$d_1 = 82$ mm	$d = 70$ mm
$e_1 = 4$ mm	$e_2 = 6$ mm

Bild 32
Bezeichnungsskizze für Preß- und Schrumpfsitze.

Die Zugspannung im metallischen Ring 1 ergibt sich nach Gl. (6) zu $\sigma_1 = 51$ N/mm², die Druckspannung nach Gl. (7) im Graphitring zu $\sigma_2 = 34$ N/mm². Beide Spannungswerte liegen mit ausreichender Sicherheit unter den zulässigen Werten.

Beispiel 3: Ein Gleitring aus Wolfram-Karbid soll nach Bild 33 in einen Gegenring aus nichtrostendem Stahl eingeschrumpft werden. Als Überdeckung wurden $\delta = 300$ µm vorgesehen. Der Paßfugendurchmesser sei $D_p = 150$ mm und die Wärmeausdehnungskoeffizienten $\alpha_1 = 17{,}0 \cdot 10^{-6}$ K^{-1}, $\alpha_2 = 5{,}6 \cdot 10^{-6}$ K^{-1}. Wie groß ist die notwendige Temperaturdifferenz, um die Ringe sicher einschrumpfen zu können?

$$\Delta T_1 = \frac{\delta}{D_p(\alpha_1 - \alpha_2)} = 175 \text{ K} \tag{8}$$

Die notwendige Dehnung kann man aber auch aufteilen, indem man beispielsweise den Hartmetallring in Trockeneis abkühlt und den Gehäusering aufheizt.

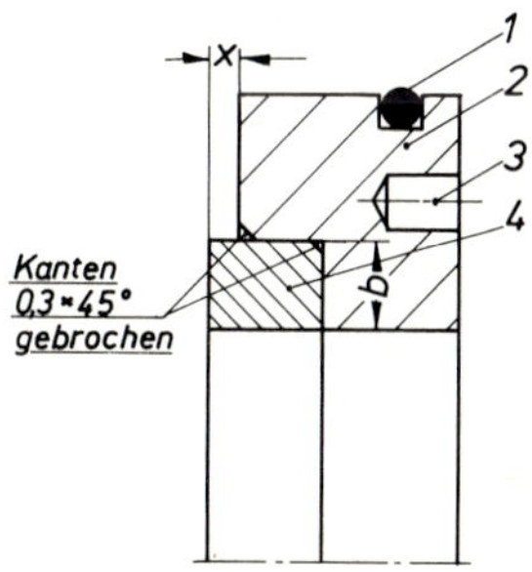

Bild 33
Schrumpfsitzverbindung bei einem Gegenring.
1 O-Ring
2 entspannter Trägerring
3 Verdrehsicherung
4 Hartmetallring

Bei Schrumpfsitzverbindungen sollten die in Bild 33 dargestellten Kantenbrechungen berücksichtigt werden. Ferner sollten folgende Werte von x bei spröden Ringen mit hohen Elastizitätsmodulen in Abhängigkeit vom Durchmesser nicht überschritten werden,

d	bis 30	bis 60	bis 120	>120 mm
x	0,7	1,2	1,5	2,0 mm

anderenfalls besteht die Gefahr, daß der eingeschrumpfte Ring unter der Druckspannungsspitze des Trägerringes zu Bruch geht. Die Einschrumpftiefe im Trägerring sollte ungefähr der Dichtbreite b entsprechen.

2.7. Wanddickenberechnung

Vor allem im Hochdruckbereich müssen Gleitringdichtungen die notwendige Betriebssicherheit gegen plötzliches Versagen durch Bruch aufweisen. In erster Näherung können Ringteile bei Gleitringdichtungen als dickwandige Hohlzylinder mit offenen Enden für Festigkeitsbetrachtungen unter Innen- oder Außendruck aufgefaßt werden. Nach Bild 34 ergibt sich die maximale Spannung nach *Lamé* zu

$$\sigma_t = \frac{p_i(r_a^2 + r_i^2) - 2\,p_a r_a^2}{r_a^2 - r_i^2} \tag{9}$$

und folgende Lösungen nach *Roark* [237]:

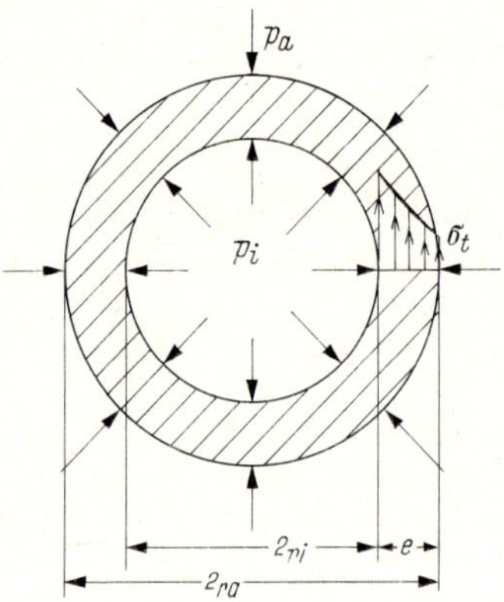

Bild 34
Spannungsverlauf in einem dickwandigen Gleitring unter Innen- und Außendruck.

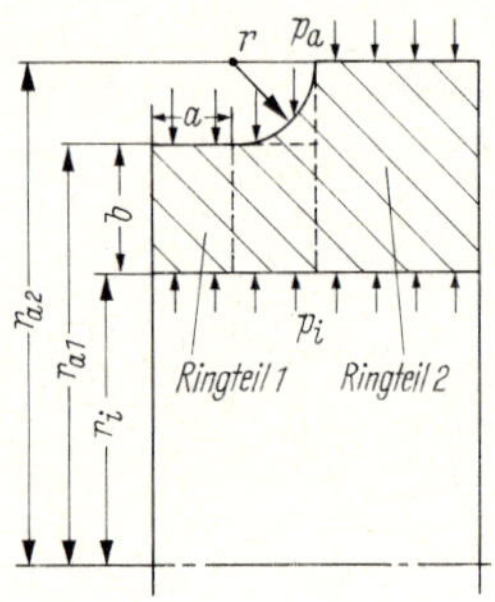

Bild 35
Gleitring mit nichtkonstantem Querschnitt.

Für den Fall, daß der Außendruck $p_a = 0$ ist, ergibt sich die maximale Zugspannung an der Innenwandung zu

$$\sigma_Z = p_i \frac{r_a^2 + r_i^2}{r_a^2 - r_i^2} \tag{10}$$

die Aufweitung vom Innenradius unter dem Innendruck p_i

$$\Delta r_i = p_i \frac{r_i}{E}\left(\frac{r_a^2 + r_i^2}{r_a^2 - r_i^2} + \nu\right) \tag{11}$$

und die Aufweitung vom Außenradius

$$\Delta r_a = p_i \frac{r_a}{E}\left(\frac{2 r_i^2}{r_a^2 - r_i^2}\right) \tag{12}$$

Für den Fall, daß nur der Außendruck wirkt, wird die maximale Druckspannung in der Innenwandung

$$\sigma_D = -\frac{2 p_a}{1 - \left(\frac{r_i}{r_a}\right)^2} \tag{13}$$

die Zusammendrückung des Innenradius

$$\Delta r_i = -\frac{p_a r_i}{E}\left(\frac{2 r_a^2}{r_a^2 - r_i^2}\right) \tag{14}$$

und die Zusammendrückung des Außenradius

$$\Delta r_a = -\frac{p_a r_a}{E}\left(\frac{r_a^2 + r_i^2}{r_a^2 - r_i^2} - \nu\right) \tag{15}$$

Legt man diese Formeln bei Gleitringen ohne Querschnittsveränderung und unter Berücksichtigung von Sicherheitsfaktoren zugrunde, so bewegt man sich gewöhnlich auf der sicheren Seite. Bei den Sicherheitszuschlägen, die bei spröden Werkstoffen ein Versagen durch Bruch und bei zähen Werkstoffen ein Versagen durch Fließen ausschalten sollen, sind natürlich auch erhöhte Temperaturen, Druckstöße und Schwingungen usw. zu berücksichtigen. Die Oberflächengüte sollte mindestens durch Feinschlichtung hergestellt werden, und scharfkantige Einkerbungen sowie plötzliche Querschnittsveränderungen sind vor allem bei kunststoffgebundenen oder kohlekeramischen Werkstoffen zu vermeiden. Da für diese Werkstoffe die Festigkeitswerte gewöhnlich wesentlich unter denen von Metallen liegen, bilden die aus ihnen hergestellten Teile meistens das mechanisch schwächste Teil einer Gleitringdichtung. Ferner ist zu berücksichtigen, daß diese Werkstoffe ein Mehrfaches der Belastung unter Druck als unter Zug auszuhalten vermögen.

Gewöhnlich weisen aber die Ringteile bei Gleitringdichtungen Querschnittsveränderungen auf. Diese ergeben häufig eine zusätzliche Stützwirkung, die noch durch die Ausbildung plastischer Gelenke erhöht werden kann. Nach Untersuchungen von *Arnold* [12] treten selbst bei Kohlen und Graphiten plastische Verformungen in der Größenordnung von $\varepsilon = 0{,}02\,\%$ auf.

Für Kohle-, Graphit- und Kunstharzringe haben sich für den Fall, daß fein bearbeitete Oberflächen verwandt werden, die Querschnittsübergänge mit genügend großen Halbmessern ausgeführt werden und das Verhältnis von der Verschleißhöhe a zur kritischen Wandstärke der Dichtbreite kleiner als 1 ist ($a/b < 1$), folgende Beziehungen bei Gleitringen bewährt. Unter Bezugnahme auf Bild 35 entstehen in dem Ringteil 1 und Ringteil 2 unterschiedliche Spannungen, deren kombinierte Mittelspannung als

$$\sigma_m = \frac{\sigma_1 + \sigma_2}{2} \tag{16}$$

gesetzt wird. Mit Gl. (10) und (16) und unter Berücksichtigung eines Sicherheitszuschlages ergibt sich der zulässige Innendruck zu

$$p_i = \frac{2\sigma_Z}{S_B\left(\frac{r_{a1}^2+r_i^2}{r_{a1}^2-r_i^2}+\frac{r_{a2}^2+r_i^2}{r_{a2}^2-r_i^2}\right)} \tag{17}$$

und mit Gl. (13) und (16) der zulässige Außendruck

$$p_a = \frac{\sigma_D}{S_B\left(\frac{1}{1-\left(\frac{r_i}{r_{a1}}\right)^2}+\frac{1}{1-\left(\frac{r_i}{r_{a2}}\right)^2}\right)} \tag{18}$$

Bei stark schwingenden und vibrierenden Anlagen oder pulsierenden Druckstößen muß mit der Wechselfestigkeit der verwandten Werkstoffe gerechnet werden: d. h., unter Zugrundelegung der bekannten Zug- und Druckspannungen muß der Sicherheitsfaktor $S_B > 3$ bis 4 gewählt werden.
Im folgenden sollen Gl. (17) und (18) und die bei ihnen gemachten Voraussetzungen wie Oberflächengüte, Abrundungsradien und das Verhältnis $a/b < 1$ an Hand von zwei Prüfstandsversuchen erläutert werden.

Beispiel 4: Zwei identische Gleitringe aus Elektrographit ohne Metallkammerung $\sigma_Z = 14{,}5$ N/mm², $a/b = 1{,}23$, unterscheiden sich nur durch einen scharfen Querschnittsübergang in Bild 36a im Punkt G und einen Abrundungsradius $r = 2{,}5$ mm in Bild 36b. Beide Ringe wurden im Stillstand einer Innendruckprobe unterworfen, wobei Ring 1 bereits bei $p_i = 16$ bar und Ring 2 bei $p_i = 28$ bar brachen. Bei Annahme eines Sicherheitsfaktors gegen Bruch von $S_B = 1$ hätte nach Gl. (17) der Innendruck beim Versagen $p_i = 20{,}7$ bar betragen müssen. Trotz des zu hohen Verhältnisses von $a/b = 1{,}23$ betrug der Sicherheitsfaktor für Ring 2 noch $S_B = 1{,}35$, während er bei Ring 1 durch die Spannungsspitze bei G auf $S_B = 0{,}78$ abfiel.

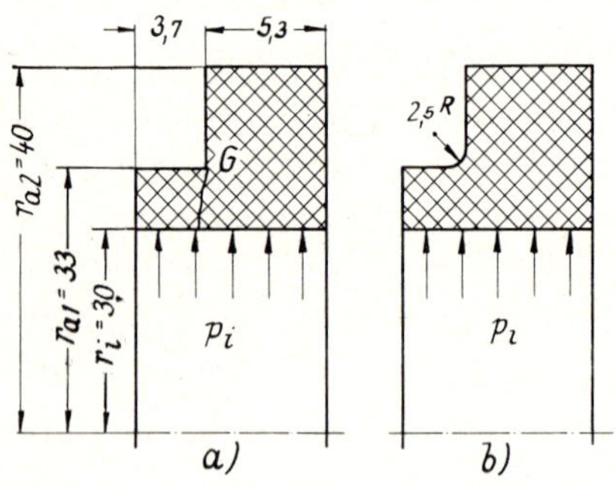

Bild 36
Einfluß des Querschnittübergangs auf das Festigkeitsverhalten eines Graphitringes unter Innendruck.
a) Versuchsring 1 b) Versuchsring 2

Beispiel 5: Für eine Höchstdruckdichtung sollte der Gegenring für einen Außendruck von $p_a = 200$ bar entworfen werden. Aus Gründen der chemischen Beständigkeit konnte nur eine phenolharz-imprägnierte Kohle eingesetzt werden.

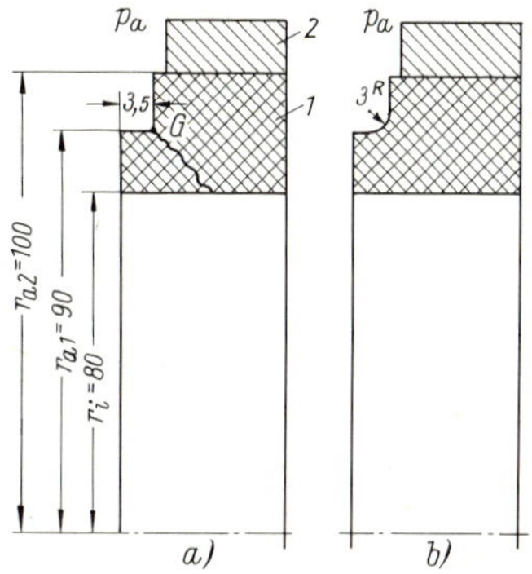

Bild 37
Einfluß des Querschnittüberganges auf das Festigkeitsverhalten eines Kohleringes unter Außendruck.
a) Versuchsring 3
b) Versuchsring 4
1 Kohlering 2 Kammerungsring

Ihre Druckfestigkeit betrug $\sigma_D = 250$ N/mm². Das Drehmoment wurde von der Kohle durch eine kombinierte Schrumpf- und Klebeverbindung zum metallischen Kammerungsring übertragen. Als Querschnittsverhältnis wurde ein Wert von $a/b = 0{,}35$ zugrunde gelegt. In Bild 37 sind zwei Versuchsausführungen dieser Ringe dargestellt, wobei sich Ring 3 ebenfalls wieder nur von Ring 4 durch den scharfen Querschnittsübergang im Punkt G unterscheidet. Auf dem Prüffeld brach der Ring 3 bereits bei $p_a = 140$ bar unter der in Bild 37a dargestellten Bruchlinie von ca. 45°, während der Ring 4, Bild 37b, auch noch einem Prüfdruck von $p_a = 300$ bar widerstand. Nach Gl. (18) ergibt sich mit den in Bild 37 angeführten Zahlenwerten bei Annahme eines Sicherheitsfaktors von $S_B = 1$ ein kritischer Außendruck von $p_a = 332$ bar. Für den Betriebsdruck von $p_a = 200$ bar liegt also der Sicherheitsfaktor für Ring 4 bei $S_B = 1{,}5$. Bei Ring 3 betrug er nur $S_B = 0{,}7$.

Obgleich in Beispiel 4 durch ein zu hoch gewähltes Verhältnis von $a/b = 1{,}23$ und in Beispiel 5 durch Überlagerung der Schrumpfspannungen erschwerte Versuchsbedingungen vorlagen, zeigen die Ergebnisse doch eine ausreichende Übereinstimmung mit Gl. (17) und (18). Es ist ferner ersichtlich, daß scharfe Querschnittsübergänge wegen erhöhter Spannungsspitzenausbildung und Bruchgefahr bei spröden Werkstoffen unbedingt zu vermeiden sind.

3. Prüfstände

Um den Einfluß der verschiedenen Dichtungsparameter auf das Verhalten von Gleitringdichtungen im Betriebszustand ermitteln zu können, bedient man sich besonders entwickelter Prüfstände. Die einfachste Ausführung wäre, die Dichtung in die für sie vorgesehene Maschine einzubauen und laufen zu lassen. Jedoch ist hier nur die Möglichkeit der Beurteilung an Hand weniger Größen — wie Leckmenge und bei längeren Prüfläufen auch des Verschleißes — gegeben. Normalerweise bedient man sich aber besonderer Prüfstände, um bei verschiedenen Belastungen, Anordnungen und Bauarten für verschiedene Werkstoffpaarungen, Gleitgeschwindigkeiten, Drücke, Medien und Temperaturen, dann Leckage, Verschleiß, Reibungsverluste und Temperaturverteilung, zu ermitteln. In vielen Fällen erstrecken sich Gleitringdichtungsversuche nur auf Verschleißmessungen und die Feststellung der „Dichtheit" oder „Undichtheit". Für solche Untersuchungen empfiehlt es sich, einfache Verschleißmaschinen zu bauen.

3.1. Verschleißstand

Einfache Verschleißstände für Abriebs- und Leckagemessungen werden von verschiedenen Autoren [64, 88, 177, 227, 248, 279] beschrieben. *Paxton* und *Shobert* [227] benutzten einfache Säulenbohrmaschinen, um einen Verschleißkörper oder eine Dichtung zu untersuchen. Während die anderen Autoren hauptsächlich Prüfstände einsetzen, in denen zwei Dichtungen zur Kompensation des Axialschubes angeordnet waren. Mehrere solcher Verschleißstände können in Reihe geschaltet oder durch einen Einzelmotor angetrieben werden. Bei einem solch vereinfachten Versuchsprogramm ist darauf zu achten, daß die Dichtungen und Gegenringe schnell und einfach ausgewechselt werden können.

3.2. Torsionsprüfstand

Um nun für genauere Messungen die Fehlerquellen, die durch die Lagerung und die Mittelwertbildung bei zwei Dichtungen entstehen können, auszuschalten, kann es notwendig sein, einen Prüfstand für nur eine Dichtung einzusetzen. Hierbei ist es schwierig, den hohen Axialschub aufzufangen, ohne daß zusätzliche und schwer zu ermittelnde Reibungsverluste durch die Lagerung oder durch die Flüssigkeitszirkulationsleitungen entstehen. In Bild 38 ist eine interessante Lösung dieses

Problems von *Mayer* [177, 180], der sog. Torsionsprüfstand, dargestellt. Dieser Prüfstand wurde durch einen polumschaltbaren Drehstrommotor von 3,3/4 kW bei $n = 1500/3000$ U/min über eine dreistufige Keilriemenscheibe angetrieben, die Drehzahlen zwischen 1500 bis 5000 U/min ermöglichte. Ein auswechselbares Wellenteil 2 ist für die verschiedenen Gleitringdichtungsgrößen in Außenanordnung vorgesehen. Die Welle ist so gelagert, daß die radialen Kräfte durch Rollenlager und der hohe Axialschub durch gleichmäßig tragende Scheibenkugellager 1 aufgenommen werden. Die Messungen des Reibungsmoments erfolgen über einen austauschbaren Torsionsstab 7, der gleichzeitig die Flüssigkeitszuleitung übernimmt und noch ein Rohr für die Rückleitung enthält. Der Axialschub wird ebenfalls durch den Torsionsstab auf das Widerlager 11 übertragen, an dem die Anschlüsse für die flexiblen Leitungen von Manometer und Pumpenstand angebracht sind.

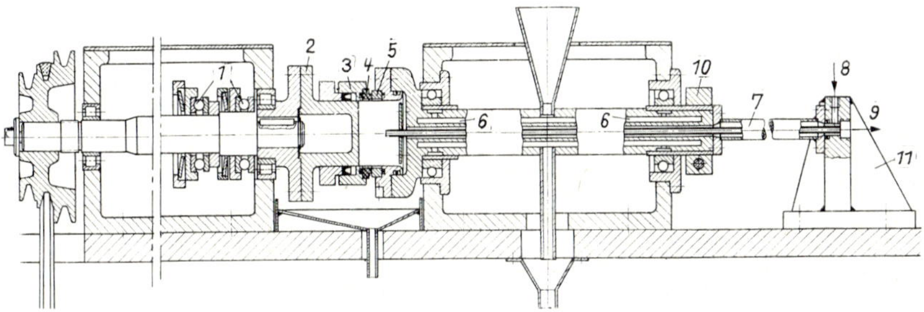

Bild 38. Torsionsmeßstand [177].

1 Lager zur Aufnahme des Axialschubes
2 auswechselbares Wellenstück
3 Gleitringdichtung
4 Gleitring
5 Gegenring
6 Kühlvorrichtung zur Erreichung konstanter Lagertemperatur
7 auswechselbarer Torsionsstab
8 Flüssigkeitszuleitung
9 Flüssigkeitsableitung
10 Anschlußvorrichtung der Drehmomentenmessung
11 Widerlager

Der Verdrehwinkel des Torsionsstabes wird durch einen schwingungsgedämpften Hebelarm von 250 mm Länge übersetzt. Über diesen Hebelarm, der mit einer Eichvorrichtung versehen ist, wird der Verdrehwinkel durch ein Venturi-Meßgerät auf eine gut ablesbare Flüssigkeitssäule von 500 mm Länge vergrößert. Das Drehmoment oder auch der Reibungsbeiwert können durch Eichung dieser Skala direkt abgelesen werden. Die Lager auf der Meßseite werden durch ein Kühlsystem 6 auf konstanter Temperatur gehalten, um unterschiedliche Lagerreibungsverluste durch die Flüssigkeitstemperatur des abzudichtenden Mediums auszuschalten. Die Leckage wird in einem Meßzylinder aufgefangen. Mit dieser Ausführung ließ sich eine sehr hohe Meßgenauigkeit erzielen; jedoch ist mit einer verkürzten Lebensdauer der Axiallager bei hohen Gleitgeschwindigkeiten und mittleren Drükken zu rechnen.

3.3. Höchstdruckprüfstand

Sollen Versuche im Druckbereich über 50 bar gefahren werden, so müssen Prüfstand und Antrieb mit ausreichenden Sicherheitsvorrichtungen versehen werden. Ferner ist darauf zu achten, daß die Dichtungen einfach und schnell ausgewechselt werden

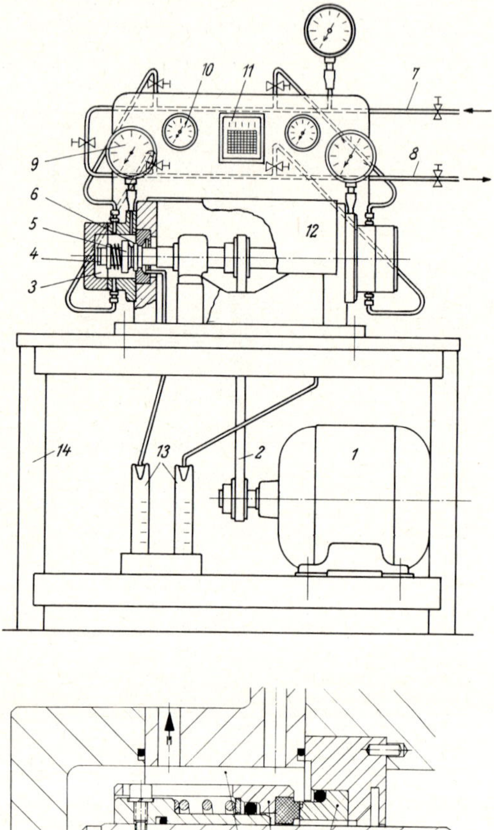

Bild 39
Höchstdruckprüfstand [2*].

1 polumschaltbarer Motor
2 Zahnriemenantrieb
3 linke Druckkammer
4 austauschbare Wellenhülse
5 Gleitringdichtung
6 stationärer Gegenring
7 Hochdruckleitung Einlauf
8 Flüssigkeitsrücklauf
9 Druckmanometer
10 Fernthermometer mit Schleppzeiger
11 Leistungsschreiber
12 Plexiglas-Schutzhaube
13 Leckagemeßgefäß
14 Maschinenständer

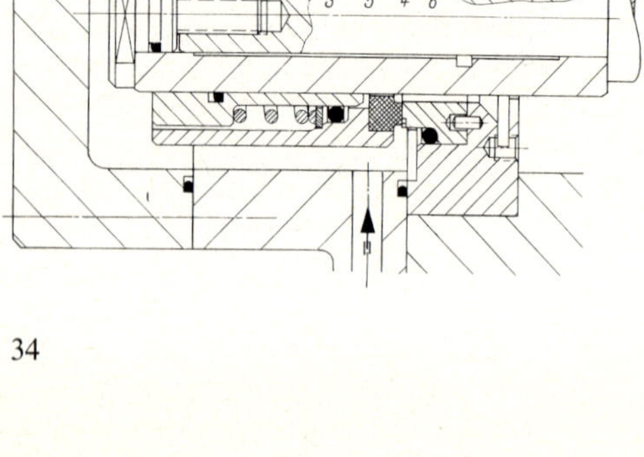

Bild 39a
Vergrößerte Ausschnittskizze der Druckkammer von Bild 39.

können. Eine Prüfstandkonstruktion der Firma Feodor Burgmann [2*] für Drücke bis 200 bar, die diesen Forderungen gerecht wird, ist in Bild 39 gezeigt. Die Gleitringdichtungen sind durch einfaches Lösen der Gehäusedeckel zugänglich. Die Druckräume sind für jede Dichtung getrennt und in korrosionsfester Ausführung hergestellt. Der Antrieb erfolgt durch einen polumschaltbaren Drehstrommotor von 5,5/7,3 kW bei 1500/3000 U/min über einen schlupffreien Zahnflachriemen. Die Wellendurchmesser können durch einfaches Auswechseln der Wellenbuchse für verschiedene Dichtungen verändert werden. Das gleiche gilt für die Drehzahlen durch Austausch der Zahnscheiben. Für die hohen in Frage kommenden Drehmomente hat sich die elektrische Messung der Reibmomente mit Hilfe des geeichten Motors und Leistungsschreibers als sehr zuverlässig erwiesen. Temperaturen werden ebenfalls durch einen Mehrfachschreiber registriert. Ein zusätzlicher Pumpenstand, der mit einer Hochdruckkolbenpumpe von 15 l/min, Akkumulator, Vorratsbehälter und Wärmeaustauscher ausgerüstet ist, ist in Bild 39 nicht dargestellt.

3.4. Rührwerksdichtungsprüfstand

Rührwerksdichtungen werden in der Verfahrenstechnik bei mittleren Gleitgeschwindigkeiten von einigen m/s eingesetzt, wobei im Laufe der letzten Jahre ein

Bild 40. Prüfstand für Rührwerksdichtungen [2*].
$p_3 \leqq 250$ bar, Temperatur $\leqq 250\,°C$, $D_W = 20$ bis 500 mm

wesentlicher Druckanstieg bis zu Spitzendrücken von 250 bar zu verzeichnen war (s. Abschn. 9.9.2). Die Wellendurchmesser liegen im Bereich von $D_W = 50$ bis 500 mm. Normalerweise kommen doppeltwirkende Gleitringdichtungen mit separaten Sperrdruckanlagen zum Einsatz. Die übliche Lebensdauer ermöglicht einige Jahre wartungsfreien Betrieb.

In Bild 40 ist ein moderner Rührwerksprüfstand mit Antrieb durch Hydromotor bis 30 kW dargestellt, der einen stufenlosen Drehzahlbereich von $n = -400$ bis $+400$ U/min ermöglicht. Als Sperrmedium kann wahlweise Öl oder Wasser verwandt werden. Bei simuliertem Kesselinnendruck wird die Maximalbelastung durch die Belastbarkeit des Axiallagers begrenzt. Alle Meßdaten werden auf Schreibstreifen registriert und dienen dem Hersteller und dem Betreiber zusammen mit einem Prüfprotokoll und einem Abnahmezertifikat als Abnahmedokument.

3.5. Hochgeschwindigkeitsprüfstand

Insonderheit kommen axiale Gleitringdichtungen auch bei sehr schnell laufenden Kompressoren und Turbinen, insbesondere bei Flugzeugen, zum Einsatz. Hier ist eine prüfstandsmäßige Untersuchung der Dichtung, die gewöhnlich bei Drücken bis zu 15 bar, aber bei sehr hohen Gleitgeschwindigkeiten und mit Ölkühlung arbeitet, sehr aufwendig. *Taschenberg* [279] beschreibt einen Hochgeschwindigkeitsprüfstand der Firma Koppers [8*]. Zu dem Prüfstand gehörten u. a. ein 37-kW-Getriebemotor mit $n = 3000$ bis 11 000 U/min. Die Drehzahl der Prüfwelle konnte durch eine entsprechende Übersetzung und einen Flachriemen bis auf 21 000 U/min gesteigert werden. Die Lebensdauer des Flachriemens betrug bei $v_g = 150$ m/s ca. 100 h. Normalerweise betrug der Durchmesser der Prüfwelle $D_W = 150$ mm, er konnte jedoch bis auf $D_W = 250$ mm vergrößert werden. Zusätzlich war ein Luftkompressor für $p_1 = 17{,}5$ bar bei 1,4 m^3/min vorgesehen sowie ein elektrischer Lufterhitzer von 30 kW, der in der Lage war, 140 l/min Luft bei 550 °C und 14 bar zu erzeugen. Ferner war eine Ölpumpe vorhanden, die bei einer Maximalfördermenge von 19 l/min Öl von 5,3 bar in einem Temperaturbereich von 20 bis 230 °C umwälzen konnte. Mit dieser Anlage konnten Versuche im Gasdruckbereich von 0 bis 15 bar bei Temperaturen zwischen 20 bis 600 °C und Gleitgeschwindigkeiten bis 150 m/s mit verschiedenen Kühlölströmen und Temperaturen gefahren werden.

Weitere Einzelheiten über Hochgeschwindigkeits-Prüfstände werden von den Autoren *Batkis* [327], *Blanchot* [334], *Centemeri* [337] und *Mayer* [393] beschrieben.

Auf dem in Bild 41 dargestellten Spezial-Prüfstand können Gleitringdichtungen mit integrierten Pumpvorrichtungen für Gleitgeschwindigkeiten bis zu 73 m/s

Bild 41. Hochgeschwindigkeits-Prüfstand zur Erprobung von Gleitringdichtungen mit integrierter Pumpvorrichtung [2*].
$n_{max} = 7000$ U/min, $v_{gmax} = 73$ m/s, $N_{max} = 84$ kW, $D_{wmax} = 230$ mm, $p_{1\,max} = 50$ bar, $t_{max} = 100\,°C$

zusammen mit den in dem Kühlkreislauf integrierten Wärmetauschern und Magnetfiltern abgenommen werden. Exakte Druck-, Durchfluß- und Temperaturmessungen werden durch registrierende Geräte vorgenommen.
Auf Grund der bei hohen Gleitgeschwindigkeiten auftretenden hohen Turbulenzverluste der Dichtflüssigkeit müssen ausreichende Antriebsleistungen und Wärmetauscher-Kapazitäten vorgesehen werden. Nähere Einzelheiten können Abschn. 9.7.1. entnommen werden.
Wegen der hohen Geräuschentwicklung müssen derartige Hochgeschwindigkeitsprüfstände in schallisolierten Räumen installiert werden.

4. Leckverluste

Die Undichtheiten bei Gleitringdichtungen können verschiedene Ursachen haben. Normalerweise tritt die Leckmenge durch den radialen Dichtspalt aus, der von den beiden Gleitflächen gebildet wird. Jedoch können auch schadhafte radiale Dichtelemente, wie beschädigte O-Ringe, geschrumpfte Manschetten sowie zu große Rauhtiefen an ihren Auflageflächen neue Leckwege öffnen. Das gleiche gilt für fehlerhafte Preß- und Schrumpfsitze sowie für poröse Gleit- und Dichtungswerkstoffe. Diese zusätzlich möglichen Undichtheitswege werden später in Abschn. 4.10. behandelt, während zunächst nur der primäre Leckstrom durch den Dichtspalt zwischen den Stirnflächen der Dichtungen diskutiert werden soll.

4.1. Ältere Untersuchungen

Im Jahre 1949 befaßte sich *Heinze* [111] mit dem Spaltdruck und der Leckage. Wie später auch bei anderen Autoren [30, 41, 248, 258, 310] stützen sich seine Berechnungen auf die Annahme, daß die Hydrodynamik auch bei Gleitringdichtungen auftritt und sich die Leckmenge nach der bekannten Gleichung für Laminarströmung durch einen radialen Ringspalt

$$Q = \frac{\pi d_m h_0^3 (p_1 - p_2)}{12 \eta b} \tag{19}$$

errechnen läßt. *Boon* und Mitarbeiter [32] berechnen für einen ebenen Parallelspalt die Leckage nach Gl. (19) und den Leistungsverbrauch N_R nach dem Newtonschen Ansatz zu

$$N_R = \frac{F \eta v_g^2}{h_0} \tag{20}$$

was zu dem Schluß verleitet, daß bei Gleitringdichtungen unter gleichen Betriebsverhältnissen die Reibungsverluste für Öl 100mal so groß wie bei Wasser sein würden, falls der Viskositätsunterschied zwischen Wasser und Öl sich wie 1:100 verhalten würde. Sie weisen jedoch darauf hin, daß bei Versuchen Abweichungen von den theoretischen Berechnungen zu erwarten sind, da im technischen Spalt die Flüssigkeitshöhe h_0 selten konstant sei und durch Temperaturdifferenzen im Ring die tatsächliche Spaltform vom Parallelspalt stark abweichen dürfte. In den Untersuchungen von *Scobel* [258] werden Gl. (19) und (20) ausschließlich zur Grundlage der Berechnung gemacht, obgleich die Versuche mit Gleitringdichtungen eindeutig starke Verschleißerscheinungen mit teilweisen Verschweißungen bei 7 und 9 Werkstoffpaarungen zeigten, die in den Belastungsstufen I und II der Tabelle 1 untersucht wurden. Die hierbei gemessenen Reibungsbeiwerte lagen in der Größenordnung $f=0,1 \ldots 0,6$. *Trutnovsky* [287] stuft jedoch die Gleitringdichtungen unter die Berührungsdichtungen ein, da das Kriterium eines Dichtspaltes mit vorher bestimmten Abmessungen bei ihnen nicht gegeben sei, wenn auch bei manchen Betriebszuständen tatsächlich Berührungslosigkeit vorliegen könnte. In umfangreichen Versuchsreihen konnte *Mayer* [177, 190, 191] zeigen, daß Gl. (19) nicht für die Berechnung von Leckmengen herangezogen werden kann, da Gleitringdichtungen nur in Ausnahmefällen noch im Bereich der Hydrodynamik, überwiegend jedoch im Bereich der Misch- und Grenzreibung laufen. *Beacham* [21] schlug genormte Vergleichswerte für Gleitringdichtungen vor, da beispielsweise die englische Luftwaffe für kleine Wellendurchmesser eine Leckmenge von $Q=0,17\ \text{cm}^3/\text{min}$ noch als zulässig erachtet, während die amerikanische Marine nur $Q=0,0042\ \text{cm}^3/\text{min}$ zuläßt. Im amerikanischen Schrifttum [99] und [310] wird gelegentlich der Ausdruck „Zero-Leakage" zitiert. Hierbei ist jedoch zu berücksichtigen, daß dieser irreführende Ausdruck „Null-Leckage" eine Leckmenge von einigen cm^3/h bedeutet, obgleich keine tropfende Leckage auftritt.

4.2. Der technische Dichtspalt

Im Normalfalle werden Gleitringdichtungen mit plangeläppten Stirnflächen eingesetzt und nur in Sonderfällen, wie beispielsweise bei Dichtköpfen, kommen sphärische Dichtflächen vor. Die Ausgangsflächen können jedoch durch Kräfte, Erwärmung und Verschleiß ihre Form ändern. Ebene Dichtflächen bieten den Vorteil, daß sie mit einfacheren Mitteln hergestellt und kontrolliert werden können. Im folgenden soll als Ausgangsspalt nur der plane Parallelspalt betrachtet werden.

Langjährige Erfahrungen mit Gleitringdichtungen haben gezeigt, daß an die Oberflächenbeschaffenheit der beiden Flächen, die den Dichtspalt formen, bestimmte Forderungen hinsichtlich Oberflächenrauheit und Ebenheit zu stellen sind. Die Hersteller-Richtlinien schreiben heute polierte Oberflächen von $R_a=0,015$ bis 0,5 µm vor und eine Planität von 2 bis 3 Lichtbändern. Die durch Diamantschliff respektive Spezial-Polierprozesse erzielbaren arithmetischen Mittelrauhwerte sind bei den Werkstoffen unterschiedlich und betragen beispielsweise bei:

Wolframkarbid	$R_a=0,015$ bis 0,03 µm
metallische Gleitwerkstoffe	$R_a=0,2$ bis 0,3 µm
Hartkohlen	$R_a=0,3$ bis 0,4 µm
Keramik	$R_a=0,35$ bis 0,5 µm

Häufig wird zur Messung der Planität ein Interferenz-Prüfgerät mit monochromatischem Heliumlicht (1 Heliumlichtband = 1/2 Wellenlänge = 0,29 µm) verwendet.

Die Vorschrift über die zulässigen Lichtbandwerte wird häufig einheitlich auf Ringe mit den verschiedensten Durchmessern übertragen. Dies ist unexakt und kann zu Mißverständnissen Anlaß geben. Die Planität von Gleitringen sollte bei Bezugnahme auf Lichtbandmeßwerte immer auf eine Meßstrecke bezogen werden, wobei gleichzeitig die Toleranz des verwandten Planglases mit zu berücksichtigen ist. Standardplangläser bis zu 200 mm Dmr. weisen in der Technik gewöhnlich einen Fehler von ±0,1 μm auf. In Bild 42 sind einige typische Lichtbandlinien, wie sie bei Gleitringdichtungen auftreten können, dargestellt. Wird eine Gleitringdichtung mit plangeläppten Gleitflächen in Betrieb genommen, so ändert sich die Spaltform augenblicklich. Bedingt durch die Krafteinleitung in die Ringe, z. B. durch Verdrehsicherungsstifte und Mitnehmerenden von Federn, durch axiale und radiale Kräfte und Temperaturgradienten, verwerfen sich die Ringe und die Spaltform kann nun konvex, konkav oder geneigt mit Kontakt am Innendurchmesser d oder am Außendurchmesser D werden. Bleiben nun die Betriebsbedingungen für die Dichtung konstant, d. h., es treten keine Änderungen von p_1, v_g, t usw. mehr auf, so wird der Dichtspalt durch den einsetzenden Verschleiß bei Verwendung einer geeigneten Werkstoffpaarung wieder die Form eines Parallelspaltes annehmen, wenn ihm genug Zeit und verbleibender Kontaktdruck zur Verfügung stehen. Die benötigte Einlaufzeit hängt vor allem von der Größe der Verwerfung, dem verbleibenden Gleitdruck und der Verschleißfestigkeit der Werkstoffpaarung ab und kann bei Gleitringdichtungen zwischen einigen Minuten und Monaten liegen. Dies ist unter anderem auch ein Grund dafür, weshalb beim Einlaufen mit höheren Verschleißwerten als im Betriebszustand zu rechnen ist. Wenn jedoch beim Anfahrvorgang bereits die Dichtflächen schon

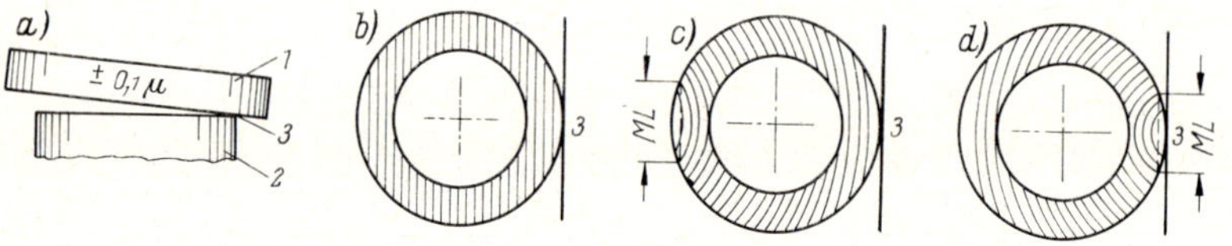

Bild 42. Einige typische Lichtbandmeßlinien bei monochromatischem Licht.

1 Planglas 2 Gleitring 3 Kontaktberührung
a) Messungsausgang
b) parallele Lichtbänder bedeuten Planität innerhalb der Planglastoleranz
c) Der Gleitring ist ein Lichtband konkav, bezogen auf die Meßlänge ML
d) Der Gleitring ist zwei Lichtbänder konvex, bezogen auf die Meßlänge ML

folgenschwer beschädigt werden, z. B. durch thermische Spannungsrisse, Verschweißungen, Überschreitung der thermischen Einsatzgrenzen der Werkstoffe (Ausschmelzen der Metalle aus metallimprägnierten Kohlen) oder die Dichtflächen abgehoben werden, so wird die Dichtung funktionsunfähig. Die bei Gleitringdichtungen auftretenden Verwerfungen machen es vor allem bei intermittierenden

Betriebszuständen außerordentlich schwierig, eine genaue Berechnung der Leckmenge durchzuführen. Insgesamt beeinflussen vier Hauptkomponenten die Verwerfung des Dichtspaltes; es sind die axialen und radialen Kräfte und Temperaturgradienten.

4.3. Mechanische Verwerfungen des Dichtspaltes

Mechanische Kräfte, die versuchen, die Form des Dichtspaltes zu ändern, sind hauptsächlich durch das hydraulische Belastungsverhältnis k sowie durch den abzudichtenden Druck und dessen Richtung gegeben. Unter dem Einfluß der Verwerfungen neigen Gleitringdichtungen dazu, entweder Kontakt am Außendurchmesser D oder am Innendurchmesser d, Bild 43a und b, zu bekommen, was zwangsläufig das Belastungsverhältnis stark ändert. Sind dem Konstrukteur die Gesetzmäßigkeiten bekannt, so kann er durch geeignete Dimensionierung und Werkstoffauswahl die zu erwartenden Verwerfungen berechnen und sie unterhalb der kritischen Grenze halten.

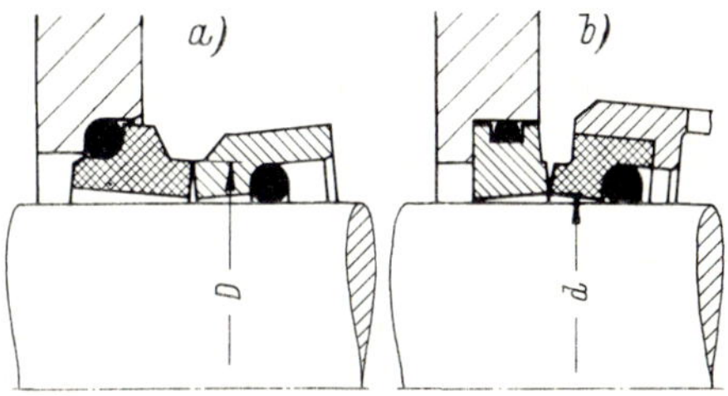

Bild 43
Extreme der Dichtspaltverformung.
a) Berührung am Außendurchmesser D
b) Berührung am Innendurchmesser d

4.3.1. Einfluß axialer Kräfte

Das hydraulische Belastungsverhältnis k kann die Verformung der Gleitfläche genauso beeinflussen, wie es die Form und Lagerung des Gegenringes tun kann.
Zunächst seien unter Bezugnahme auf Bild 44 die in den rotierenden Ringen A durch die Wahl des hydraulischen Belastungsverhältnisses k im Gleitring auftretenden Momente diskutiert, die zu unterschiedlichen Verwerfungen der Dichtfläche führen können. Das auf den mittleren Radius $r_m = \frac{D+d}{4}$ des Ringes A bezogene Moment ist

$$\overline{M}_A = \overline{P}_A (r_p - r_m) \tag{21}$$

mit

$$\overline{P}_A = k p_1 b \tag{22}$$

und

$$r_p = \frac{D+d_H}{4} \tag{23}$$

Je mehr sich der k-Wert von $k=1$ nach beiden Richtungen entfernt, um so größer wird durch die wachsende Differenz der Hebelarme $r_p - r_m$ das Moment $\overline{M}$ und damit die Verwerfung. Nach Tabelle 3 wird für den Fall, daß $r_p > r_m$ ist, die Verwerfung s_{AMa} positiv, d. h., es erfolgt Kontakt bei D.

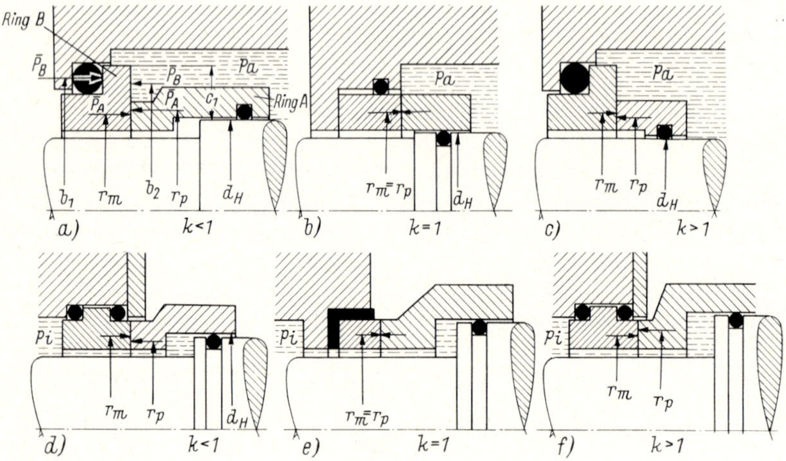

Bild 44. Gleitringdichtungen mit verschiedenen hydraulischen Belastungsverhältnissen k unter Außen- und Innendruck.

a) $k<1$ b) $k=1$ c) $k>1$ d) $k<1$ e) $k=1$ f) $k>1$

Für den Fall, daß $r_p = r_m$ ist, wird $s_{AMa} = 0$, d. h., der Kontakt bleibt unverändert. Für den Fall, daß $r_p < r_m$ ist, wird die Verwerfung negativ, d. h., es erfolgt Kontakt bei d.

Ähnliche Verwerfungen können auch im Gegenring auftreten. Beispielsweise ist nach Bild 44a das Moment im Ring B

$$\overline{M}_B = \overline{P}_B (b_1 - b_2) \tag{24}$$

mit

$$\overline{P}_B = p_1 c_1 \tag{25}$$

$$b_2 \approx \frac{D_B + d_H}{4} \tag{26}$$

$$c_1 = \frac{D_B - d_H}{2} \tag{27}$$

Es gelten hier die gleichen Gesetzmäßigkeiten wie bei den Gleitringen.

Tabelle 3. Mechanische Verformung der Gleitringe nach Bild 44 bei unterschiedlichen hydraulischen Belastungsverhältnissen k unter Innen- oder Außendruck.

Bild 44	Belastungs-verhältnis k	Druck	Hebelarm-verhältnis r_p/r_m	Kontakt bei	Verwerfung s_{AMa}
a	<1	p_a	>1	D	$(+)$
d	<1	p_i	<1	d	$(-)$
b	$=1$	p_a	$=1$	—	0
e	$=1$	p_i	$=1$	—	0
c	>1	p_a	<1	d	$(-)$
f	>1	p_i	>1	D	$(+)$

Für einen einfach gestalteten Ring wird nach *Gemma* [90], vgl. Bild 45, der Verdrehwinkel

$$\varphi = \frac{12\,\overline{M}\,r_m}{E\,l^3 \ln \frac{r_a}{r_i}} \tag{28}$$

und die Hauptspannung in den Punkten 1 und 2

$$\sigma_{max} = \pm \frac{6\,\overline{M}\,r_m}{l^2\,r_i \ln \frac{r_a}{r_i}} \tag{29}$$

Da der Winkel φ in jedem Falle sehr klein ist, kann $\sin\varphi \approx \varphi$ gesetzt werden. Die Verwerfung eines Gleitringes wird dann

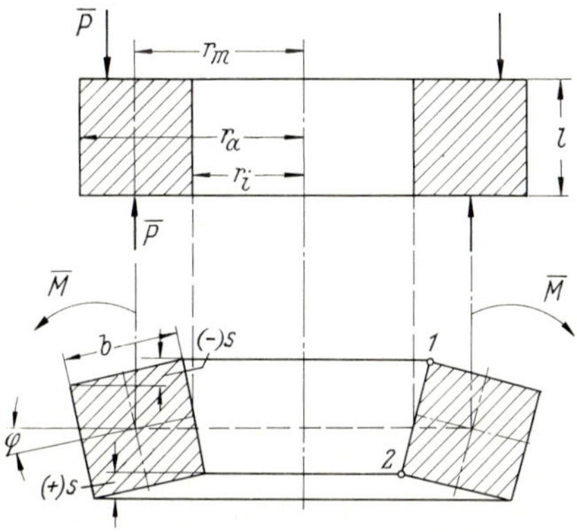

Bild 45. Elastische Verformung eines Ringes unter exzentrischem Kraftangriff durch das Moment $\overline{M}$.

$$s_{Ma} = \varphi\, b\, C_F \tag{30}$$

wobei C_F ein Formfaktor ist. Die Spaltverwerfung und die sich hieraus ergebende Spaltform mit Kontaktberührung bei d oder D unter dem Einfluß axialer Kräfte setzt sich aus der Summe der Einzelverwerfungen von Ring A und Ring B zusammen.

$$s_{Ma} = s_{AMa} + s_{BMa} \tag{31}$$

Die Verwerfung kann also durch konstruktive Gestaltung der Ringe und Auswahl von Werkstoffen mit entsprechenden Elastizitätsmodulen beeinflußt werden.

Die Vorzeichen von s und die hieraus resultierenden Kontaktberührungen bei D (+) oder d (−) gelten für Drucksteigerung bei einem Ausgangsparallelspalt. Hat die Dichtung nun während des Betriebes durch Verschleißabtragung wieder einen Parallelspalt hergestellt und es tritt nun eine Druckentlastung ein, so ändert sich das Vorzeichen von s. Wandert beispielsweise, s. Bild 46, die Kontaktlinie bei Druckbelastung zum Außendurchmesser D, Bild 46b, so verschiebt sie sich wieder durch Verschleiß. Nach Bildung eines neuen Parallelspaltes im Betriebszustand, Bild 46c, wandert sie bei Druckentlastung zum Innendurchmesser d, Bild 46d. Diese Veränderungen der Spaltform können entscheidend das Verhalten einer Gleitringdichtung beeinflussen, die hierdurch einerseits thermisch überfordert werden, Bild 46b, andererseits den Dichtflächenkontakt verlieren kann, Bild 46d.

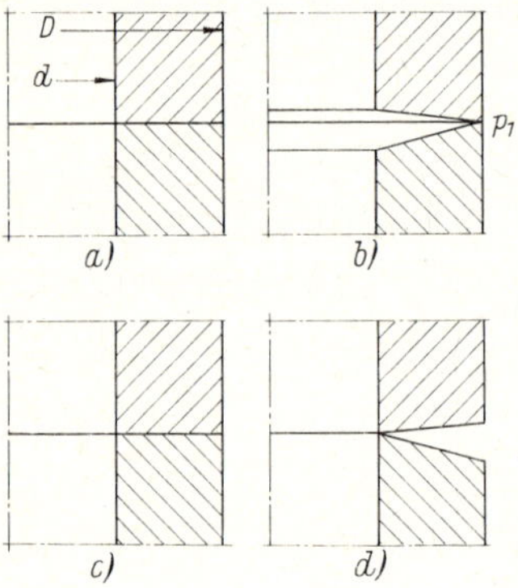

Bild 46
Abhängigkeit der Spaltform von den Betriebsbedingungen.

a) Ausgangsspaltform $s=0$
b) Spaltform nach Druckaufgabe s positiv
c) Spaltform im Betriebszustand nach Einlaufverschleiß $s=0$
d) Spaltform nach Druckentlastung s negativ

Es werden im Anhang zu den folgenden Abschnitten der Dichtspaltverformungen jeweils Berechnungsbeispiele gebracht, die sich immer auf die gleiche Dichtungsausführung bei konstanten Betriebsbedingungen erstrecken.

Beispiel 6: Bei der in Bild 47 gezeigten Gleitringdichtung sind der Gleitring A aus Stellit und der Gegenring aus Kohle hergestellt. Der Dichtdruck betrug $p_a = 50$ bar. Der Einfluß der Federkraft wird vernachlässigt. Der Formfaktor wird bei den weiteren Betrachtungen $C_F = 1$ gesetzt.

$D = 62{,}5$ mm; $d = 47{,}5$ mm; $b = 7{,}5$ mm; $d_H = 50$ mm; $k = 0{,}82$

Ring A	Ring B
$l_A = 12$ mm	$l_B = 13$ mm
$E_A = 200\,000$ N/mm²	$E_B = 14\,000$ N/mm²
$r_m = \frac{D+d}{4} = 27{,}5$ mm	$D_B = 68$ mm
$r_p = \frac{D+d_H}{4} = 28{,}12$ mm	$b_1 = 31$ mm

$r_p - r_m = 0{,}62$ mm

$$b_2 \quad = \frac{D_B + d_H}{4} = 29{,}5 \text{ mm}$$

$$c_1 \quad = \frac{D_B - d_H}{2} = 9 \text{ mm}$$

$$r_{mB} \quad = \frac{D_B + d}{4} = 28{,}8 \text{ mm}$$

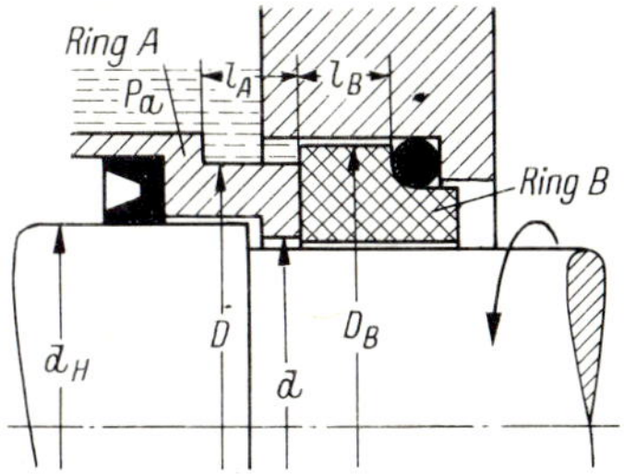

Bild 47.
Versuchsdichtung für Verformungsbeispiel 6.

Unter Berücksichtigung von Gl. (21), (22), (28) und (30) errechnet sich für Ring A die mechanische Verwerfung durch axiale Kräfte

$$s_{AMa} = \frac{12 b^2 k p_1 (r_p - r_m) r_m C_F}{E_A l_A^3 \ln \frac{D}{d}} \tag{32}$$

mit den Zahlenwerten folgt

$s_{AMa} = 0{,}5$ µm.

Beim Gegenring B tritt bei gleichen Betriebsbedingungen unter Berücksichtigung von Gl. (25), (26), (27), (28) und (30) folgende Verformung auf:

$$s_{BMa} = \frac{12 b p_1 c_1 (b_1 - b_2) r_{mB} C_F}{E_B l_B^3 \ln \frac{D_B}{d}} = 15{,}9 \text{ µm}$$

Die Gesamtverformung ist somit nach Gl. (31)

$s_{Ma} = 0{,}5 + 15{,}9 = 16{,}4$ µm.

Hierbei wirkt sich hauptsächlich der niedrige E-Modul des Gegenringes B aus.

Bei Druckaufgabe von $p_1 = 50$ bar tritt also zunächst eine starke Kontaktberührung bei D ein, s. Bild 46b, die das ursprüngliche Belastungsverhältnis von $k = 0{,}82$ auf einen Wert von $k > 1$ erhöht. Durch diese erhöhte Belastung wird der Verschleiß beschleunigt und nach Abtragung einer Verschleißhöhe von $s = 16{,}4$ µm, die überwiegend bei der Kohle stattfindet, bildet sich wieder ein Parallelspalt mit $k = 0{,}82$ aus, s. Bild 46c. Erfolgt nun eine starke Druckentlastung, so wandert die Kontaktlinie nach d. Der Flüssigkeitsdruck p_a kann nun in den Spalt wandern, vgl. Bild 46d, und der k-Wert verringert sich, wobei der Dichtflächenkontakt vollständig verlorengehen kann.

4.3.2. Einfluß der radialen Kräfte

Ein Gleitring, der unter Innendruck steht, verformt sich konisch nach außen, s. Bild 48a, und bekommt Kontakt bei d. Unter Außendruckbelastung tritt

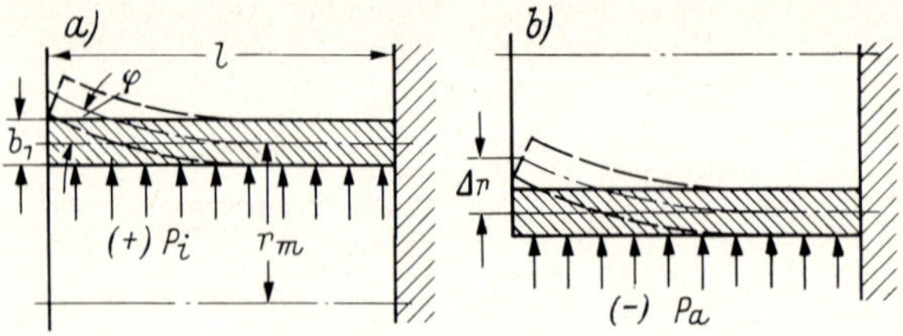

Bild 48
Elastische Verformung eines eingespannten Ringes.
a) unter Innendruck
b) unter Außendruck

eine konische Verengung auf, Bild 48b, mit einer Kontaktberührung bei *D*. Für den Fall eines zylindrischen Hohlkörpers, der frei beweglich an einer Seite, aber eingespannt an der anderen ist und unter dem hydrostatischen Druck p_1 steht, werden Differentialgleichungen und Lösungen von *Biezeno* und *Grammel* [24] gegeben. Ist m das Längs-zu-Quer-Dehnverhältnis und q eine Konstante

$$q^4 = \frac{3(m^2-1)}{m^2 b_1^2 r_m^2} \tag{33}$$

so ergibt sich nach Bild 48 unter Berücksichtigung der Randbedingungen die Durchbiegung Δr zu

$$\Delta r = \frac{r_m^2 p_1}{E b_1}\left(1 - \frac{2 \operatorname{Cos} q l \cos q l}{\operatorname{Cos}^2 q l + \cos^2 q l}\right) \tag{34}$$

und der Verformungswinkel zu

$$\varphi = 2q \frac{r_m^2 p_1}{E b_1}\left(\frac{\operatorname{Sin} q l \cos q l - \operatorname{Cos} q l \sin q l}{\operatorname{Cos}^2 q l + \cos^2 q l}\right) \tag{35}$$

Die Verwerfung der Gleitfläche wird somit

$$s_{Mr} = \varphi\, b\, C_F \tag{36}$$

wobei C_F eine Formkonstante ist.

Beispiel 7: Die in Bild 49 dargestellte Dichtung steht unter dem Außendruck $p = 50$ bar und weist folgende Kennwerte auf

Ring A	Ring B
$b = 7{,}5$ mm	$d = 47{,}5$ mm
$E_A = 200000$ N/mm²	$E_B = 14000$ N/mm²
$l_A = 15$ mm	$l_B = 15$ mm
$r_{mA} = \frac{D - b_A}{2} = 28{,}12$ mm	$r_{mB} = \frac{D_B + d}{4} = 28{,}8$ mm
$m_A = \frac{1}{0{,}3} = 3{,}33$	$m_B = \frac{1}{0{,}2} = 5$

$b_A = 6{,}25$ mm	$b_B = \frac{D_B - d}{2} = 10{,}25$ mm
$D = 62{,}5$ mm	$D_B = 68$ mm
$q_A^4 = 8{,}84 \cdot 10^{-5}$ mm^{-4}	$q_B^4 = 3{,}3 \cdot 10^{-5}$ mm^{-4}
$q_A = 9{,}69 \cdot 10^{-2}$ mm^{-1}	$q_B = 7{,}56 \cdot 10^{-2}$ mm^{-1}
$l_A q_A = 1{,}45$	$l_B q_B = 1{,}14$
$\sin 1{,}45 = 0{,}992$	$\sin 1{,}14 = 0{,}909$
$\cos 1{,}45 = 0{,}120$	$\cos 1{,}14 = 0{,}417$
$\mathrm{Sin}\, 1{,}45 = 2{,}014$	$\mathrm{Sin}\, 1{,}14 = 1{,}403$
$\mathrm{Cos}\, 1{,}45 = 2{,}249$	$\mathrm{Cos}\, 1{,}14 = 1{,}723$
$\mathrm{Sin}\, 1{,}45 \cos 1{,}45 = 0{,}241$	$\mathrm{Sin}\, 1{,}14 \cos 1{,}14 = 0{,}586$
$\mathrm{Cos}\, 1{,}45 \sin 1{,}45 = 2{,}232$	$\mathrm{Cos}\, 1{,}14 \sin 1{,}14 = 1{,}566$
$\mathrm{Cos}^2\, 1{,}45 + \cos^2 1{,}45 = 5{,}077$	$\mathrm{Cos}^2\, 1{,}14 + \cos^2 1{,}14 = 3{,}144$

Mit Gl. (35) und (36) folgt für $C_F = 1$

$$s_{AMr} = 2bq \frac{r_m^2 p_1}{E b_1} \left(\frac{\mathrm{Sin}\, ql \cos ql - \mathrm{Cos}\, ql \sin ql}{\mathrm{Cos}^2 ql + \cos^2 ql} \right) = 1{,}803\ \mu\text{m}$$

und für den Gegenring

$$s_{BM} = \frac{2 \cdot 7{,}5 \cdot 7{,}56 \cdot 28{,}8^2 \cdot (-)50}{14000 \cdot 10{,}25} \cdot \left(\frac{0{,}586 - 1{,}566}{3{,}144} \right) = 10{,}21\ \mu\text{m}$$

Beide Ringe haben Kontakt bei D; die Gesamtverwerfung unter dem Einfluß von p_a ist

$$s_{Mr} = s_{AMr} + s_{BMr}$$
$$= 1{,}803 + 10{,}21 = 12{,}02\ \mu\text{m}$$

Wie auch in Beispiel 6 ist die elastische Verformung des Gegenringes durch seinen niedrigen E-Modul auch hier größer. Weitere Untersuchungen über mechanische Verformungen an entlasteten Gleitringen wurden von *Fisher* [85] und *Nau* und *Turnbull* [209] durchgeführt.

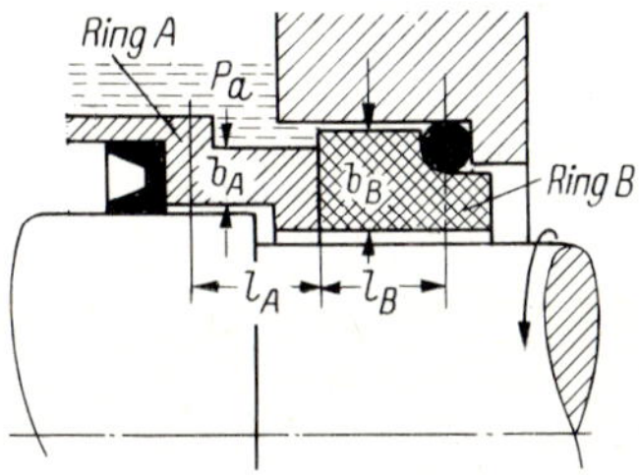

Bild 49
Versuchsdichtung für Verformungsbeispiel 7.

4.4. Thermische Verwerfungen des Dichtspaltes

Zusätzlich zu den bereits beschriebenen mechanischen Kräften beeinflussen ebenfalls die unterschiedlichen Temperaturen und ihre Gradienten in den Gleitringen die Geometrie des Dichtspaltes. Waren bei den elastischen Verformungen vor allem die Größe des E-Moduls und die Abmessungen der Ringe ausschlaggebend, so sind es bei den wärmemäßig bedingten Verwerfungen vor allem die thermischen Kennwerte der Gleitwerkstoffe, wie Wärmeleitzahl λ, Wärmeausdehnungskoeffizient α und die Wärmeableitfaktoren, die in Verbindung mit der konstruktiven Gestaltung der Ringe die Temperaturgradienten und die Spaltform beeinflussen.

Sowohl das Temperaturgefälle in axialer als auch in radialer Richtung beeinflussen die Geometrie des Dichtspaltes.

4.4.1. Auswirkung des axialen Temperaturgradienten

Der Temperaturgradient in axialer Richtung führt zu einer Verformung des Gleitringes. Für den Fall, daß die Wärmesenke am Außendurchmesser D des Ringes liegt, tritt eine konische Aufweitung des Ringes in radialer Richtung und für eine Wärmesenke bei d eine konische Verengung des Ringes auf.

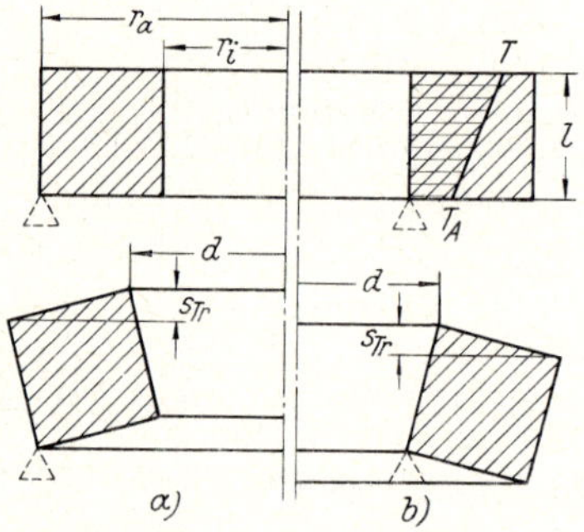

Bild 50. Thermische Verwerfung durch axiale Temperaturgradienten.

a) leichte Einspannung am Außenrand
b) leichte Einspannung am Innenrand

Für einen an einer Stirnfläche am Innen- oder Außendurchmesser nachgiebig eingespannten Ring, Bild 50, wurden von *Newman* und *Forray* [216] Formeln für die Verformung unter Temperatureinfluß angegeben. Unter Annahme eines linearen axialen Temperaturgradienten folgt unter Bezugnahme auf Bild 50

$$s_{Tr} = \frac{\alpha C_a (r_a^2 - r_i^2) C_F}{2} \tag{37}$$

wobei

$$C_a = \frac{T - T_A}{l}$$

ist und C_F ein Formfaktor.

Bei Gleitringdichtungen liegt die Wärmesenke meistens bei d oder D. Bei der Verformung durch den Einfluß es axialen Temperaturgradienten bewirkt eine Wärmesenke bei D, daß die Verformung s_{Tr} negativ wird, d. h. der Kontakt erfolgt bei d, vgl. Bild 50. Liegt die Wärmesenke bei d, so sind die äußeren Ringzonen heißer und die Berührung erfolgt dann bei D; in diesem Falle ist s_{Tr} positiv.

Beispiel 8: Die Versuchsdichtung wies unter den bereits angegebenen Betriebsbedingungen folgende axiale Temperaturgradienten auf.

$C_{Aa} = 9{,}5$ K/mm (durch Gummiprofilring beeinflußt!) $C_{Ba} = 6{,}5$ K/mm
$\alpha_A = 14{,}5 \cdot 10^{-6}$/K $\alpha_B = 5{,}3 \cdot 10^{-6}$/K

$r_i = 23{,}7$ mm, $r_a = 31{,}7$ mm

Nach Gl. (37) wird mit $C_F = 1$ die Verwerfung im Gleitring

$s_{ATr} = (-)\ 30{,}5\ \mu m$

und im Gegenring

$s_{BTr} = (-)\ 7{,}6\ \mu m$.

Die Gesamtverformung ergibt sich zu

$s_{Tr} = 30{,}5 + 7{,}6 = (-)\ 38{,}1\ \mu m$

4.4.2. Auswirkung des radialen Temperaturgradienten

Häufig sind bei Gleitringdichtungen mehrere Wärmequellen vorhanden, die die Temperaturverteilung in den Ringen in radialer Richtung stark beeinflussen. Zusätzlich zu der Reibungswärme der Stirnflächen können durch das abzudichtende Medium oder heiße Wellen- und Gehäuseteile sowie durch Flüssigkeitsverwirbelung neue Wärmequellen hinzukommen.

Je nach der Richtung des Wärmegefälles — die Wärmesenke kann sowohl bei d oder D liegen — kann die Temperaturverteilung in den Gleitringen sehr unterschiedlich sein. Die Zonen der Gleitringe, die am weitesten von der Wärmesenke entfernt sind oder am nächsten an der Wärmequelle liegen, weisen die höchsten Temperaturen auf. Sie dehnen sich stärker als andere Querschnittszonen und verändern die Form des ursprünglichen Parallelspaltes. Bei Annahme einer konstanten Wärmequelle und konstanten Betriebsbedingungen und unter Voraussetzung eines linearen Temperaturgradienten in radialer Richtung

$$C_r = \frac{T - T_A}{e}$$

ergibt sich für die Ringverwerfung in axialer Richtung die Näherungsformel

$$s_{Ta} = \alpha\, l\, b\, C_r \tag{38}$$

wobei α die Wärmeausdehnungszahl für den Temperaturbereich $\frac{T + T_A}{2}$ ist und l die axiale Länge des Ringes, die an der Ausdehnung teilnimmt.

Der radiale Temperaturgradient C_r ist vor allem von der Wärmequelle, der Wärmeleitzahl und der Wärmeübergangszahl abhängig, die wiederum von der Flüssigkeit, der Viskosität und der Geschwindigkeit beeinflußt werden. Genaue Werte für konstante Betriebsbedingungen können nur im Versuch ermittelt werden.

Liegt die Wärmesenke bei D, so wird s_{Ta} negativ, die Kontaktnahme der Ringe erfolgt dann beim Innendurchmesser d. Für eine Wärmesenke bei d ist s_{Ta} positiv und die Berührung findet nahe am Außendurchmesser D statt.

Beispiel 9: Die Versuchsdichtung mit der Dichtbreite $b = 7{,}5$ mm weist im Betriebszustand folgende radiale Temperaturgradienten und Kennwerte auf:

$C_{Ar} = 8$ K/mm	$C_{Br} = 5{,}5$ K/mm
$\alpha_A = 14{,}5 \cdot 10^{-6}$/K	$\alpha_B = 5{,}3 \cdot 10^{-6}$/K
$l_A = 18$ mm	$l_B = 20$ mm

Hiermit ergibt sich nach Gl. (38) die Verwerfung des rotierenden Ringes zu

$s_{ATa} = (-)\ 15{,}6\ \mu m$

und im stationären Ring zu

$s_{BTa} = (-)\ 4{,}3\ \mu m$

und hiermit die Gesamtverwerfung des Spaltes zu

$$s_{Ta} = 15{,}6 + 4{,}3 = (-)\ 19{,}9\ \mu m$$

In diesem Falle wird der Hauptanteil der Verwerfung durch den rotierenden Ring A hervorgerufen, dessen hoher α-Wert und niedrige Wärmeleitzahl $\lambda = 11{,}6$ W/mK in Verbindung mit der besseren Wärmeabgabe durch Rotation einen hohen radialen Temperaturgradienten bewirken.

4.5. Überlagerung der Einzelverwerfungen

Die Geometrie des Dichtspaltes einer Gleitringdichtung setzt sich im Betriebszustand aus der Summe der mechanischen und thermischen Einzelverwerfungen von Gleit- und Gegenring zusammen. Die gesamte Verwerfung ist

$$s = \sum s_A + s_B \tag{39}$$

wobei die Verformung des rotierenden Ringes A

$$s_A = s_{AMa} + s_{AMr} + s_{ATa} + s_{ATr} \tag{40}$$

und die Verwerfung des stationären Ringes B

$$s_B = s_{BMa} + s_{BMr} + s_{BTa} + s_{BTr} \tag{41}$$

sind.

Um im Betriebszustand immer einen ebenen Parallelspalt zu haben, müßte die Summe der Einzelverwerfungen nach Gl. (39) unter allen Betriebsbedingungen gleich Null sein. Da die Einzelverwerfungen bei Gleitringdichtungen aber so unterschiedlich sind, läßt sich diese Ideallösung in der Praxis kaum verwirklichen.

Unter Bezugnahme auf Bild 44 sind für verschiedene gebräuchliche Gleitringdichtungsausführungen die Kontaktberührung am Innen- oder Außendurchmesser durch die Einzelverformungen in Tabelle 4 aufgeführt. Die Vorzeichen der Verwerfungen gelten bei Belastungssteigerung, wobei von einem ebenen Parallelspalt ausgegangen wird. Für den Fall, daß sich durch Verschleiß im Betriebszustand nach der Verwerfung wieder ein Parallelspalt ausgebildet hat und eine mechanische oder thermische Entlastung stattfindet, drehen sich die Vorzeichen um. Ist beispielsweise bei einer entlasteten Dichtung, Bild 44a, die Gesamtverformung s bei Belastungssteigerung positiv, d. h., die Kontaktberührung erfolgt bei D, so dreht sich dieses Vorzeichen nach Bildung eines Parallelspaltes durch Verschleiß im Betriebszustand bei Entlastung wieder um. Die Kontaktlinie wandert dann nach d und es ist durch Eindringen des Flüssigkeitsdruckes p_a in den Spalt mit hydrostatischer Entlastung, zunehmender Leckage und evtl. mit Öffnen des Dichtspaltes zu rechnen. Bei Dichtungen mit k-Werten von $k \geqq 1$ ist die Hauptgefahr in unzulässigen Temperaturerhöhungen durch Steigerung des hydraulischen Belastungsverhältnisses als Folge der Gesamtverwerfung zu sehen.

Tabelle 4. Einzelverwerfungen typischer Gleitringdichtungen bei Belastungsaufgabe nach Bild 44.

No.	Bild 44	k	Druck	Wärmesenke bei	Gleitring A Mech. Verf. s_{Ma}	Gleitring A Mech. Verf. s_{Mr}	Gleitring A Therm. Verf. s_{Ta}	Gleitring A Therm. Verf. s_{Tr}	Gegenring B Mech. Verf. s_{Ma}	Gegenring B Mech. Verf. s_{Mr}	Gegenring B Therm. Verf. s_{Ta}	Gegenring B Therm. Verf. s_{Tr}	Σs (+)	Σs (−)	Hauptgefahr
1	a	<1	p_a	*D*	(+) *D*	(+) *D*	(−) *d*	(−) *d*	(+) *D*	(+) *D*	(−) *d*	(−) *d*	4	4	Öffnen des Dichtspaltes
2	a		p_a	*d*	*D*	*D*	*D*	*D*	*D*	*D*	*D*	*D*	8		
3	d		p_i	*D*	*d*	*d*	*d*	*d*	*d*	*d*	*d*	*d*		8	
4	d		p_i	*d*	*d*	*d*	*D*	*D*	*d*	*d*	*D*	*D*	4	4	
5	b	=1	p_a	*D*	0	*D*	*d*	*d*	0	*D*	*d*	*d*	2	4	Unzulässige Wärmeerzeugung
6	b		p_a	*d*	0	*D*	*D*	*D*	0	*D*	*D*	*D*	6		
7	e		p_i	*D*	0	*d*	*d*	*d*	0	*d*	*d*	*d*		6	
8	e		p_i	*d*	0	*d*	*D*	*D*	0	*d*	*D*	*D*	4	2	
9	c	>1	p_a	*D*	*d*	*D*	*d*	*d*	*D*	*D*	*d*	*d*	3	5	
10	c		p_a	*d*	*d*	*D*	*D*	*D*	*D*	*D*	*D*	*D*	7	1	
11	f		p_i	*D*	*D*	*d*	*d*	*d*	*D*	*d*	*d*	*d*	2	6	
12	f		p_i	*d*	*D*	*d*	*D*	*D*	*D*	*d*	*D*	*D*	6	2	

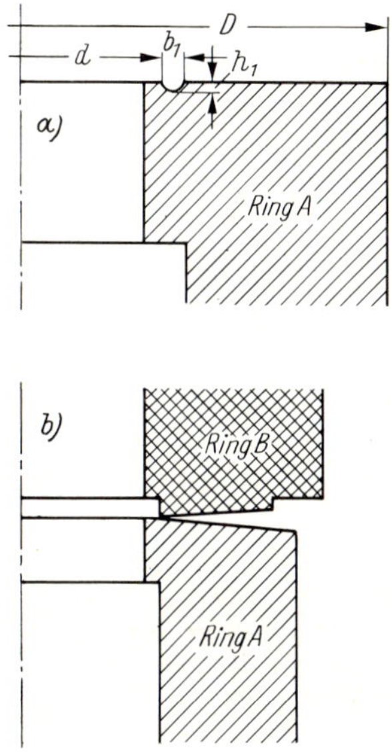

Bild 51
Einfluß der thermischen Verformung des Dichtspaltes auf örtlichen Verschleiß.

a) Einlaufnute nach dem Ausbau
b) Spaltform im Betreibszustand

Beispiel 10: Die in den Beispielen 6 bis 9 errechneten Verwerfungen sind in Tabelle 5 eingetragen.

Tabelle 5. Einzelverwerfungen der Versuchsdichtung

Verformung (μm)	Ring A	Ring B	s_A+s_B
s_{Ma}	(+) 0,5	(+) 15,9	(+) 16,4
s_{Mr}	(+) 1,8	(+) 10,2	(+) 12
s_{Ta}	(−) 15,6	(−) 4,3	(−) 19,9
s_{Tr}	(−) 30,5	(−) 7,6	(−) 38,1

Die Summe der mechanischen Verformungen ergibt sich somit zu $s_M=(+)$ 28,4 μm und die der thermischen Verformungen zu $s_T=(-)$ 58 μm. Hieraus folgt nach Gl. (39) die Gesamtverformung bei einer Belastungssteigerung auf $p_1=50$ bar und $v_g=10$ m/s zu $s=(-)$ 29,6 μm. Bei dieser Dichtung überwiegen also für den geschilderten Betriebszustand die thermischen Verformungen und bei Belastungssteigerung müßte ein Kontakt am Innendurchmesser bei d nachgewiesen werden können, falls die Wahl der Verformungskonstanten $C_F=1$ nicht zu vereinfachend gewählt wurde und alle übrigen Randeinflüsse berücksichtigt worden sind.
Im Versuch konnte für diese Dichtung eine einzelne Verschleißnute von der Tiefe $h_1=3{,}8$ μm und der Breite $b_1=200$ μm im metallischen Ring am Innendurchmesser d nachgewiesen werden, Bild 51a, während die gesamte übrige Oberfläche eine mittlere Rauhtiefe von $R_a=0{,}3$ μm aufwies. Diese Riefenbildung war durch die Innenkante des sehr verschleißfesten Kohleringes, Bild 51b, im Laufe von mehreren Betriebsstunden eingearbeitet worden. Darüber hinaus bestätigten Lichtbandmessungen mit monochromatischem Licht die bereits dargelegten Ausführungen. Ferner konnte durch Drehzahlsteigerung und die hierdurch bedingte erhöhte thermische Verwerfung der Nachweis geführt werden, daß die Dichtung mit $k=0{,}82$ wiederholt den Dichtflächenkontakt völlig verlor.

Beispiel 11: Eine innenangeordnete, umlaufende Gleitringdichtung, die Öl von 30°C bei einem Druck von $p_a=50$ bar abdichtete, wies ein hydraulisches Belastungsverhältnis $k=0{,}5$ auf. Die Werkstoffpaarung bestand aus Elektrographit/Stahl mit folgenden Werkstoffkennwerten:

	Ring A	Ring B
E N/mm²	10000	200000
λ W/mK	69,8	43,6
α K⁻¹	$2{,}0\cdot10^{-6}$	$11\cdot10^{-6}$

Im Betriebszustand wurden folgende Werte gemessen:

v_g m/s	5	10
Q cm³/h	0,2	0,5
f	0,055	0,051
t °C*)	68	100

*) 1,5 mm unter der Gleitfläche des Stahlringes B gemessen.

Wurde der Betriebsdruck auf $p_a = 20$ bar gesenkt, so hoben die Gleitflächen bei den Gleitgeschwindigkeiten $v_g = 0$, 5 und 10 m/s ab. Die Nachrechnung der mechanischen Verformungen mit Gl. (30) und (36) ergab für den Gleitring A, der nur eine Wanddicke von $e = 4$ mm aufwies, Werte von

$s_{AMa} = (+)$ 15 µm und $s_{AMr} = (+)$ 30 µm.

also eine mechanische Gesamtverformung von $s_{AM} = (+)$ 45 µm mit einem Kontakt bei *D*.

Die mechanische Verformung des Stahlringes B betrug nur wenige µm (+). Obgleich die Temperaturgradienten nicht gemessen wurden, kann gesagt werden, daß die thermische Verformung s_T wesentlich kleiner war. Bei ähnlichen Belastungen sind Temperaturgradienten bei Gleitringdichtungen angenähert proportional der Stirnflächenreibung und umgekehrt proportional zu den λ-Werten.
Da auch im Stillstand, $v_g = 0$, bei Druckentlastung ein Abheben der Dichtflächen eintrat, war der Beweis erbracht, daß bei dieser Dichtungskonstruktion im Gegensatz zu der aus Beispiel 10 — dort überwogen die thermischen Verformungen — die mechanischen Verformungen hauptsächlich das Verhalten der Dichtung bei wechselnden Betriebszuständen beeinflußten. Kann für viele Dichtungen auch bei Betriebszustandsänderungen in Ermangelung genauer Werte der Temperaturgradienten keine exakte Berechnung der Spaltverformung mit Gl. (30), (36), (37) und (38) durchgeführt werden oder sind andere Randeinflüsse unbekannt, so ist es meistens völlig ausreichend, sich auf Grund der physikalischen und mechanischen Werkstoffkennwerte eine qualitative Beurteilung des Betriebsverhaltens der Dichtung zu verschaffen.

4.6. Auswirkung der Dichtspaltverformung auf die Leckage

In den vorherigen Abschnitten wurden die Auswirkungen der Verformungen auf die Spaltgeometrie behandelt. Als Folge dieser als instabil zu betrachtenden Übergangsperioden beim Wechsel der Betriebsverhältnisse ändern sich Leckmenge und Reibungsverluste. Das Verhalten von p_g/p_1 kann sich hierbei in weiten Grenzen ändern und, wie bereits gezeigt, kann selbst völlige Undichtheit durch Öffnen des Dichtspaltes oder unzulässige Temperaturerhöhung die Folge sein. Hat sich beispielsweise durch Verformungen eine Spaltgeometrie ausgebildet, die ein Eindringen der Druckflüssigkeit in den Spalt gestattet, so tritt eine hydrostatische Entlastung ein, die eine Leckstromerhöhung zur Folge hat. Ist der verbleibende Gleitdruck p_g noch groß genug, so wird der einsetzende Verschleiß wieder einen Parallelspalt ausbilden. Der Verschleiß ist also der Stabilisator, der die Wiederherstellung der Form des Ausgangsspaltes anstrebt. Während dieses Einlauf- und Abtragungsvorganges reduziert sich die Leckage so lange, bis sie für den Fall des Parallelspaltes wieder ihren konstanten Wert erreicht. In Tabelle 6 sind für verschiedene Dichtdrücke p_1 und die sich hieraus ergebenden Verformungen die Leckmengen nach mehreren Laufstunden angegeben. Dieser Einlaufvorgang kann bei Gleitringdichtungen mehrere Minuten bis Monate betragen. Die Zeitspan-

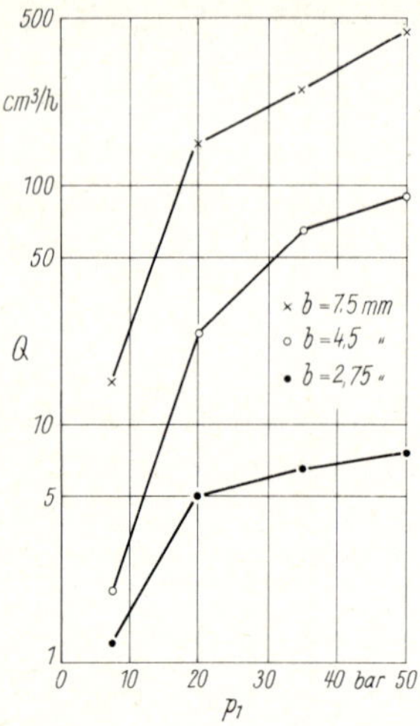

Bild 52
Einfluß der Dichtbreite b auf die thermische Spaltverformung und damit auf die Leckmenge Q.
Stellit (10)/Kohle (20), Öl 30 °C
$v_g = 10$ m/s, $k = 0{,}82$

Tabelle 6. Leckageverminderung Q in cm^3/h mit zunehmender Einlaufzeit durch Verschleißabtragung der Verwerfung.
Werkstoffpaarung: Stellit/metallimprägnierte Kohle
Öl 80 °C; $v_g = 5$ m/s; $k = 0{,}75$

Nach Laufzeit in Std. / p_1 in bar	20	35	50
1	6	9	33,5
2	3	5,5	13
3	2,5	4,5	7,5
4	2	4	6,5

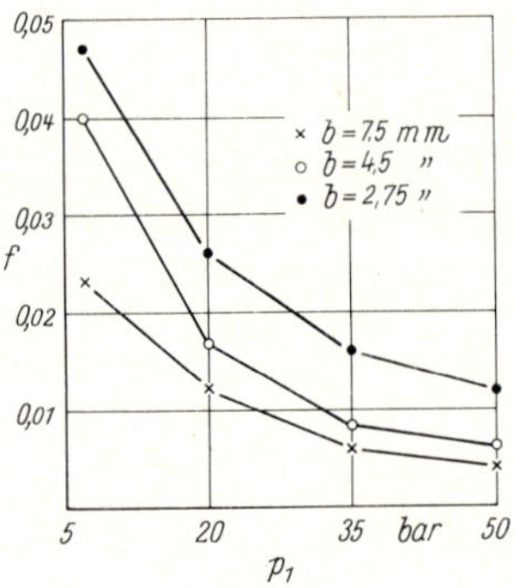

Bild 53
Einfluß der Dichtbreite b durch Verformungen auf die Reibungsbeiwerte f.
Stellit/Kohlegraphit;
$k = 0{,}82$;
$v_g = 10$ m/s

ne richtet sich hauptsächlich nach der Größe der Verwerfung, der Verschleißfestigkeit der Werkstoffe und der Belastung.

Um eine möglichst konstante und geringe Leckmenge zu erhalten, ist es notwendig, die Spaltverwerfung möglichst klein zu halten. Jede der in Gl. (30), (36), (37) und (38) angeführten Größen beeinflußt Q. Diejenige Größe, der eine besondere Bedeutung zukommt, da sie sich nicht nur direkt in allen Verformungsgleichungen, sondern auch indirekt, wie beispielsweise bei der Wärmeerzeugung und Ableitung bemerkbar macht, ist die Dichtbreite b. Für den Fall einer hauptsächlich thermisch bedingten Spaltverformung mit Kontakt bei d und einem Druck p_a sind bei sonst gleichbleibenden Betriebsbedingungen die Änderungen der Leckmenge und des Reibungskoeffizienten für verschiedene Dichtbreiten in Bild 52 und 53 dargestellt. Die Verringerung von b reduziert Q wesentlich, während der Reibungsbeiwert f zunimmt.

Unter Bezugnahme auf spätere Abschnitte sei folgender Hinweis bereits hier vermerkt. Stellt sich für Dichtungen mit unterschiedlichen Dichtbreiten, bei jedoch gleichen k-Werten, nach genügend langer Laufzeit wieder ein Parallelspalt ein und wären die Spalthöhen der Rauhtiefen gleich, aber nicht größer als $h = 1{,}3$ µm,

so liefen die Dichtungen im Bereich der Grenzreibung. Die Leckverluste wären für alle Dichtbreitenwerte gleich groß. Das gleiche träfe für die Reibungsbeiwerte zu, falls sich die Spalttemperatur unterhalb der kritischen Verdampfungstemperatur des Schmiermittels befinden würde.
Nur durch Änderung der Wärmeleitzahl der Gleitwerkstoffe können die Leck- und Reibungsverluste bei hauptsächlich thermisch bedingten Spaltverformungen beeinflußt werden, wie es aus den Versuchsergebnissen, Tabelle 7, deutlich ersichtlich ist. Während hier jedoch eine Vervierfachung der Wärmeleitzahl des stationären Ringes B für λ_A = konst nur eine Verringerung der Leckmenge im Verhältnis 1:1,18 bis 2,2 zur Folge hatte (s. Tabelle 7, Q_1/Q_2 und Q_3/Q_4), reduzierte sich die Leckage bei gleich großer Wärmeleitzahlerhöhung des rotierenden Ringes A im Verhältnis 1:2,63 bis 12,4 (s. Tabelle 7, Q_1/Q_3 und Q_2/Q_4). Dieser Unterschied ist einerseits dadurch bedingt, daß die ursprüngliche thermische Verformung des Ringes A wesentlich größer als die des Ringes B war, und andererseits durch die wesentlich günstigeren Wärmeableitverhältnisse des rotierenden Ringes A.
In den durch wechselnde Belastungsverhältnisse im Betriebszustand bedingten Verformungen des Dichtspaltes sind die Hauptursachen zu sehen, die die Berechnung der Leckmenge so erschweren und Leckagemessungen stark streuen lassen. Solange die Geometrie des Dichtspaltes durch Verwerfungen noch instabil ist, kann im Prüfstandsversuch keine Übereinstimmung mit eingelaufenen Dichtungen in der Praxis erwartet werden.

Tabelle 7. Einfluß der Wärmeleitzahlen von Gleit- und Gegenring auf die thermische Verformung des Dichtspaltes und damit auf Q und f.

$k = 0,82$; $p_1 = 50$ bar; $b = 7,5$ mm; Öl 30 °C

Nr.	λ-Werte λ_A/λ_B W/mk	$v_g = 5$ m/s		$v_g = 10$ m/s	
		Q cm³/h	f	Q cm³/h	f
1	11,6/17,4	90	0,0032	350	0,004
2	11,6/69,8	62	0,0043	296	0,0045
3	46,5/17,4	11	0,0046	133	0,0047
4	46,5/69,8	5	0,0058	65	0,005

λ_A = konst	$v_g = 5$ m/s	$v_g = 10$ m/s
Q_1/Q_2	1,45	1,18
Q_3/Q_4	2,2	2,05
λ_B = konst		
Q_1/Q_3	8,2	2,63
Q_2/Q_4	12,4	4,45

4.7. Einfluß der Oberflächenrauheit

Neben der Geometrie des Dichtspaltes haben die Rauheiten der Dichtflächen einen wesentlichen Einfluß auf das Verhalten einer Gleitringdichtung. Mit steigenden Rauhtiefen erhöht sich die Leckage und die Gefahr, daß bei entlasteten Dichtungen ($k<1$) ein Öffnen des Dichtspaltes eintreten kann. *Hockel* [121; 122] wies bei seinen Untersuchungen mit planen Ringflächen und drucklosen Schmiermitteln bei Gleitgeschwindigkeiten bis zu 20 m/s nach, daß schon bei geringen Gleitdrücken von $p_g = 15$ N/cm² die Schmierschichthöhe zwischen den Rauhtiefen $h_0 = 0$ wird. Für normale Dichtungen, die keine Ausnehmungen in den Gleitflächen aufweisen, wie sie bei hydrodynamischen Gleitringdichtungen eingearbeitet werden, bildet sich im Dichtspalt normalerweise kein hydrodynamischer Druck aus. Jedoch können mechanische und thermische Spaltverwerfungen einen hydrostatischen Druckanstieg im Spalt zur Folge haben. Für Gleitringdichtungen mit $k \lesseqgtr 1$ und einem Parallelspalt tritt gewöhnlich bereits Festkörperberührung ein, so daß der verbleibende Undichtheitsweg zwischen den Gleitflächen durch die Größe der Rauhtiefen bestimmt wird. *Hockel* [121] ermittelte diese Spalthöhe aus den Rauhtiefen zu

$$h = \frac{R_{a1} + R_{a2}}{2} \tag{42}$$

Die hierbei gemachte Voraussetzung, daß $R_a = R_{max}$ ist, Bild 54a, wird in der Praxis aber nur selten angetroffen. Aus diesem Grunde ist es notwendig, den Völligkeitsgrad der Flächen $K = R_a/R_{max}$ mit zu berücksichtigen. Aus rd. 1000 Rauhtiefenmessungen an Gleitringdichtungen ergab sich nach Untersuchungen von *Mayer* [177], daß bei der überwiegenden Zahl der Fälle für die untersuchten Werkstoffe der Völligkeitsgrad der Flächen $K \geq 0{,}67$ war. Die mittlere Rauhtiefe errechnet sich nach Bild 54b hierbei zu

$$R_a = \frac{R_1 + R_2 \ldots R_{n-1} + R_n}{n} \tag{43}$$

Bei gleichmäßigem Oberflächenbild der Gleitringe ist gewöhnlich eine Meßstrecke von 1 mm ausreichend. Unter Berücksichtigung von Gl. (42) und (43) entwickelte *Mayer* [177] eine empirische Näherungsformel

$$h = \frac{\dfrac{R^2_{max1}}{R_{a1}} + \dfrac{R^2_{max2}}{R_{a2}}}{2} = \frac{\dfrac{R_{max1}}{K_1} + \dfrac{R_{max2}}{K_2}}{2} \tag{44}$$

die den Völligkeitsgrad der Gleitflächen berücksichtigt und im Bereich $K \geq 0{,}67$ brauchbare Werte liefert. Für $K = 1$ stimmt Gl. (44) mit Gl. (42) von *Hockel* überein.

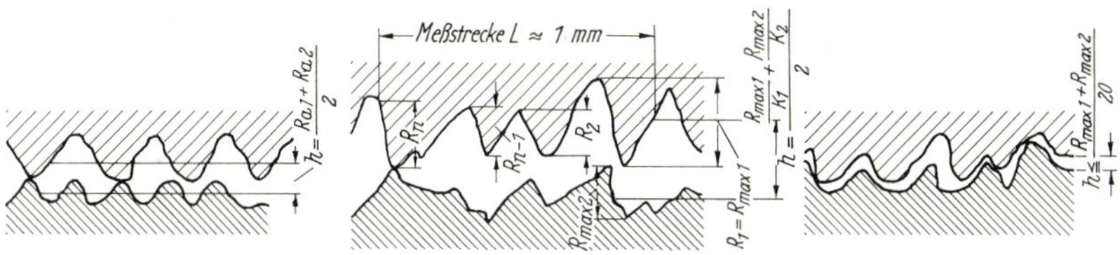

a) $R_a = R_{max}$ $K = 1$

b) $R_a < R_{max}$ $K \geqq 0{,}67$

c) $R_a \ll R_{max}$ zentrische Riefen

Bild 54. Spalthöhenermittlung aus den Rauhtiefen unter Berücksichtigung des Völligkeitsgrades der Gleitflächen.

Bild 55. Dichtspaltvergrößerungen mit zentrischen Riefen (von oben nach unten 10-, 100- und 1000fache Vergrößerung).

Laufzeit 300 h, Pre/RG, $d = 27$ mm, $D = 32$ mm, $p_g = 67{,}5$ N/cm^2, $p_1 = 5$ bar, Wasser, $R_{max} = 13$ µm, Q nicht meßbar

Für den Fall, daß die Werkstoffe mit zentrischen Riefen einlaufen, Bild 54c, kann Gl. (44) nicht angewandt werden. Bei diesem Zustand ist die Spalthöhe h gewöhnlich wesentlich kleiner als nach Gl. (44). *Schaffer* [248] bestätigt für Gleitringdichtungen, die Wasser abdichteten, daß zentrische Riefen von 7 µm keinen Einfluß auf das Dichtverhalten hätten. Der in Bild 55 in verschiedenen Vergrößerungen dargestellte Dichtspalt, der zentrische Riefen von 13 µm aufwies, ergab bei Wasser ebenfalls keine meßbare Leckage. Experimentell wurde für zentrische Riefen eine Spalthöhe ermittelt, die in weiten Grenzen schwanken kann, da sich mit wachsender Wellenexzentrizität die Spalthöhe stark vergrößert:

$$h \approx \frac{R_{\max 1} + R_{\max 2}}{20} \tag{45}$$

Die Bestimmung der Spalthöhe aus den Rauhtiefen ist bei Gleitringdichtungen immer ein Näherungsverfahren, da die Rauhtiefen nur selten über der ganzen Fläche gleich sind und sich dazu noch während des Betriebszustandes ändern können. Mit Hilfe von Gl. (44) wird der Streubereich aber auf einen sehr engen Raum begrenzt.

4.8. Der Spalt- und Gleitdruck

Auf die Stirnfläche F der Gleitringdichtung wirkt nach Gl. (3a) oder (3b) die axiale Kraft

$$P_G = P_F \pm P_H - P_{Sp} \pm P_R.$$

Die Reibungskraft des radialen Dichtelementes P_R kann je nach Betriebszustand, Vorpressung und Erwärmung ihre Größe und Richtung ändern. Bei den weiteren Betrachtungen wird bei Gleitringdichtungen jedoch angenommen, daß $P_R = 0$ wird, wenn der Betriebszustand über längere Zeit konstant bleibt, da dann das Dichtelement unter dem Einfluß von Flüssigkeitsschwingungen und Maschinenvibrationen in eine Ruhelage gelangt.

Über die Kraft des Spaltdruckes P_{Sp} gibt es im Schrifttum über Gleitringdichtungen sehr unterschiedliche Ansichten. Die Größe dieser Kraft und der Druckverlauf über der Spaltbreite b sind aber für die Dimensionierung einer Dichtung äußerst wichtig, da sie nicht nur Leckverluste, Lebensdauer und Reibungszustand, sondern auch die Betriebssicherheit beeinflussen. Aus diesem Grunde soll auf den Spaltdruck hier etwas ausführlicher eingegangen werden. Alle Autoren — wie *Boon* [30; 31], *Heinze* [111], *Koppers* [310], *Schaffer* [248] und *Scobel* [258] —, die bei der Behandlung der Leckfragen von der Gültigkeit der laminaren Strömungsgleichung (19) ausgehen, nehmen einen ungefähren linearen Druckabfall über der Dichtbreite b an. Ein Einfluß des Gleitdruckes p_g wird von ihnen nicht berücksichtigt. *Brkich* [41] erfaßte in seiner theoretischen Veröffentlichung über Gleitringdichtungen diese wesentliche Einflußgröße mit. Seine Angaben decken sich nur dann mit den Autoren [30; 31; 111; 248; 310 und 258], wenn der Innendruck $p_1 = 2 p_g$ ist. Sonst sei für den Fall, daß $p_1 = p_g$, die Spaltbreite b mit dem Innendruck belastet und für $p_g > p_1$ der Spalt drucklos. *Brkich* setzte völlig ebene Flächen und Vibrationsfreiheit voraus. *Greiner* [99] veröffentlichte auf Grund von Versuchsergebnissen einen unterschiedlichen Verlauf des Spaltdruckes in Abhängigkeit vom hydraulischen Belastungsverhältnis k und der Viskosität η, Bild 56. Er berichtet von Erfahrungen, daß bei der Abdichtung von niedrig viskosen Medien (wie Propan und Butan) die Dichtung mit einem Wert von $k = 0{,}7$ dimensioniert sein muß, damit der Dichtflächenkontakt nicht verlorengeht. Bei Wasser wäre ein Wert von $k = 0{,}58$ bis 0,6 zur Verhinderung der Dichtspaltöffnung ausreichend und Dichtungen, die mit hochviskosem Öl laufen, hätten noch mit Werten von $k = 0{,}3$ bis 0,4 zufriedenstellend gearbeitet. Speziell der Fall $k = 0{,}3$, s. Bild 56,

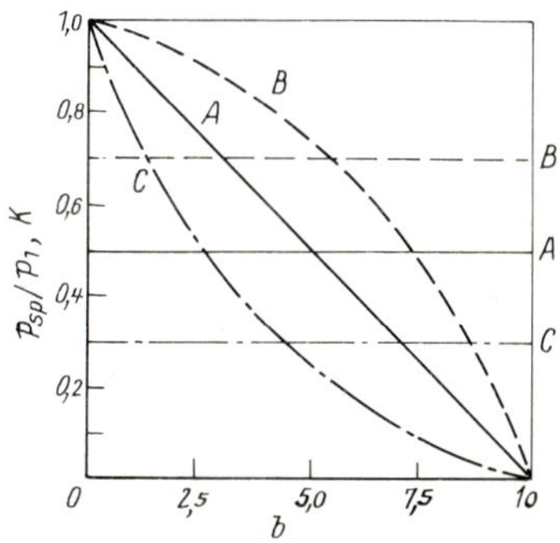

Bild 56
Verlauf des Spaltdruckes über der Dichtbreite b als Folge von Viskosität und Belastungsverhältnis k [99].

zeigt, daß die Annahme eines linearen Druckabfalles über der Dichtbreite b hier nicht zutreffen kann, da die Kräftegleichung (3a), die auf die Gleitfläche F bezogen ist, folgendermaßen lautet:

$$p_g = p_f + 0{,}3\,p_1 - 0{,}5\,p_1 .$$

Nimmt man hier den Federdruck von $p_f = 20$ N/cm² an, so folgt, daß bereits bei einem abzudichtenden Druck von $p_1 > 10$ bar der Gleitdruck p_g negativ werden würde, d. h., ein Dichtflächenkontakt wäre nicht mehr vorhanden. Ferner weist *Greiner* auf eine gewisse Abhängigkeit des Belastungsverhältnisses von der Dichtbreite b hin.

Schwaigerer und *Seufert* [256] haben den Einfluß von Dichtbreite und Oberflächenrauheit auf die Leckage mit metallischen Dichtleisten näher untersucht. Sie führten die Versuche an ruhenden Dichtringen aus Stahl mit $d = 50$ mm Innendurchmesser durch. Sie konnten keinen Einfluß der Dichtbreite auf das Dichtvermögen nachweisen. Der Einfluß der Oberflächenrauheit wurde auf Grund ihrer Meßergebnisse in Bild 57 dargestellt. Die Spalthöhe h ergab sich durch einen 50%igen Zuschlag zu den von *Schwaigerer* und *Seufert* ermittelten mittleren Rauhtiefenwerten. Es zeigte sich, daß mit wachsender Spalthöhe h der Dichtpressungsdruck p_g wesentlich gesteigert werden muß, damit die Ringe nicht undicht werden. Auch für den Fall $p_g/p_1 < 0{,}5$ war Dichtheit möglich, wenn die Spalthöhe h klein genug und ein haftender, zäher Sperrfilm im Spalt vorhanden ist. Beim Undichtwerden trat das Abblasen des Dichtmediums Luft schlagartig ein.

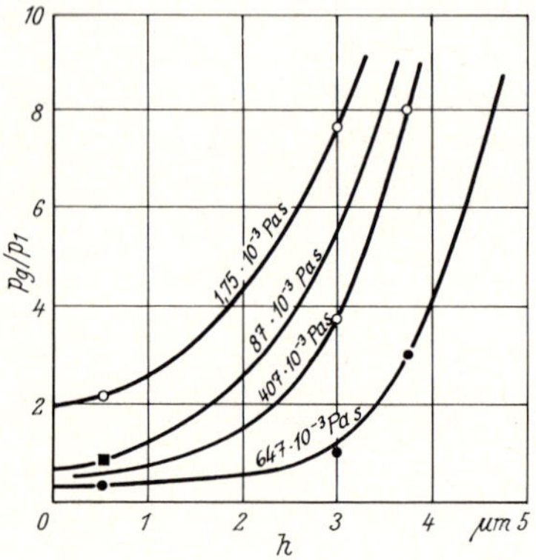

Bild 57
Dichtlinien nach Meßwerten [256].
Ruhende Stahldichtungen, $d = 50$ mm, $b = 5$ mm, Dichtmedium Luft

Bei Gleitringdichtungen sind im Betriebszustand die Verhältnisse naturgemäß durch die Änderung der Spaltgeometrie nicht so einfach nachzuweisen. Umfangreiche Untersuchungen von *Mayer* [177; 183] zeigten für verschiedene Belastungsverhältnisse p_g/p_1 und Spalthöhen h, daß ein Zusammenhang zwischen diesen beiden Größen und dem Druckverlauf im Spalt bestand. Bei den Versuchen wurde auf der Dichtbreite $b = 9{,}5$ mm je eine Meßbohrung im Abstand von 2,6, 4,9 und 7,2 mm vom Gleitringinnendurchmesser um 90° versetzt angeordnet. Der Bohrungsdurchmesser betrug 2 mm, da sich kleinere Meßbohrungen durch Kohleabriebe verstopften. Die Ergebnisse der Druckmessungen am rotierenden technischen Spalt sind in Bild 58 und Bild 59 sowie in Tabelle 8 dargestellt. Die Versuchswerte bestätigen im untersuchten Bereich — auch für den technischen Spalt mit einer maximal zulässigen Verwerfung von $s_{max} = 0{,}06$ µm/mm Gleitringaußendurchmesser D — im wesentlichen die Theorie von *Brkich*, wonach ein Spalt entweder drucklos $p_{sp} \approx 0$ oder mit dem Innendruck $p_{sp} \approx p_1$ belastet ist. Es stellte sich jedoch heraus, daß schon die Meßbohrungen eine Störung des Parallelspaltes bewirken. Durch mechanisch und thermisch bedingte Spalthöhenunterschiede in unmittelbarer Nähe der Bohrungen wird ein sich verengender Spalt gebildet, in dem sich ein hydrodynamischer Druck aufzubauen vermag. Nur so sind die zusätzlichen Drucksteigerungen im Spalt von 2,8 bar bei $p_1 = 5$ bar, Bild 58, und von 4 bar bei $p_1 = 10$ bar, Bild 59, zu erklären. Ähnliche Versuchsergebnisse über den Druckverlauf bei Anbringung von Meßbohrungen werden mit bewegten

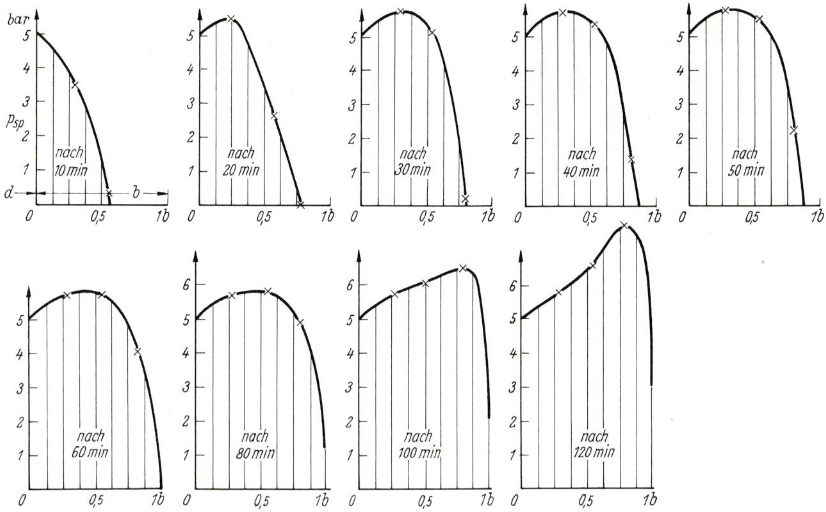

Bild 58. Verlauf des Spaltdruckes p_{sp} durch Anbringen von Meßbohrungen bei der Abdichtung von Wasser, $p_1 = 5$ bar; $v_g = 5$ m/s; $p_g/p_1 = 1$; $d = 61$ mm; $b = 9{,}5$ mm; $h = 3$ µm; Strömung von d nach D.

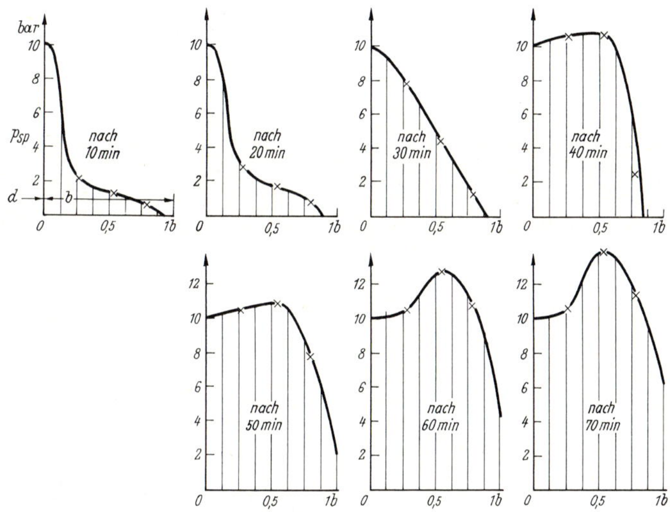

Bild 59. Verlauf des Spaltdruckes p_{sp} durch Anbringung von Meßbohrungen bei der Abdichtung von Wasser, $p_1 = 10$ bar; $v_g = 5$ m/s; $p_g/p_1 = 0{,}9$; $d = 61$ mm; $b = 9{,}5$ mm; $h = 3$ µm; Strömung von d nach D.

Tabelle 8. Ergebnisse von Spaltdruckmessungen bei Wasser.

$h=3\ \mu m$; $b=9{,}5$ mm; $d_E=d=61$ mm; $v_g=5$ m/s

Innendruck p_1 N/cm²	Spaltdruck N/cm² Meßstellenentferng. v. d_E 2,6 mm	4,9 mm	7,2 mm	Gesamt-Reibmoment M_R Nmm¹)	Gleitringtemp. t °C	Flüssigkeitstemp. t °C	Zeit nach Versuchsbeginn min
$p_g=50$ N/cm²; $p_g/p_1=1$							
50	0	0	0	1800	50	30	0
50	35	3	0	1000	82	50	10
50	55	26	0	950	73	54	20
50	57	52	2	900	69	54	30
50	57	54	14	850	65	54	40
50	57	55	22	820	64	54	50
50	57	57	40	800	63	54	60
50	57	58	49	790	62	54	80 *Q*
50	57	60	65	850	64	54	100 *Q*
50	57	65	78	900	66	54	120 *Q*
50	57	65	78	900	66	54	150 *Q*
$p_g=90$ N/cm²; $p_g/p_1=0{,}9$							
100	0	0	0	3700	80	30	0
100	20	13	7	2550	100	32	10
100	29	18	9	3000	150	66	20
100	78	42	12	2600	110	60	30
100	105	105	25	1400	88	65	40
100	105	108	78	1400	95	72	50 *Q*
100	105	128	108	1400	97	75	60 *Q*
100	105	140	112	1400	100	78	70 *Q*
100	105	140	112	1400	100	78	100 *Q*

¹) Bei dem gemessenen Gesamtmoment ist zu berücksichtigen, daß der Versuch auf einem Prüfstand mit 2 Gleitringdichtungen durchgeführt wurde. Es wurde hierbei nur der Spaltdruck der einen Dichtung gemessen. Bei der anderen ist für $p_1=5$ bar und $h=1{,}6\ \mu m$ zu vermuten, daß der Spalt drucklos war, bei $p_1=10$ bar und $h=2\ \mu m$ aber einen geringen Druck aufwies. *Q* bedeutet: Leckmenge $Q>0{,}01$ cm³/min.

O-Ringen von *May* [176] berichtet. Eigentlich hätten die Gleitflächen bei Versuchsende abheben sollen, da scheinbar die Summe der Schließkräfte kleiner als die der Öffnungskräfte wurde. Es ist aber zu berücksichtigen, daß die Ausbildung der erhöhten Spaltdruckwerte örtlich begrenzt sind und daß ferner die in diesen Versuchen verwandten U-Manschetten im instabilen Zustand des Abhebens eine größere Reibungskraft P_R aufweisen. Bei der Rückwärtsbewegung des Gleitringgehäuses (die Versuchsdichtungen entsprachen der Ausführung nach Bild 14) ändert sich das Vorzeichen von P_R, so daß die Kräftebeziehung nun nach Gl. (3a) lautet:

$$P_H + P_F + P_R > P_{Sp},$$

d. h., der Dichtflächenkontakt geht noch nicht verloren. Die Reibungskraft der U-Manschette errechnet sich beim Beginn der Bewegung zu

$$P_R = F_1 \, p_1 f,$$

wobei

$F_1 = 24 \text{ cm}^2$ die äußere zu bewegende Manschettenfläche,
$p_1 = 50$ bzw. 100 N/cm^2 den Flüssigkeitsinnendruck,
$f = 0{,}1$ bis $0{,}5$ den Haft-Reibungs-Beiwert Gummi/Stahl bedeuten
so daß bei $p_1 = 10$ bar, Bild 59, und $f = 0{,}25$ die Reibungskraft

$$P_R = 600 \text{ N}$$

betragen haben kann.
Liefen die Versuche mit kleineren Rauheitswerten der Dichtflächen — auch über mehr als 100 Stunden —, so konnte kein Flüssigkeitsdruck im Spalt meßtechnisch nachgewiesen werden, obgleich in jedem Falle geringe Leckage austrat. Es zeigte sich, daß schon ein schmaler, geschlossen tragender, rotierender Flächenring von 0,5 mm Breite genügte, um einen Druck von 20 bar auf 0 abfallen zu lassen. Es wurden zusätzlich Versuche durchgeführt [178], bei denen eine Dichtung mit $p_g/p_1 = 0{,}75$ Dieselkraftstoff abdichtete. Hierbei betrug unter normalen Betriebsverhältnissen die Leckmenge einige cm^3/h. Setzte man nun der umgewälzten Flüssigkeit etwas Schmirgelpulver zu, so erfolgte nach wenigen Minuten eine starke Leckagezunahme auf einige $1000 \text{ cm}^3/\text{h}$ und nach kurzer Zeit vollständige Undichtheit durch Abheben der Dichtflächen. Andererseits wurden Dichtungen mit $p_g/p_2 = 0{,}55$ mit sehr geringen Q-Werten beobachtet, die Reibungsbeiwerte von $f = 0{,}065$ aufwiesen, vgl. ebenfalls Beispiel 11. Die zusammengefaßten Ergebnisse über den Einfluß des Dichtpressungsverhältnisses p_g/p_1 und der Spalthöhe h auf das Eindringen des Druckes p_{sp} in den Spalt, wurde nach *Mayer* [183, 190] in Bild 60 und Bild 60a dargestellt. Im X-Gebiet ist der Spaltdruck $p_{sp} \approx 0$. Der Gleitdruck wird somit nach Gl. (3a)

$$p_g = p_f + k \, p_1 .$$

Für den Fall, daß neben den in Bild 60 dargestellten Werten auch eine maximale Verwerfung bis $s_{max} = 0{,}06$ µm/mm von D, bei Verwendung üblicher Werkstoffpaarungen, bei denen der Elastizitätsmodul des Kohle- oder Kunststoffringes gering ist — d. h. in der Größenordnung von $E = 10000 \text{ N/mm}^2$ liegt —, auftritt, bildet sich (von örtlich sehr eng begrenzten Abweichungen abgesehen) kein Flüssigkeitsdruck im Spalt aus. Der Druckabfall erfolgt auf einen nicht mehr meßbaren Betrag an der Kante des Flüssigkeitseintrittsdurchmessers d_E. Im Y- und Z-Gebiet reicht auch für $s_{max} \leqq 0{,}06$ µm/mm von D die elastische und plastische Verformung der Rauheitsspitzen nicht mehr aus, um den Dichtspalt zu schließen. Es bildet sich ein Spaltdruck p_{sp} aus. Die Gleitdruckbeziehung lautet hier:

$$p_g = p_f + k\,p_1 - p_{sp}.$$

Für das Y-Gebiet ist selbst bei einem vollständigen Einsickern von $p_{sp} = p_1$ mit keinem Abheben der Dichtflächen zu rechnen. Jedoch sind entlastete Gleitringdichtungen im Z-Gebiet dieser Gefahr ausgesetzt. Ist eine Gleitringdichtung mit $p_g > p_1$ dimensioniert worden, so schließt sich bei einem Undichtwerden, beispielsweise durch Rauhtiefenvergrößerung, Fremdkörper oder Druckstöße, der Spalt wieder. Bei einer Dichtung mit $p_g < p_1$ ist dies nur selten der Fall. In Übereinstimmung mit den Angaben von *Wood* [306] muß die Dichtung dann ausgebaut und nachgeläppt oder durch eine neue ersetzt werden; da sich die nun durch eine Schmierschicht

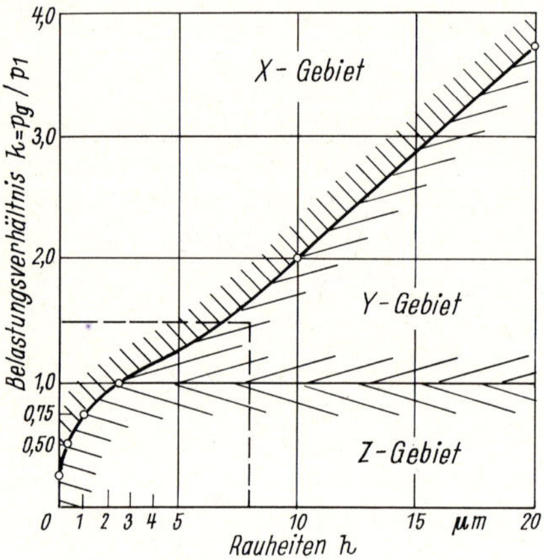

Bild 60
Einfluß des Belastungsverhältnisses p_g/p_1 und der Rauheiten der Dichtflächen h auf den Spaltdruck p_{sp} einer Dichtung.

X-Gebiet $0 \approx p_{sp} \ll p_g$
Y-Gebiet $p_1 \geqq p_{sp} \leqq p_g$
Z-Gebiet $p_1 \gtreqless p_{sp} \geqq p_g$

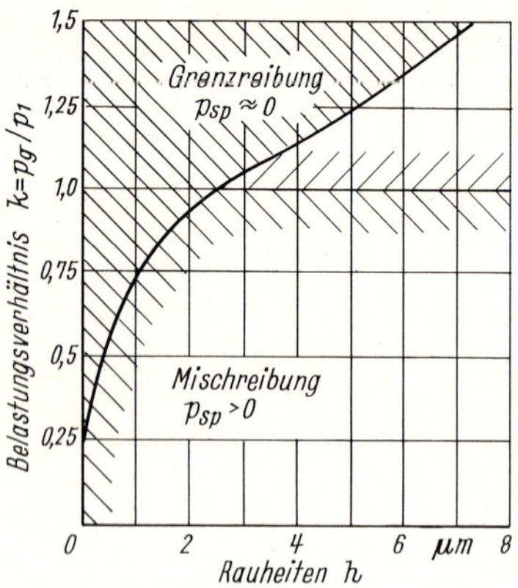

Bild 60a
Ausschnitt von Bild 60 für den für Gleitringdichtungen primär in Frage kommenden Bereich.

h_0 getrennten Ringe nicht mehr berühren, kann kein Reibungsverschleiß mehr auftreten und somit können sich die Rauhtiefen der Flächen auch nicht mehr gegenseitig glätten.

4.9. Berechnungsmöglichkeiten und Meßergebnisse

Unter den verschiedenen Betriebszuständen können sich die Geometrie des Dichtspaltes und die Rauhtiefen der Gleitflächen ändern. Dies beeinflußt wiederum den Gleitdruck p_g, den Spaltdruck p_{sp}, das Belastungsverhältnis k, die Leckverluste Q und selbst den Reibungszustand. Die Leckmenge kann sich also während des Betriebszustandes ändern. Bei Gleitringdichtungen ist insbesondere der Zustand des drucklosen Schmiermittels im Dichtspalt, s. X-Gebiet in Bild 60, wegen der Stabilität dieses Zustandes und der geringsten Leckverluste von Bedeutung.

4.9.1. Leckverluste bei Grenzreibung

An dieser Stelle wird bereits auf den späteren Abschn. 6.1.1.3. Bezug genommen, der sich mit der Grenzreibung befaßt. Bei diesem Reibungszustand ist zwar eine Flüssigkeitsschicht, die auch teilweise unterbrochen sein kann und nahezu drucklos ist, im Spalt vorhanden. Es liegt jedoch kein nachweisbarer Viskositätseinfluß mehr vor. Wie kann man sich unter diesen Gegebenheiten eine Flüssigkeitsströmung vorstellen? *Mayer* [177; 182] befaßte sich mit der Tatsache des Flüssigkeitsaustrittes bei Gleitringdichtungen ohne nachweisbaren Spaltdruck p_{sp} und nannte den Vorgang Flüssigkeitsaustauschströmung.

4.9.1.1. Theorie der Flüssigkeitsaustauschströmung

Im Bereich des bereits erwähnten X-Gebietes von Bild 60 konnte meßtechnisch kein Spaltdruck nachgewiesen werden, obgleich Leckage austrat. Mit bekannten hydrodynamischen Formeln ist diese Erscheinung nicht zu erklären. Nach Untersuchungen [177; 182] fällt am Eintrittsdurchmesser der Flüssigkeitsdruck auf einen schwer meßbaren Wert von schätzungsweise einigen Zehnteln bar ab. Dies kann durch die starke Drosselwirkung des sehr engen Spaltes erklärt werden. Es ist natürlich auch möglich, daß sich örtlich sehr eng begrenzte höhere Drücke noch ausbilden können. Die Flüssigkeit gelangt nun durch einzelne, meistens nicht zusammenhängende Kanäle und Hohlräume, s. Bild 55, auf die Gleitfläche. Durch die unzusammenhängenden Labyrinthe der Rauhtiefen, die sich über die gesamte Dichtbreite erstrecken, wird nun während der Drehung unter dem Einfluß eines kleinen Restdruckes und des Zentrifugaldruckes

$$\pm p_z = \frac{\varrho b v_g^2}{r} \tag{46}$$

die Flüssigkeit durch wechselseitiges Überdecken der winzigen Hohlräume und Kanäle der beiden Gleitflächen ausgetauscht. Der bei Gleitringdichtungen auftretende Zentrifugaldruck am Spalt ist gering und beträgt gewöhnlich nur einige Zehntel bar, wie im folgenden Beispiel gezeigt wird.

Beispiel 12: Wie groß ist der Zentrifugaldruck bei einer Dichtung, die bei folgenden Bedingungen zum Einsatz kommt:

$\varrho = 0{,}825 \cdot 10^3$ kg/m³ (Öl) $\qquad b = 5$ mm
$v_g = 15$ m/s $\qquad r = 50$ mm

Nach Gl. (46) ergibt sich hiermit $p_z = \pm 1{,}86$ N/cm². Dieser geringe Druck scheint jedoch einen wesentlichen Einfluß auszuüben.

Bei Gleitringdichtungen dürften sich die Berührungspunkte der Rauheitsspitzen der beiden unter dem mittleren Gleitdruck p_g gegeneinander gepreßten Dichtflächen sowohl plastisch wie auch elastisch verformen und zwar derart, daß die höchst belasteten Tragstellen sich plastisch verformen oder durch Verschleiß abgetragen werden und die anschließenden Zonen elastisch verformt werden. Bei den üblichen Werkstoffpaarungen für Gleitringdichtungen kommt meistens ein Ring aus Kunststoff oder Kohlegraphit zum Anlauf gegen Ringe aus Metall, Metalloxid oder Karbid. Der Elastizitätsmodul der ersten Gruppe liegt zwischen $E_1 = 0{,}5$ bis $1{,}5 \cdot 10^4$ N/mm², der der Gegenwerkstoffe zwischen $E_2 = 10$ bis $70 \cdot 10^4$ N/mm². Da die Gleitflächen immer mit sehr guten Oberflächengüten in der Größenordnung $R_a = 0{,}015$ bis 0,5 µm und einem Völligkeitsgrad von $K \geqq 0{,}67$ zum Einsatz kommen, wird ein Ring immer einen wesentlich größeren Verformungsanteil im Verhältnis E_2/E_1 übernehmen. Aus diesem Grunde dürften die Gleitflächen unter Belastung eher wie die Luftaufnahme einer Seenplatte als die einer Inselgruppe aussehen, d. h. daß die zwischen den Flächen befindlichen Hohlräume nur selten untereinander in Verbindung stehen. Nach *Bowden* und *Tabor* [37] und *Holm* [123] treten solche von Festkörperbarrieren begrenzten Vertiefungen, Bild 61a, im Gebiet der Grenzreibung auf. Man kann sich durch die Drehung eines Ringes vorstellen, daß wie bei einer Drehflügeltür oder Dosiermaschine die Flüssigkeit von einem Hohlraum zum anderen transportiert wird, Bild 61b, bis die Flüssigkeitsteilchen am Spaltende austreten. In diesem Bereich liegt also kein nachweisbarer Einfluß der Viskosität vor. Solange sich Flüssigkeitszustrom und Abstrom die Waage halten, baut sich kein Druck im Spalt auf. Bei gleichmäßigen Rauheiten der Gleitflächen wären bei einer Austauschströmung die Leckverluste unabhängig von der Dichtbreite, jedoch stark abhängig von der Größe der Rauhtiefen der Flächen, dem Gleitdruck, der Gleitgeschwindigkeit und der Größe und Richtung des Zentrifugaldruckes. Ferner dürften die Zu- und Abströmquerschnitte der Gleitringe die Leckmenge beeinflussen, da sich bei einer außen umlaufenden Dichtung der Abströmquerschnitt der Gleitfläche erweitert (die Strömung erfolgt in Richtung der Fliehkraft von *d* nach *D*), bei einer innen umlaufenden Dichtung (die Strömung erfolgt hier entgegen der Fliehkraft von *D* nach *d*) aber verengt.

Nimmt man zunächst nur eine rein elastische Verformung der Berührungszonen der Gleitflächen an, so konnte *Schallamach* [249] den theoretischen und versuchsmäßigen Nachweis führen, daß die wirkliche Berührungsfläche F_W zwischen zwei verschieden elastischen Werkstoffen der Funktion $F_W = C\,p_g^{2/3}$ folgte, wobei C eine Elastizitätskonstante ist. Es wurde die Werkstoffpaarung Gummi/Glas verwandt. ($E_1 \approx 20$ bis 50 N/mm², $E_2 \approx 4$ bis $10 \cdot 10^4$ N/mm²; $E_2/E_1 \approx 2000$.) Seine einfache Beziehung stimmt mit der Lösung nach der Hertzschen Theorie über die Pressung zwischen einer ebenen und einer gewölbten oder auch zwei beliebig gewölbten Oberflächen überein:

$$F_W = C\left(\frac{P_G}{E}\right)^{2/3}$$

Hierbei ist C eine Verformungskonstante.

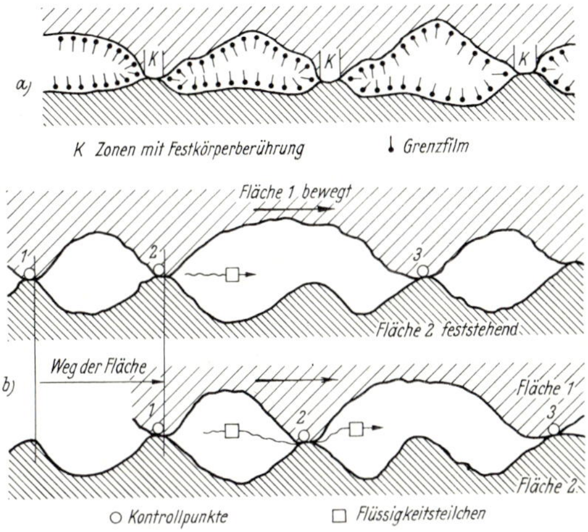

Bild 61
Flüssigkeitstransport bei bewegten Berührungsdichtungen.
a) Skizze zur Grenzreibung [37] und [123]
b) Schema der Flüssigkeitsaustauschströmung [177]

Bei Belastung der Gleitflächen vermindert sich der durch die Rauhtiefen gebildete Hohlraum V durch eine dreidimensionale Änderung der Längenmaße l nach einer Funktion $V \approx C\,l^3$, wobei C eine Konstante ist. Nach der Theorie der Flüssigkeitsaustauschströmung müßte sich eine Funktion $Q \approx C\,V$ ergeben. Unter der Annahme, daß l in erster Näherung umgekehrt proportional zu F_W ist, folgt aus den vorher erwähnten Beziehungen für den elastischen Verformungsbereich $l \approx C/p_g^{2/3}$ und hiermit $Q \approx C/p_g^2$. *Denny* [61] fand bei Versuchen mit Stopfbuchsdichtungen an rotierenden Wellen bei Verwendung von PTF-imprägnierten, geflochtenen Baumwollpackungen bei plastischer Verformung auch diese Beziehung $Q \approx C\,p_1/p_g^2$, die in späteren Versuchen an Stopfbuchspackungen mit den verschiedensten Werkstoffen von *Denny* und *Turnbull* [62] bestätigt wurde. Die für den elastischen Verformungsbereich erwartete Abhängigkeit von $Q \approx C/p_g^2$ trifft also auch für den plastischen Bereich zu. Versuche mit Gleitringdichtungen müßten also im Bereich der Grenzreibung eine ähnliche Beziehung ergeben. Ferner müßte nach der Flüssigkeitsaustauschströmung beim Stillstand der Dichtung der Leckstrom $Q \approx 0$ sein.

Zusammenfassend lassen sich folgende Forderungen für die Flüssigkeitsaustauschströmung und die dabei auftretenden Leckverluste aufstellen, die in Abschnitt 4.9.1.2. näher beschrieben werden.

Punkt 1 *Kein nachweisbarer Viskositätseinfluß*
Punkt 2 *Kein meßbarer Spaltdruck*
Punkt 3 *Kein Einfluß der Dichtbreite*
Punkt 4 *Ein starker Rauhtiefeneinfluß*
Punkt 5 *Ein angenähert quadratischer Gleitdruckeinfluß*
Punkt 6 *Ein Einfluß von Fliehkraft und Abströmungsquerschnitten*
Punkt 7 *Ein Einfluß der Gleitgeschwindigkeit*

4.9.1.2. Versuchsergebnisse

Im folgenden soll der versuchsmäßige Nachweis der im vorherigen Abschnitt aufgestellten theoretischen Überlegungen erbracht werden:

Punkt 1 *Einfluß der Viskosität*

Umfangreiche Versuche mit innen- und außenangeordneten Gleitringdichtungen wurden von *Mayer* [177; 178; 180] bei Verwendung von Wasser, Dieselkraftstoff und Mobil-Oil-Arctic als Dichtflüssigkeit durchgeführt. In Tabelle 9 sind die dynamische Viskosität und die Dichte der Versuchsmedien bei verschiedenen Temperaturen dargestellt. Der Viskositätsunterschied zwischen den einzelnen Versuchsflüssigkeiten betrug angenähert jeweils eine Zehnerpotenz. In Bild 62 sind für außenumlaufende und in Tabelle 10 für innenumlaufende Dichtungen die Versuchsergebnisse wiedergegeben. Alle Messungen wurden nach genügend langer Einlaufzeit (bis zu 100 Stunden), die den Gleitflächen die Möglichkeit gab, durch Verschleiß wieder einen Parallelspalt zu bilden, vorgenommen. Es konnte kein Einfluß der Viskosität auf die Leckmenge nachgewiesen werden. Dieselbe Tatsache konnte *Macks* [173] in unabhängigen Gleitringdichtungsversuchen bestätigen. Die Versuchsergebnisse in Bild 62 und Tabelle 10 zeigen ferner, daß die gemessenen Leckmengen um so niedriger werden, je höher die Temperatur im Dichtspalt und je niedriger die Verdampfungstemperatur der Dichtflüssigkeit ist, da die gasförmig austretenden Leckverluste meßtechnisch nicht mehr erfaßt werden konnten.

Punkt 2 *Spaltdruck*

Für das hier diskutierte Einsatzgebiet gelten die Einschränkungen der in Bild 60 durch das X-Gebiet dargestellten Zonen mit der Erweiterung, daß $s_{max} \leqq 0{,}06$ µm/mm von D betragen kann. Für diesen Fall ist $p_{sp} \approx 0$. Der Druck fällt am Eintrittsdurchmesser auf einen nicht mehr meßbaren Betrag von einigen Zehntel bar ab.

Tabelle 9. Dynamische Viskosität η in Pas (= Ns/m²) und Dichte ϱ in kg/m³ von Flüssigkeiten bei verschiedenen Temperaturen.

Temperatur	20 °C		50 °C		100 °C		150 °C	
	η	ϱ	η	ϱ	η	ϱ	η	ϱ
Wasser	$10{,}2 \cdot 10^{-4}$	$0{,}998 \cdot 10^{3}$	$5{,}5 \cdot 10^{-4}$	$0{,}988 \cdot 10^{3}$	$2{,}88 \cdot 10^{-4}$	$0{,}958 \cdot 10^{3}$	—	$0{,}917 \cdot 10^{3}$
Dieselkraftstoff	$2{,}72 \cdot 10^{-3}$	$0{,}825 \cdot 10^{3}$	$1{,}48 \cdot 10^{-3}$	$0{,}804 \cdot 10^{3}$	$0{,}6 \cdot 10^{-3}$	$0{,}769 \cdot 10^{3}$	$0{,}3 \cdot 10^{-3}$	$0{,}734 \cdot 10^{3}$
Mobil-Oil Arctic	$15{,}6 \cdot 10^{-2}$	$0{,}88 \cdot 10^{3}$	$3{,}25 \cdot 10^{-2}$	$0{,}86 \cdot 10^{3}$	$0{,}704 \cdot 10^{-2}$	$0{,}825 \cdot 10^{3}$	$0{,}282 \cdot 10^{-2}$	$0{,}79 \cdot 10^{3}$

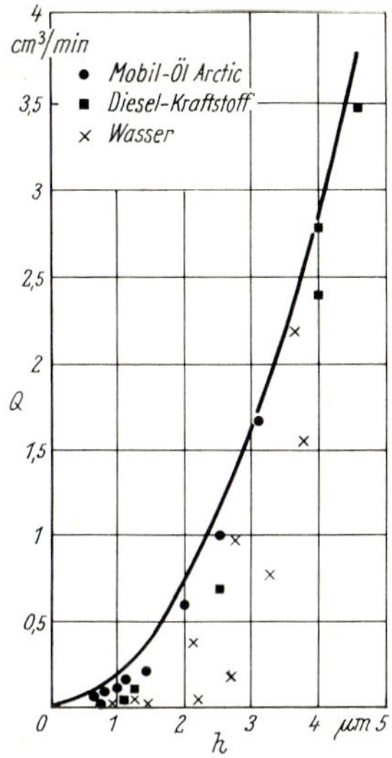

Bild 62
Einfluß der Spalthöhe h und verschiedener Dichtmedien auf die Leckmenge Q.
Die eingezeichnete Kurve gilt für $S = 3{,}3 \cdot 10^6$ N/cm²s $v_g = 5$ m/s; $p_g = 100$ N/cm²; $p_1 = 5$ bar; $d_E = 61$ mm

Punkt 3 *Einfluß der Dichtbreite*

Bei parallelem Dichtspalt übt nach Untersuchungen von *Mayer* [177, 182] die Dichtbreite b keinen Einfluß auf das Dichtvermögen aus, Bild 63. Gleiche Ergebnisse werden für ruhende metallische Dichtleisten von *Schwaigerer* und *Seufert* [256] berichtet. Auch in der Praxis werden die Dichtbreiten nur nach Festigkeits- und Herstellungsgesichtspunkten dimensioniert. In einigen Fällen führt man die Verschleißhöhe a einer Dichtung mit sich erweiterndem Querschnitt aus. In Bild 64 ist eine Gleitringdichtung dargestellt, die eine von d_m nach d und D sich erweiternde Dichtbreite b aufweist, so daß im Anlaufstadium eine Linienberührung, Bild 64a, mit hohen p_g-Werten auftritt. Mit fortschreitendem Verschleiß nimmt die Dichtbreite zu, Bild 64b und c, die Flächenbelastung aber ab.

Tabelle 10. Ergebnisse zur Bestimmung des Spaltfaktors S bei innenangeordneten, umlaufenden, belasteten Gleitringdichtungen.

Werkstoff-paarung	Medium	h µm	p_g N/cm²	d_E mm	Q cm³/min	S N/cm²s
Pre/GG	Wasser	0,65	132	40	0	—
Pre/GG		0,85	132	40	0	—
Pre/GG		1,1	93	35	0	—
Pre/GG		1,4	93	35	0	—
Pre/GG		2,3	65	36	0	—
Pre/RG		5,7	93	35	0	—
Ko/RG		6,1	132	40	0	—
Ko/Ha		13,3	132	40	0,01	$0{,}265 \cdot 10^4$
Ko/Ha		7,5	93	35	0,01	$0{,}47 \cdot 10^4$
Ko/RG		5,5	65	36	0,02	$0{,}92 \cdot 10^4$
Pre/Ha		10,0	67,5	32	0,09	$1{,}33 \cdot 10^4$
Pre/Ha		6,7	65	36	0,06	$1{,}64 \cdot 10^4$
Pre/RG		20,0	67,5	32	0,4	$2{,}27 \cdot 10^4$
Pre/RG		50	132	40	1,3	$2{,}47 \cdot 10^4$
Pre/GG	Diesel-kraft-stoff	1,4	65	36	0,0008	$0{,}515 \cdot 10^4$
Pre/GG		1,0	93	35	0,0002	$0{,}525 \cdot 10^4$
Ko/RG		2,7	93	35	0,0025	$1{,}0 \cdot 10^4$
Pre/GG		1,8	65	36	0,0027	$1{,}17 \cdot 10^4$
Ko/Ha		0,5	132	40	0,00007	$1{,}29 \cdot 10^4$
Pre/GG		0,8	132	40	0,00021	$1{,}43 \cdot 10^4$
Pre/Ha		1,0	132	40	0,0005	$2{,}32 \cdot 10^4$
Pre/Ha		1,0	67,5	32	0,0016	$2{,}4 \cdot 10^4$
Ko/RG		3,3	93	35	0,01	$2{,}42 \cdot 10^4$
Pre/Ha		2,2	67,5	32	0,008	$2{,}5 \cdot 10^4$
Ko/Ha		0,9	132	40	0,00046	$2{,}62 \cdot 10^4$
Pre/GG		2,0	132	40	0,0023	$2{,}65 \cdot 10^4$
Ko/Ha		2,5	93	35	0,0064	$2{,}67 \cdot 10^4$
Ko/RG		3,2	93	35	0,0105	$2{,}69 \cdot 10^4$
Pre/GG		1,2	132	40	0,00084	$2{,}7 \cdot 10^4$
Pre/RG		31,5	93	35	1,0	$2{,}7 \cdot 10^4$
Pre/GG	Mobil-Oil Arctic	1,3	93	35	0,0009	$1{,}41 \cdot 10^4$
Ko/Ha		2,0	93	35	0,0025	$1{,}67 \cdot 10^4$
Ko/RG		2,1	132	40	0,0018	$2{,}1 \cdot 10^4$
Pre/Ha		2,3	132	40	0,0028	$2{,}45 \cdot 10^4$
Ko/Ha		1,2	93	35	0,0014	$2{,}52 \cdot 10^4$
Ko/Ha		0,5	67,5	32	0,00043	$2{,}62 \cdot 10^4$
Pre/Ha		5,0	67,5	32	0,043	$2{,}62 \cdot 10^4$
Pre/Ha		9,5	132	40	0,052	$2{,}64 \cdot 10^4$
Ko/RG		1,0	67,5	32	0,00175	$2{,}65 \cdot 10^4$
Ko/RG		3,1	132	40	0,0055	$2{,}7 \cdot 10^4$
Pre/RG		4,8	65	36	0,051	$2{,}71 \cdot 10^4$
Ko/RG		2,0	67,5	32	0,0072	$2{,}72 \cdot 10^4$

$v_g = 2{,}7$ m/s; $p_1 = 5$ bar; Strömung von D nach d

Punkt 4 *Einfluß der Rauhtiefen*

Unter Benutzung von Gl. (44) für die Spalthöhe h konnte von *Mayer* [177; 178; 183] ein quadratischer Einfluß von h auf die Leckmenge Q nachgewiesen werden. In Bild 65 ist ein Druckbereich bis $p_1 = 56$ bar erfaßt, aus dem zu ersehen ist, daß sich hier die Spalthöhe h mit wachsender Belastung nur wenig oder gar nicht ändert. Der quadratische Einfluß von h kann ebenfalls aus Bild 62 und Bild 63 ersehen werden.

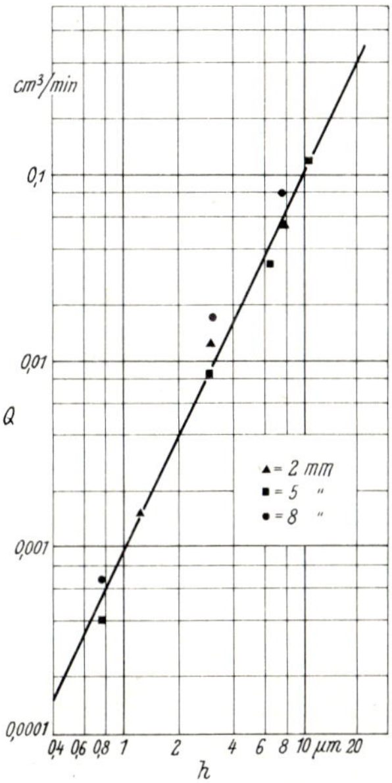

Bild 63
Einfluß der Dichtbreite b bei verschiedenen Spalthöhen h auf die Leckmenge Q.
Dieselkraftstoff; $p_1 = 5$ bar; $p_g = 93$ N/cm²; $D_W = 25$ mm; Strömung von D nach d

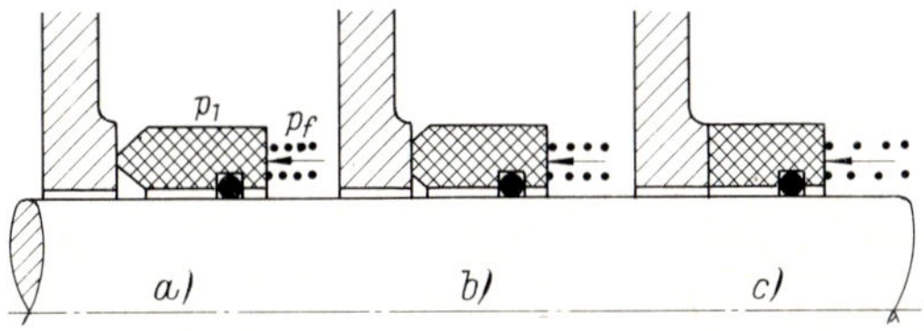

Bild 64
Gleitring mit nicht-konstantem Querschnitt.
a) Einbauzustand
$p_g \approx 5(kp_1 + p_f)$
b) Einlaufzustand
$p_g \approx 2(kp_1 + p_f)$
c) endgültiger Betriebszustand
$p_g = kp_1 + p_f$

Punkt 5 *Einfluß des Gleitdruckes*

Der zunächst von *Schallamach* versuchsmäßig und theoretisch erwiesene Einfluß der Belastung auf die Verformung der Rauheiten konnte vom Autor für Gleitringdichtungen, Bild 66, und von *Denny* und *Turnbull* für Weichpackungen bei Stopfbuchsen nachgewiesen werden. Die Leckmenge Q war umgekehrt proportional dem Quadrate des Gleitdruckes. Erweiterte Untersuchungen [183] zeigten, daß diese Beziehung für das gesamte X-Gebiet, vgl. Bild 60, und im Bereich der E-Module der Gleitflächen von $E_2/E_1 \approx 1$ bis 2000 gültig war. Die Beziehung $Qp_g^2 = \text{konst}$ konnte ebenfalls von *Engelking* und *Keys* [78] mit Gleitringdichtungen bei der Schlammabdichtung von Laufrollenlagern für Geländefahrzeuge und von *Englisch* [80] bei Untersuchungen mit Kolbenringen nachgewiesen werden.

Punkt 6 *Einfluß des Zentrifugaldruckes und der Abströmquerschnitte*

Bei einer Gleitringdichtung sind diese beiden Einflüsse koordiniert. Ist beispielsweise für eine außenumlaufende Dichtung, Bild 16d, der Zentrifugaldruck positiv,

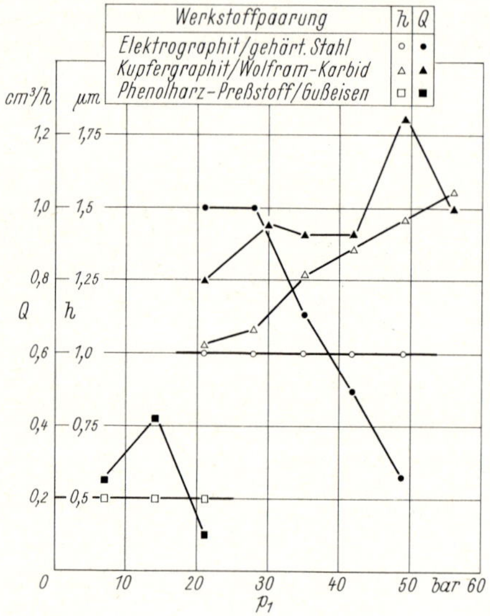

Bild 65
Zusammenhang zwischen Leckage Q und Spalthöhe h bei belasteten Gleitringdichtungen.

Innenliegende, umlaufende Dichtung $k = 1{,}15$, Strömung von D nach d, Kerosin, $v_g = 9$ m/s, $b = 4{,}75$ mm, $d_E = 54$ mm

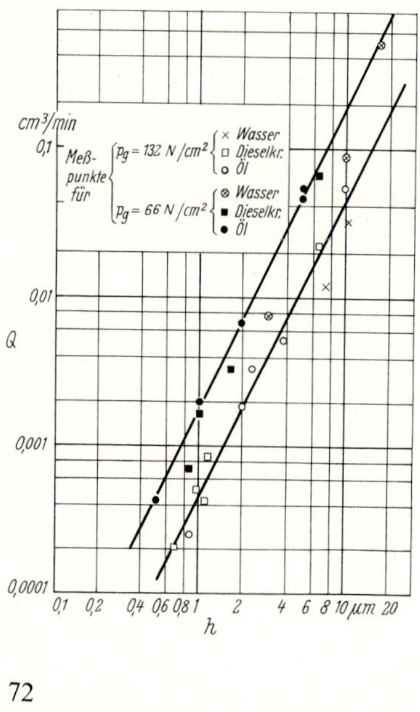

Bild 66
Einfluß des Gleitdruckes p_g auf die Leckmenge Q bei verschiedenen Spalthöhen h und Medien.

$p_1 = 5$ bar; $D_W = 25$ mm; Strömung von D nach d

da er die Richtung des Leckstromes von *d* nach *D* hat, so erweitert sich ebenfalls der Abströmquerschnitt, da der Leckstromeintrittsdurchmesser *d* ist. Für eine innenumlaufende Dichtung, Bild 19, wirkt der Zentrifugaldruck dem Leckstrom entgegen, dabei verengt sich gleichzeitig der Spalt. Die Flüssigkeit tritt bei *D* ein und bei *d* aus. Nach den theoretischen Überlegungen der Flüssigkeitsaustauschströmung müßte im letzten Fall die Leckmenge *Q* wesentlich kleiner als im ersten Fall bei konstanten Betriebsbedingungen sein. *Mayer* [177] konnte hier einen Leckunterschied in der Größenordnung von 1:10 nachweisen, wobei alle Dichtungsparameter konstant waren.

Punkt 7 *Einfluß der Gleitgeschwindigkeit*

Nach den theoretischen Überlegungen müßte eine Gleitringdichtung im Stillstand fast völlig flüssigkeitsdicht sein, mit steigender Gleitgeschwindigkeit aber zunehmende Leckverluste aufweisen. In Tabelle 11 sind für verschiedene Gleitringdichtungen und Belastungen die Leckmengen *Q* bei jeweils drei verschiedenen Gleitgeschwindigkeiten angegeben. Die Leckmengen unterscheiden sich zwischen den Gleitgeschwindigkeiten $v_g = 5$ und $v_g = 0$ m/s in der Größenordnung 1:100 und zwischen $v_g = 10$ und $v_g = 5$ m/s wie 1:4,5.

Tabelle 11. Einfluß der Gleitgeschwindigkeit v_g auf den Leckstrom *Q*.

Nr.	v_g m/s	*Q* cm^3/h	Q_2/Q_1	Einsatzbedingungen
1	0	0,15	} 600	$p_1 = 50$ bar; Öl; $k = 0{,}82$
2	5	90	} 3,9	Stellit/Hartkohle
3	10	350		starke thermische Verwerfungen
4	0	0,45	} 82	$p_1 = 50$ bar; Öl; $k = 0{,}82$
5	5	37	} 5,4	Kohle/Metalloxid
6	10	198		
7	0	0,13	} 96	$p_1 = 17{,}5$ bar; Öl; $k = 1{,}0$
8	5	12,5	} 3,0	Kohlegraphit/Metallkarbid
9	10	37,5		
10	0	0,038	} 120	$p_1 = 50$ bar; Öl; $k = 1{,}0$
11	5	4,6	} 4,6	Kohlegraphit/Metallkarbid
12	10	21		
13	0	0,2	} 128	$p_1 = 35$ bar; Dieselöl; $k = 0{,}8$
14	5,5	25,5	} 5,1	Stellit/kupferimprägnierte Kohle
15	11	130		

Unter Berücksichtigung aller im einzelnen aufgeführten Einflußgrößen ergibt sich nach *Mayer* [180, 190] die Leckagegleichung unter Grenzreibungsbedingungen zu

$$Q = \frac{\pi d_E (p_1 - p_2) h^2 S}{p_g^2} \tag{47}$$

wobei der Spaltfaktor S eine Funktion von der Gleitgeschwindigkeit, dem Zentrifugaldruck und dem Abströmungsquerschnitt ist.

Für innenangeordnete Gleitringdichtungen, bei denen die Leckmenge von D nach d strömt, wurden aus einer Vielzahl von Prüfstands- und Praxisergebnissen die gemittelten Werte des Spaltfaktors S in Bild 67 dargestellt [180]. Der Betrag von S nimmt mit wachsender Gleitgeschwindigkeit stark zu, um bei hohen v_g-Werten asymptotischen Verlauf zu zeigen.

Die Leckagegleichung unter Grenzreibungsbedingungen, Gl. (47), wurde vom Verfasser während nunmehr fast zwei Jahrzehnten eingehend bei nachfolgenden Versuchsbedingungen überprüft:

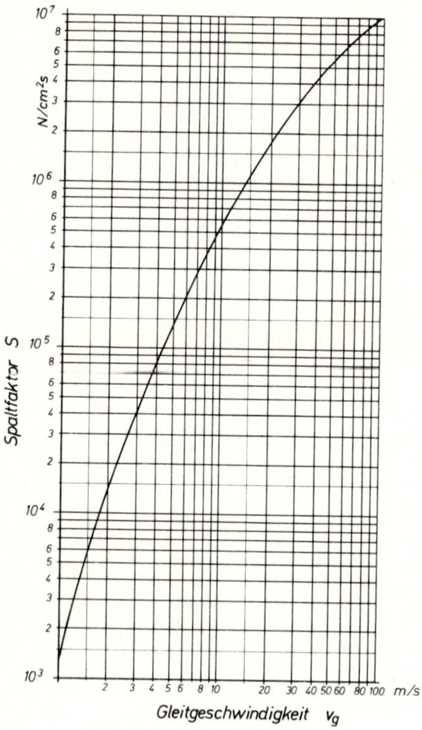

Bild 67
Verlauf des Spaltfaktors S in Abhängigkeit von der Gleitgeschwindigkeit nach gemittelten Meßwerten für innen angeordnete Gleitringdichtungen; Leckströmung von D nach d.

Viskosität	η	$=0{,}5\cdot 10^{-4}$ bis $500\cdot 10^{-4}$ Pas
Dichtbreite	b	$=0{,}5$ bis 15 mm
Spalthöhe	h	$=0{,}3$ bis 50 µm
Gleitdruck	p_g	$=15$–2000 N/cm^2
Gleitgeschwindigkeit	v_g	$=0$ bis 105 m/s
Belastungsverhältnis	p_g/p_1	$=0{,}55$ bis 4,0

Es wurden dabei Hunderte von Werkstoffpaarungen benutzt, mit folgenden, in diesem Zusammenhang interessierenden mechanischen Werten:

E-Modul $E=1000$ bis 700000 N/mm^2
$E_2/E_1=1$ bis 2000
Härte $H=100$ Shore A bis 92 HRA

Die Ergebnisse mit dieser Gleichung stimmen mit den Praxiswerten sehr gut überein.
In einem amerikanischen Großbetrieb der chemischen Industrie wurden die durch Gleitringdichtungen austretenden Leckmengen bei Dichtungen mit den unterschiedlichsten Abmessungen und den verschiedensten Medien und Betriebsbedingungen mit den Rechnungswerten nach Gl. (47) verglichen und eine sehr gute Übereinstimmung festgestellt. Vom Verfasser wird diese Leckageformel seit vielen Jahren ebenfalls bei der Berechnung von Leckmengen und auch bei Leckmengengarantien mit sehr gutem Erfolg angewandt.
Nachdem in neueren Publikationen [402; 405; 408; 409] — um nur einige zu nennen — eine Vielzahl von hydrodynamischen Parametern, Welligkeiten, Kavitation usw. zum Berechnen von Leckagen bei Gleitringdichtungen aufgeführt wurden, muß in diesem Zusammenhang darauf hingewiesen werden, daß bei diesen Resulta-

1 Vorratsbehälter
2 Leckmeßröhre
3 Druckspeicher
4 Reduzierventil
5 Heizung
6 Durchflußmesser
7 Vorrichtung mit Dichtung
8 Magnetfilter
9 Druckmessung
10 Temperaturmessung
11 Stundenzähler
12 Antrieb
13 Kühler

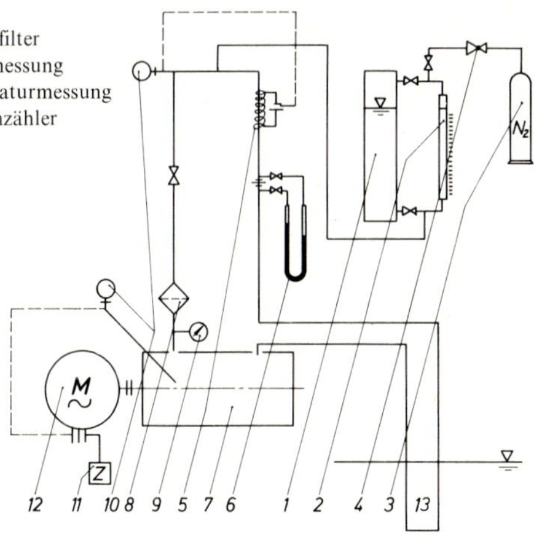

Bild 68
Leckmeßvorrichtung für Gleitringdichtungen der Fa. Halberg.
$d_E=98$ mm, $p_1=8$ bar, $n=2960$ U/min, $v_g=14{,}3$ m/s, $t=52$ bis 80 °C, $k=1{,}12$
Wolframkarbid gegen Hartkohle

ten offensichtlich eine größere Anzahl von Randeinflüssen von den Autoren übersehen respektive falsch gedeutet worden sind. Bei Gleitringdichtungen ist es selbstverständlich, daß der Gleitwerkstoff-Frage eine entscheidende Bedeutung zukommt, daß darüber hinaus mechanische und thermische Deformationen der Gleitflächen vermieden werden müssen, und daß Welligkeiten an Gleitringen durch ungenügende Formstabilität der Trägerringe oder durch unzweckmäßige Krafteinleitung wie Sicken, Verdrehsicherungsstifte usw. ausgelöst werden. Ferner muß auf Grund der teilweise sehr hohen Verschleißfestigkeit der Werkstoffe die Einlaufperiode wesentlich verlängert werden.

Für die in Bild 241 gezeigte, belastete Gleitringdichtung (Abschn. 9.8.1.3) wurde mit Hilfe der in Bild 68 dargestellten Meßvorrichtung die Leckage bereits auf der Eintrittsseite bei konstanten Betriebsverhältnissen ermittelt:

Laufzeit h	Leckage Q cm^3/h	Spalthöhe h nach Gl. (47) µm
10	3,87	0,63
168	1,52	0,4
260	1,0	0,32
1650	0,6	0,25

Es ist eine sehr deutliche Anpassung der Gleitflächen mit fortschreitender Laufzeit zu erkennen, obgleich durch die doppeltelastische Lagerung des Gegenringes mechanische und thermische Gehäusedeformationen schon weitgehend ausgeschlossen wurden. Nach 1650 Betriebsstunden ergaben sich arithmetische Mittenrauhwerte für die Kohle von $R_{a1} = 0{,}45$ µm und für die Hartmetallringe von $R_{a2} = 0{,}13$ µm. Hiermit ergibt sich nach Gl. (42) ein Wert der Spalthöhe von $h = 0{,}29$ µm und nach Gl. (44) von $h = 0{,}28$ µm, so daß eine sehr hohe Genauigkeit mit dem nach Gl. (47) ermittelten Wert von $h = 0{,}25$ µm vorhanden ist.

Bezüglich der Genauigkeit von Gl. (47) für die Leckverluste bei Grenzreibungsbedingungen wird ferner auf Bild 240 und Tabelle 31 in Abschn. 9.8.1.3 hingewiesen, wo Langzeitergebnisse der Schwerwasser-Leckagen — die durch Absaugung zurückgewonnen werden —, des Verschleißes und der Rauhtiefen ermittelt wurden.

Unter Praxisbedingungen bei sauberen Fördermedien und entsprechender Gleitwerkstoffpaarung liegt die mittlere Spalthöhe im Bereich von $h = 0{,}25$ bis 1,5 µm.

In der vom Autor geleiteten größten Gleitringdichtungs-Firma auf dem europäischen Kontinent wird die Leckageformel Gl. (47) für Grenzreibungsbedingungen seit vielen Jahren bei sehr guter Übereinstimmung mit den tatsächlich auftretenden Leckmengen und auch bei Leckmengengarantien — s. Abschn. 9.8 — benutzt.

Beispiel 13: Wie groß ist die stündlich austretende Leckmenge Q bei einer innenangeordneten umlaufenden Gleitringdichtung mit dem Belastungsverhältnis $p_g/p_1 = 0{,}85$, bei einem Flüssigkeitseintrittsdurchmesser $d_E = 100$ mm und bei einer Gleitgeschwindigkeit $v_g = 7{,}5$ m/s? Es wird Dieselkraftstoff von $p_1 = 35$ bar abgedichtet. Die Rauheitswerte der Gleitflächen waren $R_{a1} = 0{,}8$ µm; $R_{max1} = 1{,}1$ µm; $R_{a2} = 1{,}0$ µm; $R_{max2} = 1{,}3$ µm. Nach Gl. (44) ergibt sich mit diesen Werten die Spalthöhe der Rauhtiefen zu $h = 1{,}6$ µm. Aus Bild 67 folgt für $v_g = 7{,}5$ m/s der Spaltfaktor $S \approx 3{,}5 \cdot 10^5$ N/cm²s. Hiermit ergibt sich nach Gl. (47) die stündliche Leckmenge zu

$Q \approx 4{,}0$ cm³/h.

4.9.2. Leckverluste bei Mischreibung

Werden die in Bild 60 dargestellten Grenzen für das X-Gebiet überschritten — das gleiche gilt, wenn $s > s_{max} = 0{,}06$ µm/mm D wird —, so kann mit der Ausbildung eines Spaltdruckes p_{sp} gerechnet werden. Gelingt es, den verbleibenden Gleitdruck p_g mit hinreichender Genauigkeit zu berechnen, indem die Gesamtverwerfung s bestimmbar ist und auf Grund des Verschleißes A die neue Kontaktlinie d_E, die die hydrostatische Entlastung begrenzt, vgl. Bild 51, so kann der Versuch unternommen werden, mit diesem p_g-Wert die Leckmenge in erster Näherung nach Gl. (47) zu berechnen. Dies ist jedoch nur dann möglich, wenn das verbleibende Verhältnis p_g/p_1 noch im Bereich der zulässigen Spalthöhe h des X-Gebietes liegt. Der in Bild 69a und b dargestellte Verformungsfall würde andererseits die Leckmenge verringern, bis nach Bild 69c der Parallelspalt wieder erreicht ist.

a) Kontakt zunächst bei D (hoher Gleitdruck)
b) zunehmende Kontaktfläche durch Verschleiß
c) Wiederherstellung eines Parallelspaltes (p_g = konst.)

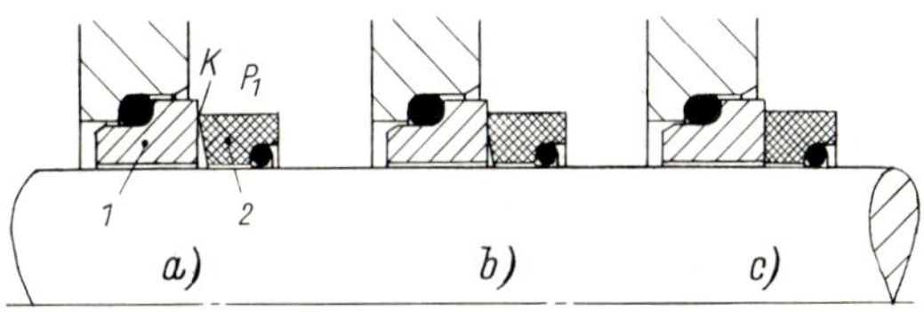

Bild 69
Änderung der Berührungsfläche während des Einlaufvorganges.
1 Metallring 2 Kohlering

Befindet man sich aber bereits im Y- oder Z-Gebiet, so werden die Flächen durch einen mehr oder minder zusammenhängenden Flüssigkeitsfilm getrennt. Die Dichtspalthöhe ist nun nicht mehr h, sondern $h + h_0$, wobei die Schmierschichthöhe h_0 keine Konstante, sondern eine Funktion von η, v_g, p_g und b sein kann. Im Normalfall ist der Spalt einer Gleitringdichtung eben, so daß sich in ihm nach der hydrodynamischen Theorie kein zusätzlicher Druck aufzubauen vermag. Es ist im Spalt dann nur ein hydrostatischer Druck als Folge der Leckströmung in Richtung des Druckgefälles $p_1 > p_2$ zu erwarten.

Weisen jedoch die Gleitflächen im Betriebszustand mechanisch oder thermisch bedingte Unebenheiten auf, so kann sich durch sie während der Drehbewegung ein verengender Spalt und damit ein hydrodynamischer Druck bilden. Z. B. konnten die Beobachtungen gemacht werden, daß Gleitringe aus metallimprägnierten Kohlen oder porösen Werkstoffen mit nicht zusammenhängenden Hohlräumen mit niedrigen Reibungswerten, jedoch hohen Leckverlusten liefen [132; 276]. Im ersten Fall führten die unterschiedlichen Wärmeausdehnungskoeffizienten oft in Verbindung mit unterschiedlichen Wärmeleitzahlen (das Verhältnis kann 1:10 betragen) zu thermischen Verformungen und im zweiten Fall bilden die Poren sog. Schmierschalen mit gekühlten und damit abgeflachten Randzonen. In beiden Fällen können örtlich begrenzte Druck- und Schmierfelder im Spalt erzeugt werden. Die Leckmenge ist von den Belastungen abhängig und ist durch die Verschiedenheit der Werkstoffe und der Verwerfungen meistens keiner genauen Berechnung zugängig [33].

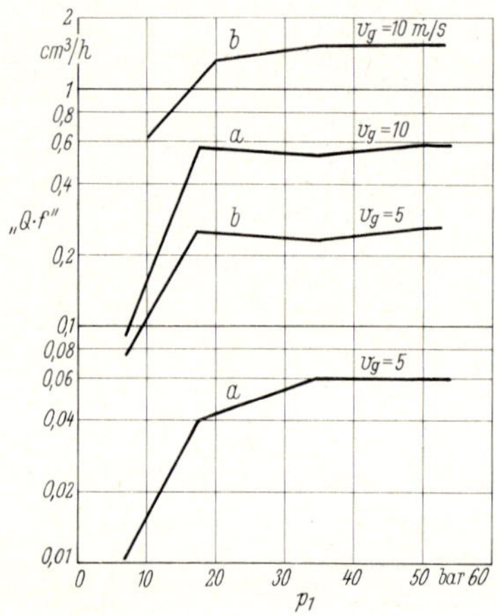

Bild 70. Zusammenhang zwischen Leckage Q und Reibungsbeiwert f im Bereich der Mischreibung.
Öl; $k=0,8$
a) gehärteter Stahl } metallimprägnierte
b) Stellit } Kohle

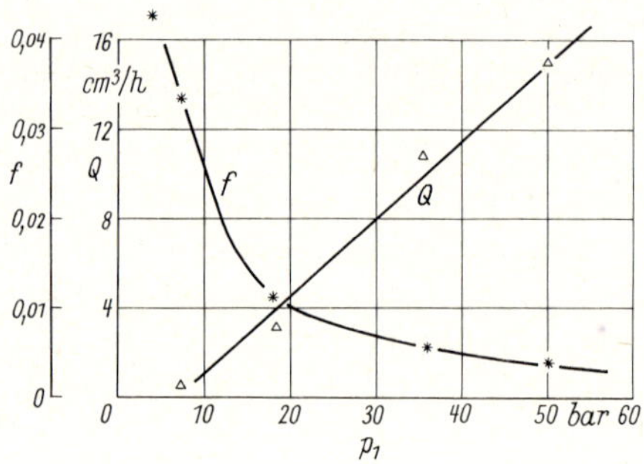

Bild 71. Meßwerte der Leckage Q und der zugehörigen Reibungsbeiwerte f bei einer entlasteten Gleitringdichtung.
Stahl/metallimprägnierte Kohle;
$k=0,8$; Öl; $v_g=5$ m/s

Es konnte jedoch vom Autor ein interessanter Zusammenhang zwischen Leckmenge und Reibungskoeffizient, Bild 70 und Bild 71, beobachtet werden, und zwar derart, daß das Produkt „$Q \cdot f$" für gleiche Werkstoffpaarungen und Gleitgeschwindigkeiten eine Konstante zu sein scheint. Die Werte für $p_1=7$ bar, Bild 71, dürften durch den sich hier stark auswirkenden Federdruck p_f noch durch den Zustand der Grenzreibung stark beeinflußt sein.

Sind die mechanisch und thermisch bedingten Verformungen kontrollierbar, beispielsweise durch Einarbeitung von Nuten, so kann auch die Leckmenge genauer berechnet werden. Solche hydrodynamischen Dichtungen wurden von *Mayer* [183; 193] untersucht. Für den Fall, daß die Ausbildung und Anzahl der Schmiernuten noch unzureichend ist und die Dichtung noch im Bereich der Mischreibung läuft, wurde mit folgender empirischer Formel

$$Q = \frac{C_2 \pi d_E (p_1 - p_2) \eta \sqrt{v_g b}}{p_g^2} \tag{48}$$

gute Übereinstimmung mit den Meßergebnissen erreicht. In den nachfolgenden Abschnitten werden die Einflußgrößen noch gesondert behandelt. Um jedoch keine Trugschlüsse zu ziehen, sollten immer alle Einflußgrößen, wie Reibungszustand, Leckage und Verschleiß, zusammen betrachtet werden, wobei auch die Kontinuität des Dichtungsverhaltens zu berücksichtigen ist.

4.9.3. Leckverluste bei Flüssigkeitsreibung

Der Reibungszustand der Flüssigkeitsreibung setzt im Idealzustand vollständige Berührungslosigkeit der Gleitflächen voraus, die durch einen Schmierfilm genügender Dicke getrennt sind. Die Autoren [70; 91; 271] geben für Axiallager von 6 cm Durchmesser bei hydrodynamischer Schmierung eine kleinste zulässige Schmierschichthöhe von $h_0 = 3$ bis 10 µm bei Öl an. Bei Unterschreitung dieser Werte ist bereits mit teilweisem Festkörpereinfluß zu rechnen. Insbesondere die untere Grenze von h_0 steht in sehr guter Übereinstimmung mit der vom Autor ermittelten maximal zulässigen Verformung von $s_{max} = 0{,}6 \cdot 6 = 3{,}6$ µm für diesen Durchmesser.

Bei rein hydrodynamischer Reibung ist die Verschleißfestigkeit der Gleitwerkstoffe ohne Einfluß. Hydrostatische Spaltringdichtungen — siehe Abschn. 9.8 — arbeiten nach *Honold* [126] mit effektiven Spaltabständen von $h_0 = 10$ bis 30 µm und großen Leckströmen. Die Leckverluste können in erster Näherung mit Gl. (19) berechnet werden.

Eine Berührung der Flächen, die häufig eine korrosions- und erosionsbeständige Panzerungsschicht aufweisen, führt normalerweise zum sofortigen Ausfall dieser Dichtungen. Aus diesem Grunde sollten Gleitringdichtungen verschleißfeste Werkstoffpaarungen mit guten Notlaufeigenschaften aufweisen. Wirkliche Berührungslosigkeit liegt nach *Trutnovsky* [287], *Kamps* [140] und *Mayer* [182; 190; 191] bei normalen Gleitringdichtungen sehr selten vor. Dieser Zustand ist ferner mit sehr großen Leckverlusten und bei entlasteten Dichtungen mit der Gefahr der Funktionsunfähigkeit durch Öffnen des Dichtspaltes verbunden. Um Gleitringdichtungen nun erfolgreich im hydrodynamischen Gebiet einsetzen zu können, müssen die für dieses Gebiet gültigen Voraussetzungen gegeben sein, was bei hydrodynamischen, hydrostatischen und hydrodynamisch-hydrostatischen Dichtungen durch richtige konstruktive Bemessung und Werkstoffauswahl erreicht werden kann. Bei diesen Dichtungen kann die Annahme einer laminaren Spaltströmung nach Gl. (19) berechtigt sein. Nach *Vogelpohl* [290] ergibt sich für Axiallager eine Beziehung für die Schmierschichthöhe h_0

$$h_0^2 = C \frac{v_g \eta b}{p_g} \tag{49}$$

wobei der C-Wert von den konstruktiven Abmessungen abhängt. Setzt man den Wert von h_0 aus Gl. (49) in Gl. (19) ein, so ergibt sich eine Leckagegleichung bei hydrodynamischer Reibung

$$Q = C_3 \pi d_E (p_1 - p_2) \sqrt{\frac{\eta b v_g^3}{p_g^3}} \tag{50}$$

Der Strömungsfaktor C_3 erfaßt die teilweise sehr unterschiedlichen Randeinflüsse bei Gleitringdichtungen und kann in einem größeren Bereich schwanken.

4.9.3.1. Hydrodynamische Gleitringdichtungen

Die Einsatzgrenzen von entlasteten und belasteten Gleitringdichtungen sind neben Betriebssicherheit, Wärmeerzeugung und Verschleiß durch die Stabilität des Schmierfilmes im Spalt gegeben. Insbesondere ist dieser Film durch hohe Flächenpressungen und Reibungswärme gefährdet.

Standardmäßige axiale Gleitringdichtungen laufen hauptsächlich unter Grenzreibungsbedingungen mit Reibungskoeffizienten in der Größenordnung von $f = 0{,}07 \pm 0{,}03$. Auf Grund der entstehenden hohen Reibungswärme und selbst bei Verwendung von Werkstoffen mit optimalen Wärmeleitzahlen und bei intensiver Kühlung der Gleitflächen, können Grenzwerte bezüglich des Innendruckes und der Gleitgeschwindigkeit im Bereich von $p_1 \cdot v_g = 600$ bis 800 bar m/s kaum überschritten werden. Die Dichtbreite b hat bei Gleitringdichtungen keinen Einfluß auf die Leckmenge, solange die mechanischen und thermischen Deformationen klein und vernachlässigbar sind. Eine Reduzierung des Belastungsverhältnisses k beispielsweise unter 0,6 — zwecks Senkung der spezifischen Flächenpressungen und der Wärmeentwicklung — kann das vorliegende Problem nicht lösen, da hierdurch die Gefahr vergrößert wird, daß die Leckage stark ansteigt und unter Umständen der Gleitflächenkontakt ganz verloren geht. Auch können hierdurch erosive Auswaschungen an den Gleitflächen auftreten.

Hydrodynamische Effekte durch Materialauswahl und Betriebsbedingungen

Einbaufertige Gleitflächen weisen normalerweise eine mittlere Rauhigkeit von $R_a = 0{,}015 \ldots 0{,}5$ µm und eine Planheit von 1 Helium Lichtband pro 25 mm Gleitring-Außendurchmesser auf. (1 Helium Lichtband = 0,29 µm.) Inhomogene Werkstoffe zeigen im Betriebszustand Mikroerhöhungen und -vertiefungen auf Grund der unterschiedlichen Wärmeleitzahlen, Ausdehnungskoeffizienten und der örtlich unterschiedlichen Reibungswärme [96].

In Bild 72 ist eine Gleitwerkstoffpaarung Metall im Anlauf gegen metallimprägnierte Kohle dargestellt, wobei einmal der Einbauzustand in Ruhe und zum anderen der Betriebszustand bei Drehung gezeigt wird. Örtlich begrenzte Berührungspunkte werden sich auf Grund der Erwärmung ausdehnen und kleine Schmierkeile bilden, siehe Bild 72b. Der erzeugte Spaltdruck wird die Stirnflächenreibung der Dichtung reduzieren. Dieser thermohydrodynamische Effekt wurde zuerst von *Mayer* [177] beobachtet beim Versuch, mittels Bohrungen den Spaltdruck belasteter Gleitringdichtungen zu messen. Bei der untersuchten Gleitwerkstoffpaarung handelte es sich um Bleibronze/Kunstharz-imprägnierte Kohle — nähere Einzelheiten s. Abschn. 4.8. Bei Verwendung von leicht porösen Werkstoffen wie beispielsweise Keramik — siehe Bild 73 — können ebenfalls hydrodynamische Effekte beobachtet werden.

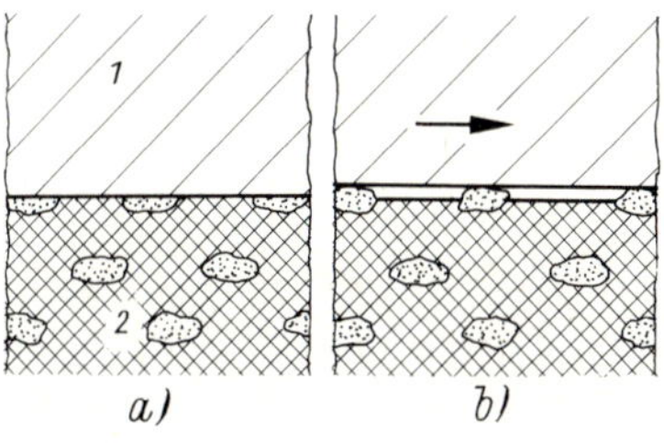

Bild 72. Gleitwerkstoffpaarung Metall/metallimprägnierte Kohle.

a Einbauzustand in Ruhe
b Betriebszustand bei Drehung

1 Metallring
2 metallimprägnierter Kohlering

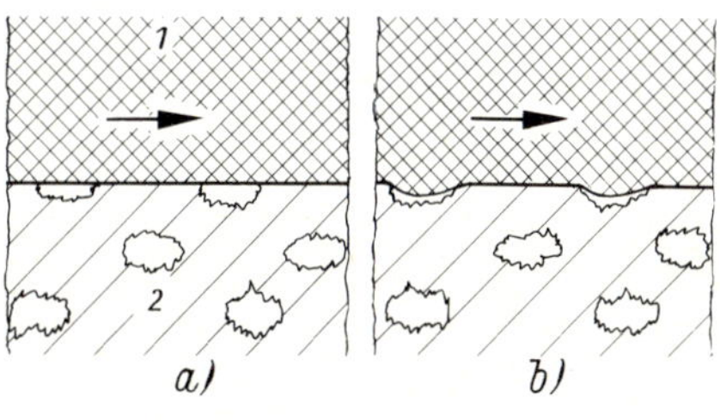

Bild 73. Gleitwerkstoffpaarung Kohle/Keramik bei Wasserschmierung.

a Anpreßdruck $p_g = 70$ N/cm^2
b Anpreßdruck $p_g = 250$ N/cm^2

1 Kohle
2 Keramik

Voraussetzung ist jedoch, daß die angeschnittenen Poren nicht miteinander in Verbindung stehen, da sonst ein Druckaufbau nicht möglich ist.

Die von den Poren gebildeten Vertiefungen erzeugen ebenfalls wieder örtlich begrenzte Schmierschalen und Druckfelder, siehe Bild 73a. Mit steigendem Anpreßdruck p_g wird jedoch die Gegenfläche aus Kohle auf Grund ihres niedrigen Elastizi-

tätsmoduls in diese Poren gepreßt, siehe Bild 73b, und wird hier die Flüssigkeit verdrängen. Es kommt bei höheren Belastungen zu einem Abscheren der Kohlepartikel und hohem Verschleiß. Bei der Werkstoffpaarung Kohle/Keramik können fast immer Kohle-Ablagerungen am keramischen Ring beobachtet werden und bei Anpreß-Drücken oberhalb von $p_g > 200$ N/cm^2 auch starker Verschleiß.
Auf eine weitere Gestaltungsmöglichkeit von hydrodynamisch wirkenden Gleitringdichtungen mit rißverchromter Oberfläche weist *Loch* [165] hin.
Ein Kupferring wird zunächst mit einer Nickelschicht von ca. 20 µm überzogen und mit einer Rißverchromung an der Stirnseite von ca. 0,3 bis 0,4 mm Dicke versehen, die durch ein spezielles Ätzverfahren eine Maschenweite von 0,5 bis 1 mm erhält. Die winzigen Felder, die durch Risse voneinander getrennt sind, wirken im Anlauf gegen eine metallimprägnierte Kohle als hydrodynamische Stauflächen entlastend auf den Anpreßdruck der Dichtung.
Bei stark entlasteten Gleitringdichtungen $k = 0{,}65$ bis 0,735 und Verwendung von Wasser berichtet *Loch* über befriedigende Ergebnisse. Bei hohen Flächenpressungen muß jedoch mit einer schnellen Verschleißzunahme gerechnet werden.
Thermohydrodynamische Effekte hängen von ausreichenden Temperatur-Differenzen ab. Flüssigkeiten mit guten Wärmeübergangswerten, wie beispielsweise Wasser, begünstigen dies. Es ist bekannt, daß Kohle/Bleibronze bei niedrigen Drücken und Wasserschmierung gut läuft, während diese Werkstoffpaarung bei Verwendung von Kohlenwasserstoffen leicht ausfällt. Selbst bei bestgeeigneten Werkstoffen mit thermohydrodynamischen Effekten und bei intensiver Kühlung, können $p_1 \cdot v_g$-Werte von 1000 bar m/s kaum überschritten werden.

Hydrodynamische Effekte durch Dichtungs-Konstruktionen

Wie bereits erwähnt, können selbst optimale Gleitwerkstoffpaarungen unter Berücksichtigung der Reibungsbeiwerte, der Wärmeleitzahl, der Temperatureinsatzgrenze, der Notlaufeigenschaften und der Kühlmöglichkeiten die Höchstdruck- und Höchstgeschwindigkeitsbedingungen auf Grund der hohen, trotzdem entstehenden Reibungswärme nicht sicher beherrschen.
Nur eine wesentliche Reduzierung der zwischen den Stirnflächen erzeugten Reibungswärme, bietet Aussichten auf Erfolg. Verschiedene derartige Dichtungskonstruktionen werden von *Müller* [206] und *Vilim* [289] beschrieben.
In Bild 74a wird eine Gleitringdichtung mit Radialnuten gezeigt, über die interessante Ergebnisse von *Mayer* berichtet wurden [183; 185]. Die Reduzierung der Reibung und des Verschleißes ist beachtlich. Nachteilig macht sich bei dieser Konstruktion die ungenügende Flüssigkeitszirkulation und die dadurch bedingte schlechte Kühlung der Nutenränder bemerkbar. Schmutzpartikel können, nachdem sie in die Nut eingedrungen sind, leicht in den Dichtspalt gepreßt werden.

Hydrodynamische Druckfelder können ebenfalls durch einen exzentrisch laufenden Gleitring erzeugt werden, Bild 74b. Nachteilig ist hier die unsymmetrische Belastung des Ringes und der größere Platzbedarf.

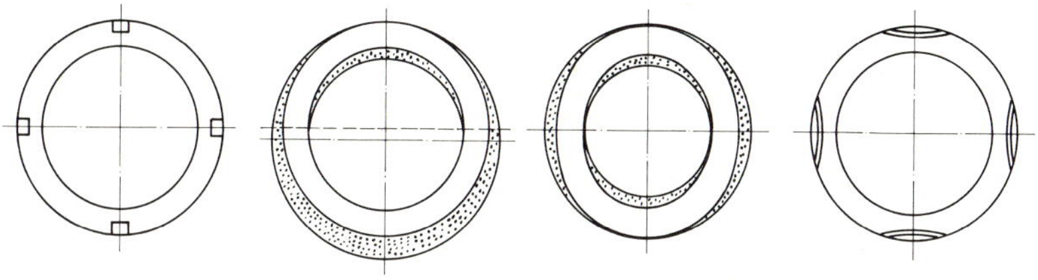

Bild 74. Hydrodynamische Dichtungskonstruktionen.
a Radialnuten b exzentrischer Ring c elliptischer Ring d Zirkulationsnuten

Versuchsergebnisse des Verfassers mit thermohydrodynamischen Gleitringdichtungen bei nachfolgenden Betriebsverhältnissen

$D_W = 50$ mm	Kesselspeisewasser 40 bis 60 °C
$n = 3000$ U/min	Leckrate $Q = 20$ bis 40 cm^3/h
$p_1 = 200$ bar	Dichtbreite $b = 6{,}5$ mm

zeigten einen Leckage-Anstieg auf $Q = 800\ cm^3/h$, nur auf Grund einer Verschiebung des Aufnahmeflansches und einer dadurch bedingten Exzentrizität des Gegenringes von $e = 1{,}5$ mm.
Ergebnisse von zwei Gleitringdichtungen mit elliptischen Ringen werden für nachfolgende Betriebsverhältnisse von *Vilim* [289] berichtet, Bild 74c.

$D_W = 72$ mm	$p_1 = 100$ bar
Dichtbreite $b = 7{,}8$ mm	mittlere Leckrate $Q = 20$ bis 2000 cm^3/h
Belastungsfaktor $k = 0{,}7$	Laufzeit = 35 000 h
$n = 1800$ U/min	Kohleverschleiß $A = 40$ bis 80 µm/Jahr
$v_g = 7{,}1$ m/s	

Diese Gleitringdichtungskonstruktion mit elliptischem Ring erzeugt einen hydrodynamischen Schmierfilm zwischen den Gleitflächen auf Grund der Keilwirkung und einer Schleppströmung. Die Flüssigkeitszirkulation und Kühlung hält die Keilausbildung aufrecht und wirksam. Ergebnisse über die Höhe der Reibungsbeiwerte in Abhängigkeit von Innendruck und Gleitgeschwindigkeit wurden bisher nicht bekannt.
Eine thermohydrodynamische Gleitringdichtung mit Kreisringsegment-Zirkulationsnuten ist in Bild 74d dargestellt. Diese neue Dichtungsentwicklung wird in dem folgenden Abschnitt 4.9.3.2 näher besprochen.

Ein hydrodynamischer Effekt kann ebenfalls durch oval gedrehte Gleitringe, Bild 75, bewirkt werden.

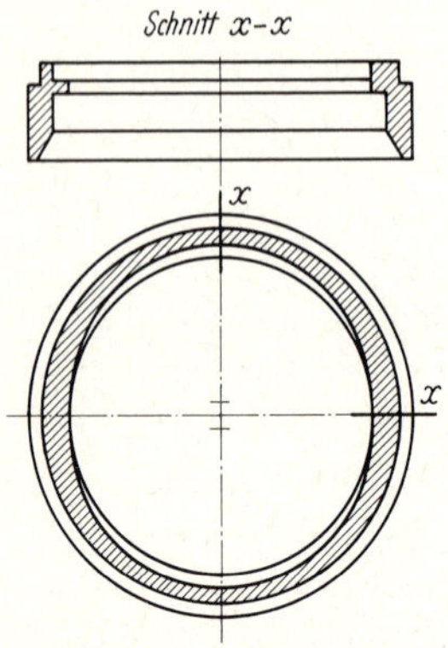

Durch Vorsehung von Ausnehmungen in den Gleitflächen können die Einsatzgrenzen wesentlich erweitert werden. Solche Keilflächen, Bohrungen oder Schlitze formen im Betriebszustand mechanisch oder thermisch bedingte Verengungen, und als Folge hiervon bilden sich durch Drehung Druck- und Schmierfelder aus.

Bild 75
Oval gedrehter Gleitring
mit hydrodynamischer Wirkung [301].

Aus Verschleißgründen sollten die Ausnehmungen im verschleißfesteren Werkstoff — dies ist gewöhnlich auch der härtere — angeordnet werden, damit das Betriebsverhalten auch über längere Zeit gleich bleibt. Bei der hohen Oberflächengüte, die von Gleitringflächen verlangt werden, ist die maschinelle Ausarbeitung von Keilflächen insbesondere in Ringen aus Metalloxid und Karbid aus Kosten- und Herstellungsgründen unzweckmäßig.

Verwendet man hingegen einen planparallelen, geläppten Ring mit Ausnehmungen, Bild 76, so entstehen während des Betriebszustandes durch die Reibungswärme und unterschiedliche Temperaturverteilung thermische, kontrollierbare Verwerfungen des Gleitringes. Diese Welligkeit bildet die Voraussetzung zur Ausbildung von hydrodynamischen Druck- und Schmierfeldern, die es gestatten, solche Dichtungen sehr hoch zu belasten. Die sich durch den Keilspalt aufbauenden, örtlich begrenzten Drücke können wesentlich über dem Dichtdruck p_1 liegen. Sie reduzieren die Flächenbelastung, die Reibung und die Spalttemperatur.

Auf das Verhalten einer hydrodynamischen Dichtung haben, neben den thermischen Kennwerten λ und α der Werkstoffpaarung, das Nutenverhältnis c/b, die Nutenzahl z und das Belastungsverhältnis p_g/p_1 einen wesentlichen Einfluß. Umfangreiche Untersuchungen [183] ergaben für Gleitringdichtungen mit Radialnuten und hydraulischen Belastungsverhältnissen von $k=0{,}8$ bis 1,2 eine zweckmäßige Dimensionierung der radialen Nutentiefe c von

$$c \approx \frac{0{,}4\,p_g}{p_1}\,b \approx 0{,}4\,k\,b \tag{51}$$

Die Nutenanzahl z ist abhängig vom Eintrittsdurchmesser d_E (vgl. Abschn. 4.9.3.2 und Bild 80).
Der Nutenabstand $w = \pi d_E / z$ sollte unter Berücksichtigung der Dichtungskonstruktion, der Betriebsverhältnisse und einer möglichst günstigen Teilung zwischen $w = 55$ bis 75 mm gefertigt werden.

Bild 76. Hydrodynamische Gleitringdichtung mit Radialnuten [5*].

Wird die Nutentiefe c zu hoch im Verhältnis zur Dichtbreite b gewählt, so steigen die Leckverluste stark an. Der hierdurch auftretende Strahlverschleiß kann durch kolkartige Auswaschungen, die meistens im weicheren Kohle- oder Graphitring auftreten, zur Funktionsunfähigkeit der Dichtung führen. Wird der Wert c/b zu klein gewählt, so bilden sich die gewünschten Druck- und Schmierfelder nur ungenügend aus. Verschleiß- und Wärmeerzeugung sind dann höher als notwendig.

Grundsätzlich ist es möglich, die Ausnehmungen sowohl im rotierenden als auch im stationären Ring anzubringen, wobei der verschleißfestere Teil bevorzugt werden sollte. Um Fremdkörpern das Eindringen in die Nuten und damit in den Spalt zu erschweren, sollten diese für die Strömungsrichtung von d nach D im stationären Ring und im rotierenden Ring für die Strömung von D nach d angeordnet werden.

Im letzten Fall kann die Fliehkraft die Fremdkörper abschleudern. Werden jedoch Nuten gleichzeitig in beiden Ringen vorgesehen, so ist die Wirkung schlecht, da die Druckfelder jedesmal beim Überdecken der Nuten zusammenbrechen.

In Bild 77 sind die Leckverluste für verschiedene Werkstoffpaarungen, die auch Elektrographit/Kohle und Elektrographit/Elektrographit bei verschiedenen Drükken einschließen, dargestellt.

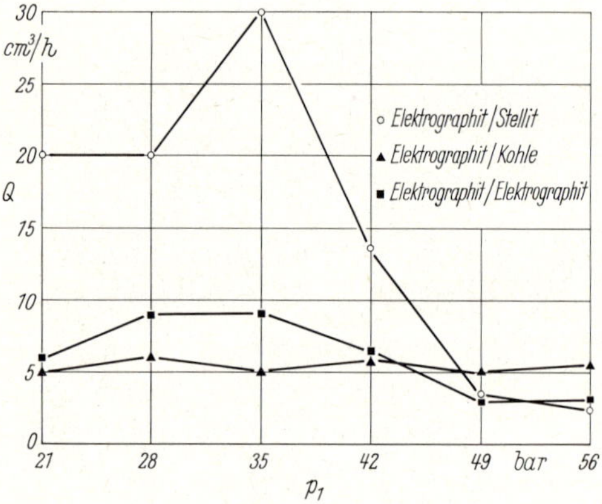

Bild 77
Leckage bei hydrodynamischen Gleitringdichtungen mit Radialnuten.
Innen umlaufende Dichtung; $D_W = 45$ mm; $k = 1{,}15$; $c/b = 0{,}35$; $z = 4$; Kerosin; $v_g = 9$ m/s; Strömung von D nach d

In Bild 78 ist der Zusammenhang zwischen Reibungswert f und Leckage Q bei einer hydrodynamischen Höchstdruckdichtung bei $p_1 = 210$ bar dargestellt. Reibung und Leckage sind gering.

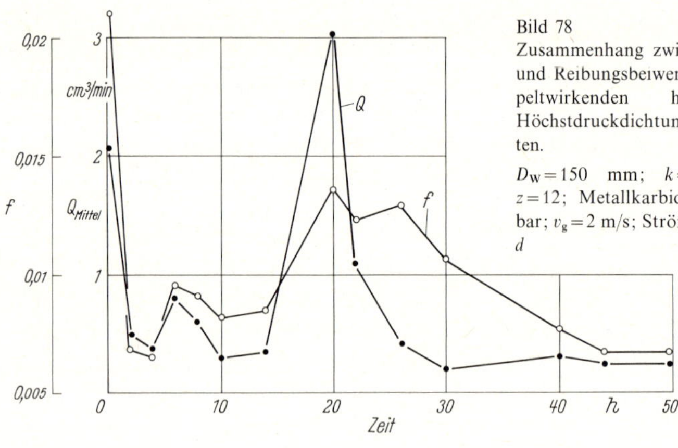

Bild 78
Zusammenhang zwischen Leckage Q und Reibungsbeiwert f bei einer doppeltwirkenden hydrodynamischen Höchstdruckdichtung mit Radialnuten.
$D_W = 150$ mm; $k = 0{,}9$; $c/b = 0{,}25$; $z = 12$; Metallkarbid/Kohle; $p_1 = 210$ bar; $v_g = 2$ m/s; Strömung von D nach d

Der sich im Betriebszustand im Dichtspalt ausbreitende Flüssigkeitsfilm wird beim Stillstand unter Belastung wieder herausgedrückt. In Tabelle 12 ist der Zeiteinfluß aus den Angaben der Anfahrleistung N_R deutlich ersichtlich.
Durch wesentlich reduzierte Reibung, verbesserte Kühlung und niedrigen Verschleiß können mit hydrodynamischen Gleitringdichtungen die Einsatzgrenzen konventioneller Gleitringdichtungen wesentlich erweitert werden.

Tabelle 12. Einfluß der Zeit auf die Schmierfilmverdrängung und Spaltverformung einer doppeltwirkenden Rührwerksdichtung mit hydrodynamischen Radialnuten.

p_1 bar	Im Betriebszustand		Nach Stillstand unter Belastung					
			5 min		10 min		20 min	
	N_R kW	f	N_R kW	f	N_R kW	f	N_R kW	f
50	2,0	0,02	2,7	0,028	5,3	0,055	7,9	0,082
70	2,2	0,016	3,6	0,027	5,5	0,041	11,2	0,083
105	3,0	0,014	6,0	0,03	15,6	0,077	—	>0,11
140	3,2	0,012	10,5	0,037	>22	>0,08	—	
210	3,1	0,0076	>22	>0,055	—			

$D_W = 150$ mm; $k = 1{,}0$; $c/b = 0{,}25$; $z = 12$; $v_g = 2$ m/s

4.9.3.2. Thermohydrodynamische Gleitringdichtungen mit Zirkulationsnuten

In der Praxis haben sich insbesondere Gleitringdichtungen mit Kreisringsegment-Zirkulationsnuten, Bild 79, auf Grund der intensiven Kantenkühlung durch die Schöpfwirkung der Stege, ihrer Drehrichtungsunabhängigkeit und Festkörperabweisung bewährt.

Bild 79
Gegenringe mit thermohydrodynamischen Zirkulationsnuten [2*].

In früheren Veröffentlichungen wurden thermohydrodynamische Gleitringdichtungen vom Autor schon erwähnt [184; 188; 191; 192]. Diese neuartigen Dichtungskonstruktionen stellen die Kombination eines Mitchell- oder Kingsbury-Drucklagers mit einer Gleitringdichtung dar, wobei die mit Nuten versehenen Gleitzonen die Trag- und Kühlfunktion und die restliche Gleitfläche die Dichtfunktion übernehmen, Bild 80.

Das thermohydrodynamische Verhalten ist in der Dichtung selbst begründet. Während der Drehung werden die Nutenränder wesentlich intensiver gekühlt als weiter entfernte Zonen der Dichtfläche. Durch diese Kantenkühlung bilden sich aus der ursprünglich planen Fläche entsprechend der Nutenanzahl hydrodynamische Keilspalte und dementsprechende Druckberge aus. Die kometartigen Schmierkeile, die sich durch die Einzelnuten bilden, werden durch die Schleppströmung und das Druckgefälle mit beeinflußt.

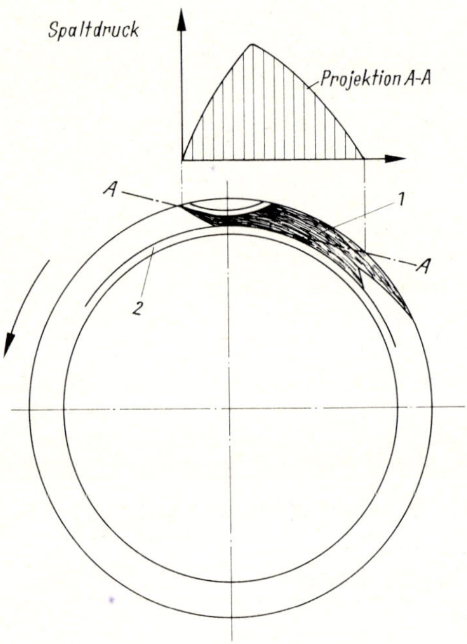

Bild 80
Druck- und Schmierfilm-Ausbildung einer thermohydrodynamischen Gleitringdichtung mit Zirkulationsnuten.
1 Tragzone
2 Dichtzone

Die Anordnung derartiger Kreisringsegment-Zirkulationsnuten für Außen- und Innendruck ist einschließlich der entsprechenden Bezugsmaße aus Bild 81a und b ersichtlich. Die Dimensionierung der Nuten erfolgt ähnlich wie bei den Radialnuten, s. Abschn. 4.9.3.1., nach Gl. (51). Es sind jedoch Mindestdichtbreiten von $b = 6$ bis 7 mm notwendig, da sonst die verbleibende Stegbreite e, s. Bild 81, aus Fertigungs- und Funktionsgründen zu schwach wird.

Die Thermohydrodynamik dieser Dichtungen wird unter Berücksichtigung der mechanisch-physikalischen Kennwerte der Gleitwerkstoffe und der Betriebsbedingungen zweckmäßigerweise so ausgelegt, daß in der Dichtzone 2, Bild 80, Grenzreibung bei einer Spalthöhe von $h = 0{,}2$ bis 1,5 μm herrscht. Hierdurch kann die Leckage sehr klein gehalten werden, die sich nach Gl. (47) näherungsweise berechnen läßt.

Seit 1961 sind bereits mehr als 10000 derartiger von der Firma Feodor Burgmann, Wolfratshausen, gefertigter thermohydrodynamischer Gleitringdichtungen mit Kreisringsegment-Zirkulationsnuten im Einsatz mit einer gegenwärtigen Laufzeit von über mehreren hundert Millionen Betriebsstunden.

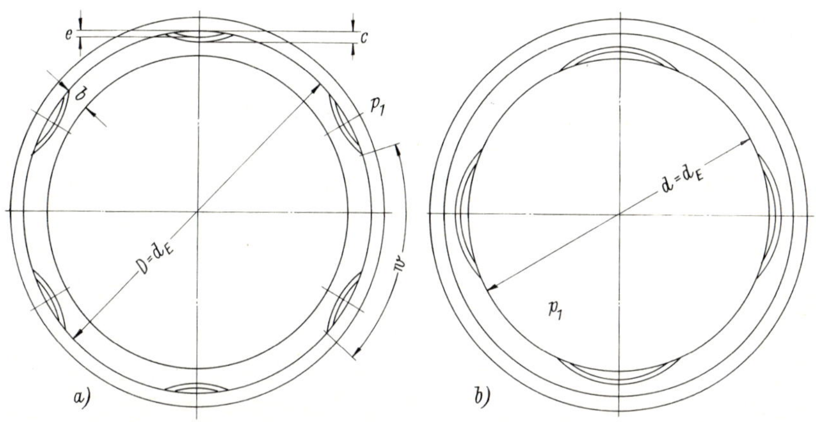

Bild 81. Thermohydrodynamische Nutengestaltung.
a bei Außendruck b bei Innendruck

Die besonderen Vorteile dieser neuartigen Gleitringdichtungen sind darin zu sehen, daß sie im Gegensatz zu standardmäßigen Gleitringdichtungs-Konstruktionen mit wachsender Gleitflächenbelastung und steigender Gleitgeschwindigkeit ihre Reibungsbeiwerte senken. Bei großen Dichtbreiten, die aus Festigkeitsgründen insbesondere bei Verwendung von kohlekeramischen Werkstoffen notwendig werden können, ermöglicht diese Dichtungsausführung die Funktionssicherheit durch Stabilisierung der Dichtspaltgeometrie, des Schmierfilmes und der Wärmeentwicklung.

In Bild 82 ist der Verlauf der Reibungskoeffizienten in Abhängigkeit vom Anpreßdruck p_g und der Gleitgeschwindigkeit v_g dargestellt. Durch Reduzierung der

Reibungsbeiwerte von beispielsweise $f=0{,}05$ auf Werte von $f=0{,}005$ kann die Einsatzgrenze für derartige Dichtungen auf das 10fache gesteigert werden.
Sehr aufschlußreiche Ergebnisse sind an der Gleitfläche einer Kompressordichtung in Bild 83 wahrnehmbar.
Ursprünglich war diese thermohydrodynamische Gleitringdichtung in belasteter Ausführung für einen Wellendurchmesser von $D_W=90$ mm mit 4 Zirkulationsnuten bei einer Drehzahl von 12800 U/min und einem Sperrdruck von 12 bar ausgelegt worden. Diese Dichtungen laufen störungsfrei bei einer Leckrate von $Q=500$ bis 1000 cm^3/h in Kälte-Kompressoren seit mehr als 5 Jahren. Für einen neuen Propylen-Kompressor mußte die Drehzahl von 18200 U/min ($v_g=100$ m/s) in einer Versuchseinrichtung überprüft werden. Nach einer Laufzeit von zwei Stunden zeigte der Metallring die in Bild 83 dargestellten Beschädigungen. Die drei Zonen „a" waren durch Wärmespannungsrisse stark beschädigt. Die Länge der sich während des Betriebszustandes entwickelnden Druck- und Schmierfelder war für

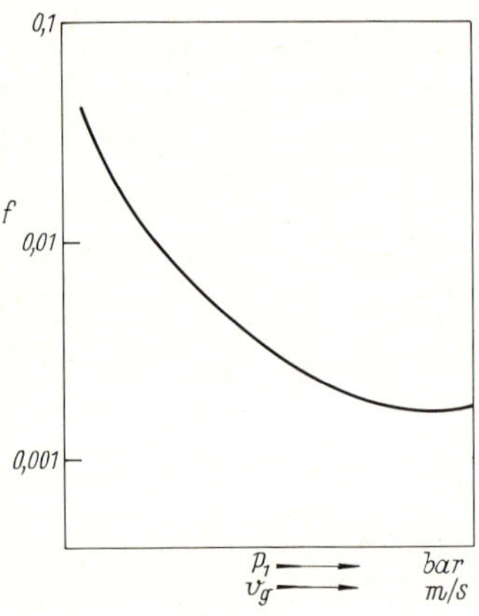

Bild 82
Der Reibungskoeffizient f thermohydrodynamischer Gleitringdichtungen mit Zirkulationsnuten in Abhängigkeit vom Dichtdruck p_1 und von der Gleitgeschwindigkeit v_g.

Bild 83
Thermisch überlastete Kompressor-Gleitringdichtung mit Zirkulationsnuten.

a Gebiete mit Wärmespannungsrissen
b radialer mechanischer Riß

die neuen Betriebsverhältnisse zu kurz, so daß ungeschmierte, ungekühlte Zonen vorhanden waren, die durch Wärmespannungsrisse beschädigt wurden. In einer Zone des Ringes lag zwischen den Nuten ein mechanischer Radialriß „b", s. Bild 83, vor, der die Gleitflächen-Geometrie des Ringes stark veränderte. Aus

diesem Grunde sind in diesem Bereich auch keine Festkörper-Berührungszonen wahrnehmbar. Durch Erhöhung der Nuten-Anzahl z von 4 auf 6, ergaben sich ausgezeichnete Resultate im Versuch und in der Praxis.
Gegenwärtig sind bereits 1-stufige Dichtungen für $p_1 = 250$ bar und für Gleitgeschwindigkeiten bis 100 m/s ausgeführt worden. Bei Hochgeschwindigkeits-Dichtungen muß den Turbulenzverlusten im Dichtungsraum besondere Aufmerksamkeit geschenkt werden, da diese Werte ein Vielfaches der Stirnflächenreibung ausmachen könnten. Werte von $p_1 \cdot v_g = 5000$ bar m/s sind bereits erreicht worden. Derartige thermohydrodynamische Gleitringdichtungen bestreichen beispielsweise den Bereich von langsamdrehenden Hochdruck-Gleitringdichtungen mit großen Wellendurchmessern bis zu Hochgeschwindigkeits-Dichtungen für Kompressoren und Gebläse. Ein besonderes Anwendungsgebiet tritt im Bereich der Kraftwerkstechnik bei hohen Drücken und Gleitgeschwindigkeiten in Erscheinung (s. Abschn. 9.1, 9.7, 9.8).

4.10. Leckverluste durch andere Undichtheitswege

Zwar tritt die Leckmenge hauptsächlich durch den Gleitringspalt aus, aber natürlich kommen als Undichtheitswege auch beschädigte Dichtelemente, fehlerhafte Schrumpf- und Preßsitze und poröse Werkstoffe in Frage. In Bild 84 sind die Leckverluste durch poröse Kohleringe in Abhängigkeit vom Dichtdruck dargestellt.

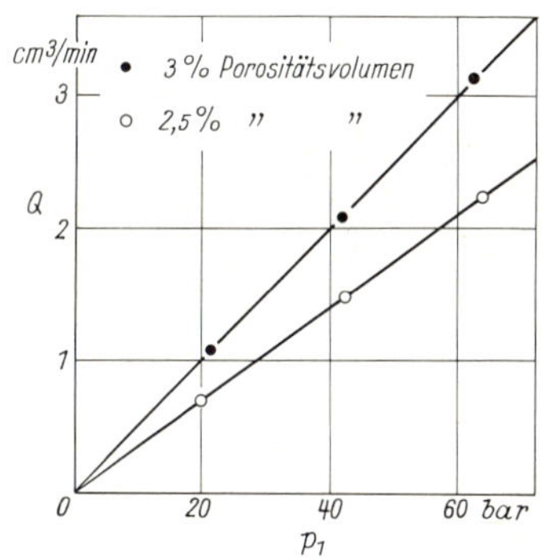

Bild 84
Leckverluste durch poröse Kohleringe.
$d_E = D = 55$ mm; $b = 4$ mm; Dieselkraftstoff

Hochbelastete Kohleringe sollten einer Gasdruckprobe unterzogen werden, wobei man als Richtwert 1/10 des späteren Flüssigkeitsdichtdruckes als Gasdruck aufgeben sollte. Ein Eintauchen des Prüfringes in Wasser oder ein Einstreichen mit Seifenlösung läßt die Leckwege gut sichtbar werden. Bei den meisten Austrittsöffnungen, wie sie durch thermische Spannungsrisse in den Gleitflächen, durch Kohlen mit ausgeschmolzenen Metallimprägnierungen, durch geschrumpfte Manschetten und herausgequetschte O-Ringe gebildet werden, können die auftretenden Leckströme sehr hoch werden und in der Größenordnung von einigen tausend cm^3/h liegen.

Ist man sich über die Ursache der Leckage im Betriebszustand nicht im klaren, so sollte man versuchen, den Druck im Maschinengehäuse bei Stillstand zu erhöhen. Steigen die Leckverluste nun proportional mit p_1 und sind sie sehr hoch, so muß die Dichtung ausgebaut werden. Lag nur eine Spaltöffnung oder Verformung vor, so nehmen die Leckverluste mit zunehmendem Innendruck und dadurch wachsendem p_g-Wert gewöhnlich ab.

5. Gleitringverschleiß

Die Ursachen, die zum Versagen der Gleitwerkstoffe bewegter Berührungsdichtungen führen können, vermögen sehr vielseitig zu sein, wie beispielsweise Korrosion, Überschreitung der zulässigen Festigkeitswerte, thermische Überbeanspruchung und Verschleiß, der vor allem durch ungünstige Werkstoffpaarungen katastrophale Ausmaße annehmen kann. Ergebnisse aus der Praxis beweisen, daß eine ungünstig ausgelegte Gleitringdichtung, die jedoch über gute Gleitwerkstoffe verfügt, einer gut dimensionierten Dichtung mit ungeeigneten Gleitwerkstoffen oft überlegen ist. Die Porosität ist bei guten Werkstoffen so lange nicht schädlich, wie die Poren nicht miteinander in Verbindung stehen. Diese Hohlräume haben den Vorteil, daß sie Schmierstoffe speichern können und zeigen ein günstiges Laufverhalten, wie beispielsweise Metalloxide, graphithaltige Stähle und Gußwerkstoffe. Ein ähnlicher Effekt tritt bei inhomogenen Werkstoffen mit unterschiedlichen Härtepartikeln in der Matrix oder verschiedenen Wärmeleitzahlen und Ausdehnungskoeffizienten durch Reibungs- und Verschleißreduzierung in Erscheinung.

5.1. Gleitwerkstoffe

Im Gegensatz zu den artverwandten Axiallagern kommen bei Gleitringdichtungen nur in Ausnahmefällen rein metallische Werkstoffpaarungen zum Einsatz, da sich nur selten ein trennender hydrodynamischer Schmierfilm im Spalt auszubilden vermag und immer mit Festkörperberührung zu rechnen ist. Hier hat sich die Paarung Metall/Metall wegen schlechter Notlaufeigenschaften, hoher Reibungsbeiwerte und der Gefahr des Verschweißens und der Bildung von thermischen Spannungsrissen nicht bewährt. In Sonderfällen werden jedoch, wie beispielsweise bei der Abdichtung stark festkörperhaltiger Flüssigkeiten, harte Karbide oder metallische Panzerungsschichten als Werkstoffpaarung eingesetzt oder aber bei Öl graphithaltige, gehärtete Stähle gegen Guß- oder Sinterwerkstoffe. Es werden jedoch hier Werkstoffe mit ausreichenden Notlaufeigenschaften und geringer Verschweißneigung bei durchwegs niedrigen Belastungen in den Stufen I–II nach Tabelle 1 eingesetzt. In der überwiegenden Mehrzahl kommen bei Gleitringdichtungen Kunststoffe und kohlekeramische Werkstoffe zum Anlauf gegen die verschiedensten Metalle, Metalloxide und Karbide. Die Auswahl der Gleitwerkstoffe ist unter Berücksichtigung der späteren Einsatzbedingungen sowie von Herstellungs- und

Kostengesichtspunkten zu treffen. Von besonderer Wichtigkeit ist die Verschleißfestigkeit einer Werkstoffpaarung unter Betriebsbedingungen. Bedauerlicherweise läßt sich dieser Wert nur im Versuch ermitteln. Ferner sind natürlich die chemische Beständigkeit sowie die physikalischen und mechanischen Kennwerte für die Bemessung der Gleitringdichtung unter Berücksichtigung der mechanischen und thermischen Anforderungen ausschlaggebend. In Tabelle 13 sind für die hauptsächlich bei Gleitringdichtungen eingesetzten Werkstoffgruppen die mechanischen und physikalischen Kennwerte für Kunststoffe, Kunstkohlen und Graphite, Metalle, Metalloxide und Karbide aufgeführt. Die Ermittlung der günstigsten Werkstoffpaarung ist häufig sehr schwierig und aufwendig. Z. B. wurden in den Vereinigten Staaten von Amerika in einem einzigen Versuchsprogramm, das sich über mehrere Jahre erstreckte und den Zweck hatte, günstige Werkstoffe für Dichtungen bei hohen Gleitgeschwindigkeiten und Temperaturen für Gasturbinen ausfindig zu machen, 136 Werkstoffe, unter denen 20 Kunstkohlen und Graphite waren und insgesamt 482 Werkstoffpaarungen bildeten, untersucht [279; 280].

5.1.1. Kunststoffe

Abgesehen von einigen Fällen, bei denen Nylon, Gummi oder PTFE [23; 74] mit den verschiedensten Füllstoffen, wie Glasfasern, Graphit und MoS_2, zur Erhöhung der mechanischen Festigkeit, der Wärmeleitzahl oder der Gleiteigenschaften zum Einsatz kommen, haben sich besonders Duroplaste auf der Phenolharzbasis mit den unterschiedlichsten Füllstoffen, wie Gesteins- und Asbestmehl, Gewebeeinlagen, Graphit und Weißmetallpulver, im Einsatzbereich I–II nach Tabelle 1 durchgesetzt. Charakteristisch für die Kunstharze sind niedrige E-Module, hohe Verschleißfestigkeit beim Anlauf gegen geeignete Werkstoffe, wie Gußeisen, Chromguß, Bronzen und Keramik, selbst wenn nur Wasser als Schmiermittel verwandt wird. Negativ machen sich die ungünstigen thermischen Eigenschaften, wie sehr hohe Wärmedehnzahlen, niedrige Wärmeleitzahlen, die oft mit geringen Temperatureinsatzgrenzen verbunden sind, bemerkbar. Die Verschleißfestigkeit kann bei ihnen durch die Herstellungsdaten, wie Preßdruck, Heiztemperatur und Heizzeit, stark beeinflußt werden, Bild 85. Ist ein Phenolharzring vollständig ausgehärtet und zeigt sich bei der Natronlaugenprüfung (3% NaOH, 50°C, 3 Stunden) keine Veränderung durch Blasenbildung, Verfärbung oder Verformung, so ist normalerweise später mit keinen Verwerfungen der geläppten Dichtflächen bei Lagerhaltung oder im Betrieb zu rechnen. Für eine typische Werkstoffpaarung Grauguß/graphitasbestgefüllter Kunstharzpreßstoff werden bei Kühlwasserpumpen von Kraftfahrzeugen bei $p_g = 30$ N/cm², $p_1 = 1{,}5$ bar, $v_g = 3{,}5$ m/s, Verschleißwerte von $A = 0{,}1$ µm/h gemessen. Diese Werte lassen sich durch entsprechende Zusätze noch verbessern. So konnten beispielsweise unter ähnlichen Bedingungen $p_g = 20$ N/cm², $p_1 = 1{,}0$ bar, $v_g = 10$ m/s, Verschleißwerte von $A = 0{,}01$ µm/h erzielt werden. Die hohe Verschleißfestigkeit von Kunststoffen [1], verbunden mit der einfachen

Formungsmöglichkeit durch Heißpressung, läßt diese Werkstoffe für Gleitringdichtungen technisch besonders interessant erscheinen. Nachteilig machen sich bei Überhitzung und Vergasung des Schmierfilmes hohe Reibungskoeffizienten von $f > 0{,}7$ durch Desorptionserscheinungen bemerkbar [121; 177]. Aus diesen Gründen werden Kunststoff-Gleitringe nur noch in Ausnahmefällen verwandt und durch Kohleringe ersetzt.

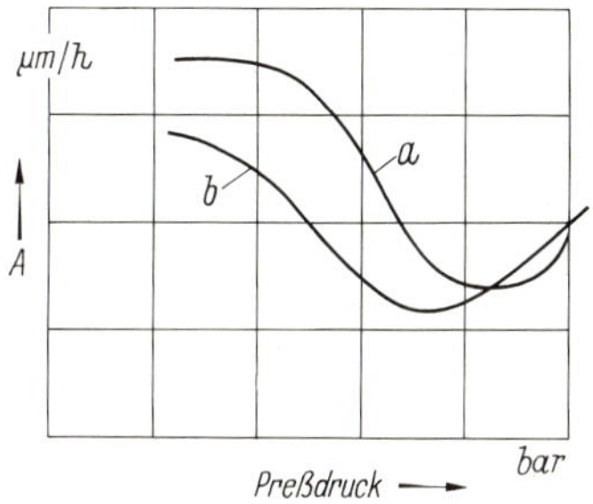

Bild 85
Einfluß der Herstellungsbedingungen auf die Verschleißfestigkeit von asbestgraphitgefüllten Kunstharzgleitringen.
a Heizzeit 3 min, b Heizzeit 4 min, Heiztemperatur konstant

5.1.2. Kunstkohlen und Graphite

Im Gegensatz zu den im vorherigen Abschnitt beschriebenen kunstharzgebundenen Werkstoffen stehen die Kunstkohlen und Graphite, bei denen nur die Poren durch Imprägnierung geschlossen werden. Würde beispielsweise eine kunstharzimprägnierte Kohle über die zulässige Temperatureinsatzgrenze erhitzt, so zerfiele zunächst das Kunstharz. Bei einer Metallimprägnierung würde das Metall auslaufen. Zwangsläufig träten größere Leckverluste auf, aber das Kohle- bzw. das Graphitgerüst würden den Ring auch weiterhin bilden. Die im Bereich III–IV nach Tabelle 1 eingesetzten kohlekeramischen Werkstoffe lassen sich in amorphe Hartkohlen, Kohlegraphite und Elektrographite unterteilen. Je nach den verwandten Ausgangsrohstoffen, Glühzeiten und Temperaturen lassen sich Kunstkohlen mit den unterschiedlichsten physikalischen und mechanischen Eigenschaften herstellen. Hartkohlen zeichnen sich durch hohe Festigkeit aus und können häufig nur durch Schleifen bearbeitet werden, während ihre Wärmeleitzahlen grundsätzlich gering sind. Umgekehrt zeigen die Elektrographite geringe Festigkeit, aber wesentlich höhere Wärmeleitzahlen, und die Kohlegraphite sind zwischen beiden einzustufen.

In Bild 86 sind für verschiedene kohlekeramische Werkstoffe die Wärmeleitzahlen in Abhängigkeit von der Temperatur dargestellt. Nach dem Glühprozeß verbleibt in der Kunstkohle eine Volumenporosität von 10 bis 30%. Grundsätzlich sollte bei Gleitringdichtungen die nach der Imprägnierung noch verbleibende Restporosi-

Tabelle 13. Physikalische und mechanische Kennwerte von Gleitwerkstoffen bei Raumtemperatur für fünf Werkstoffgruppen.

Nr.	Werkstoffe	Druckfestigkeit σ_D N/mm²	Zugfestigkeit σ_Z N/mm²	Elastizitätsmodul E N/mm²	Querdehnzahl ν*) —	Härte H —	Dichte ϱ 10^3 kg/m³	Porositätsvolum ε %	Temperatur-Einsatzgrenze t_{max} °C	linearer Ausdehnungskoeffizient α $\cdot 10^{-6}$/K	Temperatur-differenz beim Versagen ΔT K*)	Wärmeleitzahl λ W/mK	Wärmespannungs-riß-Widerstands-faktor B_1 W/m	Besonderheiten
1	Kel F	220 bis 560	32 bis 40	1 580	(0,3)	80▲)	2,1	0	150	50	(320)	0,0604	(19,3)	Polytrifluoräthylen
2	(Nylon)	50 bis 90	49 bis 75	1 800 bis 2 800	(0,3)		1,09 bis 1,14	0	135 bis 150	100 bis 140	(130)	0,14 bis 0,244	(25)	gespritzt
3	Phenolharz	70 bis 210	50 bis 56	5 200 bis 7 000	0,25		1,25 bis 1,3		130	25 bis 60	140	0,116 bis 0,233	25	ohne Füllstoff
4	Kunstharz I	100 bis 175	35 bis 49	21 000 bis 35 000	(0,25)		1,75 bis 1,25		120 bis 150	19 bis 26	(50)	0,418 bis 0,593	25,6	Phenolharz mit Steinmehlfüllung
5	Hartgewebe	100 bis 210	23 bis 63	6 300 bis 9 100	(0,3)		1,36 bis 1,43		120	10 bis 40	(150)	0,163 bis 0,29	34,9	Phenolharz mit Gewebeeinlage
6	(Delrin)		70	3 350	0,35		1,425	0	100	81	167	0,233	39	Azetalharz
7	Bakelit	100 bis 245	28 bis 50	7 000 bis 17 500	0,25		1,52 bis 2,0		175 bis 230	15 bis 40	87	0,337 bis 0,674	44,2	Phenolharz mit Asbestmehl
8	Hartgummi		10 bis 28	1 050	(0,4)		1,3 bis 1,82	0	100	54	180	0,29	52,3	mit Graphitfüllung
9	Kunstharz II	100 bis 150	15 bis 40	7 000 bis 17 000	(0,25)		1,6 bis 1,9		130 bis 160	15 bis 30	(75)	0,465 bis 1,163	(61,6)	Phenolharz mit Asbest- und Graphitfüllung
10	PTFE		41	350 bis 1000	(0,5)	55 bis 63▲)	2,1 bis 2,3		280	70	(410)	0,233	(95,4)	Polytetrafluoräthylen

11	Kunstkohle I	160	21	17500	0,25	65□)	2,0	0,2	170	13,5	66	2,33	153,5	kunstharzgebundene Kohle
12	Kunstkohle II	168	23	13200	(0,25)	65□)	2,8	0	170	20,0	(65)	2,9	(190,7)	kunstharzgebundene Kohle mit Weißmetall
13	Kohle I	210	44	12000	0,2	85□)	1,8	4,3	300	4,3	690	10,5	7210	Kunstharz imprägniert
14	Kohle II	270	56	22000	0,2	90▲)	1,8	2,0	320	4,0	520	11,6	6047	Kunstharz imprägniert
15	Kohle III	310	49	18000	0,2	84□)	2,35	0,5	350	5,3	410	13,4	5466	Antimon imprägniert
16	Kohle IV	336	36	16000	(0,2)	75□)	2,5	2,0	280	6,6	(273)	34,9	(9537)	Pb-Cu-imprägniert
17	Kohle V	350	21	13500	(0,2)	85□)	2,4	4,0	350	4,82	(260)	39,5	(10234)	Ag-imprägniert
18	Kohle VI	235	53	26000	0,2	93□)	1,73	0,3	370	2,16	750	23,3	17445	Kunstharz imprägniert
19	Graphit I	125	16	7000	0,22	65□)	1,65	14	540	4,9	362	53,5	19422	Salz imprägniert
20	Graphit II	100	15,5	10000	0,2	65□)	1,85	1,0	365	5,25	235	104,7	24656	Kunstharz imprägniert
21	Graphit III	127	19	11500	0,18	72□)	1,85	0,25	370	5,2	260	103,5	26749	Kunstharz imprägniert
22	Graphit IV	71	14,5	13000	0,22	60□)	1,83	0,3	180	3,5	250	116,3	29075	Kunstharz imprägniert
23	Graphit V	56	14	5600	0,22	50□)	1,66	10,0	520	4,5	520	69,8	30238	nicht imprägniert
24	Graphit VI	140	20	10000	0,22	70□)	1,8	7,0	340	2,0	780	69,8	54661	Kunstharz imprägniert
25	Stellit 1	1800	330	220000	0,3	54	8,6		1000○)	12,5	83	14,8	1221	55% Co; 30% Cr; 12% W; 2,5% C
26	Stellit 6	1550	700	213000	0,27	46+)	8,4		1000○)	14,1	180	14,5	2617	67% Co; 28% Cr; 4% W; 1% C
27	Panzerungs-werkstoff III	1350	530	230000	0,3	48 bis 50+)	8,65		1260●)	11,9	135	12,8	1721	58% Co; 28% Cr; 7,6% W; 1,5% C
28	Hartnickel		280 bis 350	175000	(0,26)	53 bis 57+)	7,7		800	8,5	(157)	14,2	(2245)	4,5% Ni; 3,5% C; 2,5% Cr; 0,5% Si
29	rostfreier Stahl AISI 316		540	200000	0,28	135 bis 185**)	7,98	0	1400●)	16,0	121	18,6	2256	17% CR; 12% Ni; 2,5% Mo; 0,1% C

*) eingeklammerte Werte sind angenähert ▲) Shore-Einheiten □) Skleroskop-Einheiten ○) Fließbeginn +) Rockwell-C-Härte-Einheiten ●) Schmelzpunkt

Tabelle 13. (Fortsetzung)

Nr.	Werkstoffe	Druckfestigkeit σ_D N/mm²	Zugfestigkeit σ_Z N/mm²	Elastizitätsmodul E N/mm²	Querdehnzahl ν*) —	Härte H —	Dichte ϱ 10^3 kg/m³	Porositätsvolum ε %	Temperatur-Einsatzgrenze t_{max} °C	linearer Ausdehnungskoeffizient α $\cdot 10^{-6}$/K	Temperaturdifferenz beim Versagen ΔT K*)	Wärmeleitzahl λ W/mK	Wärmespannungsriß-Widerstandsfaktor B_1 W/m	Besonderheiten
30	Invar		450	150 000	0,3	160**)	8,0	0	1425●)	0,9	230	11	2559	36% Ni
31	Niresistguß	700 bis 840	175 bis 210	105 000 bis 113 000	0,25	125 bis 170**)	7,3		1200●)	17,0	78	39,5	3081	20% Ni; 3% C; 2% Cr; 2% Si; 1% Mn; 0,5% Cu
32	Hastelloy B	210○)	850	214 000	(0,3)	215**)	9,24		1335●)	10,0	(280)	11,3	3140	62% Ni; 32% Mo
33	Hastelloy C	285○)	840	200 000	(0,3)	225**)	8,94		1285●)	11,3	(260)	12,6	(3256)	53% Ni; 19% Mo; 17% Cr; 6% Fe; 5% W
34	Chromguß	1000	520	203 000	0,28	300**)	7,53		1500●)	10,6	173	22	3838	30% Cr; 1% Mn; 1% Si; 1,2% C
35	Kobalt	850	240	210 000	0,28	125**)	8,9		1495●)	12,3	67	69,2	4652	Guß
36	Grauguß	700	200	90 000 bis 110 000	0,25	150 bis 220**)	7,25		1400●)	10,0	150	46,5	6978	3,4% C; 2,2% Si; 0,5% Mn
37	Chrom		490	250 000	0,3	180**)	7,19		1800●)	6,2	220	67	14770	
38	Stahl	3500	1300	206 000	0,28	64 bis 67⁺)	7,8	0	600	14,8	305	52,3	16049	gehärtet
39	Molybdän		700	330 000	0,324	20 bis 26⁺)	10,2		550	4,85	325	128	41 403	
40	Steatit	630	70	105 000	(0,3)	7,5■)	2,7	0,02	1000	8,2	(57)	2,5	139	MgO SiO_2
41	Magnesia		100	214 000	0,36		3,5		2800●)	13,5	22	36	791	Mg O
42	Thoria	1500	84	147 000	0,17		9,69		3300●)	9,2	52	10,5	547	Th O_2

43	Zirkon	700	84	125000	0,35	8■)	3,7	0,02	1100	4,0	108	5	541	$ZrO_2 + SiO_2$
44	Quarzglas		110	73500	0,15	800`)	2,6	0,5	1723●)	0,5	2550	1,6	4070	$Si\ O_2$
45	Alumina I	1680	125	223000	0,27	9■)	3,4	0	1400	5,5	74	13,2	977	85% Al_2O_3
46	Alumina II	2800	175	390000	0,31	9■)	3,7	0	1550	5,8	54	18,8	1018	96% Al_2O_3
47	Alumina III	2100	240	350000	0,2	9■)	3,9	0	1725	6,0	92	29	2675	99% Al_2O_3
48	Metall-Keramik I	770	147	260000	0,21	37+)	5,9		1800●)	8,0	56	29	1628	77% Cr; 23% Al_2O_3
49	Metall-Keramik II	1680	210	266000	0,26	50+)	6,0		1700●)	7,5	78	33,7	2617	59% Cr; 19% Al_2O_3 20% Mo; 2% Ti O
50	BoKa	2900	175	455000	(0,25)	2800`)	2,51		2450●)	4,5	(64)	25,9	(1663)	B_4C
51	SiKa	1200	200	400000	0,24	2400`)	3,1	< 1	1100	4,3	280	200	19600	SiC + 10% Si
52	Chrom Ka	2900	270	320000	0,26	86,5++)	7,0		1900●)	9,0	70	(23,3)	(1628)	84% (Cr_4C, Cr_7C_3, Cr_3C_2) 10% Ni; 1% Cu
53	Wo Ka I	3500	1450	490000	0,26	83 bis 84++)	13,0	0,1	600	9,0	240	(34,9)	(8374)	75% WC; 25% Co
54	Wo Ka II	4200	1200	560000	0,248	86 bis 87++)	14,1	0,1	600	6,8	230	(58,1)	(13374)	85% WC; 15% Co
55	Wo Ka III	5000	850	700000	0,216	91,5++)	14,8	0,1 bis 0,3	600	5,6	170	69,8	11630	93% WC; 7% Co
56	Wo Ka IV	4250	1050	620000	0,25	90++)	14,8	0,1	600	4,9	(255)	81,4	(16000)	94% WC; 6% Ni
57	Ti Ka I		140	314000	0,29	2460`)	4,9		3140●)	7,4	43	25	1081	99,5% Ti C
58	Ti Ka II	3500	910	413000	0,25	89++)	6,0		1000	9,5	175	30,2	5292	90% Ti C; 10% Ni
59	Ti Ka III	(3000)	1050	287000	0,26	82,5++)	6,3		1000	10,4	260	32,6	8489	70% TiC; 30% Ni
60	Ti Ka IV	3660	560	400000	(0,25)		5,8		1200●)	5,7	(185)	33,7	(6280)	70% TiC; 10% NbC; 20% Ni
61	Ti Ka V	2500	1400	304000	(0,3)	87,5++)	7,0		650	8,7	(370)	52,3	(19422)	26% Ti; 7% C; 2% Cr; 2% Mo gehärtet

**) Brinellhärte-Einheiten ●) Schmelzpunkt ■) Mohshärte `) Knoophärte-Einheiten ++) Rockwell-A-Härte-Einheiten
*) eingeklammerte Werte sind angenähert

Tabelle 14. Physikalische Werte von verschiedenen Kunstkohlequalitäten [14*]

KI Amorphe Kunstkohle
KII Elektrographit
KIII Elektrographit

O keine Imprägnierung
Z Phenolharzimprägnierung
B Hartbleiimprägnierung (87% Pb; 13% Sb)
C Phosphorkupferimprägnierung (91,7% Cu; 8,3% P)

Qualität	Widerstand Ω mm^2/m	HB 1,2/5 N/mm^2	Dichte ϱ $\cdot 10^3\ kg/m^3$	Porosität %	σ_{bB} N/mm^2	σ_D N/mm^2	Elastizitätsmodul $\cdot 10^4\ N/mm^2$	α $\cdot 10^{-6}/K$	λ W/mK	Spezifische Wärme kJ/kgK
KIO	33/33	640/600	1,58/1,58	12,8/10,7	50,4/49,2	130/102	1,19/1,23	20...200°C 2,4	14,2	0,858
								200...900°C 4,1	—	—
KIZ	32/33	1370/1080	1,62/1,63	3,94/5,75	61,3/52,5	151/170	1,51/1,34	20...200°C 2,2	13,8	0,896
KIB	7,5/7,3	2130/1900	2,59/2,63	3,73/0,8	84/80,5	243/184	1,75/1,86	20...200°C 3,3	23,3	0,561
KIC	12/10,6	1590/1190	2,43/2,38	5,9/4,4	78/70,2	> 500	1,45	20...200°C 4,4	21,7	0,728
								200...500°C 5,0	—	—
KIIO	24/24	382/400	1,69/1,71	12,6/11,7	40,2/39	78/92	0,90/0,88	20...200°C 2,0	40,7	0,854
								200...900°C 4,0	—	—
KIIZ	25/25	950/735	1,82/1,82	2,54/2,85	57,6/57,6	136/125	1,13/1,10	20...200°C 2,8	40,7	0,904
KIIB	8,7/8,9	800/680	2,76/2,73	0,59/1,61	58,8/58,8	138/139	1,18/1,31	20...200°C 2,5	47,7	0,607
KIIIO	12/11	145/114	1,55/1,51	24,6/26,8	22,8/24,6	44/40	0,57/0,55	20...200°C 2,4	86	0,770
								200...900°C 4,1	—	—
KIIIZ	10,5/11	354/282	1,75/1,74	9,5/9,9	39,6/41,4	73/71	0,72/0,70	20...200°C 4,5	99,4	0,954
KIIIB	2,6/2,9	354/282	3,82/3,68	0,52/4,7	53,4/55,2	90/100	1,65/1,76	20...200°C 6,9	98,8	0,402
KIIIC	2,9/2,8	480/455	3,29/3,36	6,6/4,9	73,5/84	160/133	1,17/1,86	20...200°C 5,9	106,4	0,624
								200...500°C 8,2	—	—

tät unter 2% liegen, damit sie ausreichend flüssigkeitsdicht sind. Bei reiner Gasabdichtung sollte der Wert kleiner als 1% sein. Aus diesem Grunde werden Kunstkohlen und Graphite mit Kunstharzen, Metallen und Glasschmelzen, PTFE-Dispersionen und Salzlösungen imprägniert. Häufig müssen mehrere Imprägnierungen vorgenommen werden und bei großen Wanddicken kann es vorkommen, daß der Kern eine höhere Porosität als die Randzonen aufweist. Bei solchen Ringen kann durch größere Bearbeitungsabnahme oder Verschleiß erhöhte Leckage auftreten.

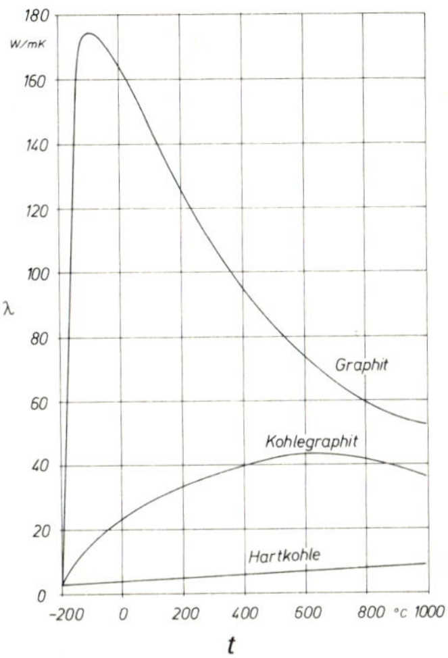

Bild 86
Typischer Verlauf von Wärmeleitzahlen in Abhängigkeit von der Temperatur bei verschiedenen kohlekeramischen Werkstoffen nach *Mrozowski* [204], *Holm* [123] und *Arnold* [10].

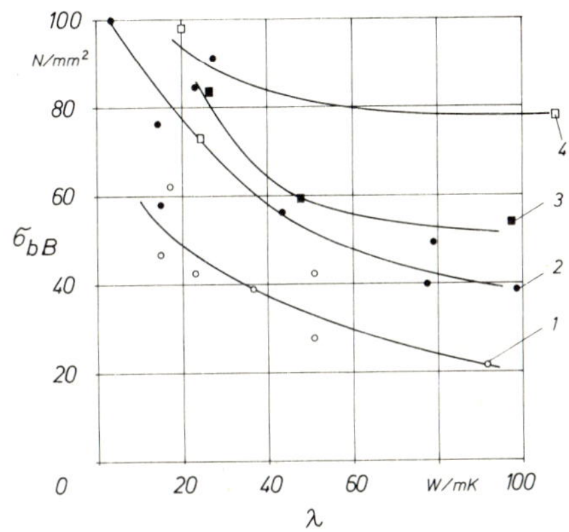

Bild 87
Einfluß der Imprägnierung auf die Wärmeleitfähigkeit λ und Biegebruchfestigkeit σ_{bB} von Kunstkohle.

Art der Imprägnierung:
1 keine
2 Kunstharz
3 Hartblei (87% Pb, 13% Sb)
4 Phosphorkupfer (91,7% Cu, 8,3% P)

Aus Tabelle 14 ist für verschiedene Werkstoffe der Einfluß der Imprägnierung auf die physikalischen und mechanischen Werkstoffkennwerte ersichtlich. Man kann grundsätzlich sagen, daß bei Kunstkohlen durch die Imprägnierung Härte, Festigkeit, Elastizitätsmodul und Wärmedehnzahl erhöht werden. Nur für den Fall, daß das Grundmaterial über eine geringere Wärmeleitzahl als das Imprägnierungsmittel verfügt, ist mit einer wesentlichen Verbesserung der Wärmeableitung zu rechnen. Die Imprägnierung bestimmt gewöhnlich die Einsatztemperatur der Gleitringe. Bei Gleitringen aus kohlekeramischen Werkstoffen sind sowohl die Wärmeleitzahl als auch die Festigkeit und Härte wesentliche Parameter. Wie aus Bild 87 zu ersehen ist, nimmt die Biegebruchfestigkeit mit steigender Wärmeleitzahl ab. Eine Beeinflussung der Werte ist jedoch durch Wahl der Imprägnierung möglich. Bei hohen Belastungen werden als Gleitwerkstoffe überwiegend kunstharzimprägnierte Kohlen und Graphite eingesetzt. Sie haben metallimprägnierten Kohlen gegenüber den Vorteil, daß sie keine Verschweißneigung zeigen und auch bei Überschreitung der zulässigen Temperatureinsatzgrenze nicht so schnell versagen wie metallimprägnierte Kohlen, deren Imprägnierung ausschmilzt und häufig mit der metallischen Gegenfläche verschweißt. Darüber hinaus sind die kunstharzimprägnierten Kohlen chemisch widerstandsfähiger.

Es ist zu berücksichtigen, daß eine stark kunstharz- oder metallimprägnierte Kohle genau so wenig ein homogener Werkstoff ist wie beispielsweise eine hochlegierte Bleibronze. Die Wärmeausdehnungszahlen zwischen den Kunstharzen und den Metallen (Pb, Cu, Ag, Sb, Cd) einerseits und der Kohle oder dem Graphit andererseits, können sich um eine Zehnerpotenz unterscheiden. Diese unterschiedlichen Ausdehnungen führen im Betriebszustand, unterstützt durch unterschiedliche Wärmeleitzahlen, zur Ausbildung von Mikrovertiefungen und Erhebungen in den Gleitflächen [191]. Diese bewirken Schmierschalen und hydrodynamische Effekte, die eine Reduzierung der Reibung und des Verschleißes zur Folge haben. Insbesondere bei Wasser und wässerigen Lösungen treten diese Erscheinungen durch die guten Wärmeübergangszahlen und die dadurch bedingten höheren Temperaturgradienten in Erscheinung. Ergebnisse aus der Praxis haben diese Tatsache besonders für metallimprägnierte Kohlen bestätigt [76; 155]. Metallimprägnierte Kunstkohlen dürfen nur mit ausreichender Sicherheit und unterhalb der Schmelztemperatur der Metalle eingesetzt werden. Bei kunstharzimprägnierten Graphiten mit weichem Grundgefüge können bei starken, plötzlichen Temperaturerhöhungen Ringe aufplatzen oder Ringteile durch die unterschiedlichen Wärmedehnungen absplittern. Diese meist kraterförmigen Absplitterungen — „blistering" — treten auf Grund der ungünstigeren Wärmeableitungen wesentlich häufiger bei der Abdichtung von Ölen oder Kohlenwasserstoffen, seltener bei Wasser auf [394; 420]. Durch Spezialimprägnierungen lassen sich der Oxidationswiderstand und die sowieso schon gute chemische Beständigkeit noch verbessern. Neu entwickelte kohlekeramische Gleitwerkstoffe können mit engeren Toleranzen durch Preßverfahren verarbeitet werden und liefern sogenannte „PTS-Kohlen" (pressed to size), die wesentlich bessere Notlaufeigenschaften und höhere thermische und chemische Einsatzgrenzen aufweisen als Duroplaste. Durch das rationelle Herstellungsverfahren sind sie nicht wesentlich teurer als Kunststoffe. Die Automobil-Industrie setzt in zunehmendem Maße diese PTS-Kohlen an Stelle von gefüllten Phenolharzen als Gleitwerkstoff in den Kühlwasserpumpen-Dichtungen ihrer Motoren mit sehr gutem Erfolg ein. Auf Grund des Herstellungsverfahrens sind die Porenvolumina dieser PTS-Kohlen etwas höher und die Festigkeitswerte etwas geringer als die der mechanisch gefertigten Vergleichskohlen (s. Werkstofftabelle 13).

5.1.3. Metalle

Zahlenmäßig gesehen ist die Verwendung von metallischen Gleitwerkstoffen sehr groß [76; 181]. Unter Berücksichtigung der Einsatzgebiete und Herstellungskosten kommen imprägnierte Sinter- und Gußmetalle, aus chemischen oder Oxidationsgründen hochlegierte Verbindungen und häufig auch Mehrschichtwerkstoffe zum Einsatz. In Übereinstimmung mit praktischen Ergebnissen haben sich nickelhaltige Legierungen nur im Bereich I nach Tabelle 1 bedingt bewährt, da sie im Lauf zu Riefenbildung und hohem Verschleiß neigen. Sie müssen eine Mindesthärte von 50 HRC aufweisen. Chrom, Kobalt und ihre Legierungen, wie beispielsweise ferritischer Chromguß, Stellit und andere Panzerungsmaterialien zeichnen sich durch hohe Verschleißfestigkeit und chemische Widerstandsfähigkeit aus. Sie haben sich in den Druckstufen II–III (Tabelle 1) gut bewährt. Jedoch erwiesen sich im Höchstdruckbereich IV (Tabelle 1) Metallkarbide durch größere Härte und Abriebsfestigkeit als überlegen. Bei gehärteten Stählen macht sich ein freiverbleibender Kohlenstoffrest durch Verbesserung der Notlaufeigenschaften und durch Ausbildung von Schmierschalen stark verschleißmindernd bemerkbar. Das gleiche

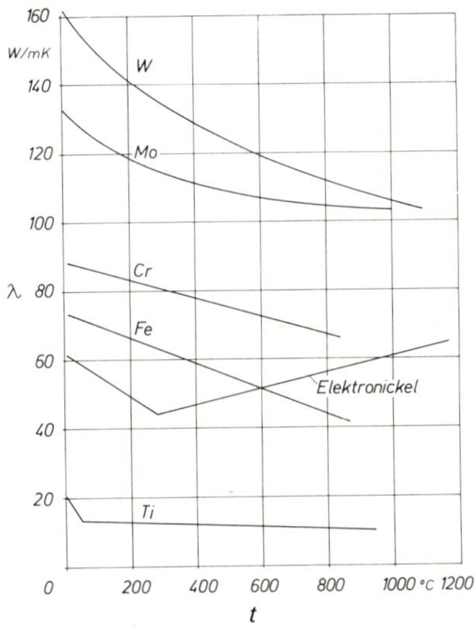

Bild 88
Temperaturabhängigkeit von Wärmeleitzahlen technisch reiner Metalle.

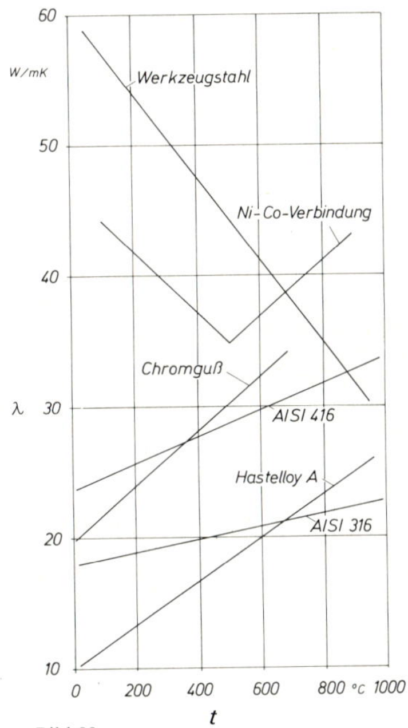

Bild 89
Temperaturabhängigkeit von Wärmeleitzahlen einiger typischer Metalle für Gleitringdichtungen.

gilt für Gußwerkstoffe. Inhomogene Metallegierungen, wie beispielsweise Bleibronzen ($H > 135$ HB) und einige Chromgußsorten, können durch mechanisch und thermisch bedingte Mikroverwerfungen in den Dichtflächen die Ausbildung von hydrodynamischen Schmiereffekten ebenfalls begünstigen. Die Festigkeitswerte der in Frage kommenden metallischen Gleitwerkstoffe sind denen der Kunststoffe und der kohlekeramischen Werkstoffe in der Größenordnung einer Zehnerpotenz überlegen. Die Wärmeleitzahlen können sehr stark schwanken, und schon geringe Änderungen der chemischen Zusammensetzung haben einen starken Einfluß. In Bild 88 und 89 sind die Wärmeleitzahlen verschiedener Metalle und Legierungen in Abhängigkeit von der Temperatur dargestellt. Das Vorzeichen des Temperaturbeifaktors β in der Beziehung $\lambda = \lambda_0 (1 + \beta t)$ läßt sich schwer vorherbestimmen.

5.1.4. Metalloxide

Durch große chemische Beständigkeit und Verschleißfestigkeit kommen Metalloxide trotz schwieriger Bearbeitbarkeit als Gleitwerkstoffe zum Einsatz. Die verwendeten Werkstoffe sind meist sehr schlag- sowie temperatur- und schockempfindlich [251]. Die Wärmeleitzahl ist gering und sinkt mit steigender Temperatur stark ab, Bild 90. Es ist ferner zu ersehen, daß mit steigender Porosität die Wärmeleitzahl ebenfalls fällt. Dies ist besonders deutlich bei flammgespritzten Laufschichten aus Karbiden und Metalloxiden, Tabelle 15. Durch Massenherstellung bei Toleranzen von $\pm 1\,\%$, die durch Lagerung in elastischen Winkelringen überbrückt werden können, vgl. Bild 31c, leider jedoch auch die Wärmeableitung behindern, lassen sich Gleitringe aus Al_2O_3 auch in ihren Herstellungskosten wesentlich senken. Die Isolierung des Keramikringes durch schlechtwärmeleitende Kunststoff-Winkelringe behindert jedoch die Wärmeableitung nicht unbeträchtlich. Sie werden vor allem bei Haushaltsmaschinen im Anlauf gegen Kunstharze und Kohle eingesetzt.

Tabelle 15. Einfluß des Herstellungsverfahrens auf die Wärmeleitzahl von Gleitwerkstoffen.

ungefähre Werkstoffzusammensetzung	λ in W/mK bei 260 °C	
	flammgespritzt	gesintert
93% WC, 7% Co	9,3	90,1
85% WC, 15% Co	9,3	58
25% WC, Ni, Cr, W, C	6,6	29
85% Cr_3C_2, 15% Ni-Cr	7,5	17,4
99% Al_2O_3	2,1	20,3

Diese Paarungen sind sehr verschleißfest und rosten nicht. Ihre Notlaufeigenschaften sind jedoch nicht gut. Auch Gläser haben eine gute Verschleißfestigkeit, jedoch müssen die Einsatztemperaturen unbedingt unter dem Erweichungspunkt gehalten werden. Um die Nachteile der schwierigen Bearbeitung aufzuheben, werden neuerdings Metalloxide mit metallischen Bindern eingesetzt, vgl. die Werkstoffe Metall-Keramik Nr. 48 und Nr. 49 in Tabelle 13. Das Gebiet der Metalloxide ist für Gleitwerkstoffe sicherlich noch sehr zukunftsreich.

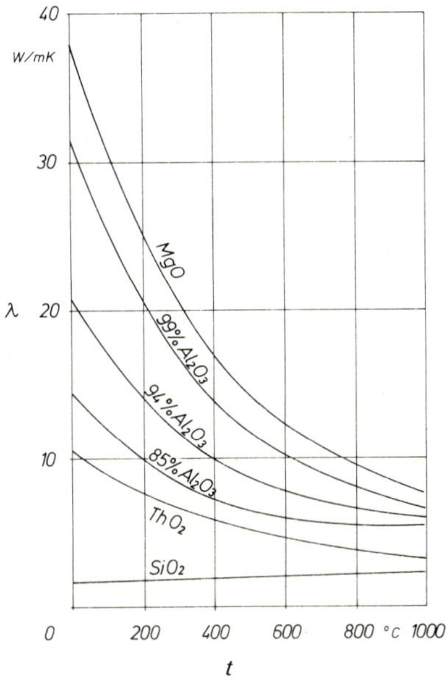

Bild 90
Temperaturabhängigkeit der Wärmeleitzahlen von Metalloxiden.

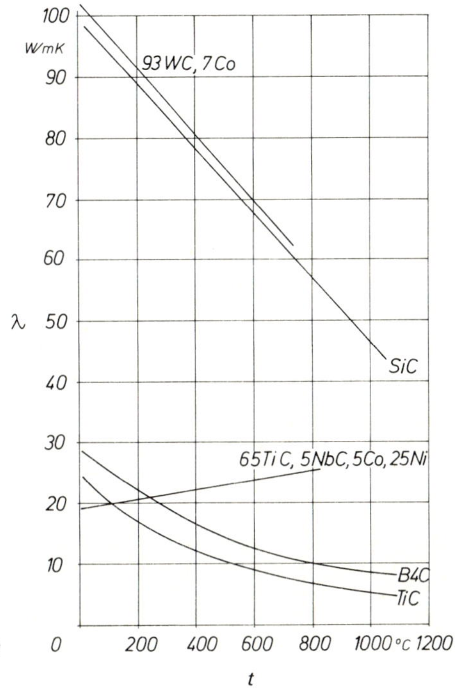

Bild 91
Temperaturabhängigkeit der Wärmeleitzahlen von Metallkarbiden.

5.1.5. Karbide

Auf Grund ihrer großen Härte und Verschleißfestigkeit werden Karbide vor allem bei hohen Belastungen eingesetzt. Gegenwärtig werden in zunehmendem Maße Wolframkarbide mit Kobalt- oder Nickelbinder durch Siliziumkarbide respektive

Siliziumkarbid-Verbundstoffe mit hohen Kohlenstoffkomponenten ersetzt, da diese Werkstoffe über höhere chemische Beständigkeiten verfügen, einen wesentlich höheren Erosionswiderstand, bessere Notlaufeigenschaften und auch einen höheren Wärmespannungsriß-Widerstandsfaktor B_1 aufweisen und sehr verschleißfest sind. Die Entwicklung siliziumkarbidhaltiger Werkstoffe ist aber noch keineswegs abgeschlossen. Außer sehr guten positiven Praxisergebnissen wurden aber auch auf Grund der Sprödigkeit und Stoßempfindlichkeit bei Siliziumkarbiden Kantenabsplitterungen beobachtet. Ohne Zweifel üben Siliziumkarbid-Werkstoffe in der Zukunft bei Gleitringdichtungen einen dominierenden Einfluß aus [495]. Oftmals werden Metallkarbide im Flammspritzverfahren als dünne Panzerungsschichten aufgetragen [88]. Dies bietet in der Herstellung wesentliche Vorteile; jedoch sinkt die Wärmeleitzahl der Werkstoffe hierbei stark ab, s. Tabelle 15.
Neben den in den 5 Hauptgruppen von Tabelle 13 dargestellten Werkstoffen stehen für Spezialprobleme bei hoher Temperatur, Gleitgeschwindigkeit, chemischem Angriff usw. Sonderwerkstoffe der verschiedensten Verbindungen, wie beispielsweise WSi_2, VB_2, MoB, B_4C, Al-Cr-Mo zur Verfügung [18; 29; 77; 262; 279; 280; 305]. Serienmäßig werden sie jedoch kaum eingesetzt.
Abschließend muß noch darauf aufmerksam gemacht werden, daß aus Herstellungsgründen — beispielsweise unzureichende Pressenkräfte, Sinter- oder Imprägnierungsanlagen — große Ringabmessungen ungünstigere Eigenschaften, wie z. B. größere Porosität, höheren Binderanteil, niedrigere Festigkeitswerte, höhere Eigenspannungen, um nur einige zu nennen, aufweisen können. Diese herstellungsmäßig bedingten Materialmängel sind meistens schwer zu erfassen und sind oft für den unvorherzusehenden Ausfall großer Dichtungseinheiten verantwortlich.

5.2. Werkstoffpaarungen

Neben der Auswahl der Einzelwerkstoffe ist die Kombination der Gleitwerkstoffe bei Gleitringdichtungen von außerordentlicher Wichtigkeit. Zunächst ist darauf zu achten, daß die Werkstoffpaarung unter Berücksichtigung des betreffenden abzudichtenden Mediums über eine gute Verschleißfestigkeit verfügt und nicht zu Riefenbildung oder Verschweißungen neigt. Ferner sollte ein ausreichendes Notlaufvermögen für unvorhergesehene Betriebsstörungen vorhanden sein. Dann ist es außerordentlich wichtig, die Werkstoffpaarung so zu wählen und so anzuordnen, daß die Gewähr für eine einwandfreie Ableitung der Reibungswärme — ohne Gefahr der Überhitzung der Werkstoffe oder des Schmierfilms im Spalt — gegeben ist. Der Ring mit dem besseren Wärmeableitvermögen sollte immer auf der Seite der Wärmesenke angeordnet werden. Schon die Vertauschung von Werkstoffen mit verschiedenen λ-Werten kann zu Verschleißänderungen führen,

Tabelle 16. Bei diesen Versuchen war die rotierende Ringscheibe durch ihre größere Wärmekapazität und besseren Wärmeübergangszahlen zur Luft als Wärmesenke zu betrachten, während der stationäre Reiter nur ein begrenztes Wärmeaufnahme- und Abstrahlungsvermögen aufwies.

Tabelle 16. Einfluß der Wärmeleitzahl auf den Verschleiß bei vertauschten Werkstoffpaarungen nach Taschenberg [279].

Nr.	rotierende Ringscheibe/stationärer Reiter	Verschleiß 10^{-3} g
1	WC-haltige Panzerungsschicht (9,3)*) Metallkeramik (33,7) (33,7)/(9,3)*)	50 441
2	Cr_3C_2-haltige Panzerungsschicht (7,6)*) Metallkeramik (33,7) (33,7)/(7,6)*)	62 1023
3	Colmonoy (17,4)*) Metallkeramik (33,7) (33,7)/(17,4)*)	18 99
4	Stellit (10,5)*) Metallkeramik (33,7) (33,7)/(10,5)*)	76 113
5	WC-haltige Panzerungsschicht (9,3)*) Stellit (10,5)*) (10,5)*)/(9,3)*)	50 54

Versuchsbedingungen: technischer Trockenlauf bei Raumtemperatur. Der mit 23 N belastete Reiter wird radial gegen die mit $v_g = 8$ m/s rotierende Ringscheibe gepreßt. In Klammern sind die Wärmeleitzahlen in W/mK bei 260 °C angegeben.

*) Die Panzerungsschichten sind auf AISI 316 (16) aufgebracht.

Wird während des Betriebes der Schmierfilm im Spalt durch unzulässige Temperaturerhöhung vergast, so setzt technische Trockenreibung mit erhöhtem Verschleiß ein. Ferner ist die Werkstoffpaarung so zu wählen, daß ausreichende Sicherheit gegen thermische Spannungsrißbildung vorhanden ist. Es hat sich bei Gleitringdichtungen als vorteilhaft gezeigt, wenn die beiden Gleitwerkstoffe unterschiedliche Härten aufweisen. Entstehen durch Fremdkörper Beschädigungen der Lauffläche, so treten sie hauptsächlich im weicheren Ring auf. Sie werden dann durch den Adhäsionsverschleiß der härteren unbeschädigten Gegenfläche wieder abgetragen. Sind beide Flächen beschädigt worden, so tritt hoher Schleifverschleiß und gewöhnlich frühes Versagen der Dichtung ein.

5.3. Verschleißfestigkeit

Über die Verschleißfestigkeit und Lebensdauer lassen sich für eine Werkstoffpaarung bei Gleitringdichtungen nur auf Grund von Versuchsläufen unter betrieblichen Bedingungen zuverlässige Aussagen machen. Jede Änderung der Haupteinflußgrößen, wie Reibungszustand, Gleitdruck, Gleitgeschwindigkeit, Temperatur, Schmiereigenschaft des Mediums, Fremdkörperanteil in der Dichtflüssigkeit, Schwingungen usw. beeinflussen den Verschleiß. Man kann den Gleitringverschleiß in 5 Gruppen einteilen. Es sind dies:

1. Der Adhäsionsverschleiß, der durch die Anziehung der Oberflächenkräfte der beiden Gleitwerkstoffe entsteht.
2. Der Schleifverschleiß, der durch die Feilwirkung von zwei rauhen Flächen oder durch Fremdkörper im Dichtspalt entstehen kann. Der Schleifverschleiß ist in der Größenordnung um einige Zehnerpotenzen höher als der Adhäsionsverschleiß.
3. Der Korrosionsverschleiß, der durch chemische Angriffe, insbesondere durch die hohen Spalttemperaturen begünstigt wird.
4. Der Oberflächenverschleiß, der durch thermische Spannungs- und Ermüdungsrisse in den Gleitflächen hervorgerufen werden kann.
5. Der Strahlverschleiß, der durch erosive Wirkung von Flüssigkeiten und Gasen bei hohen Strömungsgeschwindigkeiten auftreten kann.

Im Betriebszustand können eine Verschleißart oder aber auch die Überlagerung mehrerer vorliegen.

Für metallische Werkstoffpaarungen wurde nach der Theorie des Adhäsionsverschleißes die Gleichung

$$V = \frac{Z P_G w}{H} \tag{52}$$

von *Archard* [9] und *Holm* [123] aufgestellt. Hierbei stellen V das durch Verschleiß abgetragene Volumen des weicheren Werkstoffes, Z einen Verschleißkoeffizienten, w den zurückgelegten Weg und H die Härte dar. Nach *Rabinowicz* [235] ergibt sich die Verschleißbeziehung zwischen einem weicheren und einem härteren Werkstoff zu

$$A_1 = \left(\frac{\sigma_{0,2}}{\sigma_{0,2_1}}\right)^2 A \tag{53}$$

wobei sich der Index 1 auf das härtere Material erstreckt. Gl. (52) läßt sich in etwas abgeänderter Form auch

$$A = \frac{Z p_g v_g}{H} \tag{54}$$

schreiben. Nach Untersuchungen von *Fuller* [88] läßt sich für metallische Werkstoffpaarungen eine gute Übereinstimmung mit Gl. (52) oder Gl. (54) feststellen. Nach Gl. (54) ist der Adhäsionsverschleiß also abhängig vom Gleitdruck, der Gleitgeschwindigkeit und dem Verschleißwert Z, der vom Reibungszustand und von der Härte stark beeinflußt wird. Diese Beziehung kann auch zur Bestimmung der Verschleißfestigkeit bei den typischen Werkstoffpaarungen für Gleitringdichtungen, Kunststoff/Metall und Kunstkohle/Metall, in erster Näherung benutzt werden. Es wurde in Versuchen jedoch festgestellt, daß die Härtebeziehung nur mit Vorsicht anzuwenden ist, wie später gezeigt werden soll. Im Normalfalle findet bei Gleitringdichtungen der Hauptverschleiß beim Kunststoff- oder Kohlering statt. Aus diesem Grunde werden diese beiden Werkstoffgruppen auch besonders eingehend prüfstandsmäßig untersucht. In der Praxis kann beobachtet werden, daß sowohl der Hersteller von kohlekeramischen Werkstoffen wie auch der Dichtungshersteller und der Endverbraucher eigene umfangreiche Verschleißmessungen unter jeweils spezielleren Testbedingungen durchführen. Im folgenden soll besonders der Adhäsionsverschleiß bei verschiedenen Betriebszuständen näher untersucht werden.

5.3.1. Einfluß des Reibungszustandes

Gleitringdichtungen können bei allen Reibungszuständen, wenn auch teilweise nur für kürzere Zeitspannen, eingesetzt werden. Wie bereits erwähnt, kann der Reibungszustand über Flüssigkeits- und Mischreibung bei hydrodynamischen und hydrostatischen Gleitringdichtungen und bei Gleitflächenverwerfungen entlasteter Dichtungen bis zum technischen Trockenlauf, bei überbelasteten Dichtungen oder Gasabdichtung oder sogar zu Kältereibung bei Flüssiggasen oder Vakuumreibung bei Dichtungen unter Raumfahrtsbedingungen in Düsenflugzeugen und Raketen führen. Während unter günstigen Bedingungen die Lebensdauer einer Dichtung selbst bei Grenzreibung mehrere Jahre betragen kann, kommen auch Dichtungen bei technisch-trockener oder gar Vakuumreibung zum Einsatz, wo eine Lebensdauer von wenigen Wochen oder gar Stunden ausreichend sein kann. In Bild 92 wurde auf Grund umfangreicher Untersuchungen des Autors und unter Berücksichtigung von Forschungsergebnissen [13; 29; 37; 38; 39; 77; 138; 163; 177; 227; 236; 246; 247; 248; 305; 313; 13*; 14*; 15*] der Versuch unternommen, den Einfluß des Reibungszustandes auf die Höhe des Reibungsbeiwertes und des Verschleißes bei der Werkstoffpaarung Kohle/Metall im Belastungsbereich I–II nach Tabelle 1 darzustellen. Die Einteilung in die einzelnen Reibungszustände erfolgte durch gleichmäßige Unterteilung des gesamten Reibungsgebietes bei Annahme eines kontinuierlichen Übergangs von einem Reibungszustand zum anderen. Vakuum- und Kältereibung bei sehr tiefen Temperaturen wurden durch ihr ähnliches Verschleißverhalten zusammengefaßt. Im angegebenen Belastungsbereich können bei Mischreibung die Verschleißwerte nach Versuchsergebnissen in der Größenordnung $A = 0{,}01$ µm/h liegen; Verschleißwerte ähnlicher Größenordnung können bei geeigneter Werkstoffpaarung und entsprechendem Schmiermittel auch im Bereich der Grenzreibung auftreten. In Tabelle 17 werden Vergleichswerte bei

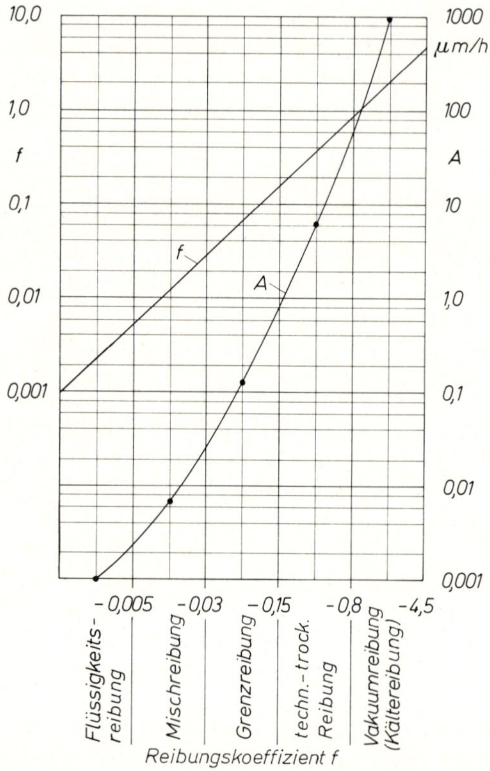

Bild 92
Einfluß des Reibungszustandes auf die Höhe des Reibungsbeiwertes und des Verschleißes bei der Werkstoffpaarung Kohle/Metall im Bereich I–II nach Tabelle 1.

annähernd gleichen Belastungsbedingungen bei Trocken- und Grenzreibung angeführt. In diesem Bereich ist nach *Holm* [123] ein Verschleißunterschied in der Größenordnung von 1:10 zu erwarten. Die wiedergegebenen Werte liegen zum Teil noch eine Zehnerpotenz höher, was durch die beim Trockenlauf auftretenden hohen Temperaturen mit bedingt sein dürfte. Im Bereich der technisch-trockenen Reibung macht sich der Materialeinfluß sehr stark bemerkbar, so daß Verschleißwerte leicht zwei Zehnerpotenzen überdecken können. Das gleiche kann nach Untersuchungen von *Atkins* und *Griffiths* [13] für den Bereich der Vakuumreibung, Tabelle 18, gesagt werden. Selbst bei niedrigen Belastungen werden Verschleißwerte von $A = 25\,000$ µm/h berichtet [13]. Im Bereich sehr niedriger Temperaturen bei der Abdichtung von Flüssiggasen treten ebenfalls sehr hohe Verschleißwerte

Tabelle 17. Vergleich von Verschleißmeßwerten bei verschiedenen Reibungszuständen. Bei den Versuchen diente Chromguß ($\lambda = 22$ W/mK) als stationärer Gegenring. Die Temperatur t wurde ca. 0,5 mm unter der Gleitfläche des Chromgußringes gemessen.

Versuchsbedingung		Techn. Trockenreibung $v_g = 3{,}35$ m/s, Luft 20 °C $p_g = p_f = 50$ N/cm^2				Grenzreibung $v_g = 5$ m/s, Wasser 20 °C $p_g = 50$ N/cm^2, $p_g/p_1 = 1{,}25$		
Werkstoff Nr.*)	Imprägnierung	λ W/mK	A_1 µm/h	h µm	t °C	A_2 µm/h	h µm	A_1/A_2
1	—	0,755	62	20	280	0,2	0,9	310
2	Weißmetall	47,7	25	12	350	0,1	1,0	250
3	Kunstharz	46,5	73	16	100	0,45	1,8	162
4	Weißmetall	23,3	47	4,1	350	0,4	1,2	117
5	Kunstharz	116,3	3,5	3,0	130	0,08	2,0	44
6	—	4,6	18,0	8,0	270	1,6	3,2	11,2
7	Kupfer	22,1	1,4	2,7	150	0,16	1,1	8,8
8	Kupfer	55,8	10,6	2,3	105	3,5	3,8	3,0

*) Nr. 1 gefülltes Phenolharz, Nr. 2, 3, 5, 8 Elektrographit, Nr. 4, 7 Kohlegraphit, Nr. 6 Hartkohle

auf. In Bild 93 werden die Ergebnisse eines Vergleichsversuches in trockener Luft und flüssigem Stickstoff dargestellt. Auch hier liegen die Verschleißwerte für verschiedenartig imprägnierte Kohlewerkstoffe ca. zwei Zehnerpotenzen über den bei Trockenlauf gemessenen Werten. Diese hohen Verschleißwerte im Bereich der Trocken-, Vakuum- und Kältereibung konnten auf Grund der Adhäsionstheorie durch geeignete Imprägnierungen und Bindungen der freien Oberflächenkräfte

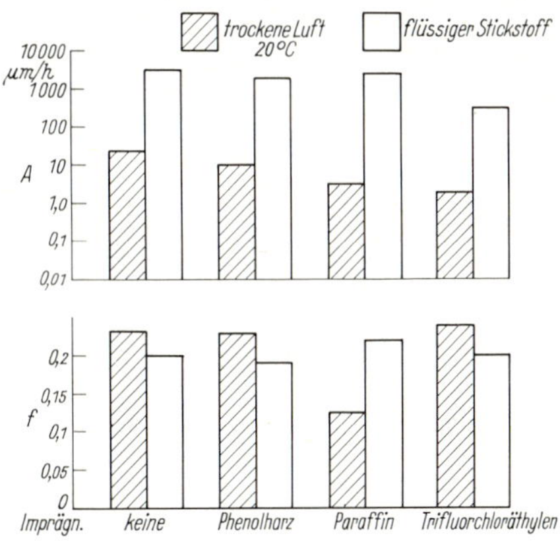

Bild 93
Einfluß von Medien und Imprägnierungen auf den Verschleiß von Kunstkohlen [304]. Kohlereiter im Anlauf gegen Scheibe aus AISI 304; $p_g = 15$ N/cm^2; $v_g = 11{,}5$ m/s

wesentlich reduziert werden. Zum Beispiel berichten *Atkins* und *Griffiths* [13], daß durch die Imprägnierung von Kohlen- und Sinterwerkstoffen mit den verschiedensten hygroskopischen oder sauerstoffabgebenden Verbindungen sowie mit flüssigen und trockenen Schmiermitteln die hohen Verschleißwerte von Kohlebürsten beim Höhenflug ganz entscheidend vermindert werden konnten, vgl. Tabelle 18 und 19. Ähnliche Erfahrungen ergaben sich beim Anlauf von Kunststoffen gegen Metall. Es ist bekannt, daß beispielsweise der Reibungsbeiwert von PTFE beim Anlauf gegen die meisten Metalle und bei geringen Gleitgeschwindigkeiten in der Größenordnung von $f=0{,}05$ liegt. Jedoch steigt dieser Wert bei $v_g=10$ m/s auf $f>0{,}3$ und der Verschleiß wird dann sehr hoch. Ähnliche Versuchsergebnisse werden von *Mayer* [177] beim Anlauf von gefüllten Phenolharzringen gegen Metall berichtet. Beim Trockenlauf steigen die Verschleißwerte auf einige Hundert µm/h, während Reibungsbeiwerte von $f>0{,}7$ gemessen wurden. Zu ähnlichen Resultaten kommt *Hockel* [121] für die Werkstoffpaarung Gummi/Metall.

Tabelle 18. Einfluß von PTFE-Imprägnierungen auf den Verschleiß von Kohlenwerkstoffen bei einer nachgeahmten Flughöhe von 18000 m nach *Atkins* und *Griffiths* [13].

Bürstenwerkstoff	Verschleiß in µm/h	A_2/A_1
Graphit mit PTFE-Imprägnierung A_1	25 bis 370	40 bis 150
Graphit ohne PTFE-Imprägnierung A_2	3700 bis 15000	
Kupfergraphit mit PTFE-Imprägnierung A_1	12 bis 25	210 bis 600
Kupfergraphit ohne PTFE-Imprägnierung A_2	2500 bis 15000	

Die Kohlebürsten wurden mit $p_g=3{,}5$ N/cm² gegen einen mit $v_g=10$ m/s umlaufenden geschlitzten kupfernen Kollektorring gepreßt.

Tabelle 19. Einfluß der veränderten Bedingungen bei verschiedenen Höhen über N. N. auf den Verschleiß und Reibungsbeiwert von Kohlebürsten nach *Atkins* und *Griffiths* [13].

Bürstenwerkstoff	Im Laboratorium nachgeahmte Flughöhe					
	Meeresspiegel		18000 m		24000 m	
	A µm/h	f	A µm/h	f	A µm/h	f
PTFE-imprägnierter Elektrographit	2,5	0,17 bis 0,22	6,3	0,19 bis 0,21	12,7 bis 25,4	0,08 bis 0,11
PTFE-imprägnierter Kupfergraphit			6,3	0,18 bis 0,21	8,9	0,04
PTFE-imprägnierter Silbergraphit	3,8	0,25	100,0	0,17	152,0	0,17 bis 0,18

Aus den bereits dargestellten Versuchsergebnissen kann die Folgerung gezogen werden, daß der Reibungsbeiwert nicht immer proportional zum Verschleiß ansteigt, daß jedoch bei vorwiegendem Adhäsionsverschleiß der Verschleiß von Flüssigkeitsreibung zur Vakuum- und Kältereibung zunimmt. Im Bereich der technisch-trockenen Reibung, der Vakuum- und Kältereibung können die Verschleißwerte bis zu drei Zehnerpotenzen bestreichen. Sie werden besonders vom Medium, der Imprägnierung und der Wahl des Gegenwerkstoffes beeinflußt.

5.3.2. Einfluß des Gleitdruckes

Eine Gleitdruckerhöhung geht meistens mit einer Temperaturerhöhung im Dichtspalt Hand in Hand, so daß sich ihre Auswirkungen auf den Verschleiß überlagern. Nach Untersuchungsergebnissen von *Johnson* [138] ist in Bild 94 die Verschleißzunahme von phenolharzimprägnierter Kohle dargestellt. Eine ebenfalls überlineare Verschleißzunahme durch Überlagerung von Druck und Temperatur wurde von *Mayer* [177] auch im Bereich der Grenzreibung, Bild 95, festgestellt. Wachsende Schmierfilmverdrängung und Festkörperberührung erhöhen den Verschleiß. Jedoch liegen bei Grenzreibung die Verschleißwerte wesentlich niedriger als beim Trockenlauf.

Man kann allgemein die nach Gl. (54) zu erwartende Verschleißzunahme durch Gleitdruckerhöhung als richtig ansehen. Diese gilt auch für andere Werkstoffpaarungen. Zum Beispiel konnte *Crook* [54] für die metallischen Paarungen Messing/

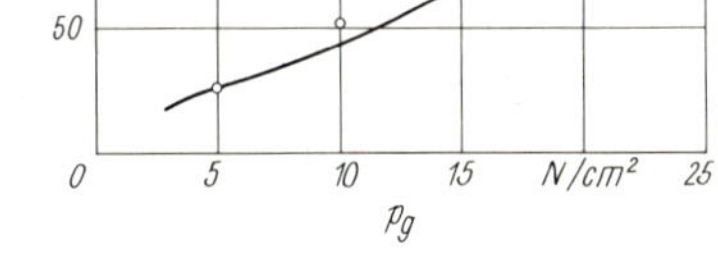

Bild 94
Einfluß des Gleitdruckes auf den Verschleiß von phenolharzimprägnierter Kohle bei 260 °C.
Gegenlaufwerkstoff AISI 347 (75 HRB); $v_g = 50$ m/s [138]

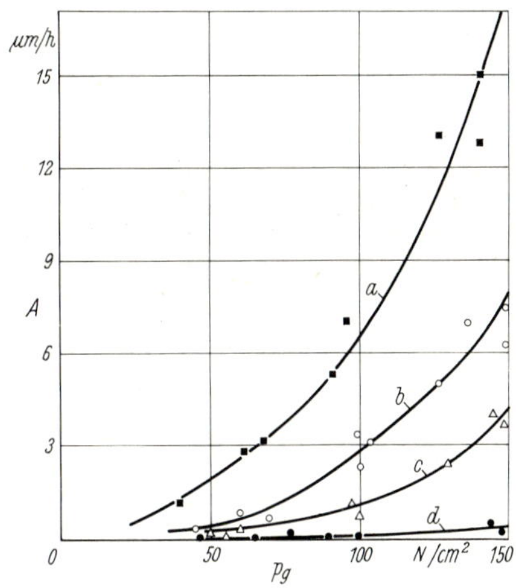

Bild 95
Verschleißkurven von hochbelasteten Gleitringdichtungen bei Wasser als Schmiermittel.
$p_g/p_1 = 1{,}2$ bis 4; $v_g = 5$ m/s
a Ko/Ha b Pre/Ha c Pre/RG d Ko/RG

Stahl und Stellit/Stahl einen linearen Verschleißanstieg mit p_g über drei Zehnerpotenzen nachweisen. Bei Langzeit-Untersuchungen von Gleitringdichtungen an Kettenschleppern über 4860 Stunden berichtet *Meyer* [199], daß für die Werkstoffpaarung Bronze/Stahl bei der Abdichtung von Kugellagerfett ($v_g = 5$ m/s, $p_g = 25$ N/cm^2) der Verschleiß für den Bronzering $A = 0{,}2$ bis 0,26 μm/h und für den Stahlring $A = 0{,}1$ bis 0,12 μm/h betrug. Diese Verschleißwerte dürften hauptsächlich im Bereich der Grenzreibung gewonnen worden sein. Versuche mit metallischen Werkstoffpaarungen für Gleitringdichtungen wurden von *Fuller* [88] im Bereich von $v_g = 5$ m/s, p_g bis 350 N/cm^2 und Temperaturen bis 800 °C durchgeführt. Im wesentlichen konnte Gl. (52), bestätigt werden. Es zeigte sich ferner, daß Werkstoffe, die ihre Härte auch bei hohen Temperaturen aufrechterhalten, gewöhnlich einen geringen Reibungskoeffizienten aufweisen.
Die Verschleißzunahme mit steigendem Gleitdruck ist neben der mit ihr verbundenen Temperaturerhöhung der Hauptgrund, Gleitringdichtungen entlastet zu bauen, um die Lebensdauer der Dichtung zu erhöhen.

5.3.3. Einfluß der Gleitgeschwindigkeit

Nach Gl. (54) ist mit einer Steigerung des Verschleißes mit zunehmender Gleitgeschwindigkeit zu rechnen. Dies gilt mit der Einschränkung, daß sich hierdurch kein zusätzlicher hydrodynamischer Effekt bemerkbar macht. In Bild 96 ist der Einfluß der Gleitgeschwindigkeit auf Verschleiß, Reibungsbeiwert und Temperatur beim Trockenlauf nach Meßwerten von *Paxton* und *Shobert* [227] und in Bild 97 der Einfluß der Gleitgeschwindigkeit auf den Verschleiß bei Verwendung von flüssigem Stickstoff als Schmiermittel nach *Wisander* [305] dargestellt. Wie jedoch aus Bild 97 zu ersehen ist, kann der Verschleißwert auch eine gleichbleibende oder abfallende Tendenz zeigen. Der Einfluß ist stark von der Werkstoffpaarung und dem Dichtmedium abhängig. Wie Versuche im Betrieb zeigen, kann normalerweise mit einer linearen Verschleißzunahme so lange gerechnet werden, wie die Dichtspalttemperaturen bei unterschiedlichen Gleitgeschwindigkeiten nicht übermäßig differieren. Für eine Gleitringdichtung (Chromguß/Elektrographit, $p_1 = 40$ bar, Öl, $p_g/p_1 = 1{,}2$) wurde bei $v_g = 4$ m/s ein Verschleißwert von $A = 0{,}12$ μm/h und bei $v_g = 8$ m/s ein Verschleißwert von $A = 0{,}21$ μm/h gemessen. Für den Fall, daß zusätzliche Temperaturerhöhungen, Schwingungen und Wellenauslenkungen bei Drehzahlerhöhung auftreten, muß mit einer zusätzlichen Verschleißzunahme gerechnet werden.

5.3.4. Einfluß des Gegenwerkstoffes

Von weiterem Einfluß auf die Verschleißfestigkeit sind bei einer Dichtung die Härte, Festigkeit, Gleiteigenschaft und Wärmeableitmöglichkeit. Nach Gl. (54) ist im Bereich des Adhäsionsverschleißes mit zunehmender Festigkeit eine Abnahme

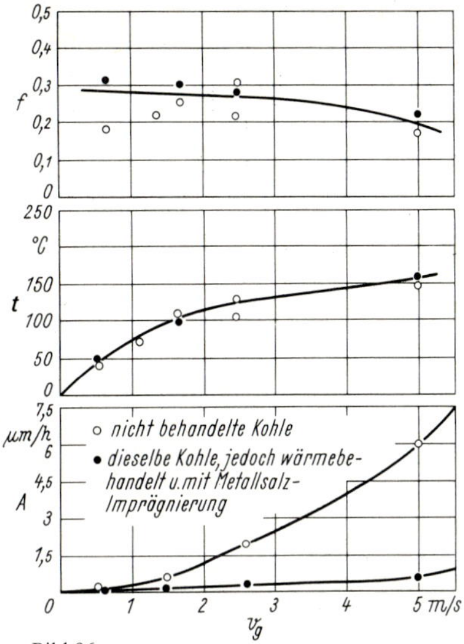

Bild 96
Einfluß der Gleitgeschwindigkeit v_g auf Verschleiß A, Temperatur t und Reibungsbeiwert f von Kohlewerkstoffen [227].

Versuchsbedingungen: Trockenlauf in Luft 20 °C, Gleitringe: Grauguß/Kohle, $p_g = 14\,N/cm^2$, Laufzeit je Meßpunkt 100 h, Thermoelement 2,4 mm unter Gleitfläche der Kohleringe

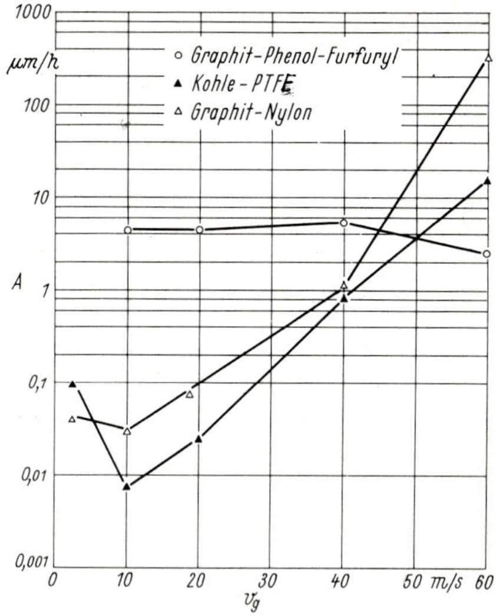

Bild 97
Einfluß der Gleitgeschwindigkeit auf den Verschleiß verschiedener Werkstoffe in flüssigem Stickstoff nach *Wisander* u. Mitarbeiter [305].

Gegenlaufwerkstoff AISI 304; $p_g = 15\ N/cm^2$

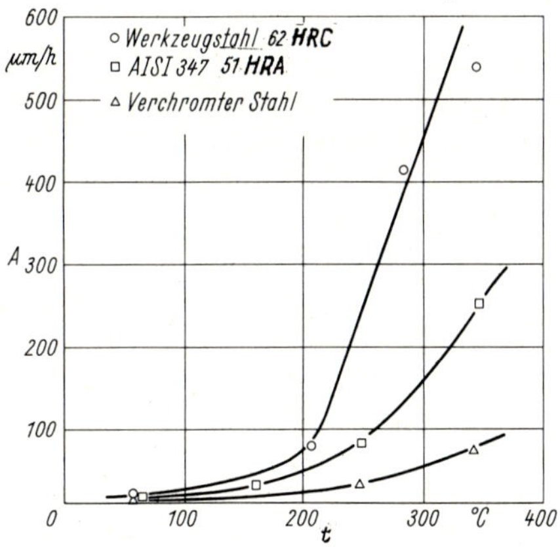

Bild 98
Einfluß des Gegenwerkstoffes auf den Kohleverschleiß bei verschiedenen Temperaturen [138].

Rotierende Scheibe/Kohlereiter; $p_g = 15\ N/cm^2$; $v_g = 50\ m/s$

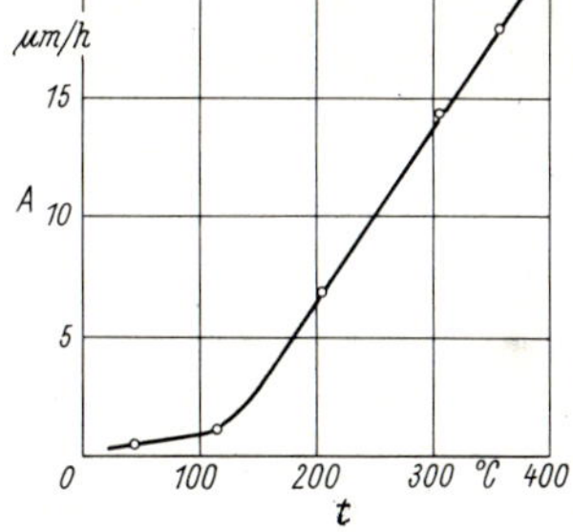

Bild 99
Einfluß der Temperatur auf den Verschleiß von phenolharzimprägnierter Kohle [138].

Trockenlauf: Gegenlaufwerkstoff Grauguß; $p_g = 15\ N/cm^2$; $v_g = 2\ m/s$

des Verschleißes zu erwarten. Wie jedoch aus Bild 98 zu ersehen ist, verschleißt die Kohle beim Anlauf gegen den Werkzeugstahl mit seiner wesentlich höheren Härte und Wärmeleitzahl schneller als beim Anlauf gegen den rostfreien Stahl AISI 347. Auch aus Bild 95 ist ein ungesetzmäßiger Verlauf der Verschleißwerte vom Standpunkt der Härte zu entnehmen. Diese mangelnde Gesetzmäßigkeit macht es notwendig, geeignete Werkstoffpaarungen für bewegte Berührungsdichtungen im Versuch zu ermitteln.

5.3.5. Einfluß der Temperatur

Temperaturerhöhungen führen häufig zur Minderung der Festigkeit, der Härte und auch zum Zerfall der Imprägnierung. Sie können ebenfalls die Vergasung des Schmierfilms im Dichtspalt bewirken. Aus den von *Johnson* und Mitarbeitern [138] gemachten Trockenlaufversuchen, Bild 99 und Bild 100, kann ersehen

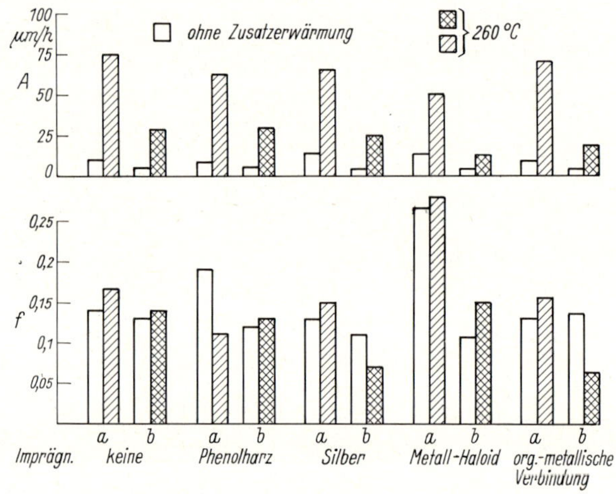

Bild 100. Einfluß der Temperatur und der Imprägnierung auf Verschleiß und Reibung von Kohlereitern [138].

$p_g = 15$ N/cm^2; $v_g = 500$ m/s. Gegenlaufwerkstoff a) AISI 347; b) verchromter Stahl

werden, daß der Verschleiß der verschiedenen kohlekeramischen Werkstoffe mit steigender Temperatur sehr schnell hohe Werte annimmt. Die Größenordnung dieses Verschleißes läßt sich durch die Auswahl der Werkstoffpaarung, s. insbesondere Bild 100, beeinflussen. Die Spalttemperatur darf nicht so hoch werden, daß das Schmiermittel bereits teilweise vergast. Hier üben die Wärmeleitzahlen der Gleitwerkstoffe einen wesentlichen Einfluß aus, vgl. Bild 95. Abbauprodukte, die durch übermäßige thermische Belastung des Schmierfilms und der Werkstoffe entstehen, können gegebenenfalls erhöhten Verschleiß hervorrufen und durch Zusetzen beweglicher Teile die Dichtung funktionsunfähig machen, vgl. Abschnitt 9.6. Für eine einwandfreie Ableitung der Reibungswärme muß gesorgt sein. Unzulässige Temperaturerhöhungen können nicht nur zu hohem Verschleiß führen, sondern auch zu erhöhter Leckage, wie folgendes Beispiel zeigt.

In einem Hydrauliksystem eines Düsenjägers wurde Siliconöl verwandt, das im Ölsumpf eine Temperatur von 150 °C aufwies. Da an den Gleitflächen Temperaturen von $t \approx 550$ °C erreicht wurden, wurde das Siliconöl zu polymerischen Überresten an diesen heißen Zonen abgebaut. Diese harten Rückstände bewirkten hohen Verschleiß und große Oberflächenrauheit und blockierten darüber hinaus die Dichtung durch „Zuzementieren" der Feder, so daß während des Fluges eine Leckmenge von 9,5 l von insgesamt 30 l in 5 Stunden verlorenging. Durch Umstellung auf Diester wurde dieses Problem gelöst. Bei Gleitringdichtungen sollte in jedem Falle versucht werden, durch Werkstoffauswahl mit entsprechenden Wärmeleitzahlen, durch Zusatzkühlung, Schmierung und Entlastung die Temperaturen so klein wie möglich zu halten, um die Lebensdauer zu verlängern.

5.3.6. Einfluß der Schmiereigenschaft des Mediums

Das Dichtmedium übt ebenfalls einen wesentlichen Einfluß auf die Lebensdauer einer Gleitringdichtung aus. Aus Bild 101 und Tabelle 20 kann ein Einfluß der Schmierflüssigkeit auf den Verschleiß ersehen werden. Eine Gesetzmäßigkeit läßt sich kaum nachweisen, da beispielsweise eine Werkstoffpaarung bei Wasser wesentlich niedrigere Verschleißwerte als bei Öl haben kann. Flüssiggase wie Wasserstoff, Stickstoff und Sauerstoff vermögen keinen Grenzfilm auszubilden [305] und zeigen nur geringe Schmiereigenschaft, Bild 102. Nach Ergebnissen

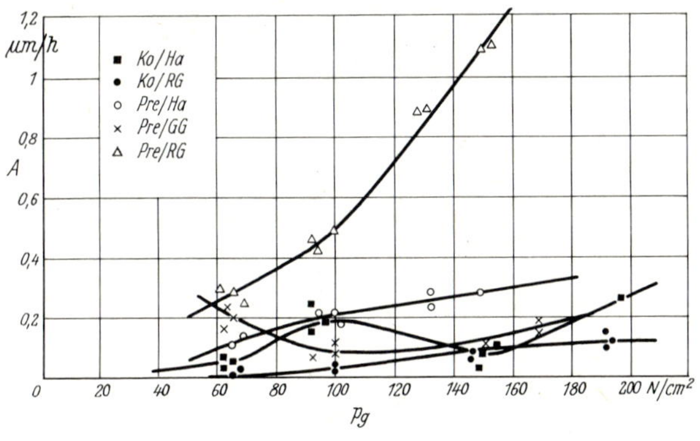

Bild 101. Verschleißkurven hochbelasteter Gleitringdichtungen bei Mobil-Oil-Arctic als Schmiermittel. $p_g/p_1 = 1{,}2 \ldots 4$; $v_g = 5$ m/s

Tabelle 20. Verschleißwerte A in µm/h und Spalthöhen h in µm bei verschiedenen Gleitdrücken, Werkstoffpaarungen und Dichtmedien.

Die Werte sind aus mindestens je zwei Versuchen gemittelt worden. Die Verschleißwerte A erstrecken sich nur auf die Werkstoffe Ko oder Pre; $v_g = 5$ m/s

p_g N/cm²		Ko/Ha		Ko/RG		Pre/Ha		Pre/GG		Pre/RG	
		A	h	A	h	A	h	A	h	A	h
Wasser	bis 65	3,0	3,6	0,1	5,0	0,5	5,2	0,05	2,4	0,4	2,1
	bis 100	6,5	6,1	0,15	5,2	3,2	7,5	0,14	1,3	0,8	5,3
	bis 150	15,0	10,3	0,2	6,2	7,1	12,0	0,12	0,75	4,0	16,0
Diesel-kraft-stoff	bis 65	0,07	2,0	0,6	3,5	0,05	1,8	0,15	1,6	1,2	13,7
	bis 100	0,08	2,2	0,1	3,0	0,6	6,3	0,06	1,05	4,2	21,0
	bis 150	0,15	2,6	0,4	7,2	1,1	3,0	0,28	1,0	8,1	30,0
	bis 200	0,25	6,1	0,7	12,5	2,7	2,8	0,9	2,5	—	—
Mobil-Öl-Arctic	bis 65	0,05	1,7	0,01	4,2	0,01	3,5	0,2	3,1	0,3	8,2
	bis 100	0,2	2,0	0,05	6,0	0,2	1,2	0,08	1,65	0,5	18,5
	bis 150	0,08	0,5	0,09	3,1	0,28	5,7	0,12	5,3	1,1	25,0
	bis 200	0,25	0,55	0,12	0,9	—	—	—	—	—	—

von *Wisander* und *Johnson* [305] Bild 102 scheint flüssiger Wasserstoff eine wesentlich schlechtere Schmiereigenschaft als flüssiger Stickstoff zu haben. Bei der Abdichtung von Flüssiggasen zeichnen sich PTFE-Kohleringe durch gute Verschleißfestig-

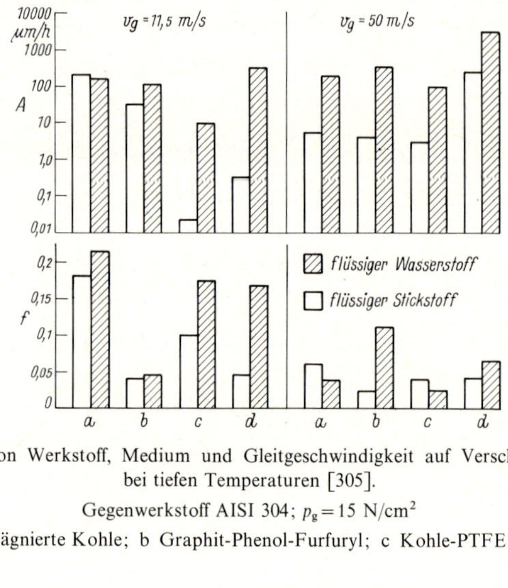

Bild 102. Einfluß von Werkstoff, Medium und Gleitgeschwindigkeit auf Verschleiß und Reibung bei tiefen Temperaturen [305].

Gegenwerkstoff AISI 304; $p_g = 15$ N/cm²

a metallfluorid-imprägnierte Kohle; b Graphit-Phenol-Furfuryl; c Kohle-PTFE; d Graphit-Nylon

keit aus. Wie Bild 93 zeigt, liegt der Verschleißwert bei den Flüssiggasen meistens beachtlich höher als beim Trockenlauf in Luft unter gleichen Bedingungen, obgleich das Flüssiggas eine sehr gute Wärmesenke für die Reibungswärme darstellt. Als Sperr-, Schmier- und Kühlflüssigkeit haben sich bei doppeltwirkenden Gleitringdichtungen Wasser-Öl-Emulsionen bewährt, da durch den Ölzusatz die Schmierfilmbeständigkeit im Dichtspalt erhöht werden kann, während die Wärmeableitung durch das Wasser begünstigt wird.

Es kommt gelegentlich vor, daß eine Werkstoffpaarung, die sich bei einem Medium vorzüglich bewährt hat, bei einem anderen völlig versagt. *Mayer* [177] berichtet, daß die Werkstoffpaarung Kunstharz-Preßstoff/Rotguß bei Wasser einen Verschleiß von $A = 0{,}4$ µm/h aufwies, daß sich aber bei der Abdichtung von Dieselkraftstoff dieser Wert auf $A = 1{,}5$ µm/h für den Kunstharzring und für den Rotgußring auf $A = 71$ µm/h erhöhte, Bild 103; hierbei lief der Kunstharzring scharfkantig

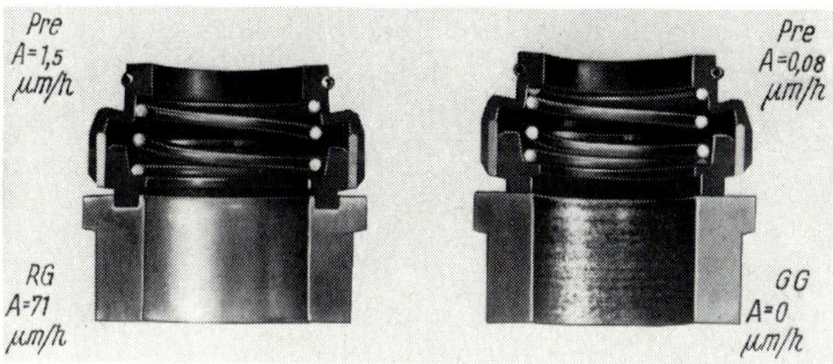

Bild 103. Verschleiß zweier Werkstoffpaarungen bei Dieselkraftstoff.
$p_1 = 5$ bar; $p_g = 67{,}5$ N/cm^2; $b = 2{,}5$ mm; $v_g = 5$ m/s
links: Pre/RG nach 30 Laufstunden rechts: Pre/GG nach 300 Laufstunden

in den Metallring ein. In einem anderen Fall lief eine Gleitringdichtung (Elektrographit/gehärteter Stahl, $k = 1$, $p_g = 175$ N/cm^2, $v_g = 5$ m/s) in Öl mit einem Reibungsbeiwert $f = 0{,}073$ bei einem Verschleiß von $A = 0{,}3$ µm/h. Unter den gleichen Bedingungen war der Reibungsbeiwert bei Wasser $f = 0{,}056$, während der Verschleiß um einige Zehnerpotenzen auf $A = 1500$ µm/h stieg. Diese unliebsamen Überraschungen können nur durch Versuchsläufe vermieden werden.

5.3.7. Einfluß von Festkörpern im Medium

Wurden die bis jetzt angeführten Verschleißwerte hauptsächlich durch Adhäsionsverschleiß bewirkt, so machen sich Fremdkörper im Dichtmedium durch unerwünschten Schleifverschleiß bemerkbar. Gleitringe, die in festkörperhaltigen Flüssigkeiten laufen und deren Gleitflächen nicht durch Spülung oder Schutzdichtungen von Festkörpern freigehalten werden können, unterliegen einem zusätzlichen, oft sehr hohen Verschleiß. Gelöste Feststoffe können sich nach Verdampfung des

Lösungsmittels auf den Gleitflächen ablagern und starke Abtragungen bewirken. Die Abdichtung von schmutzhaltigen Flüssigkeiten, Salzlösungen, Fruchtsäften, Farbflotten usw. ist sehr schwierig. Bei der Förderung von schlamm- und sandhaltigen Flüssigkeiten können Lebensdauerwerte von mehreren Wochen u. U. schon einen beachtlich hohen Wert darstellen [7*; 218]. Ohne Schutzvorkehrungen, wie Spülung, Fettsperre, Schutzdichtung oder doppeltwirkende Gleitringdichtungen, sind Kunststoff- und Kohlewerkstoffe für solche Anforderungen oft ungeeignet und werden vorteilhafterweise durch sehr verschleißfeste Paarungen der verschiedensten Panzerungswerkstoffe, Metalloxide und Karbide ersetzt. Gleitringe aus Wolfram-Karbid liefen beispielsweise in einer Tiefbohrpumpe mehrere Jahre einwandfrei, während gewöhnlich Stopfbuchsen bereits nach 2 bis 4 Wochen versagten. In einer anderen Zirkulationspumpe, die Wasser mit feinkörnigem Eisenoxid umwälzte, hielten Wolfram-Karbid-Ringe zwischen 30 bis 60 Tage, während andere Werkstoffe bereits nach 1 bis 2 Tagen ausfielen.
Ferner kann es vorkommen, daß Metallteilchen in Lösung gehen und nicht nur mechanischen Verschleiß, sondern auch thermo-galvanische Korrosion verursachen. Nach Beobachtungen von *Mayer* [179] wird beispielsweise ein Gegenring aus Grauguß — bei Phenolharzpreßstoff als Gleitring — vollständig verkupfert, wenn kupferhaltige Armaturen oder Gehäuse aus Hüttenaluminium angegriffen werden. Bei der Werkstoffpaarung Elektrographit/Chromguß überzieht sich die Kohlegleitfläche mit einer Kupferschicht.
Der Schleifverschleiß durch Fremdkörper und Ablagerungen im Dichtspalt ist hoch. Durch Schutzvorkehrungen und entsprechende Werkstoffauswahl kann der Verschleiß jedoch stark vermindert werden. Nähere Einzelheiten können Abschnitt 9.6. entnommen werden.

5.3.8. Einfluß der Oberflächenrauheit

Obgleich alle zum Einsatz kommenden Gleitflächen normalerweise mit einer mittleren Oberflächengüte von $R_a = 0{,}015$ bis 0,5 µm hergestellt werden, können sich diese Rauhtiefen im Betriebszustand ändern (vgl. Tabelle 20). Es konnte im Betriebszustand bei Gleitringdichtungen beobachtet werden, daß Gleitflächen sowohl geglättet als auch bis zum völligen Versagen (R_{max} bis 150 µm) aufgerauht werden können. Bei gleichbleibenden Betriebsbedingungen nehmen die Rauhtiefen der Gleitflächen nach einer Einlaufzeit einen konstanten Wert an, Bild 104.
Das gleiche gilt normalerweise auch für die Reibung, die Temperatur und den Verschleiß, siehe Bild 105.
Je nach Belastungsgrad und nach der Verschleißfestigkeit der Gleitwerkstoffe kann der Einlaufvorgang schon nach einigen Stunden, evtl. aber auch erst nach einigen Monaten abgeschlossen sein.
In Bild 106 ist der Einfluß der Laufzeit auf den Verschleiß von Gleitringdichtungen mit der Werkstoffpaarung kunstharzimprägnierter Hartkohle/Spezial-Chromguß

in Großserien-Warmwasser-Umwälzpumpen bei den aufgeführten Betriebsverhältnissen unter Praxisbedingungen ausgewertet.

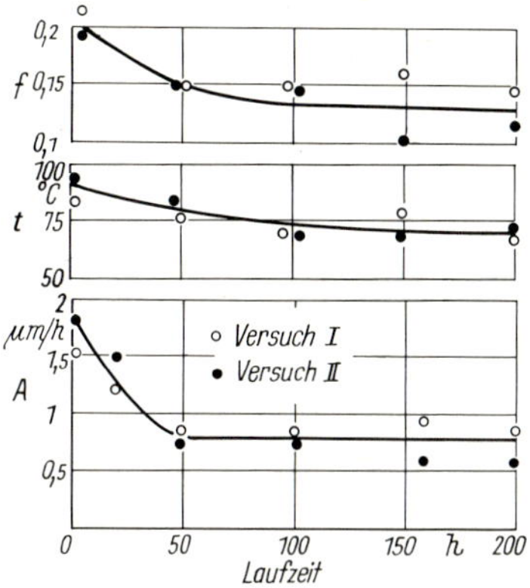

Bild 105
Einfluß der Laufzeit auf Verschleiß A, Temperatur t und Reibungsbeiwert f [227].
Versuchsbedingungen: Trockenlauf in Luft 15 bis 30°C, Gleitringe: Gußeisen/Kohle, $v_g = 2{,}25$ m/s, $p_g = 14$ N/cm², Thermoelement 2,4 mm unter Gleitfläche der Kohle

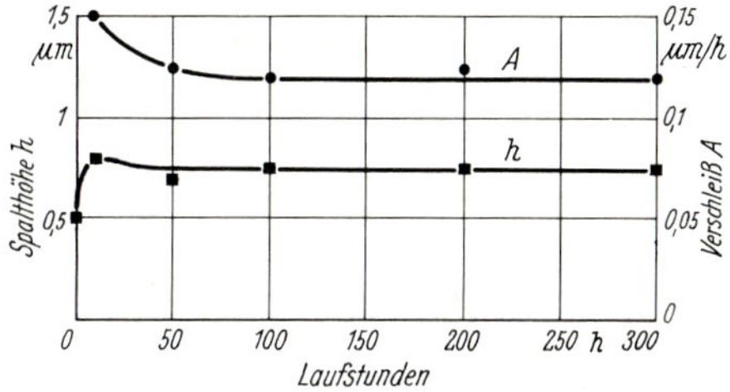

Bild 104
Verschleiß A und Spalthöhe h beim Einlaufvorgang. Pre/GG; Wasser; $p_1 = 5$ bar; $p_g = 132$ N/cm²; $v_g = 5$ m/s

Insgesamt wurden 17 Pumpen je dreimal aufgenommen und vermessen. Nach 2250 Stunden ergab sich ein mittlerer Verschleiß von 0,1 mm, nach 5700 Stunden von 0,16 mm und nach 9800 Stunden ein Wert von 0,18 mm. Auf Grund der Gleitflächenanpassungen geht der Kohleverschleiß mit der Laufzeit stark zurück. Die gesamte Laufzeit der Versuchspumpen betrug 165000 Betriebsstunden.
Je höher im Betriebszustand die Belastungen, insbesondere der mittlere Gleitdruck p_g einer Dichtung sind, um so besser sollte die Oberflächengüte der Gleitflächen ausgeführt werden.

Bild 106
Verschleiß von Kohlegleitringen bei Langzeitversuchen in der Praxis [189].
Warmwasser-Umwälzpumpe
$p_1 = 3{,}5$ bis 5 bar
$v_g = 2$ m/s,
$t = 55$ bis 90°C,
Härte im Mittel = 16° dH

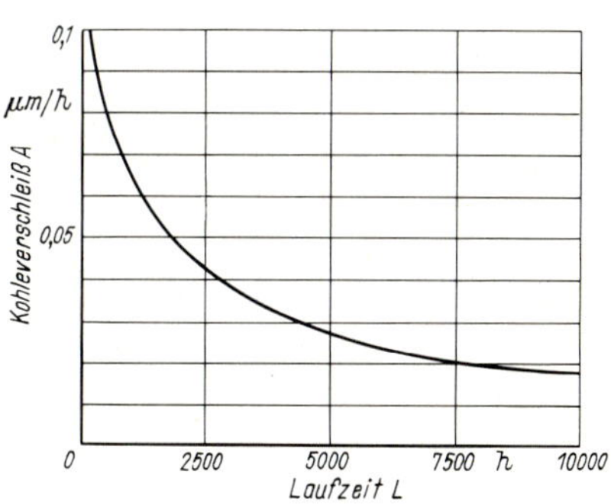

Mit sinkender Rauhigkeit steigt der Traganteil und damit die Belastbarkeit einer Gleitfläche, siehe Bild 107.
Hochdruckdichtungen können durch stufenweise Belastungssteigerung „hochtrainiert“ werden, wodurch mechanische und thermische Deformationen in tolerierbaren Grenzen bleiben und durch Verschleiß kompensiert werden und der steigende Traganteil die spezifischen Flächenpressungen reduziert.

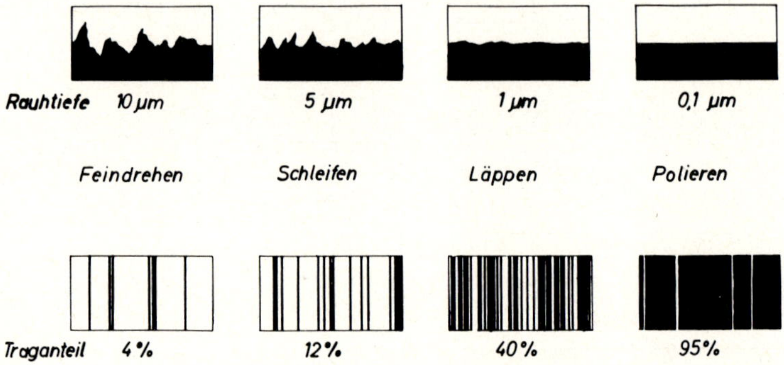

Bild 107. Traganteile verschieden verarbeiteter Gleitflächen [190].

Bei einem mittleren Gleitdruck von beispielsweise $p_g = 750$ N/cm^2 verdoppelt sich die Flächenpressung auf 1500 N/cm^2, wenn der Traganteil einer Fläche auf die Hälfte sinkt. Dies kann beispielsweise bei der Gleitwerkstoffpaarung Wolframkarbid/Kohle durch die Härte- und Elastizitätsunterschiede schon zum Ausfall der Dichtung durch Wärmespannungsrisse im Hartmetall führen (s. Abschn. 5.5.).
Riefen beeinflussen gewöhnlich den Verschleiß sehr ungünstig. Besonders wenn radiale Scherbewegungen der Dichtflächen im Betriebszustand auftreten, muß mit einem vorzeitigen Versagen von riefigen Dichtungen gerechnet werden. Unter Umständen kann auch ein Versagen eintreten, wenn sich ein Ring in den Gegenring einarbeitet. Bei hohen Rauheitswerten der Flächen tritt trotz hoher Leckverluste starker Verschleiß durch Schleifvorgänge auf. Es kann beobachtet werden, daß der Leckstrom schwarz von Abriebspartikeln der Werkstoffe ist.
Mit wachsender Rauhtiefenvergrößerung, die durch Adhäsionsverschleiß oder aber durch Fremdkörper, Wärmespannungsrisse usw. ausgelöst werden können, erhöht sich der Schleifverschleiß ganz wesentlich. Zum Beispiel können thermische Spannungsrisse mit unterschiedlich hochstehenden Rändern den Gegenring binnen kürzester Zeit vollständig abfräsen.

5.3.9. Einfluß von Schwingungen

Es ist bekannt, daß starke Schwingungen durch einen hämmernden Effekt die Gleitflächen sehr schnell zum Versagen bringen können [251]. *Wood* [306] berichtet von einer Dichtung, die binnen weniger Stunden ausfiel, nachdem ein Teil eines Pumpenflügels abgebrochen war und somit eine starke Unwucht in der Maschine auftrat. Die Lagerung von Gleit- und Gegenringen in gummielastischen Ringen wirkt sich sehr vorteilhaft durch Dämpfung der Schwingungen auf den Verschleiß aus.

Radialschwingungen können bei riefenfreien Gleitflächen eher toleriert werden als Axialschwingungen, da diese den Gleitflächenkontakt und den Verschleiß unmittelbar beeinflussen. Bei stark vibrierenden und stampfenden Aggregaten, wie beispielsweise bei Bohrgeräten, haben stärkere Federvorspannungen und die federgelagerte Anordnung sowohl von Gleit- und Gegenring wesentliche Verbesserungen erbracht. Mit wachsender Amplitude und Frequenz wachsen bei Gleitringdichtungen der Verschleiß und die Leckage. Grundsätzlich sollten durch konstruktive Maßnahmen, wie Verbesserung der Lagerung, Auswuchten der Wellen etc., Schwingungen in Maschinen so klein wie möglich gehalten werden.

5.4. Strahlverschleiß

Neben dem Stirnflächenverschleiß durch Adhäsion, Schleif- und Fräsvorgänge und Korrosion kann ein zusätzlicher Erosionsverschleiß durch zu hohe Strömungsgeschwindigkeiten der Medien auftreten. In Bild 108 ist der Zusammenhang zwischen Leckage und Verschleiß bei Dichtungen mit verschiedenen Radialnuten dargestellt. Während im eingezeichneten Bereich des Reibungsverschleißes, Bild 108, die Festkörperwirkung für den Verschleiß verantwortlich war, trat mit zunehmendem Leckstrom Q die erosive Wirkung im weicheren Kohlewerkstoff auf.

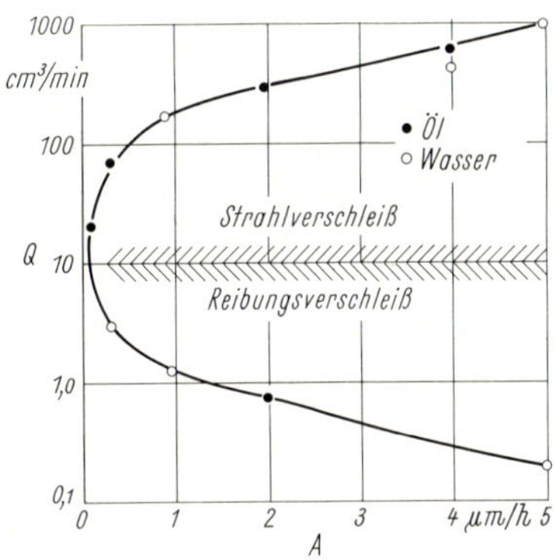

Bild 108
Leckage und Strahlverschleiß bei Gleitringdichtungen mit Radialnuten.

Bronze/Elektrographit; $k = 1{,}1$; $D_W = 60$ mm; $c/b = 0$ bis 0,8; $p_1 = 15$ bar; $v_g = 3{,}5$ m/s; Strömung von d nach D

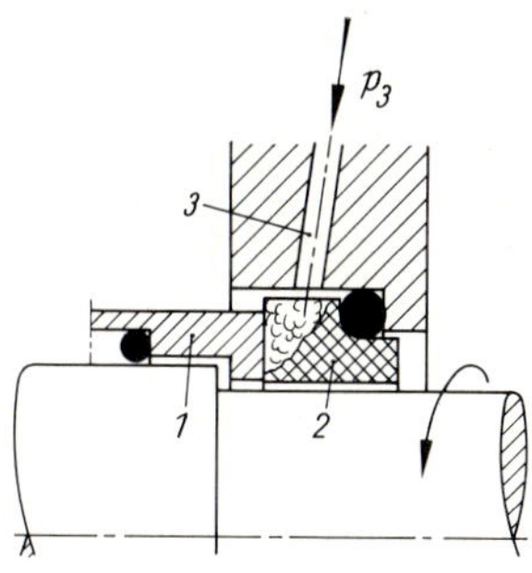

Bild 109
Strahlverschleiß durch zu hohe Eintrittsgeschwindigkeit u der Kühl- oder Spülflüssigkeit.

1 rotierender Metallring;
2 stationärer Kohlering;
3 Eintrittsbohrung der Flüssigkeit unter p_3

Es kann ferner vorkommen, daß die Einlaufgeschwindigkeit der Kühl- und Spülflüssigkeit so hoch und der Strahl so gerichtet ist, daß starke Erosionswirkungen in Dichtungsteilen auftreten können, Bild 109 und 110. Die Höhe des Strahlverschleißes hängt von der Verschleißfestigkeit des Werkstoffes, der Strömungsgeschwindigkeit u, dem Aufprallwinkel und von Festkörpern im Medium ab. Bei senkrechtem Aufprall stellt normalerweise $u = 5$ bis 10 m/s einen sicheren Wert

Bild 110
Durchstrahlter Kohlering.

dar. Es ist aus Kühl- und Verschleißgründen zweckmäßig, den Einlaufstrom auf den rotierenden Ringteil in unmittelbarer Nähe des Dichtspaltes zu richten, da hierdurch die Wärmeableitung begünstigt wird und ferner nicht immer dieselbe Ringstelle dem Strahl ausgesetzt ist. Der Zirkulations- oder Kühlstrom kann durch ein Stellventil, (flow controller), geregelt werden.

5.5. Thermische Spannungsrisse

Eine der größten Gefahren für Gleitringdichtungen sind auftretende Wärmespannungsrisse in Gleitwerkstoffen, die vielleicht durch nur kurzzeitige mechanische oder thermische Überlastungen — Trockenlauf, Versagen der Kühlung, hohe Druck- und Geschwindigkeitsschwankungen und hierdurch bedingte Spaltveränderung usw. — verursacht werden können. Diese Risse führen zu erhöhtem Verschleiß und können hohe Leckverluste und bei entlasteten Dichtungen auch das Öffnen des Dichtspaltes bewirken. In Bild 111 sind thermisch überforderte Gleitringe gezeigt. Wärmespannungsrisse können weitgehend vermieden werden, wenn die physikalischen und mechanischen Werkstoffkennwerte sowie die Einsatzbedingungen ausreichend bekannt sind und beim Dichtungsentwurf berücksichtigt werden.

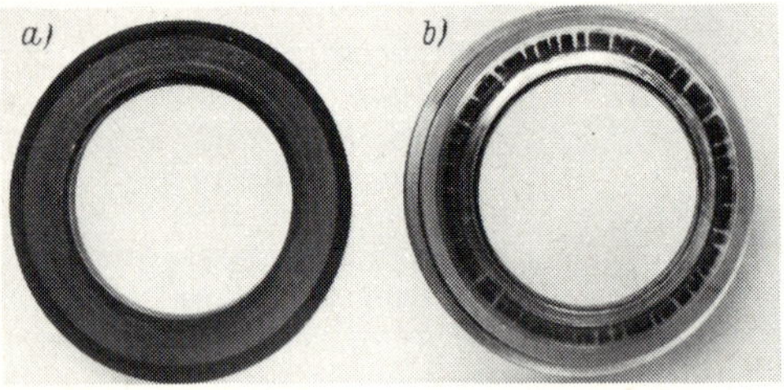

Bild 111
Thermisch überforderte Gleitringe.

a) phenolharzimprägnierter Kohlering mit Ausbrennungen und Absplitterungen
b) Stellitring mit thermischen Spannungsrissen

5.5.1. Beurteilung eines einzelnen Werkstoffes

Die Oberfläche eines Gleitringes reißt beim Überschreiten der zulässigen Spannungen, die durch unterschiedliche und wechselnde thermische Dehnungen entstehen, Bild 112. Mit Hilfe des Hookschen Gesetzes

$$E\varepsilon = \sigma_1 - \nu\sigma_2 \tag{55}$$

und der thermischen Dehnungsgleichung

$$\varepsilon = \Delta T \alpha \tag{56}$$

errechnete *Kingery* [145] die größte zulässige Temperaturdifferenz ΔT, die der Werkstoff eben noch aushält, ohne durch Wärmespannungen Schaden zu nehmen, zu

$$\Delta T = \frac{\sigma_Z(1-\nu)C_1}{E\alpha} \tag{57}$$

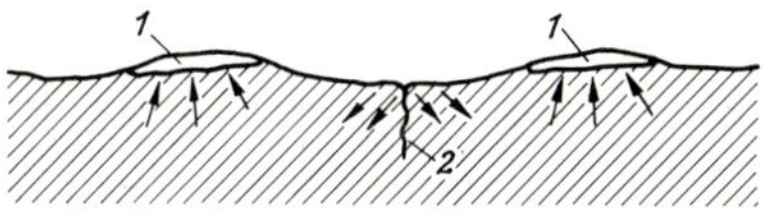

Bild 112
Durch überhitzte Berührungsstellen einer Gleitfläche verursachte Wärmespannungsrisse [262].

Der Formfaktor C_1 berücksichtigt die Gestalt des Gleitkörpers. Das Erreichen der größten zulässigen Temperaturdifferenz ΔT in der Gleitfläche hängt von der Wärmeleitzahl λ des Werkstoffes ab. Je größer die Wärmeleitzahl ist, um so kleiner wird die Gefahr des Versagens. Langjährige praktische Erfahrungen und Prüfstandsergebnisse bestätigen, daß man zum Beurteilen des Widerstandsvermögens eines einzelnen Gleitwerkstoffes gegen Wärmespannungsrisse einen Faktor $B_1 = \Delta T \lambda$ heranziehen kann, den Wärmespannungsriß-Widerstandsfaktor. In Tabelle 13 werden neben den mechanischen und physikalischen Daten für Gleitwerkstoffe auch die errechneten Werte der größten zulässigen Temperaturdifferenz ΔT und des Widerstandsfaktors B_1 bei Raumtemperaturen für die verschiedenen Gleitwerkstoffgruppen angegeben. Häufig ist es schwierig, aus den teilweise nur groben Angaben im Fachschrifttum, die durch Herstellungsverfahren, Prüfkörperabmessungen, Wärmebehandlung, Unterschiede in der chemischen Zusammensetzung usw. bedingt sein können, oder durch Fehlen von Meßwerten einen Mittelwert für ΔT und B_1 zu errechnen. Oft ist die Querdehnzahl ν oder ein anderer Wert unbekannt, so daß mit einer geschätzten Größe gerechnet werden muß. Diese Schätzwerte und die hiermit errechneten Daten sind in Tabelle 13 in Klammern gesetzt und nur als Näherungswerte zu betrachten.

Da die Werte der größten zulässigen Temperaturdifferenz ΔT nicht als ausreichende Beurteilungsgröße dienen können, wird der Wärmespannungsriß-Widerstandsfaktor B_1 herangezogen, für den Werte in Bild 113 in einem halblogarithmischen

Schaubild über einer Bewertungsskala aufgetragen sind. Diese relative Beurteilung eines einzelnen Gleitwerkstoffes stützt sich auf umfangreiche Versuche von *Mayer* [181] sowie auf Angaben von *Kingery* [145] und *Sibley* [262]. Bild 113 zeigt,

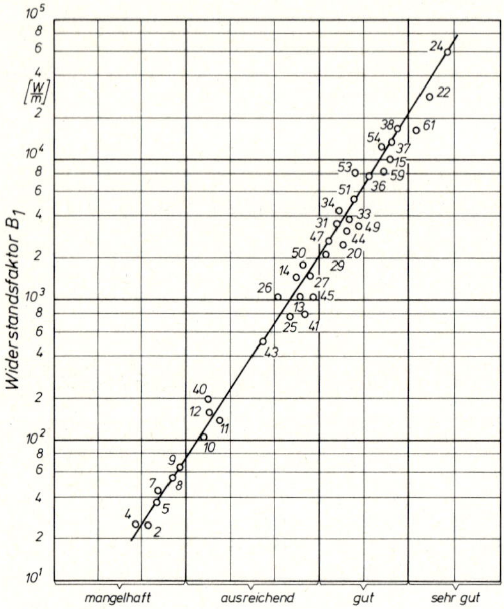

Bild 113
Beurteilungsskala des Wärmespannungsriß-Widerstandsfaktors B_1 für Einzelwerkstoffe.

Die Nummern der Punkte entsprechen den laufenden Werkstoffnummern in Tabelle 13

daß es grundsätzlich rechnerisch möglich ist, aus verschiedenen Werkstoffen mit bekannten physikalischen und mechanischen Werten den Gleitwerkstoff mit dem besten Widerstandsvermögen gegen Wärmespannungsrisse, d. h. mit dem größten B_1-Wert, auszuwählen. Kohle und Graphite sowie SiC und SiC+C zeichnen sich auch hier besonders aus, und dank guter Notlaufeigenschaften, hoher chemischer Beständigkeit und großer Elastizität sind sie als Gleitwerkstoffe für Dichtungen besonders geeignet.

5.5.2. Beurteilung einer Dichtungskonstruktion

Bei Gleitringdichtungen kommen immer Werkstoffpaarungen zum Einsatz. Bei diesen kann man das Widerstandsvermögen gegen Wärmespannungsrisse einer Dichtung mit Hilfe des Sicherheitsfaktors B_2 berechnen. Zur Bestimmung von B_2 wird folgende empirische Formel von *Mayer* [181] empfohlen:

$$B_2 = \frac{\Delta T_{\min}(\lambda_A + \lambda_B) C_W}{p_g v_g f b} \tag{58}$$

Tabelle 21. Versuchsergebnisse zur Bestimmung des Wärmespannungsriß-Widerstandsfaktors B_2 bei Gleitringdichtungen.

Werkstoffpaarungen umlaufend/feststehend	ΔT_{min} K	λ_1 W/mK	λ_2 W/mK	p_g N/cm²	v_g m/s	f	b mm	B_2	Bemerkungen	Randbedingungen für C_W
Kunstharz II/Kunstharz II	75	0,81	0,81	30	5,0	0,1380	5	0,1174 C_W	beide Ringe zeigen nach wenigen Minuten auffällige Wärmespannungsrisse	außen angeordnete umlaufende Dichtung Wasser 20 °C
Kunstharz II/Grauguß	75	0,81	46,5	150	5,0	0,1050	5	0,9011 C_w	einwandfrei	
Kohle II/Panzerwerkst. I.	97	4,6	8,1	100	10,0	0,1100	9,5	0,1178 C_W	Panzerwerkstoff I zeigt Risse	außen angeordnete umlaufende Dichtung mit Kühltasse Dieselöl 60 °C
Graphit II/Panzerwerkst. I	97	104,7	8,1	500	10,0	0,1200	5	0,3647 C_W	einwandfrei	
Chromguß/Hartgewebe	150	22,0	0,233	100	4,5	0,1800	10	0,4117 C_W	beide Ringe zeigen Risse	Rührwerksdichtung mit periodischem durch den Arbeitsablauf bedingten Trockenlauf
Chromguß/Graphit II	173	22,0	104,7	100	4,5	0,1500	10	3,2472 C_W	einwandfrei	
Kohle I/Panzerwerkst. II	87	8,7	11,3	420	9,3	0,0780	4	0,1427 C_W	Risse im Panzerwerkstoff II	innen angeordnete umlaufende Dichtung für Kerosin mit 20 bis 50 °C
Kohle III/Panzerwerkst. III	135	29,0	12,8	420	9,3	0,0910	4	0,3968 C_W	einwandfrei	
WoKa I/Kohle III	240	34,9	29,0	500	2,7	0,0980	12	0,9659 C_W	leichte Risse im WoKa I	doppeltwirkende gekühlte Rührwerksdichtung
WoKa II/Kohle III	230	58,1	29,0	2000	2,7	0,0065	12	4,7561 C_W	einwandfrei	

Benutzt man für Gleitringdichtungen zwei unterschiedliche Gleitwerkstoffe, so ist der Werkstoff mit dem kleineren ΔT-Wert, vgl. Tabelle 13, gefährdeter, und dieser Wert wird als ΔT_{min} eingesetzt. Die Summe der Wärmeleitzahlen $(\lambda_A + \lambda_B)$ berücksichtigt die Ableitung der Reibungswärme durch die Gleitringe, während der dimensionslose Faktor C_W die Wärmeableitung, bedingt durch Konstruktion, Anordnung, Flüssigkeit, Kühlung, Lagerung der Gleitringe, Preßsitze usw., erfaßt. Der Wärmeableitfaktor C_W kann sich bereits dadurch wesentlich ändern, daß zwar die gleiche Werkstoffpaarung, jedoch vertauscht angeordnet eingesetzt wird. Das Produkt $(p_g v_g f)$ berücksichtigt die auf die Flächeneinheit entfallende Reibungswärme, und der Wert b die effektive Dichtbreite der Gleitringe, der die Wärmeableitung zur Wärmesenke beeinflußt. In der Praxis gebräuchliche $p \cdot v$-Werte [57; 202] sind mit größter Vorsicht anzuwenden, da sie gleichbleibende Werte des oft unbekannten Reibungsbeiwertes voraussetzen.
In Tabelle 21 sind mehrere Erfahrungsbeispiele mit paarweise gleichen Wärmeableitfaktoren C_W zusammengestellt, aus denen hervorgeht, daß mit steigenden B_2-Werten die Wärmespannungsrißgefahr einer Gleitringdichtung abnimmt. Unter Berücksichtigung von praktischen Ergebnissen mit ähnlichen Wärmeableitfaktoren kann man Vergleichsrechnungen nach Gl. (58) vornehmen und eine dementsprechende Werkstoffpaarung oder Dichtungskonstruktion wählen. Über die Haupteinflüsse und die Größenordnung des Wärmeableitfaktors C_W wird in Abschn. 6.2.4. gesondert berichtet.
Werkstoffe für Gleitringdichtungen werden in einem Temperaturbereich von $-200\,°C$ bis $+1000\,°C$ eingesetzt. Für viele Werkstoffe sind Kennwerte nur bei Raumtemperatur bekannt, so daß genaue Berechnungen der größten zulässigen Temperaturdifferenz ΔT und der Widerstandsfaktoren gegen Wärmespannungsrisse B_1 und B_2 bei erhöhten Temperaturen nicht möglich sind. Bei den meisten Werkstoffen nehmen die Zugfestigkeit und der E-Modul mit steigenden Temperaturen ab; das gleiche gilt auch für Wärmedehnzahl und Querdehnzahl. Die Einflüsse dieser Werte wirken nach Gl. (57) einander entgegen, so daß sich ΔT häufig nur geringfügig ändert [262]. Die Änderungen der Wärmeleitzahlen bei sich ändernden Temperaturen können sehr unterschiedlich sein, s. Bild 86, 88, 89, 90, 91. Demzufolge wären hier genaue Meßwerte für die in Frage kommenden Temperaturbereiche besonders erwünscht. Bei vielen Gleitwerkstoffen sind aber die Änderungen von B_1 und B_2 im Vergleich zu anderen Auswahlwerkstoffen mit steigender Temperatur nicht sehr groß. Für die erste Beurteilung dieser Gleitwerkstoffe reichen die bei Raumtemperatur ermittelten Werte von ΔT, B_1 und B_2 meistens aus.
Beim Anlauf von metallimprägnierter Kohle gegen Metall können bei Überschreitung der zulässigen Einsatztemperatur die Metalle miteinander verschweißen. Solche Verschweißungen bewirken häufig thermische Spannungsrisse, wie sie in Bild 114 dargestellt sind. Die Spannungsrisse bei Gleitringdichtungen verlaufen hauptsächlich in radialer Richtung, so daß sie sich auf Schleifverschleiß und Leckage besonders schädlich auswirken.

Bild 114
Thermische Spannungsrisse als Folge von Verschweißungen.
Stellit/weißmetallimprägnierte Kohle
a) aufgeschweißte Weißmetallstellen auf dem Stellitring
b) Sichtbarmachung der Risse durch Läppen des Stellitringes

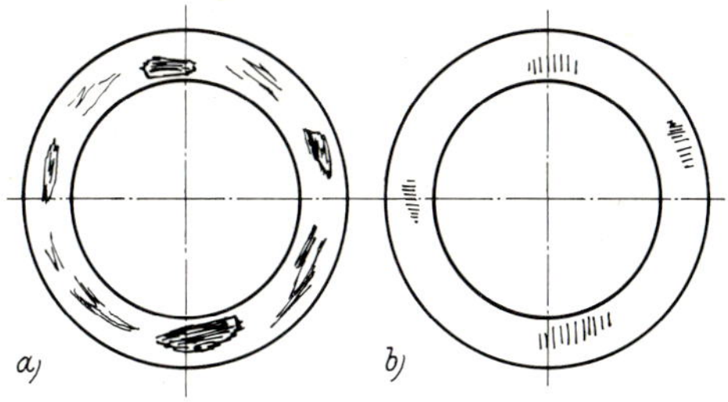

5.6. Verschleiß durch chemischen Angriff

Die Gleitwerkstoffe müssen unter Berücksichtigung der chemischen Aggressivität des abzudichtenden Mediums ausgewählt werden. Ein geringer Abbau der Werkstoffe durch die Dichtflüssigkeit kann häufig toleriert und durch entsprechende Wandstärkenzuschläge kompensiert werden. Es ist jedoch darauf zu achten, daß die Korrosion bei höheren Temperaturen leicht einen vielfachen Wert annehmen kann, so daß insbesondere die Gleitflächen, die ja wesentlich höhere Temperaturen als die Dichtflüssigkeit aufweisen, besonders stark korrodieren. Nähere Angaben können aus chemischen Beständigkeitslisten der in Frage kommenden Gleitwerkstoffe oder aus Firmenschriften [2*; 5*; 6*; 7*; 320] entnommen werden.

5.7. Lebensdauererwartung von Gleitringdichtungen

Besonders schwierig ist die Beantwortung der Frage: Welche Lebensdauer kann von einer Gleitringdichtung im Betrieb erwartet werden? Wird der Verschleiß überwiegend durch Adhäsion bewirkt und sind die Betriebsverhältnisse konstant und bekannt, so läßt sich aus unter ähnlichen Verhältnissen gewonnenen Verschleißwerten A die Lebensdauer zu $L=a/A$ mit guter Näherung bestimmen. Natürlich kann die Verschleißhöhe a einer Dichtung nicht beliebig vergrößert werden, da sie die mechanischen und thermischen Verformungen mit beeinflußt. Die Verschleißhöhe schwankt normalerweise zwischen $a=0{,}5$ bis 5 mm.

Generell kann gesagt werden, daß die Lebensdauererwartung von Gleitringdichtungen in den letzten 10 Jahren auf ein Mehrfaches der früheren Werte gestiegen ist, auf Grund besserer Werkstoffe und Konstruktionen und nicht zuletzt auch durch die bessere Vertrautheit des Wartungspersonals mit diesen neuen Dichtelementen.

Aus Bild 115 ist zu ersehen, daß unter den angegebenen Betriebsverhältnissen mit einer mittleren Lebensdauer der Dichtungen von ca. 100000 Betriebsstunden gerechnet werden kann. In der Praxis entspricht dies einem Zeitraum von ca. 10 bis 15 Jahren.

Häufig wird die Standzeit einer Gleitringdichtung nicht durch den Stirnflächenverschleiß allein bestimmt, sondern auch durch die Alterungsbeständigkeit der verwandten Elastomere. Bei der Abdichtung von Monoäthanolamin von 50 °C bei $p_1 = 5{,}8$ bar und $v_g = 5{,}4$ m/s versprödeten die O-Ringe nach ca. 40000 Betriebsstunden, während der Kohleverschleiß in diesem Zeitraum nur ca. 0,35 mm betrug ($A = 0{,}009$ µm/h).

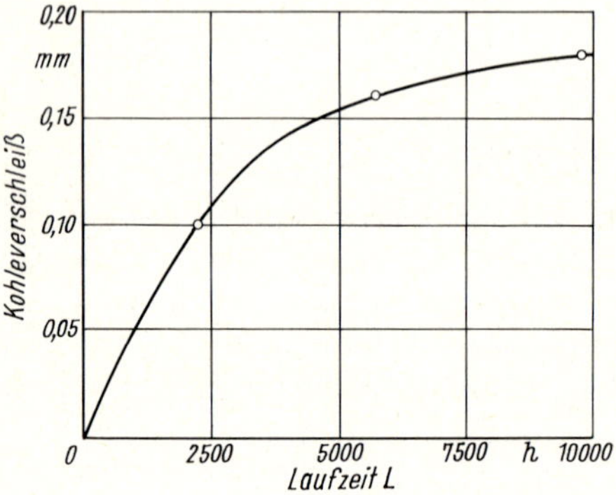

Bild 115
Langzeitverschleiß bei Gleitringdichtungen von Warmwasser-Zirkulationspumpen [189].
$p_1 = 3{,}5$ bis 5 bar
$t = 55$ bis 90 °C
$n = 3000$ U/min
Härte ≈ 16° dH
Verschleißhöhe des Kohleringes $a = 2$ mm

Intermittierende Betriebszustände sowie jede Vergrößerung des Gleitdruckes, des Reibungsbeiwertes, der Gleitgeschwindigkeit und der Temperatur reduzieren die Lebensdauer. Da jedoch neben dem Adhäsionsverschleiß auch Schleif-, Korrosions- und Strahlverschleiß sowie Schwingungs-, Temperatur- und Materialeinflüsse sich überlagern können, ist die Angabe der Lebensdauer bei Gleitringdichtungen immer mit einem hohen Unsicherheitsfaktor behaftet. Praxiserfahrungen der letzten Jahre haben gezeigt, daß bei Gleitringdichtungen für Dichtdrücke bis 25 bar und Gleitgeschwindigkeiten bis 10 m/s in der chemischen Industrie mit einer Lebensdauererwartung in Pumpen von $L = 1$ bis 2,5 Jahren und in Rührwerken von $L = 2$ bis 5 Jahren im Mittel gerechnet werden kann. In den Erdöl- und Versorgungsindustrien liegen die Werte bei $L = 2$ bis 4 Jahren; in vielen Fällen sind die Standzeiten noch höher. Andererseits gibt es auch viele Einsatzfälle, wo eine Standzeit von einem halben Jahr schon als ein sehr guter Wert betrachtet werden muß.

In Tabelle 22 werden für niedrige Dichtdrücke, aber häufig sehr hohe Gleitgeschwindigkeiten und Leckverluste, die mittleren Lebensdauerwerte nach *Koppers* [310] angegeben, die in der Größenordnung von 10000 Betriebsstunden liegen. Insbesondere auf Grund der verbesserten Werkstoffe wurden erst kürzlich die Überholzeiten von Gleitringdichtungen in Strahltriebwerken wesentlich verlängert.

Tabelle 22. Die Lebensdauer L von Gleitringdichtungen bei hohen Drehzahlen und niedrigen Dichtdrücken nach *Koppers* [310].

Negativer Druck ≙ Vakuum; m maximal; Wg gehärteter Werkzeugstahl ($\lambda = 40{,}7$ W/mK); Cr auf W Chromschicht auf Werkzeugstahl; Chromstahl = ($\lambda = 23{,}3$ W/mK)

Nr.	Medium	d_H mm	n U/min	$p_1 - p_2$ bar	t °C	Q cm³/min	Gegen-Werkstoff	L h
1	Öl	83	3600	0,35 ... 2,5	50	0,17	Wg	> 20000
2	Wasser	86	1700	1,4	38	< 0,017	Stellit	> 15000
3	staubige Luft	115	1140	17,5	150	85000	Wg	4000
4	Öl	125	6000	2,0	38	< 1,7	Wg	> 20000
5	Luft	130	5000	7,0	120	57000	Wg	> 10000
6	Luft	133	12000	−0,9 ... 0,35	200 m	42000 m	Cr auf W	> 10000
7	Öl	150	10000	2,0	38	5,0 m	Cr auf W	> 15000
8	Öl	152	... 10000	... 3,5	45	6,7 m	Cr auf W	> 15000
9	Luft	162	> 6000	> 3,5	> 540	< 170000	Cr auf W	> 400
10	Luft	162	6000	5,3	200	57000	Wg	> 10000
11	Luft	164	9700	−0,95 ... −0,32	200 m	28000 m	Cr auf W	> 10000
12	Öl	172	8500	2,0	38	5,8 m	Cr auf W	> 15000
13	korrodierender Dampf	192	1800	0,015	100	< 7000	AISI 316	4000
14	Öl	196	6500	2,0	38	6,7 m	Cr auf W	> 15000
15	Luft	210	6000	−0,7 ... 3,4	40 ... 200	14000 ... 43000	Wg	> 10000
16	Luft	288	3100	−0,95	30	28000	Wg	> 10000
17	Luft	330	5	0,7	− 55 ... 68	4300 bei 40 °C 43000 bei −55 °C	Chromstahl	> 20000
18	Luft	387	3600	−0,95 ... 1,0	230 m	28000 ... 140000	Wg	> 10000
19	Luft	520	5	2,5	− 55 ... 52	56000 m	Chromstahl	> 20000

Von *Williams* [299], siehe Bild 116, wurden für amerikanische Kraft- und Kernkraftwerke mittlere Lebensdauerwerte für entlastete Gleitringdichtungen bei sauberem Kesselspeisewasser genannt.

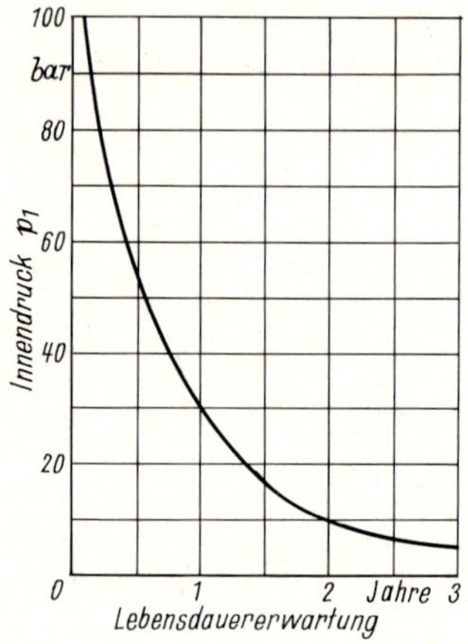

Bild 116
Standzeiten von entlasteten Gleitringdichtungen nach *Williams* [299].
$D_W = 100$ mm, $v_g = 5$ m/s, Kesselspeisewasser, $t = 65$ °C

Während bei einem Dichtdruck von 10 bar die Lebensdauer nach Bild 116 noch bei 2 Jahren liegt, sinkt sie bei 30 bar bereits auf 1 Jahr und bei 60 bar sogar auf 5 Monate. Die Erklärung für dies Verhalten ist aus Bild 117 ersichtlich.

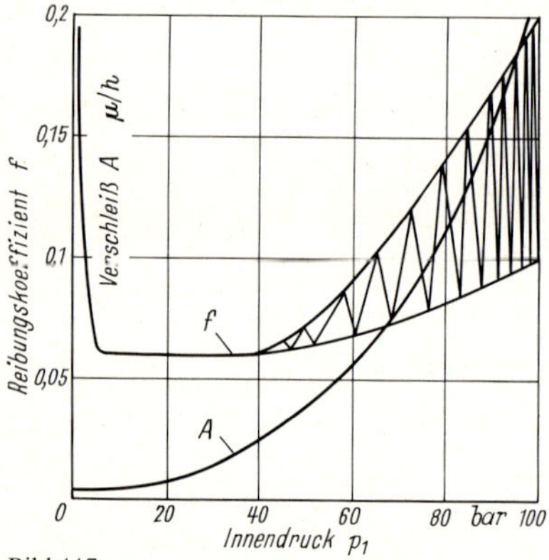

Bild 117
Reibungs- und Verschleißverhalten einer entlasteten Gleitringdichtung in Abhängigkeit vom Dichtdruck p_1.
Kaltwasser, $v_g = 5$ m/s, Kohle/Metall

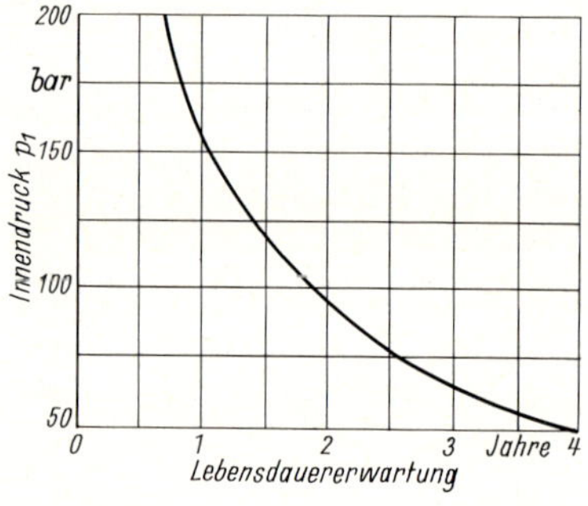

Bild 118
Standzeiterwartung thermohydrodynamischer Gleitringdichtungen mit Zirkulationsnuten in Kesselspeise- und Reaktorpumpen bei kontinuierlichem Betrieb [191].
$D_W = 75$ bis 120 mm, $v_g = 13$ bis 15 m/s, sauberes Speisewasser, $t = 40$ bis 60 °C

Der Reibungsbeiwert f sinkt bis $p_1 \approx 5$ bar — vgl. Abschn. 6.1.1.3 — und bleibt dann bis ca. 40 bar konstant, da die im Dichtspalt erzeugte Wärme noch abgeführt werden kann. Mit wachsendem Gleitdruck wird das Problem der Wärmeableitung im Dichtspalt immer kritischer; es kommt nun zu Vergasungseffekten und teilweisem Trockenlauf, wobei der Reibungskoeffizient ein instabiles Verhalten bei starkem Anstieg zeigt. Der Verschleiß A nimmt nun sehr stark zu, wobei sich ferner die Gefahr der Bildung von Wärmespannungsrissen erhöht und die Standzeiten der Dichtungen schnell sinken.
Durch Verwendung von thermohydrodynamischen Gleitringdichtungen mit Zirkulationsnuten kann unter ähnlichen Bedingungen wie bei *Williams* [299], Bild 117, die mittlere Standzeit dieser Dichtungen vervielfacht werden, siehe Bild 118.
Durch die wesentliche Senkung der Reibungsbeiwerte f thermohydrodynamischer Gleitringdichtungen, siehe Bild 82, erhöht sich deren Lebensdauer und Betriebssicherheit beachtlich.
Auf Grund der Verwendung hochwertiger Gleitwerkstoffe haben sich die Lebensdauererwartungen von Gleitringdichtungen in den letzten Jahren wesentlich erhöht. Beispielsweise ergab die Auswertung von Großseriendichtungen, die bei einigen hunderttausend Heißwasserpumpen — $t = 80$ bis 120°C, $p_1 \approx 5$ bar, $v_g \approx 5$ m/s — über ein Jahrzehnt liefen, eine mittlere Standzeit von 2 bis 4 Jahren, wobei der Reinheitsgrad des Wassers eine entscheidende Rolle spielte. Hochbelastete Gleitringdichtungen, z. B. in Kraft- und Kernkraftwerken (s. Abschn. 9.7 u. 9.8), erzielen mittlere Standzeiten von einigen zigtausend Betriebsstunden, wobei jedoch eine entsprechende Gleitwerkstoffwahl, die Konstruktionsauslegung, Kühlung und Sicherheitsvorkehrungen wesentliche Voraussetzungen sind.
Durch entsprechende Zusatz- und Hilfseinrichtungen (s. Abschn. 9.7.5) wie beispielsweise Magnetfilter, Fremdspülung, Vorsehung von schmutzabscheidenden Zyklonen und Zusatzkühlung, lassen sich die Standzeiten von Gleitringdichtungen auch unter schwierigen Betriebsbedingungen wesentlich verlängern.

6. Reibungsverluste

Das Drehmoment einer Gleitringdichtung im Betriebszustand setzt sich aus dem Reibungsmoment der Gleitfläche M_G und dem Reibungsmoment M_F, das durch die Rotation der Dichtung im Stopfbuchsraum und die dadurch bedingte Verwirbelung des Mediums entsteht, zusammen. Das Gesamtreibungsmoment M_R ist somit

$$M_R = M_G + M_F \tag{59}$$

Je nach Betriebszustand und verwandter Dichtungstype kann der Einfluß der Stirnflächenreibung oder der Flüssigkeitsverwirbelung überwiegen. Es ist jedoch zu berücksichtigen, daß sich normalerweise das Reibungsmoment M_G für eine Gleitringdichtung kritischer auswirkt, da die thermische Belastung der Gleitfläche den Schmierfilm, den Verschleiß und die thermischen Verformungen beeinflußt, während die Flüssigkeitsverwirbelung durch Ausnehmungen und Federn sich kühlend bemerkbar macht und konstruktiv häufig gefördert wird.

6.1. Stirnflächenreibung

Die aufeinander gleitenden Flächen von Berührungsdichtungen müssen durch eine Dichtpressungskraft P_G belastet werden, damit ein ausreichendes Dichtvermögen erzielt wird. Diese axiale Kraft, die auf die Stirnflächen wirkt, führt zu Erwärmung und Verschleiß. Gleichzeitig versucht das abzudichtende Medium, das unter dem Druck p_1 steht, in den Dichtspalt zu gelangen. In einer Gleitringdichtung sind also die Funktionen einer Dichtung, eines Axiallagers und eines Wärmeaustauschers vereinigt. Je nach Dichtfunktion, Belastungsverhältnis und Betriebsbedingungen können bei einer Gleitringdichtung im Dichtspalt sämtliche Reibungszustände, von Flüssigkeitsreibung bis Kälte- und Vakuumreibung, auftreten. Bei den folgenden Besprechungen der Reibungszustände wird die gleiche Reihenfolge, wie bei den Verschleißbetrachtungen, s. Bild 92, gewählt. Bei allen Betrachtungen der Reibungsbeiwerte f wird für den Gleitdruck p_g die Beziehung

$$p_g = p_f + k\,p_1$$

ohne Berücksichtigung des evtl. auftretenden Spaltdruckes p_{sp} oder ohne Belastungsänderungen durch mechanische oder thermische Spaltverformungen zugrunde gelegt; diese zusätzlichen Einflüsse gehen später deutlich aus der absoluten Höhe des Reibungsbeiwertes hervor. Das Moment der Stirnflächenreibung errechnet sich zu

$$M_G = r_g F p_g f \tag{60}$$

wobei der Gleitradius

$$r_g = \frac{2(R^3 - r^3)}{3(R^2 - r^2)} \approx \frac{d_m}{2} \tag{61}$$

ist. Der Fehler, der sich durch die Vereinfachung ergibt, indem man den Gleitradius gleich dem halben mittleren Durchmesser setzt, ist bei kleinen Dichtbreiten gering. Er liegt in der Größenordnung von 1%. Wird die Fläche F zu

$$F = \pi d_m b \tag{62}$$

errechnet, so folgt mit Gl. (60), (61) und (62) das Reibungsmoment durch Gleitflächenreibung zu

$$M_G = \pi \frac{d_m^2}{2} b p_g f \tag{63}$$

Die Leistungsaufnahme einer Gleitringdichtung errechnet sich nach der Formel

$$N_R = M_R \omega \tag{64}$$

6.1.1. Reibungszustände und Beiwerte

Unter Bezugnahme auf die Ausführungen in Abschn. 5.3.1. hinsichtlich der Höhe der Beiwerte und des Verschleißes, s. insbesondere Bild 92, sollen nun die Reibungszustände näher diskutiert werden, wobei Reibung und Verschleiß jeweils zusammen betrachtet werden.

6.1.1.1. Flüssigkeitsreibung

Der Zustand der hydrodynamischen oder Flüssigkeitsreibung soll folgendermaßen definiert werden: Die Gleitflächen sind durch einen zusammenhängenden hydrodynamisch oder hydrostatisch tragenden Schmierfilm von der Höhe h_0, der unter dem Druck p_{sp} steht, voneinander getrennt. In diesem Zustand der Vollschmierung beeinflußt die dynamische Zähigkeit des Schmierstoffs ausschließlich das Reibungsverhalten. Die innere Reibung der tragenden Flüssigkeitsschicht errechnet sich nach dem Newtonschen Ansatz zu

$$\tau = \eta \frac{\mathrm{d}v}{\mathrm{d}h_0} \tag{65}$$

wobei τ die Schubspannung und $\mathrm{d}v/\mathrm{d}h_0$ das Geschwindigkeitsgefälle in der Schmierschicht h_0 senkrecht zur Gleitfläche sind. *Die Rauheitsspitzen der Flächen, die* *durch einen Schmierfilm h_0 von genügender Dicke getrennt sind, berühren sich nicht. Reibungsverschleiß tritt folglich nicht auf. Es liegt also kein Einfluß der Werkstoffpaarung auf die Höhe des Reibungsbeiwertes vor, der gewöhnlich die Größenordnung von $f < 0{,}005$ hat.*

Wie bereits in früheren Abschnitten angeführt, strebt man bei Gleitringdichtungen möglichst niedrige Reibungswerte an, um die Betriebssicherheit und Lebensdauer zu erhöhen und die Betriebskosten zu senken. Jedoch steht diesem Ziele die Funktion einer Dichtung, d. h. ein möglichst geringer Leckverlust, entgegen. Aus diesen Gründen werden Gleitringdichtungen meistens nach einem Kompromißkonzept entworfen: Unter Berücksichtigung von Leckstrom, Betriebssicherheit, Lebensdauer und Reibungsbeiwert wird die Dichtung ausgeführt. Bei der Höhe des zulässigen Leckstromes Q ist die Gefahr erhöhten Strahlverschleißes mit zu berücksichtigen. Bei allen ausgeführten hydrodynamischen und hydrostatischen Gleitringdichtungen ist immer mit einem, wenn auch teilweise nur geringfügigen Verschleiß durch Festkörperberührung zu rechnen. Ein geringer Verschleißwert ist oftmals wünschenswert, um mechanisch oder thermisch verformte oder beschä-

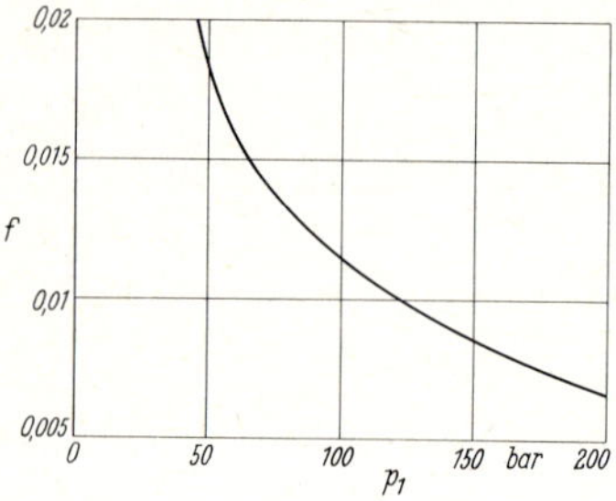

Bild 119
Einfluß des Dichtdruckes p_1 auf den Reibungsbeiwert f bei einer hydrodynamischen Gleitringdichtung mit Radialnuten.

Rührwerkdichtung; $D_W = 150$ mm; $k = 1{,}0$; $c/b = 0{,}25$; $z = 12$; Metallkarbid/Kohle; Polybutene; $v_g = 2$ m/s; Strömung von D nach d

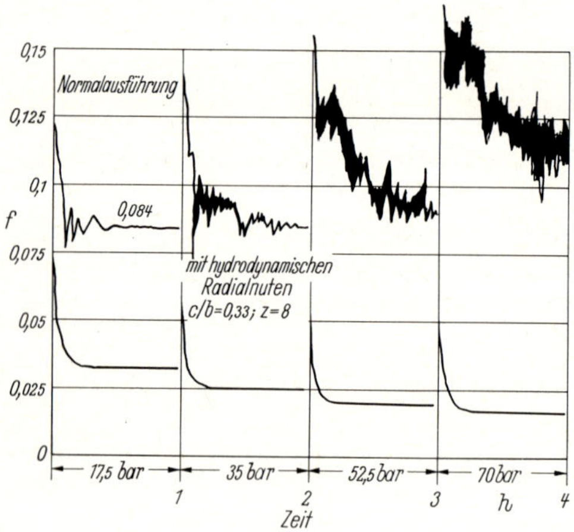

Bild 120
Vergleichsversuch zwischen einer Gleitringdichtung ohne und mit hydrodynamischen Radialnuten.

Doppelt wirkende Rührwerksdichtung; $D_W = 100$ mm; $k = 1$; Metallkarbid/Kohle; Wasser; $v_g = 1{,}25$ m/s; Strömung von D nach d

digte Flächen wieder zum Einlauf zu bringen. Aus Bild 119 ist der Reibungsverlauf mit wachsendem Dicht- und Gleitdruck für eine hydrodynamische Höchstdruckdichtung zu ersehen [183]. Die Ausbildung von hydrodynamischen Druck- und Schmierfeldern steigt mit wachsender Gleitflächenbelastung. Der Reibungsbeiwert sinkt, da die Ausbildung des hydrodynamischen Druckes durch die thermische Verformung der Randzonen der Nuten begünstigt wird. Ferner ist zu berücksichtigen, daß die Viskosität ebenfalls mit steigender Temperatur abfällt. In Bild 120 sind Reibungswerte für zwei Dichtungen, die sich jeweils nur durch hydrodynamische Nuten unterscheiden, bei verschiedenen Betriebsbedingungen vergleichsweise aufgeführt. Während der Grenzreibungskoeffizient der normalen Dichtung nur bis $p_1 = 35$ bar konstant bleibt und dann durch Grenzfilmvergasung ein instabiles Verhalten bei teilweiser trockener Reibung mit erhöhten f-Werten zeigt, sinkt der Reibungsbeiwert der hydrodynamischen Dichtung stetig mit wachsendem Dichtdruck.

6.1.1.2. Mischreibung

Der Zustand der Mischreibung soll wie folgt definiert werden: Im Dichtspalt vermag sich noch ein hydrodynamisch oder hydrostatisch tragender Schmierfilm, der jedoch schon teilweise unterbrochen ist, auszubilden. Die dynamische Zähigkeit hat noch einen nachweisbaren Einfluß auf den Reibungsvorgang, jedoch machen sich die Gleiteigenschaften der Werkstoffpaarungen schon bemerkbar. Es tritt geringer Verschleiß auf, und die Reibungsbeiwerte liegen in der Größenordnung von $f \approx 0{,}005$ bis $0{,}03$.

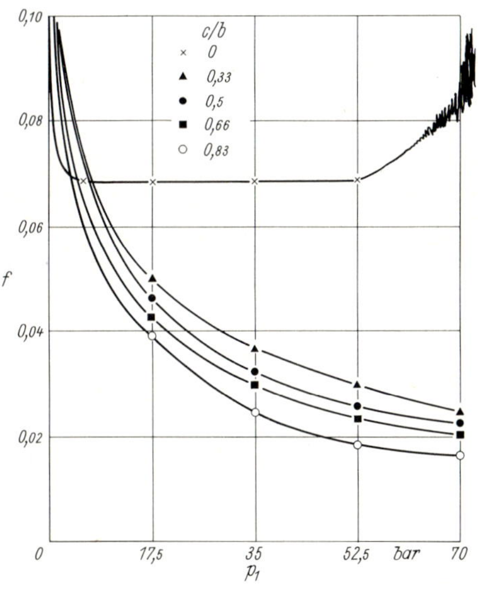

Bild 121
Einfluß des Nutenverhältnisses c/b auf den Reibungsbeiwert f.
Innenumlaufende Dichtung; $D_W = 50$ mm; $k = 1{,}2$; $z = 4$; Strömung von D nach d; Elektrographit/gehärteter Stahl; Öl SAE 40; $v_g = 4{,}2$ m/s

Die Verlängerung von hydrodynamischen Radialnuten in den Gleitflächen führt zu erweiterter Ausbildung von hydrodynamischen Schmier- und Druckfeldern. In Bild 121 sind die f-Werte für verschiedene Nutentiefen und Innendrücke dargestellt. Es bildet sich hydrodynamisch ein Spaltdruck p_{sp} aus. Für den Fall $c/b=0$ liegt bis $p_1=50$ bar Grenzreibung vor. Bei Belastungssteigerung erfolgt eine fortschreitende Vergasung des Grenzfilmes und beim Übergang zur Trockenreibung durch sich wiederholende Einsickerungsvorgänge ein instabiles Reibungsverhalten. In Bild 122 kann der Reibungsverlauf bei den Dichtmedien Öl und Wasser und verschiedenen Gleitgeschwindigkeiten in Abhängigkeit vom Dichtdruck p_1 ersehen werden. Hier wird der Reibungsbeiwert durch mechanische und thermische Verwerfungen im Einlaufzustand durch hydrostatische Entlastung stark beeinflußt, indem die Gleitflächen sich bei d berühren und die Flüssigkeit in den Spalt einzudringen vermag. Durch die niedrigen Wärmeübergangszahlen bei Öl sind dort die thermischen Verwerfungen größer als bei Wasser. Deshalb wurden bei Öl kleinere Reibungsbeiwerte gemessen.

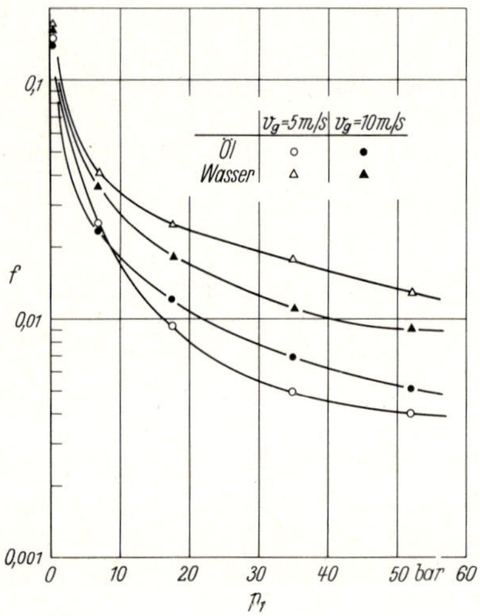

Bild 122. Reibungskurven beim Einlaufvorgang mit starker thermischer Verformung der Dichtflächen.
$k=0{,}8$; $p_f=15$ N/cm^2

Bei porösen Werkstoffen mit nicht zusammenhängenden Hohlräumen oder bei inhomogenen Materialien mit unterschiedlichen Wärmeausdehnungszahlen können sich hydrodynamische Effekte bemerkbar machen [276]. Die Dichtungen laufen dann meist im Bereich der Mischreibung. Insbesondere ist dieser Reibungszustand häufig bei schnell intermittierenden Betriebszuständen anzutreffen, bei denen durch Verwerfungen im Belastungszustand Mischreibung und nach Einlauf wieder Grenzreibung auftreten. Das gleiche gilt nach Bild 60 für das Y- und Z-Gebiet, wenn die Rauhtiefen zu groß sind oder aber die maximale Verwerfung von $s_{max}=0{,}06$ µm/mmD überschritten wird.

6.1.1.3. Grenzreibung

Der Zustand der Grenzreibung soll folgendermaßen definiert werden: Zwischen den Gleitflächen ist noch ein Schmierfilm vorhanden, der jedoch keinen meßbaren Flüssigkeitsdruck aufweist: $p_{sp}\approx 0$. Dieser Film kann nur wenige Molekülschichten dick und auch teilweise unterbrochen sein. Es tritt bereits stellenweise Festkörperberührung *ein. Die Viskosität des Schmierfilmes übt keinen nachweisbaren Einfluß auf das Reibungsverhalten aus, das hauptsächlich durch die Schmierfähigkeit des Films und die Werkstoffpaarung bestimmt wird. Der Verschleiß ist gewöhnlich mäßig, doch hängt er stark von Werkstoffauswahl, Paarung und Schmiermedium ab. Der Reibungsbeiwert ist unabhängig von der Gleitgeschwindigkeit und für Gleitdrücke* $p_g > 65$ *N/cm*^{2} *auch unabhängig von der Belastung, solange der Schmierfilm zwischen den Flächen nicht durch Temperaturerhöhung vergast. Der Reibungsbeiwert liegt größenordnungsmäßig je nach Werkstoffpaarung und Schmiermittel zwischen* $f = 0{,}03$ *bis 0,15.* Bei niedrigen Belastungen ($p_g < 65$ N/cm^2) können die Reibungswerte durch Adhäsionskräfte sehr hoch werden und diejenigen bei technisch-trockener Reibung überschreiten.

Durch die Tatsache, daß der Reibungszustand der Grenzreibung in der Fachwelt schon seit langem umstritten ist und auch neuere Veröffentlichungen [402; 409] kaum zur Klärung beitrugen, soll an dieser Stelle ausführlicher auf die Grenzreibung eingegangen werden.

Zunächst war es rein entwicklungsmäßig bedingt, daß bei allen Untersuchungen, die hauptsächlich an Radiallagern vorgenommen wurden, ein sehr starker hydrodynamischer Einfluß beobachtet wurde, der sich schon allein dadurch ergab, daß die Welle mit dem Lager zwangsläufig einen sich verengenden Spalt bildet. Ein weiterer Grund war, daß durch das Fehlen von geeigneten Werkstoffen eine genauere Beobachtung von Reibungszuständen, u. a. als hydrodynamischen Reibungsbedingungen, bei höheren Belastungen selten möglich war, da die Verschleißfestigkeit nicht ausreichte, einen konstanten Betriebszustand für genügend lange Zeit aufrechtzuerhalten. Darüber hinaus fielen die meisten metallischen Werkstoffpaarungen durch Verschweißen oder unzulässige Temperaturerhöhungen aus. Aus diesem Grunde war es zunächst verständlich, daß man unter Bezugnahme auf die Stribeck-Kurven Grenzreibung nur bei niedrigen Gleitgeschwindigkeiten und/oder hohen Gleitdrücken annahm.

Bei eingehendem Studium des Reibungsschrifttums fällt die Tatsache auf, daß bei Verwendung ebener, geschmierter Prüfkörper im Versuch niedrige und oftmals konstante Reibungsbeiwerte gewonnen wurden. Z. B. werden von *Coulomb* und *Morin* bei Versuchen mit Gleitschlitten und kleinen Gleitgeschwindigkeiten Reibungswerte von $f = 0{,}05$ bis 0,15 berichtet [291]. Besondere Beachtung fanden die Arbeiten von *Hardy* [105; 106; 107]. Er bediente sich bei seinen Versuchen Uhrgläsern, die mit Blei belastet waren und auf Glasplatten aus der Ruhe heraus bewegt wurden. Sowohl die Uhrgläser als auch die Glasplatten waren poliert. Solche Flächen weisen gegenwärtig mittlere Rauhtiefen von $R_a = 0{,}3$ µm auf. Bei verschiedenen Schmiermitteln, Gleitdrücken und Geschwindigkeiten wurden Reibungsbeiwerte in der Größenordnung von $f = 0{,}1 \pm 0{,}05$ gemessen. *Boyd* und *Robertson* [39] bedienten sich ebener Prüfkörper und maßen bei hohen Drücken Reibungswerte von $f \approx 0{,}05$ bis 0,1 mit verschiedenen Schmiermitteln wie Castoroil ($\eta \approx 1$ Pas), Maschinenöl ($\eta \approx 0{,}1$ Pas), Fettsäure und Bleioxid bei $p_g = 1 \cdot 10^4$ bis $25 \cdot 10^4$

N/cm^2 bei nur geringen Änderungen der Reibungsbeiwerte. Ähnliche Werte werden von *Kluge* [146] und *Clark*, *Woods* und *White* [53] berichtet, wobei insbesondere die letzten Autoren Gleitgeschwindigkeiten von $v_g = 1$ bis 16 m/s verwendeten und die *f*-Werte unabhängig von p_g fanden. Der untersuchte Viskositätsbereich lag zwischen $\eta = 0{,}004$ bis 0,05 Pas.

Von *Hockel* [121; 122] durchgeführte Reibungsversuche mit rotierenden planparallelen Ringen bei verschiedenen Belastungen $p_g \leqq 200$ N/cm^2 und Gleitgeschwindigkeiten $v_g \leqq 20$ m/s ergaben ein Absinken der Reibungsbeiwerte mit wachsendem Gleitdruck bis zu $p_g = 65$ N/cm^2. Von diesem Wert an blieb der Reibungsbeiwert konstant, solange der Grenzfilm nicht durch die Reibungswärme gefährdet wurde. Es wurden die Werkstoffpaarungen Stahl/Aluminium, Stahl/Messing, Stahl/Grauguß und Stahl/Gummi untersucht. Als Schmiermittel diente Mobil-Oil-Arctic. Ein Einfluß der Gleitgeschwindigkeit auf den Reibungsbeiwert konnte von *Hockel* nicht nachgewiesen werden. Zu den selben Resultaten führten Untersuchungen mit Gleitringdichtungen und den verschiedensten Werkstoffen von *Mayer* [177; 178] sowie *Hirano*, *Ishiwata* und *Kambayashi* [119].

Bowden und *Tabor* [37] beobachteten ebenfalls im Bereich der Grenzreibung bei verschiedenen Werkstoffen und Schmiermitteln ein ähnliches Verhalten der Reibungsbeiwerte in Abhängigkeit von Gleitgeschwindigkeit und Gleitdruck. Sie weisen darauf hin, daß bei kleinen Belastungen die *f*-Werte bei Grenzreibung die unter gleichen Bedingungen gewonnenen Werte bei technisch-trockener Reibung überschreiten können. *Holm* [123] gibt für den Grenzreibungsbereich Reibungswerte in der Größenordnung von $f = 0{,}03$ bis 0,2 unabhängig von Viskosität und Härte der Gleitwerkstoffe an. Er weist darauf hin, daß die elektrische Leitfähigkeit unter Grenzreibungsbedingungen sehr hoch ist. Der Stromdurchgang bei Kontakten ist bei Grenzreibung bis zu 50mal kleiner als bei technisch-trockener Reibung.

Auf die unübersehbar große Anzahl von Arbeiten aus dem Bereich der Chemie, die die Grenzreibung behandeln, soll hier nicht eingegangen werden.

Aber nicht nur bei ebenen, bewegten Kontaktflächen tritt Grenzreibung auf, sie kann auch bei gewölbten Flächen und auch bei radialen Gleitlagern vorkommen [79; 92; 123; 140; 144; 234]. Beispielsweise weist *Holm* [123] darauf hin, daß bei Gleitlagern beim An- und Auslaufen starke Grenzreibungseinflüsse vorliegen, die jedoch so lange nicht kritisch sind, als der Verschleiß durch geeignete Werkstoffwahl klein gehalten werden kann. Ähnliche Ergebnisse werden von *Rabinowicz* [234; 236] und für Nylon- und PTFE-Lager von *Cheney*, *Happoldt* und *Swayne* [50] und für Duroplaste von *Gremer* [102] berichtet.

Heidebroek und *Döring* [110] bekamen bei Untersuchungen an Zapfenlagern aus Weißmetall mit hohem Bleigehalt ($v_g = 0{,}15$ bis 1,6 m/s, $p_g = 250$ bis 1750 N/cm^2) Reibungswerte, die fast unabhängig von der Gleitgeschwindigkeit waren und in der Größenordnung von $f = 0{,}02$ bis 0,05 lagen. *Kamps* [140] weist darauf hin, daß der Zustand der Flüssigkeitsreibung in einem Lager kein Dauerzustand ist und der Anteil der Grenzreibung meistens 1 bis 2% der Gesamtfläche ausmacht. Er erwähnt als typische Verschleißwerte in Zylindern von Last- und Personenkraftwagen $A = 0{,}005$ bis $0{,}15$ µm/h und bei Pleuelgleitlagern $A = 0{,}01$ bis $0{,}1$ µm/h. *Wisander*, *Maley* und *Johnson* [304] weisen nach, daß Flüssiggase, wie Wasserstoff und Stickstoff, keinen Grenzfilm ausbilden können und der Verschleiß wesentlich höher als bei Trockenlauf in Luft sein kann. Es werden Reibungswerte von $f = 0{,}2$ bis 0,35 angegeben.

Untersuchungen mit Gleitringdichtungen im Bereich der Grenzreibung wurden von *Mayer* [177] durchgeführt. In Bild 123, 124 und 125 sind Reibungskurven bei Wasser, Dieselkraftstoff und Mobil-Oil-Arctic nach Mittelung aus mindestens 4 Meßwerten, die über einen längeren Zeitraum konstant blieben, aufgetragen. Die Versuchsergebnisse decken sich mit den Resultaten von *Hockel* [121; 122]. Der Reibungsbeiwert f fällt von hohen Werten bei kleinen Anpreßdrücken ab — was ebenfalls von *Rotzoll* [240] bestätigt wird —, bis er für $p_g = 65$ N/cm^2 seinen Minimalwert erreicht und dann konstant bleibt. Daß dieser Reibungsendwert nicht durch alle Werkstoffpaarungen und bei allen Flüssigkeiten bei $v_g = 5$ m/s erreicht werden konnte, liegt daran, daß die vorherige Überschreitung der kritischen Verdampfungstemperatur der Schmierfilme zu einem zunehmenden Einfluß der Trockenreibung führte. Diese Schmierfilmverdampfung bedingt durch zunehmende Festkörperreibung einen starken Reibwertanstieg mit wachsendem Gleitdruck. Auch *Hockel* konnte schon einen Reibungsanstieg bei der Werkstoffpaarung Gummi/Stahl bei $v_g = 5{,}24$ m/s mit wachsendem Gleitdruck feststellen. Bei den Temperaturen, die bei diesen Belastungen durch die große Wärmedämmung des Gummis auftraten, wurde der Gummi schon nach wenigen Minuten zerstört. Dieser Übergang zur Festkörperreibung tritt besonders deutlich bei dem früh verdampfenden Wasser, s. Bild 123, zutage. Werkstoffpaarungen mit schlechter Wärmeleitung, wie beispielsweise Ko/Ha und Pre/Ha, neigen besonders stark dazu, vor allem, wenn die Wärmeableitung durch große Wanddicken der Dichtbreite b noch behindert wird. Bei Dieselkraftstoff, s. Bild 124, werden für alle Werkstoffpaarungen die Minimalwerte von f bei $p_g = 65$ N/cm^2 erreicht, wenn auch später mit steigendem Gleitdruck p_g die Paarungen mit dem schlecht wärmeableitenden Kunstharzpreßstoff Pre wieder einen Anstieg zeigen. Die Reibungskurven bei Mobil-Oil-Arctic, Bild 125, offenbaren den charakteristischen Verlauf bei Grenzreibung. Hier wurde die kritische Verdampfungstemperatur des Öls nirgends erreicht. Eine ähnliche Abhängigkeit der Reibungsbeiwerte von p_g wurde von *Scobel* [258] nachgewiesen. Es wurde zwar versucht, die hohen Reibwerte in den hydrodynamischen Bereich einzustufen, jedoch spricht das Versagen aller metallischen Werkstoffpaarungen und der hohe Verschleiß bei der Gleitkohle für einen überwiegenden Festkörpereinfluß im Bereich der Grenzreibung.

Trockenreibung führt häufig zum völligen Versagen, wenn die Werkstoffe keine ausreichenden Notlaufeigenschaften aufweisen. Durch die Wahl von Werkstoffen mit hohen Wärmeleitzahlen, verbunden mit ausreichender Schmierung und Küh-

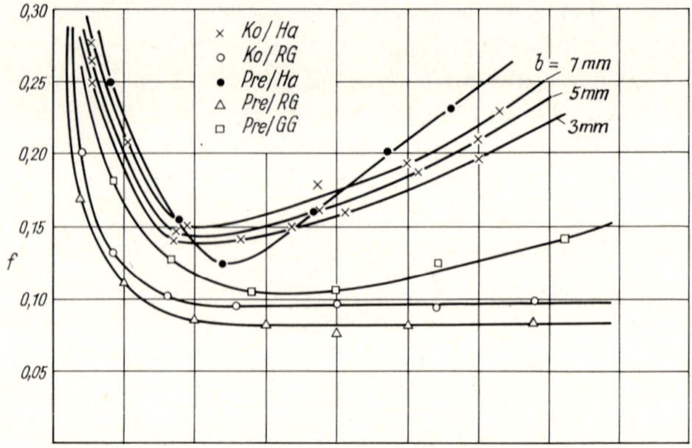

Bild 123
Reibungskurven von Gleitringdichtungen bei Wasser mit verschiedenen Werkstoffpaarungen.
$v_g = 5$ m/s

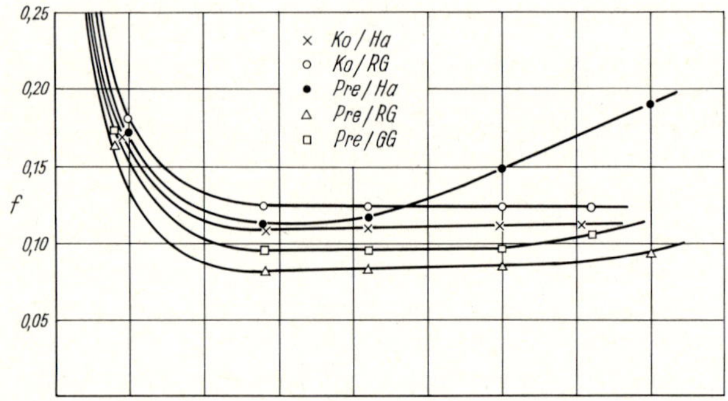

Bild 124
Reibungskurven von Gleitringdichtungen bei Dieselkraftstoff.
$v_g = 5$ m/s

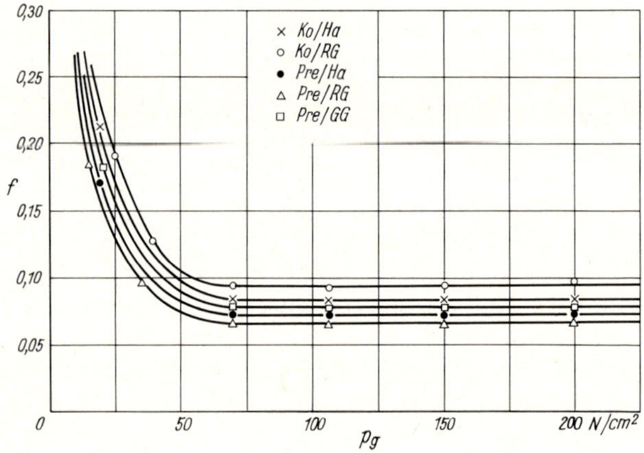

Bild 125
Grenzreibungskurven von Gleitringdichtungen bei Mobil-Oil-Arctic.
$v_g = 5$ m/s

lung, können Gleitringdichtungen bei Grenzreibung mit hohen Lebensdauerwerten eingesetzt werden. Aus den Verschleißwerten, s. insbesondere Bild 95, ist zu ersehen, welche überragende Bedeutung dem Wärmeaustausch bei der Gleitringdichtung zukommt. Ein Überschreiten der Verdampfungstemperatur des Schmierfilmes im Dichtspalt und der Temperatureinsatzgrenze der Werkstoffe führt zwangsläufig zu großer Undichtheit, starkem Verschleiß oder beiden.

Erweiterte Untersuchungen von *Mayer* [183; 190] bestätigten auch bei anderen Schmiermedien, Gleitgeschwindigkeiten und Dichtdrücken die Gültigkeit der Grenzreibung. In Bild 126 sind für die Werkstoffpaarung Elektrographit/gehärteter Stahl bei den Gleitgeschwindigkeiten $v_g = 5$ und 10 m/s und verschiedenen

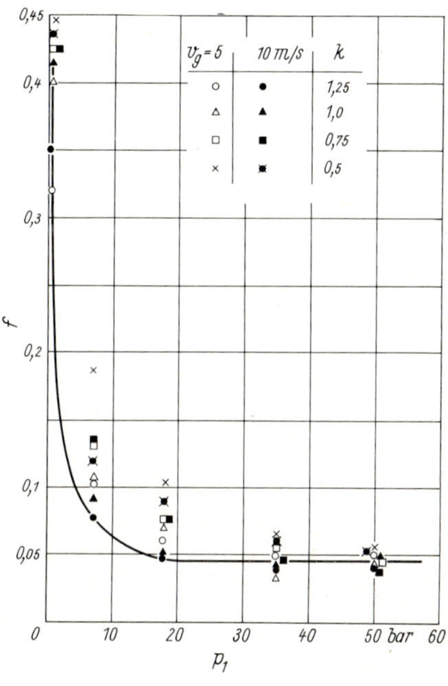

Bild 126
Meßwerte von Reibungsbeiwerten beim Einlaufvorgang bei verschiedenen Belastungsverhältnissen k und Gleitgeschwindigkeiten v_g. Elektrographit/gehärteter Stahl, Öl

Belastungsverhältnissen $k = 0{,}5$; 0,75; 1,0; 1,25 und Öl der Reibungsbeiwert beim Einlaufvorgang und verschiedenen Dichtdrücken aufgetragen. Es ist deutlich zu ersehen, daß z. B. für $p_1 = 0$ (es wirkt nur der Federdruck p_f!) Reibungsbeiwerte von $f = 0{,}32$ bis 0,43 auftreten, die mit wachsender Belastung auf einen konstanten Wert von $f = 0{,}045$ abfallen. Je niedriger der k-Wert und die Gleitgeschwindigkeit sind, um so mehr Zeit wird für den Einlaufvorgang benötigt.

In Bild 127 ist der Verlauf der Reibungsbeiwerte bei verschiedenen Belastungen und Wasser bzw. Öl in Abhängigkeit vom Innendruck p_1 dargestellt. Auch hier tritt wieder der typische Verlauf der Grenzreibungskoeffizienten in Erscheinung. Der Reibungszustand der Grenzreibung ist sehr stabil und der Reibungsbeiwert f scheint ein konstanteres Verhalten bei Änderungen von v_g und p_g zu zeigen, als es bei anderen Reibungszuständen, einschließlich der technisch-trockenen Reibung, vorzuliegen scheint. Mit Gleitringdichtungen wurde der Bereich

$p_g = 15$ bis $2000\ N/cm^2$ $\qquad v_g = 0{,}01$ bis $50\ m/s$ $\qquad \eta = 0{,}0005$ bis $1{,}5$ Pas

mit einigen Hundert Werkstoffpaarungen, die sich aus den 5 Hauptgruppen der Tabelle 13 (Kunststoffe, Kunstkohlen und Graphite, Metalle, Metalloxide und

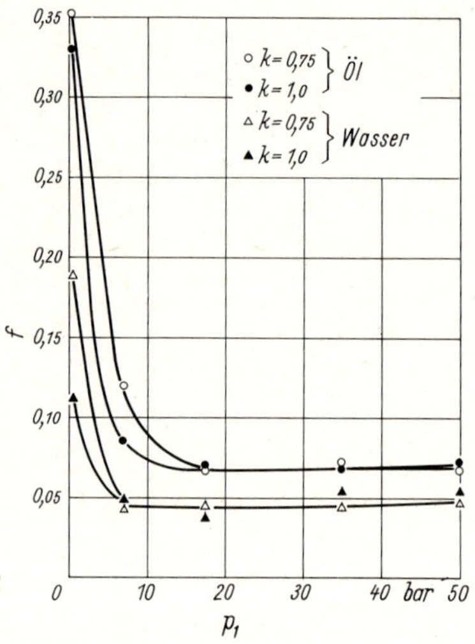

Bild 127
Reibungsmeßwerte bei verschiedenen Belastungen und Medien beim Einlaufvorgang.
Kohlegraphit/Wolframkarbid, $v_g = 5$ m/s

Karbide) zusammensetzten, überprüft. Dabei wurden auch die Paarungen Kunststoff/Kunststoff, Kohle/Kohle, Metall/Metall, Gummi/Metall und Karbid/Karbid mit eingeschlossen. Es zeigte sich, daß der Reibungskoeffizient bei $p_g > 65\ N/cm^2$ für eine Werkstoffpaarung und ein Schmiermedium konstant und unabhängig von der Gleitgeschwindigkeit, der Größe der gleitenden Flächen und der Belastung ist, solange der Planitätsunterschied für die zwei ebenen Flächen zusammen nicht größer als $s_{max} = 0{,}06\ \mu m/mm\ D$ und das Belastungsverhältnis p_g/p_1 ausreichend hoch ist, um bei gegebenen Rauhtiefen, s. Bild 60, die Ausbildung des Spaltdruckes zu verhindern. Solange die Verdampfungstemperatur des Grenzfilmes nicht erreicht wird, ist der Reibungsbeiwert konstant. Bei Eintritt der Schmierfilmvergasung tritt erhöhte Festkörperberührung mit häufig instabilen und erhöhten f-Werten bei Verschleißzunahme auf.

Beispiel 14: Wie groß ist das Stirnflächenreibmoment M_G einer Gleitringdichtung ($d_m = 60$ mm, $b = 5$ mm, $p_g/p_1 = 0{,}85$, $p_1 = 35$ bar) bei $n_1 = 1500$ U/min und $n_2 = 3000$ U/min und die jeweilige Leistungsaufnahme in W, wenn der Grenzreibungskoeffizient für die gegebene Belastung, Werkstoffpaarung und das Schmiermedium Öl $f = 0{,}055$ ist?
Nach Gl. (63) errechnet sich das Reibmoment

$$M_G = 30{,}069 \cdot 9{,}424 \cdot 29{,}75 \cdot 0{,}055 \cdot 10 = 4636{,}7 \text{ Nmm}$$

Das Reibmoment ist bei verschiedenen Gleitgeschwindigkeiten gleich, da f unabhängig von v_g ist (bei den Belastungen ist der Schmierfilm nicht gefährdet).
Die Leistungsaufnahme ergibt sich nach

$$N_G = M_G \omega \quad \text{mit} \quad \omega_1 = 157\,\text{s}^{-1} \quad \text{und} \quad \omega_2 = 314\,\text{s}^{-1}.$$

Hiermit erhält man die Leistung

$$N_1 = 4636{,}7 \cdot 157 \cdot 10^{-3} = 727{,}9 \text{ W}$$
$$N_2 = 4636{,}7 \cdot 314 \cdot 10^{-3} = 1455{,}9 \text{ W}$$

6.1.1.4. Technisch-trockene Reibung

Der Zustand der technisch-trockenen Reibung wird folgendermaßen definiert: Im Dichtspalt ist kein Flüssigkeitsfilm vorhanden. Die Reibung wird hauptsächlich von der Festkörperwirkung der Gleitflächen beeinflußt, deren Oberflächen Gase und Dämpfe absorbiert haben oder auch Oxidschichten aufweisen können. Der Verschleiß ist hoch und hängt sehr stark von der Belastung und Werkstoffpaarung ab. Es ist mit thermischen Spannungsrissen zu rechnen. Darüber hinaus zeigen metallische Werkstoffpaarungen Verschweißneigung. Reibungsbeiwerte liegen im Bereich von $f = 0{,}15$ bis 0,8.

Im Gebiet der technisch-trockenen Reibung kann in erster Näherung das Coulombsche Gesetz angewandt werden

$$R = f P_G \tag{66}$$

wobei R die Reibungskraft und P_G die Normalkraft sind. Die Reibungswerte für verschiedene Paarungen sind sehr unterschiedlich. Während metallische Werkstoffpaarungen sehr hohe f-Werte aufweisen, sinken diese bei der Werkstoffpaarung Kohle/Metall auf Werte von $f = 0{,}1$ bis 0,3 [13*; 14*; 15*; 246; 247; 305]. Die Kombination Kunststoff/Metall weist im Trockenlauf Werte von $f = 0{,}5$ auf. Durch Desorptionserscheinungen kann sich dieser Wert auf $f > 0{,}7$ erhöhen [102; 121; 177]. Nach Untersuchungen von *Siebel* und *Kobitsch* [263] sowie *Bowden* und *Tabor* [37] sinkt der Reibungsbeiwert bei metallischen Flächen, die absorbierte Gase und Oxidschichten aufweisen, mit steigender Gleitgeschwindigkeit. Duroplaste und Kunstkohlen zeigen beim Trockenlauf gegen Metall ein unterschiedliches Verhalten. Bei den Kunststoffen steigt der Reibungsbeiwert sowohl mit zunehmendem Anpreßdruck als auch mit der Gleitgeschwindigkeit, Bild 128, 3a, 3b, während er bei Kunstkohlen in beiden Fällen sinkt, Bild 128, 4a, 4b. Vergleichsweise ist auch der Verlauf der Reibungsbeiwerte bei Misch- und Grenzreibung in Bild 128, 1a, 1b und 2a, 2b in Abhängigkeit von p_g und v_g für den Bereich $p_g < 100$ N/cm², $v_g < 10$ m/s eingezeichnet. Kunststoffe eignen sich bei höheren Belastungen nicht zum Trockenlauf, da ihre grundsätzlich niedrigen Wärmeleitzahlen eine Ableitung der Reibungswärme vom Dichtspalt nicht gestatten und deshalb die Temperatureinsatzgrenze der Werkstoffe leicht überschritten werden kann. Wie aus Tabelle 17 ersichtlich ist, sollten beim Trockenlauf hauptsächlich Kohlen und Graphite, mit und ohne Kunstharzimprägnierung, eingesetzt werden. Bei Metallimprägnierungen ist bei zu hoher Erwärmung mit Verschweißerscheinungen zu rechnen. Im Bereich hoher Temperaturen wurden umfangreiche Untersuchungen von *Taschenberger* und Mitarbeitern [279; 280] mit den unterschiedlichsten Werkstoffen durchgeführt. Da der Oxidationswiderstand von kohle-keramischen Stoffen ab 400 °C stark abnimmt, kommen oberhalb dieser Temperatur überwiegend Metalle, Karbide und Metalloxide zum Einsatz. *Fuller* [88] führte umfangreiche Untersuchungen mit Werkstoffpaarungen für Gleitringdichtungen bei Tempera-

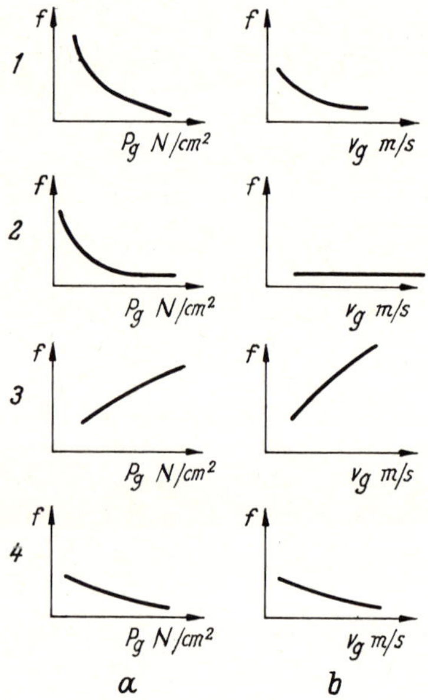

Bild 128
Verlauf der Reibungsbeiwerte bei verschiedenen Betriebsbedingungen und Werkstoffen im Bereich I bis II nach Tabelle 1.

1 Mischreibung [102]
2 Grenzreibung [121, 177, 183]
3 technisch-trockene Reibung bei Kunststoff/Stahl [102, 177]
4 technisch-trockene Reibung bei Kohle/Gußeisen [14*]

turen bis 800 °C durch ($v_g = 0{,}05$ m/s, $p_g = 350$ N/cm²). Die Reibungsbeiwerte lagen im Bereich von $f = 0{,}25$ bis 0,6 und die gemessenen Verschleißwerte zeigen eine starke Abhängigkeit von der Werkstoffpaarung.

6.1.1.5. Vakuum- und Kältereibung

Der Zustand der Vakuumreibung wird wie folgt definiert: Die Gleitflächen sind völlig rein und weisen keine absorbierten Gase oder Oxidschichten auf. Durch die ungebundenen Oberflächenkräfte sind die Reibungswerte sehr groß, $f=0{,}6$ bis 5. Der Verschleiß ist sehr hoch und metallische Werkstoffe verschweißen.

Bei der Werkstoffpaarung Kohle/Metall trat sehr hoher Verschleiß beim Höhenflug auf. Kohlebürsten, die auf Kupferkollektoren liefen, konnten binnen weniger Minuten völlig verschleißen, während sie unter normalen atmosphärischen Verhältnissen lange Zeit zufriedenstellend arbeiteten. Die Autoren [13; 123; 246] geben für die Paarung Kohle/Kupfer ($p_g=15$ N/cm², $v_g=10$ m/s) Verschleißwerte bis $A=25000$ µm/h an und Reibungsbeiwerte bis $f=0{,}7$. *Bowden* und *Tabor* [37] wiesen meßtechnisch Reibungsbeiwerte für die gleiche Werkstoffpaarung im Vakuum bis $f=1{,}5$ nach, und nach Untersuchungen von *Bowden* und *Young* [38] stiegen die Werte bei technisch-trockener Reibung von $f=0{,}5$ im Vakuum auf $f=4$ bis 6. Diese Erscheinungen dürften durch ungebundene Oberflächenkräfte mitbedingt sein. *Holm* [123] weist auf ein ähnliches Phänomen hin, daß frisch geschliffene Glasplatten, wenn sie aufeinander gelegt werden, so zusammenhängen können, als wenn sie zusammengeschweißt wären. Zu ähnlichen Verschleiß- und Reibungsangaben kam *Savage* auf Grund umfangreicher Untersuchungen [246; 247].

Kältereibung. Bei sehr niedrigen Temperaturen und Verwendung von Flüssiggasen treten ähnliche Verschleißerscheinungen wie bei Vakuumreibung auf [304; 305; 313]. Die genaueren Zusammenhänge sind noch nicht erforscht. Obgleich die Reibungsbeiwerte niedriger als bei Vakuumreibung zu sein scheinen, vgl. Bild 93, 100 und 102, sind die Verschleißwerte doch ähnlich hoch wie bei der Vakuumreibung. Aus diesem Grunde wurden Vakuum- und Kältereibung zusammengefaßt. Durch entsprechende Werkstoffauswahl und Paarung können die Verschleißwerte um mehrere Zehnerpotenzen gesenkt werden.

6.2. Temperaturen in Gleitringen

Die Höhe der Temperatur, die im Dichtspalt durch die Reibungswärme erzeugt wird, hat auf das Verhalten einer Gleitringdichtung einen wesentlichen Einfluß. Als Folge können erhöhter Verschleiß und thermische Verwerfungen auftreten. Bei unzulässig hohen Werten der Spalttemperatur tritt Vergasung des Schmierfilmes ein, was erhöhte Reibung und Verschleiß auslöst. Ferner können hierbei die Einsatztemperaturen der Werkstoffe überschritten werden und die Dichtung kann durch Bruch, Verschweißen oder thermische Spannungsrisse versagen. Die im Dichtspalt erzeugte Reibungswärme errechnet sich zu

$$W=p_g\, f\, v_g F \qquad (67)$$

und kann durch Wärmeleitung W_L, Konvektion W_K und Strahlung W_S abgegeben werden. Zunächst wird die im Dichtspalt erzeugte Reibungswärme durch Wärmeleitung in den Ringen transportiert, indem die Wärme innerhalb der Körper von Teilchen zu Teilchen wandert. Anschließend wird sie durch Konvektion weitergegeben, indem sie durch Wärmeübergänge vom Kühlmedium aufgenommen wird und mit den Stoffteilchen als deren Wärmeinhalt weiter wandert. Sie kann jedoch auch durch Strahlung an die Umgebung abgegeben werden, indem die Wärme in Strahlungsenergie umgewandelt wird. Bei reiner Wärmeleitung errechnet sich die abgeleitete Wärmemenge zu

$$W_L = \frac{\lambda F \Delta T}{l} \tag{68}$$

wobei l die Wanddicke in Richtung des Temperaturgefälles ist. Die durch Konvektion abgeführte Wärmemenge errechnet sich zu

$$W_K = m_1 c_p \Delta T_K \tag{69}$$

wobei m_1 in kg/h die Kühlstrommenge und c_p in kJ/kgK die spezifische Wärme sind. Die Strahlungswärme errechnet sich zu

$$W_S = C_S F_S \left[\left(\frac{T_s}{100} \right)^4 - \left(\frac{T_1}{100} \right)^4 \right] \tag{70}$$

mit

C_S	W/m^2K^4	Strahlungszahl,
F_S	m^2	strahlende Fläche,
T_1	K	absolute Temperatur der Umgebung,
T_s	K	absolute Temperatur der Dichtung.

Die im Spalt auftretende Höchsttemperatur ist von besonderem Interesse. Die Kühlwirkung, die durch den Leckstrom Q entsteht, ist bei normalen Gleitringdichtungen mit Q-Werten von einigen cm^3/h vernachlässigbar gering und wird bei den weiteren Betrachtungen außer acht gelassen. Jedoch kann sich diese zusätzliche Wärmeableitwirkung bei Dichtungen mit hohen Leckströmen auswirken.

Die im Dichtspalt erzeugte Reibungswärme W wird zunächst in die beiden Gleitringe A und B in axialer Richtung abgeleitet. Die weitere Richtung des Wärmeabflusses hängt von der Lage der Wärmesenke ab, die bei den meisten Gleitringdichtungen bei d oder D liegt, so daß der Wärmefluß später in radialer Richtung umgelenkt wird. Zunächst soll jedoch nur der Wärmefluß in axialer Richtung betrachtet werden. Die Wärmeableitung erfolgt somit nach Gl. (67) und verteilt sich auf die beiden Ringe in einem sich jeweils einstellenden Gleichgewichtszustand.

$$W = W_A + W_B \tag{71}$$

Gleitringe können durch Panzerungsschichten, Schrumpf- und Preßsitze aus mehreren Werkstoffen mit unterschiedlichen Wärmeleitzahlen bestehen. Zunächst sollen nur Werkstoffe mit gleichen λ-Werten diskutiert und nur die reine Wärmeleitung in axialer Richtung ohne Berücksichtigung von Randeinflüssen behandelt werden.

6.2.1. Ringe aus Einzelwerkstoffen

Bestehen der Ring A und der Ring B jeweils nur aus einem Werkstoff, dann erfolgt die Ableitung der Reibungswärme in axialer Richtung nach Gl. (67), (68) und (71) wie folgt:

$$p_g f v_g F = \lambda_A F_A \frac{(T - T_A)}{l_A} + \lambda_B F_B \frac{(T - T_B)}{l_B} \tag{72}$$

Setzt man gleiche Wärmeableitquerschnitte ($F = F_A = F_B$) und lineare Temperaturgradienten C_a voraus, so ergibt sich nach Gl. (72)

$$p_g f v_g = \lambda_A C_{aA} + \lambda_B C_{aB} \tag{73}$$

Unter Berücksichtigung der bei Gleitringdichtungen auftretenden Verhältnisse entspricht eine hohe Wärmeleitzahl einem geringen Temperaturgradienten und umgekehrt.

Ebenfalls machen sich geringe Wanddicken auf die Wärmeableitung sehr günstig bemerkbar. In Bild 129a ist ein nach diesem Prinzip konstruierter gekühlter Hohlring und in Bild 129b eine hydrodynamische Dichtung mit Kühlstrom dargestellt.

a) Sperrdruck p_3 dient nur zur Zirkulation
b) Hydrodynamische Dichtung mit periodischer Kühlmitteleinspritzung ($p_3 > p_1$), oder Austrittskühlmenge ($p_3 > p_1$)

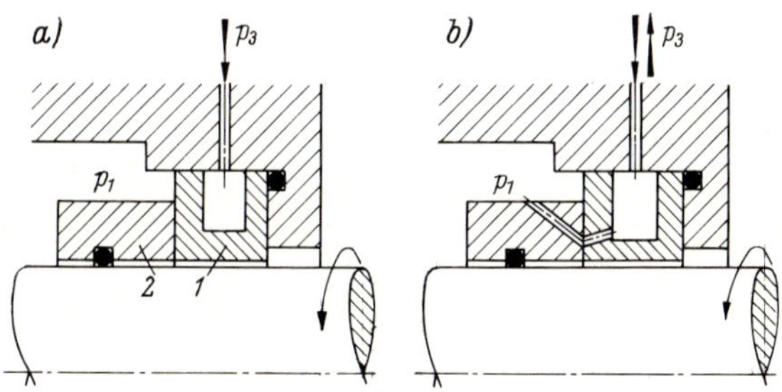

Bild 129. Innengekühlte Gegenringe.
1 Gegenring 2 Gleitring

6.2.2. Ringe aus Mehrschichtwerkstoffen

Gleitringe bestehen häufig nicht nur aus einem Einzelwerkstoff, sondern oft werden sie aus Korrosions-, Verschleiß-, Herstellungs- und Kostengründen mit Schutz- und Panzerungsschichten überzogen. Ferner werden Gleitringe aus Metallkarbiden häufig in Trägerringe eingeschrumpft oder es werden Ringe allseitig mit

PTFE überzogen oder teilweise in gummielastischen Werkstoffen gelagert, so daß der Wärmefluß gehemmt werden kann. Diese Kombination von mehreren Werkstoffen kann die Ableitung der Reibungswärme oder die unerwünschte Zuleitung von anderen Wärmequellen und die sich hieraus ergebenden Temperaturen im Dichtspalt wesentlich beeinflussen.

Durch einen Gleitring B aus einem Zweischichtwerkstoff, Bild 130, kann die Wärmemenge

$$W_B = \frac{F(T-T_2)}{\frac{l_1}{\lambda_{B1}} + \frac{l_2}{\lambda_{B2}}} \tag{74}$$

in axialer Richtung abgeleitet werden. Für λ_{B1} und λ_{B2} sind die bei den betreffenden mittleren Temperaturen

$$T_{m1} = \frac{T+T_1}{2} \quad \text{und} \quad T_{m2} = \frac{T_1+T_2}{2}$$

zutreffenden Werte der Wärmeleitzahlen einzusetzen. Wie in einem folgenden Beispiel gezeigt werden soll, ist die Auswahl der Werkstoffe unter Berücksichtigung ihrer Wärmeleitzahlen außerordentlich wichtig, da sie die maximale Spalttemperatur maßgeblich mitbestimmen.

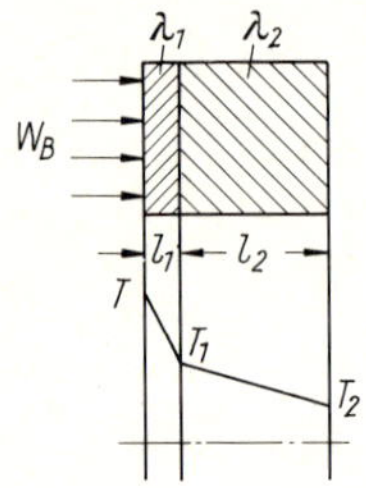

Bild 130. Mehrschichtiger Gleitring.

Beispiel 15: Der stationäre Gegenring B einer Gleitringdichtung ($k=0{,}82$; $p_f = 15$ N/cm²) war für $p_1 = 35$ bar und $v_g = 10$ m/s zu entwerfen. Folgende Werte (die Wärmeleitzahlen λ sind in Klammern gesetzt) standen als Laufflächenwerkstoffe zur Verfügung: Chromkarbid (7,6), Stellit (11,6), Hartchrom (52) und Wolfram-Karbid (70) und als Trägerwerkstoffe: Chrom-Nickel-Stahl AISI 316 (18,6), Chromstahl AISI 416 (25,6) und Werkzeugstahl (40,7). Die Laufschicht war für $l_1 = 0{,}5$ mm und der Trägerring $l_2 = 10$ mm dick zu wählen. Die Verdampfungstemperatur der Dichtflüssigkeit lag bei 400°C und wies im Stopfbuchsraum selbst eine Temperatur von $t = 20$°C auf.

Prüfstandsergebnisse hatten gezeigt, daß bei Verwendung von kunstharzimprägniertem Kohlegraphit im Bereich der Grenzreibung mit einem Reibungsbeiwert $f \approx 0{,}06$ für alle Paarungen gerechnet werden konnte. Es soll zur Vereinfachung angenommen werden, daß die Reibungswärme $W/3 = W_B$ bei jeder Paarung durch den Ring B konstant abfließt und die Wärmeleitzahlen temperaturunabhängig waren. Ferner konnte ein Wärmeableitfaktor von $C_W = 0{,}5$, der in Abschn. 6.2.4. näher erläutert wird, erwartet werden. Durch Einführung des Wärmeableitfaktors kann in Gl. (74) die Außenwandtemperatur T_2 des Gleitringes gleich der Kühl-Temperatur T_K gesetzt werden ($T_2 = T_K$). Nach Gl. (67) und (74) folgt

$$W_B = \frac{W}{3} = \frac{p_g f v_g F}{3 C_W} = \frac{T - T_K}{\frac{l_1}{\lambda_{B1}} + \frac{l_2}{\lambda_{B2}}} \cdot F$$

Hieraus folgt die Temperatur im Dichtspalt

$$T = \frac{p_g f v_g}{3 C_W}\left(\frac{l_1}{\lambda_{B1}} + \frac{l_2}{\lambda_{B2}}\right) + T_K$$

Der Gleitdruck errechnet sich zu

$$p_g = p_f + k\, p_1 = 302 \text{ N/cm}^2$$

Für die nachstehenden Werkstoffkombinationen ergeben sich im Betriebszustand folgende Spalttemperaturen:

Nr.	Werkstoffkombination	t °C
1	Stellitschicht auf AISI 316	700
2	Stellitschicht auf AISI 416	520
3	Chromkarbid auf AISI 416	547
4	Chromkarbid auf Werkzeugstahl	382
5	Hartchrom auf Werkzeugstahl	316
6	massiver Wolfram-Karbid-Ring	195

Die Rechnungswerte zeigen, daß nur die Ringe Nr. 4, 5 und 6 eingesetzt werden können, da nur hier der Schmierfilm noch nicht vergast.

Nur die kombinierte Auswahl von Laufflächen- und Trägerringwerkstoff können die Betriebssicherheit einer Gleitringdichtung garantieren.
In Sonderfällen muß mit Zusatzkühlung, Verrippung, gekühlten Hohlringen und mit entlasteten, hydrodynamischen oder hydrostatischen Dichtungen, die geringere Wärmeerzeugung aufweisen, gearbeitet werden.

6.2.3. Temperaturgradienten

Die Temperaturverteilung in axialer und radialer Richtung bei Gleitringdichtungen kann sehr unterschiedlich sein, siehe auch *Robinson* u. *Burton* [239]. Vor allem die Konstruktion, die Wahl der Werkstoffe, die Lage der Wärmesenke, die abzuleitende Wärmemenge, die Wärmeübergangszahlen und das Kühlmedium haben einen wesentlichen Einfluß. Genaue Werte können nur durch Messungen bei Betriebszuständen erhalten werden.

Es kann aber die qualitative Aussage gemacht werden, daß eine hohe Wärmeleitzahl einem niedrigen Temperaturgradienten und damit einer hohen, mittleren Ringtemperatur mit verbesserten Wärmeableitmöglichkeiten entspricht und umgekehrt. Bei gleichen Wärmeleitzahlen dürfte ferner der Temperaturgradient im rotierenden Ring höher als im stationären Ring sein, falls beide Ringe mit der Kühlflüssigkeit in Berührung kommen. Außerdem ist der Temperaturgradient um so höher, je besser die Wärmeübergangszahlen vom Ring zum Medium sind. Die Auswirkung der Wärmeleitzahlen auf die Spalttemperatur sollen in dem folgenden Beispiel erläutert werden.

Beispiel 16: Zwei Gleitringdichtungen gleicher Bauart, aber mit verschiedenen Gleitwerkstoffen, liefen in Öl bei $p_g = 540\ N/cm^2$ und $v_g = 10$ m/s.

Dichtung a	Dichtung b
Kohlegraphit (23,3 W/mK)	Elektrographit (69,7 W/mK)
Wolfram-Karbid (69,7 W/mK)	gehärteter Stahl (40,7 W/mK)
$f = 0{,}046$	$f = 0{,}05$
$t = 360\,°C$	$t = 250\,°C$
$t_B = 240\,°C$	$t_B = 50\,°C$
$C_{aB} = 20$ K/mm	$C_{aB} = 33{,}3$ K/mm
$C_{aA} = 45$ K/mm	$C_{aA} = 18{,}5$ K/mm

Für die beiden Gleitringdichtungen wurden im Dichtspalt die Temperaturen t bei d_m und 6 mm unter der Gleitfläche der stationären Ringe die Temperaturen t_B gemessen. Bei Annahme eines linearen Temperaturverlaufes ergeben sich die aufgeführten Werte für die Temperaturgradienten C_{aB}. Nach Gl. (73) wurden dann die Temperaturgradienten C_{aA} in den rotierenden Ringen errechnet. In Bild 131 sind die nach diesen Messungen und Rechnungen gefundenen Temperaturen eingezeichnet. Als Bezugsstelle wurde jeweils ein Abstand von 6 mm unterhalb der Gleitfläche gewählt. Trotz geringerem Reibungsbeiwert läuft die Dichtung, Bild 131 a, durch die schlechteren Wärmeableitmöglichkeiten um 110 °C im Dichtspalt heißer als die Gleitringdichtung in Bild 131 b. Die tatsächlichen Temperaturen im rotierenden Ring sind wegen des besseren Wärmeübergangs zum Kühlmedium niedriger als errechnet.

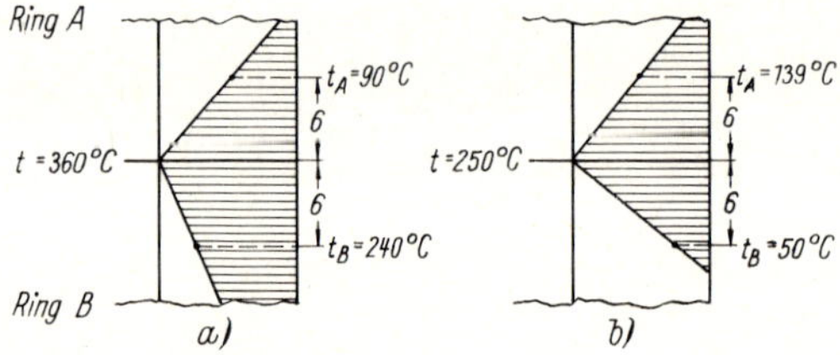

Bild 131
Axiale Temperaturverteilung in Gleitringen nach Beispiel 16.

6.2.4. Der Wärmeableitfaktor

Die Reibungswärme wird von den Gleitringen nicht direkt an die Flüssigkeit abgegeben; es muß sich erst eine höhere Ringtemperatur einstellen. Aus diesen Gründen ist die durch Wärmeableitung allein errechnete Spalttemperatur häufig geringer als die tatsächliche. Bei den meisten Gleitringdichtungen fließt die Reibungswärme in radialer Richtung im Ring, da die Wärmesenken gewöhnlich bei d oder D liegen. Setzt man nach Gl. (72) gleiche Flächen voraus und nimmt als kritische Wanddicke die Dichtbreite b für das radiale Temperaturgefälle, $l_A = l_B = b$, an und legt ferner eine konstante Kühlflüssigkeitstemperatur t zugrunde, so könnte für den Fall, daß die Wärme an den Außenflächen der Ringe direkt von der Kühlflüssigkeit ohne Temperatursprung übernommen und durch Konvektion abgeführt würde, $T_A = T_B = T_K$ gesetzt werden. Mit diesen Vereinfachungen ergibt sich aus Gl. (72) die neue Beziehung

$$p_g f v_g = \frac{(\lambda_A + \lambda_B)(T - T_K)}{b} \tag{75}$$

In Wirklichkeit sind jedoch die Wärmeableitverhältnisse wesentlich komplizierter. Konstruktive Gestaltung und Anordnung der Ringe, Wärmeisolierung durch gummielastische Profilringe, Preßsitze und Panzerungsschichten, Ausnehmungen in den Dichtflächen und Ringteilen können den Wärmefluß hemmen oder fördern. Der Übergang vom Ring zur Kühlflüssigkeit vollzieht sich je nach der Wärmeübergangszahl mit unterschiedlich großem Temperatursprung. Die Wärmeübergangszahl ist eine Funktion der Reynoldszahl Re; d. h., eine laminare Strömung hemmt, eine turbulente begünstigt den Wärmeübergang. Viskosität, Strömungsgeschwindigkeit, Einlaufturbulenz des Kühlstromes im Dichtraum oder zusätzliche Verwirbelung der Kühlflüssigkeit und offen liegende Federn oder Ausnehmungen der Dichtung üben ebenfalls einen starken Einfluß aus. Aus diesen Gründen erfolgt der Wärmeübergang meistens verstärkt vom rotierenden Ring. Faßt man alle diese Einflußgrößen für einen konstanten Betriebsfall und einen Dichtungstyp in einen dimensionslosen Wärmeableitfaktor C_W zusammen, so errechnet sich die Temperatur T im Dichtspalt nunmehr nach Gl. (75) zu

$$T = \frac{p_g f v_g b}{C_W(\lambda_A + \lambda_B)} + T_K \tag{76}$$

Wenn die Ableitung der Reibungswärme ohne Verzug und Temperatursprung an die Kühlflüssigkeit vor sich geht, kann der Wärmeableitfaktor den Wert $C_W = 1$ erreichen. Bei Gleitringdichtungen liegen die Werte je nach der Kühlflüssigkeit und den Betriebsgegebenheiten in der Größenordnung von $C_W = 0{,}2$ bis 0,9; d. h., die wirklichen Temperaturen im Dichtspalt können wesentlich größer werden als die mit Gl. (75) errechneten. Man kann also den Wärmeableitfaktor C_W als das Verhältnis der nach Gl. (76) errechneten Dichtspalttemperatur T_R zur tatsächlichen Temperatur T_W definieren

$$C_W = \frac{T_R}{T_W}$$

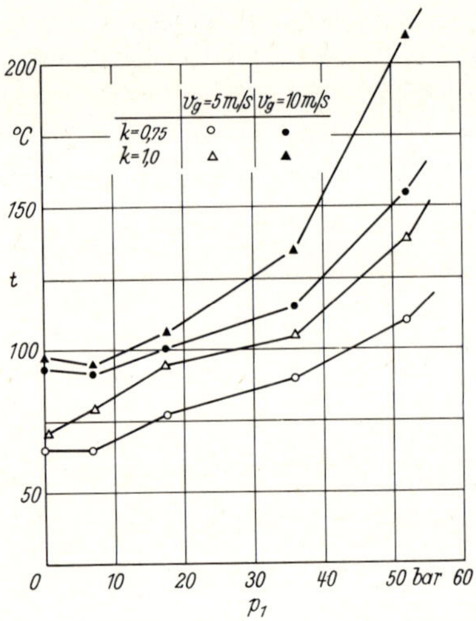

Bild 132
Temperaturen in Gegenringen bei verschiedenen Belastungsverhältnissen, Gleitgeschwindigkeiten und Dichtdrücken.

Meßstelle 1 mm unter stationärer Gleitfläche bei d_m; Graphit (69,7)/Werkzeugstahl (40,7); Dichtmedium Öl, $t = 30\,°C$

Tabelle 23. Meßwerte des Wärmeableitfaktors C_W.

Versuchsanordnung ist in Bild 133 dargestellt.
$b = 4{,}5$ mm = konst.

Nr.	Werkstoff-paarung λ_A/λ_B W/mK	Bild 133	x mm	Medium	C_W v_g in m/s 5	10
1	69,7/40,7	a	5,5	Öl 30 °C	0,48	0,51
2	69,7/40,7	a	5,5		0,53	0,53
3	69,7/40,7	a	7		0,47	0,50
4	69,7/40,7	a	7		0,48	0,51
5	69,7/40,7	a	7		0,48	0,50
6	23,3/87,2	b	1,5		0,31	0,37
7	23,3/87,2	b	1,5		0,29	0,39
8	23,3/87,2	b	1,5		0,31	0,38
9	23,3/87,2	b	0		0,26	0,37
10	23,3/87,2	b	0		0,25	0,34
11	23,3/19,8	b	1,5		0,28	0,35
12	23,3/19,8	b	1,5		0,3	0,37
13	23,3/19,8	b	1,5		0,29	0,36
14	17,4/40,7	a	7		0,42	0,47
15	17,4/40,7	a	7		0,43	0,48
16	17,4/40,7	a	7	Wasser 18 °C	0,65	0,76
17	17,4/40,7	a	7		0,74	0,75
18	23,3/87,2	b	1,5		0,66	0,69
19	23,3/87,2	b	1,5		0,67	0,71
20	23,3/87,2	b	3		0,68	0,74
21	23,3/87,2	b	3		0,71	0,77

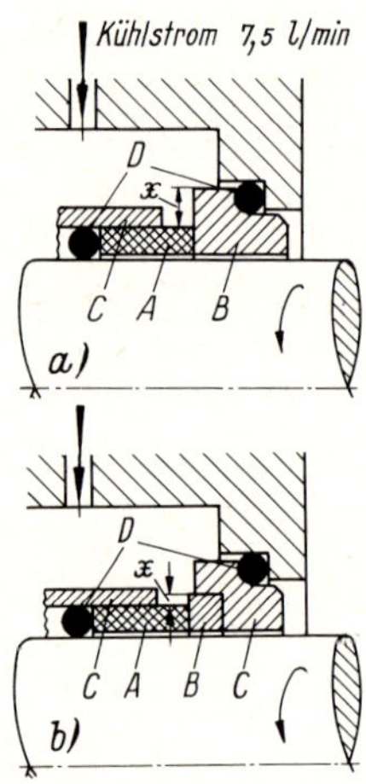

Bild 133
Versuchsdichtungen zur Bestimmung des Wärmeableitfaktors C_w.

A Gleitringwerkstoff
B Gegenringwerkstoff
C Cr-Ni-Stahl ($\lambda = 18{,}6$ W/mK)
D gummielastische O-Ringe
a) Gestaltung von Gegenring I
b) Gestaltung von Gegenring II

Bei den λ-Werten in Gl. (76) ist die Temperaturabhängigkeit mit zu berücksichtigen. Es kann nach *Holm* [123] mit einem linearen Verlauf des Temperaturkoeffizienten β für den in Frage kommenden Temperaturbereich gerechnet und der Mittelwert

$$\lambda_m = \frac{\lambda_T + \lambda_{T1}}{2}$$

gesetzt werden. In Bild 132 sind für verschiedene Belastungen und Gleitgeschwindigkeiten die Temperaturen, die 1 mm unter der Gleitfläche des stationären Ringes gemessen wurden, eingetragen. Wie stark der Wärmeableitfaktor C_W von konstruktiven Gegebenheiten und den Betriebsverhältnissen abhängt, soll an einem Beispiel gezeigt werden.

Beispiel 17: Zwei Gleitringdichtungen gleicher Bauart, jedoch mit unterschiedlichen Gegenringen und Wärmeleitzahlen, sind in Bild 133a und b dargestellt. Die in den Versuchen gewonnenen C_W-Werte sind in Tabelle 23 wiedergegeben. Die Ergebnisse zeigen folgendes: Bleiben die Wärmeableitquerschnitte konstant, so schwanken die C_W-Werte wenig. Ein starker Anstieg ist jedoch bei Drehzahlverdoppelung durch die sich hierdurch verbessernden Wärmeableitmöglichkeiten zu verzeichnen. Wird der Zutritt der Kühlflüssigkeit zum Werkstoff mit dem hohen λ-Wert durch den Trägerring aus Cr-Ni-Stahl (16) beeinträchtigt, Bild 133b, so sinkt der C_W-Wert. Ferner ist deutlich ersichtlich, daß ein besserer Wärmeübergang bei hohen Gleitgeschwindigkeiten nur dann stärker in Erscheinung tritt, wenn der rotierende Ring über eine hohe Wärmeleitzahl verfügt. Dies zeigt deutlich den Vorteil, der mit Werkstoffen hoher λ-Werte im rotierenden Ringteil erzielt werden kann, wenn sie auf der Seite des Wärmegefälles angeordnet werden.

6.3. Leistungsaufnahme durch Flüssigkeitsverwirbelung im Stopfbuchsraum

Das Gesamtreibmoment einer Gleitringdichtung setzt sich nach Gl. (59) neben dem Moment der Stirnflächenreibung M_G auch aus dem Moment M_F zusammen, das sich durch Verwirbelung der Flüssigkeit im Dichtungsraum durch die Gleitringdichtung ergibt. Die Größe von M_F hängt davon ab, ob die Flüssigkeitsströmung

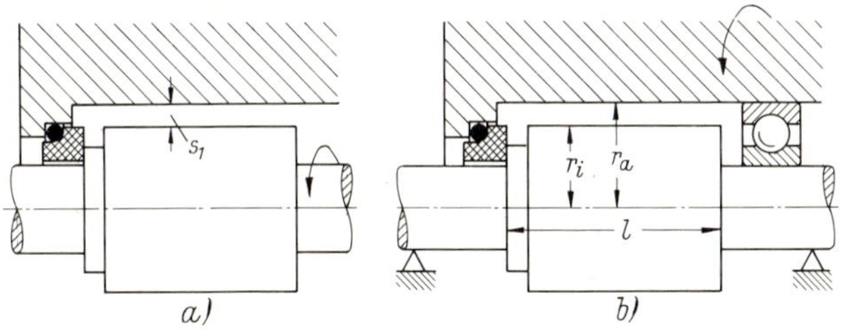

Bild 134. Unterschiedliche Konstruktionen mit Gleitringdichtungen.
a) Welle mit Dichtung rotiert b) Gehäuse rotiert

laminar oder turbulent ist, was wiederum wesentlich davon beeinflußt wird, ob die Dichtung im Dichtungsraum rotiert, Bild 134a, oder aber das Gehäuse, Bild 134b, umläuft.

6.3.1. Rotierende Welle

Normalerweise liegen bei Gleitringdichtungen die Einsatzverhältnisse so, daß die Welle und die damit verbundene Gleitringdichtung oder aber der Gegenring rotieren. In diesem Fall ist bereits die Laminarbewegung instabil und oberhalb von

$$Re = \frac{u s_1}{\nu_1} > 41{,}3 \sqrt{\frac{r_1}{r_a - r_1}}$$

bilden sich Ringwirbel mit abwechselnder Drehrichtung aus [73]. In dieser Beziehung bedeuten s_1 die Flüssigkeitsschichthöhe, ν_1 die kinematische Zähigkeit. Die Fliehkraft fördert die Ausbildung der Turbulenz, die ferner durch offenliegende Federn, Ausnehmungen usw. sowie durch den Einlauf der Kühl- oder Spülflüssigkeit begünstigt wird.

Bei niedrigen Drehzahlen und dünnflüssigen Medien ist das Flüssigkeitsreibungsmoment einer Dichtung sehr klein und kann vernachlässigt werden. Treten jedoch hohe Drehzahlen auf und müssen hochviskose Stoffe, wie beispielsweise Getriebeöl, Pasten oder Asphalt, abgedichtet werden, so tritt M_F stark in Erscheinung und insbesondere bei niedrigen Innendrücken p_1 kann der Fall eintreten, daß $M_F > M_G$ werden kann. In Einsatzfällen, wo auf minimale Wärmeentwicklung Wert zu legen ist, wie beispielsweise bei der Abdichtung von Kühllösungen und Flüssiggasen, sollte M_F ebenfalls so klein wie möglich gehalten werden. Dies läßt sich leicht dadurch herbeiführen, daß man nur den kleinen Gegenring mit der Welle umlaufen läßt, während die Dichtung stillstehend angeordnet wird.

Beispiel 18: Zwei in Bild 135a und b dargestellte Gleitringdichtungen wurden bei $n_1 = 1800$ U/min und $n_2 = 3600$ U/min in Öl und Wasser auf die Höhe der durch Flüssigkeitsverwirbelung zusätzlich benötigten Leistung überprüft. Das Öl wies folgende Werte auf:

$t = 30\,°C \quad \nu_1 \approx 5 \cdot 10^{-5}\ m^2/s$
$t = 80\,°C \quad \nu_1 \approx 1{,}5 \cdot 10^{-5}\ m^2/s$

In Tabelle 24 sind die Versuchsergebnisse wiedergegeben. Danach erzeugte die Dichtung, Bild 135a, durch Flüssigkeitsverwirbelung eine mindestens doppelt so große Wärmemenge wie die Dichtung nach Bild 135b. Bei hohen Viskositäten und Drehzahlerhöhungen treten beachtliche Steigerungen der Reibungsleistung auf.

Neuere Untersuchungen von *Mayer* [394] zeigen, daß ab Gleitgeschwindigkeiten von ca. 50 m/s die Turbulenzverluste bei Wasser schon die Stirnflächenreibung wesentlich überschreiten können.

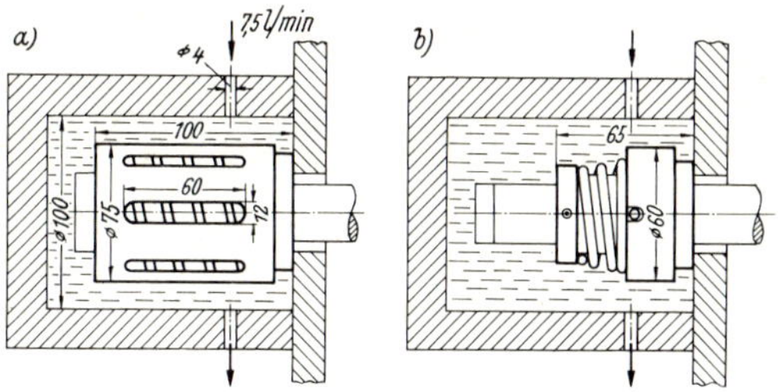

Bild 135
Versuchsdichtungen.

Tabelle 24. Leistungsverluste durch Flüssigkeitsverwirbelung N_F bei verschiedenen Viskositäten, Gleitgeschwindigkeiten und Dichtungsbauarten.

Nr.	Dichtung nach Bild 135	Medium	N_F in Watt			
			$v_g = 5{,}5$ m/s		$v_g = 11$ m/s	
			30 °C	80 °C	30 °C	80 °C
1	a	Öl	50	20	200	50
2	a	Wasser	10	—	25	—
3	b	Öl	15	10	50	20
4	b	Wasser	—	—	10	—

Die Leistungsaufnahme des rotierenden Wasserringwirbels ist näherungsweise $N_1 = C_4 n^{2,8} C_5 D_1^{3,6} l_1$. Hierbei bedeutet D_1 den Durchmesser des rotierenden Flüssigkeitszylinders und l_1 seine axiale Länge. C_4 und C_5 sind Konstante. Hieraus ergibt sich in erster Näherung, daß die Turbulenzverluste des rotierenden Wasserringwirbels in etwa mit der 3. Potenz der Gleitgeschwindigkeit ($\approx v_g^3$) und in etwa mit der 4. Potenz des Durchmessers des rotierenden Flüssigkeitszylinders ($\approx D_1^4$) und linear zu seiner axialen Länge l_1 zunehmen. Bei sehr großen, schnelllaufenden Dichtungen können somit erhebliche Turbulenzverluste zusätzlich auftreten.

6.3.2. Rotierendes Gehäuse

In seltenen Fällen, z. B. bei der Abdichtung von Zentrifugen oder Hohlwellen mit verschiedenen Drehzahlen, Bild 136, kommt es vor, daß das Gehäuse rotiert. Dies kann zur Ausbildung der sog. Couette-Strömung führen. Nach Angaben von *Eck* [73], *Pai* [222] und *Prandtl* [233] besteht die Möglichkeit, daß die Strömung bis zu Werten von Re = 200000 laminar bleibt. In diesem Bereich errechnet sich das Reibmoment nach *Pai* zu

$$M_F = 4\pi l \eta \omega \frac{r_i^2 r_a^2}{r_i^2 - r_a^2} \tag{77}$$

wobei l die Länge des rotierenden Gehäuseteils ist. Die Fliehkräfte wirken hier der Ausbildung einer turbulenten Strömung entgegen. Das Drehmoment bleibt bei laminarer Strömung wesentlich kleiner als bei Turbulenz. Es ist jedoch zu berücksichtigen, daß bei laminarer Strömung die Abführung der Reibungswärme durch das Haften der Grenzschicht hauptsächlich durch Wärmeleitung erfolgt [233].

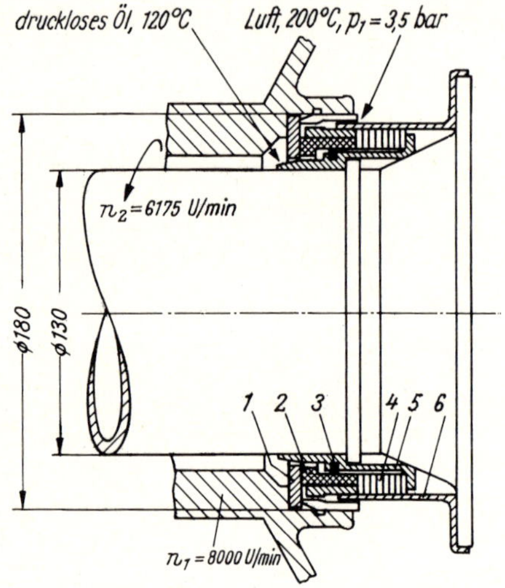

Bild 136
Gleitringdichtung zur Abdichtung von Hohlwellen mit unterschiedlichen Drehzahlen [310].

1 Gegenring gehärteter Stahl
2 Gleitring Kohle
3 Kolbenring Kohle
4 Wellfeder (26 Stck.) Cr-Ni-Stahl
5 Wellenhülse Cr-Ni-Stahl
6 Gehäuse Cr-Ni-Stahl

Bei Gleitringdichtungen muß man versuchen, die Dichtung unter optimalen thermischen Bedingungen einzusetzen. Eine Laminarströmung im Dichtungsraum reduziert zwar M_F, behindert aber gleichzeitig die Ableitung der Reibungswärme von M_G. Turbulenz begünstigt die Wärmeableitung von M_G und erhöht die Wärmeübergangszahlen, aber andererseits auch gleichzeitig M_F. Ist die Wärmeableitung beispielsweise bei einer langsamlaufenden, jedoch hoch belasteten Rührwerksdichtung das Hauptproblem, so sollte man neben einer Zusatzkühlung versuchen, eine turbulente Strömung zu entfachen. Bei Innenanordnung von umlaufenden Gleitringdichtungen tritt bei schnelldrehenden Wellen zwangsläufig Turbulenz auf, die den Wärmeabtransport erleichtert. Sollte jedoch andererseits die Höhe des Flüssigkeitsmoments M_F einen negativen Einfluß auf das Betriebsverhalten einer Dichtung ausüben, da beispielsweise Flüssigkeitszirkulation oder Kühlung nicht möglich sind, so sollte versucht werden, auch die durch M_F verursachte Reibungswärme durch Flüssigkeitsverwirbelung möglichst klein zu halten.

7. Zusammenhang von Leckverlusten, Lebensdauer und Reibung

In früheren Abschnitten wurde versucht, die Leckverluste, den Verschleiß und die Reibung einzeln darzustellen.
Das Verhalten einer Gleitringdichtung hängt aber vom Zusammenwirken mehrerer Faktoren ab. Besondere Vorteile müssen meistens durch Nachteile auf der anderen Seite erkauft werden. Zwar reduziert eine Gleitdruckerhöhung bei gleichbleibenden Rauhtiefen die Leckage, dafür steigen aber Verschleiß und Reibungswärme. Andererseits können zunehmende Leckverluste zwar die Reibung und Wärmeerzeugung verkleinern, dafür verringert sich aber die Betriebssicherheit und Wirtschaftlichkeit. Aus diesen Gründen muß jede Gleitringdichtung für gegebene Betriebsanforderungen unter Berücksichtigung eines Optimalwertes, der sich aus Leckage-, Verschleiß- und Reibungsüberlegungen zusammensetzt, entworfen werden. Hierbei ist zu berücksichtigen, daß sich die Größen auch gegenseitig beeinflussen. Beispielsweise kann eine hohe Reibung nicht nur zur Verschleißzunahme, sondern auch durch thermische Verformungen zu großen Leckverlusten Anlaß geben oder die Dichtung durch thermische Spannungsrisse zum Ausfall bringen. In Bild 137 ist die Abhängigkeit von Leckage, Verschleiß und Reibung bei einer entlasteten Gleitringdichtung dargestellt. Es läßt erkennen, daß von einem Dichtdruck von ca. 60 bar an die Ableitung der Reibungswärme kritisch wird. Dies hat einen Anstieg der Reibungsbeiwerte zur Folge. Der Verschleiß nimmt hierdurch ebenfalls stark zu und die auftretenden größeren Rauhtiefen ergeben wiederum höhere Leckverluste.
Für eine hydrodynamische Gleitringdichtung wurden in Abhängigkeit vom Dichtdruck p_1 die Werte für Reibung, Verschleiß und Leckage in Bild 138 dargestellt. Die Reibungsbeiwerte sind gegenüber Bild 137 wesentlich niedriger und zeigen ein stabiles Verhalten. Die Leckwerte sind zwar anfangs höher, mit wachsendem Dichtdruck fallen sie jedoch unter die Werte von Bild 137. Im gesamten Bereich liegen die Verschleißwerte der hydrodynamischen Gleitringdichtung ganz wesentlich unter denen von Bild 137.
Durch entsprechende Wahl der Dichtungskonstruktion, der Werkstoffe und Art der Dichtungsanordnung usw. können Einzelforderungen, wie beispielsweise maximale Dichtheit oder Lebensdauer und minimale Stirnflächenreibung, erfüllt werden. Sind die Leckverluste so klein wie möglich zu halten, so kann der Gleitdruck

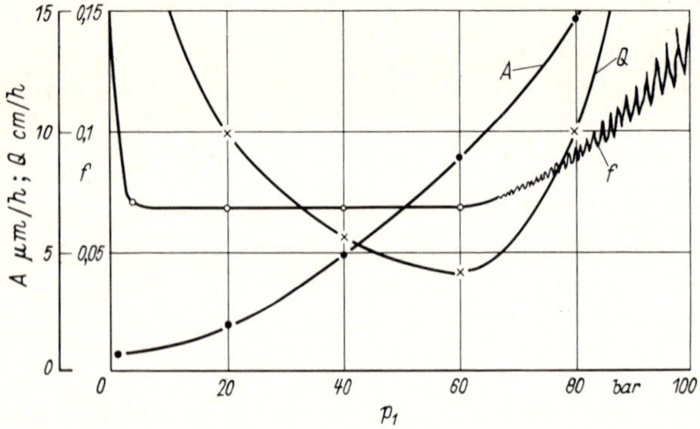

Bild 137
Zusammenhang zwischen Leckage Q, Verschleiß A, und Reibungskoeffizient f bei einer entlasteten Gleitringdichtung, Kaltwasser, $v_g = 10$ m/s.

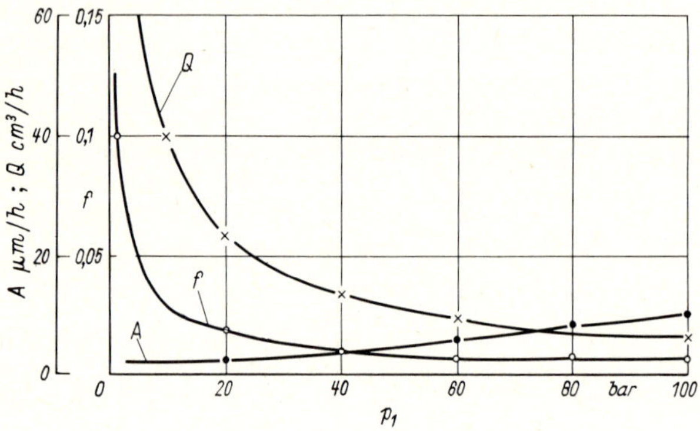

Bild 138
Betriebsverhalten einer thermohydrodynamischen Gleitringdichtung mit Zirkulationsnuten, Kaltwasser, $v_g = 10$ m/s.

p_g bis zur Grenze der mechanischen und thermischen Belastungsmöglichkeit erhöht werden, wobei allerdings verstärkter Verschleiß und reduzierte Lebensdauer in Kauf genommen werden müssen. Lebensdauerwünsche, die durch Verringerung von Gleitdruck und Reibung erzielt werden können, gehen oft auf Kosten der Leckage und der Betriebssicherheit. Der Entwurf einer Gleitringdichtung stellt also eine Kompromißlösung dar.

Neben den bereits erwähnten Faktoren, wie Leckverluste, Verschleiß und Reibung ist noch ein überaus wichtiger, um nicht zu sagen der kritischste Faktor, die Betriebssicherheit, zu berücksichtigen. Die Forderung nach erhöhter Betriebssicherheit ist insbesondere durch die fortschreitende Verwendung von Gleitringdichtungen im Hoch- und Höchstdruckbereich der chemischen und Erdölindustrie sowie in Kraftwerken und in der Reaktortechnik verstärkt worden und soll in den folgenden Abschnitten ausführlicher behandelt werden.

8. Betriebssicherheit von Gleitringdichtungen

Gleitringdichtungen kommen unter den unterschiedlichsten Betriebsbedingungen zum Einsatz, und neben den Leckverlusten, der Lebensdauer und der Leistungsaufnahme sind vor allem die Betriebssicherheit und Verläßlichkeit der Dichtung von entscheidender Bedeutung.
Im Gegensatz zu herkömmlichen Stopfbuchspackungen können Gleitringdichtungen schlagartig versagen, wie beispielsweise durch Abheben der Dichtflächen, durch Bruch, durch Wärmespannungsrisse in den Gleitflächen, durch unzulässig hohe Temperaturen und Temperaturdifferenzen usw. Ferner kann es vorkommen, daß die Verdrehsicherungen von Gleit- und Gegenringen nicht ausreichen oder versagen, so daß die gummielastischen, radialen Dichtelemente neue, bewegte Dichtflächen mitbilden und durch Verschleiß und zu hohe Reibungswärme in kürzester Zeit ausfallen.
Durch die großen Gefahrenquellen, die mit der Abdichtung von giftigen, explosionsgefährdeten, brennbaren und radioaktiven Medien verbunden sind, und durch evtl. notwendige kostspielige Reparaturen, die oft eine Stillegung von ganzen Anlagen bedingen, sind bei der Auswahl der Gleitringdichtungen Verläßlichkeit und Betriebssicherheit besonders sorgfältig zu prüfen.

8.1. Öffnen des Dichtspaltes

Das Abheben der Dichtflächen ist eine schwerwiegende Versagensgefahr, da hierdurch die Funktion der Dichtung aufgehoben wird. Diese Gefährdung ist bei allen Gleitringdichtungsarten gegeben, jedoch kann sie bei belasteten Gleitringdichtungen grundsätzlich vermieden werden.

8.1.1. Bei entlasteten Gleitringdichtungen

Insbesondere bei stark intermittierenden Betriebszuständen, wie bei hohen Drehzahl-, Druck- und Temperaturänderungen, neigen entlastete Gleitringdichtungen ($p_g/p_1 < 1$) zum Öffnen des Dichtspaltes. Je niedriger bei einer Dichtung das hydraulische Belastungsverhältnis k gewählt wird, um so kleinere Dichtspaltverformungen können bereits durch Eindringen des Flüssigkeitsdruckes in den Spalt zur fortschreitenden Entlastung und zum vollständigen Abheben der Dichtflächen führen. Das

gleiche gilt für sich im Betriebszustand einstellende Rauhtiefenvergrößerungen, vgl. das Z-Gebiet von Bild 60, und thermische Spannungsrisse.
Es konnte in Versuchen festgestellt werden, daß eine Dichtung mit $k=0{,}5$, die im Dauerbetrieb einwandfrei lief, beim Anfahren in kaltem Zustand grundsätzlich den Dichtflächenkontakt verlor. Erst wenn sich die Gleitflächen durch die Reibungswärme auf $t \approx 120\,°C$ aufgeheizt hatten, gelang es, den Dichtspalt zu schließen. Die thermische Verformung war zunächst nötig, um einen Parallelspalt im Betriebszustand zu bilden, Bild 139, und eine Berührung der Flächen wiederherzustellen.

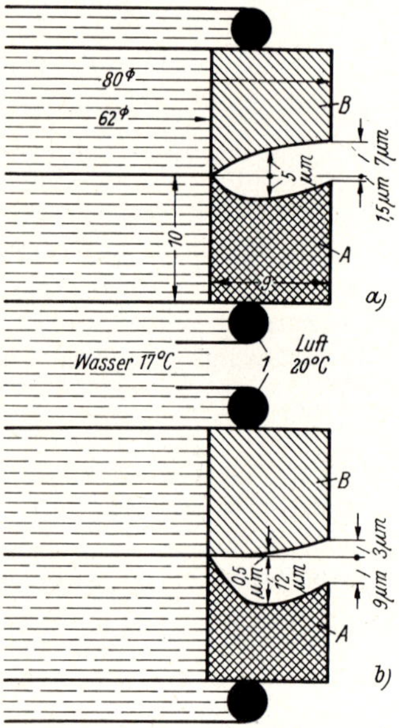

Bild 139
Spaltform und Verschleiß durch Verformungen nach Stillstand der Dichtung.

$p_g = 60$ N/cm²; $b = 9$ mm; $p_1 = 4$ bar; $v_g = 5$ m/s
a) Kohle/Kohle b) Kohle/Stahl
Kohle: $\alpha = 4 \cdot 10^{-6}$ 1/K $\lambda = 37{,}2$ W/mK
Stahl: $\alpha = 12 \cdot 10^{-6}$ 1/K $\lambda = 52{,}3$ W/mK
1 gummielastische O-Ringe

In einem anderen Falle konnte der Stirnflächenkontakt bei einer Rührwerksdichtung (Wolframkarbid/Wolframkarbid, $k=0{,}8$) nur dann erzielt werden, wenn die Druckaufgabe schlagartig erfolgte, nachdem die Dichtung bei $p_1=75$ bar eingelaufen war. Sonst hoben die Dichtflächen durch die fehlende Verschleißkorrektur der sehr abriebsfesten Werkstoffpaarung stets ab. Für weitere Gleitringdichtungen und Anordnungen wird auf Tabelle 4 verwiesen.
Es kann ferner vorkommen, daß durch Vergasung des Schmierfilmes im Dichtspalt und dadurch bedingte plötzliche explosionsartige Ausdehnungen entlastete Gleitringdichtungen aufgedrückt werden. Bei Wasser kann dies zu periodischen kleinen Dampfexplosionen mit dementsprechenden Leckverlusten führen. Bei flüssigem Propangas können solche Verdampfungserscheinungen Eisbildung hervorrufen, die dann zu hohen Leckverlusten Anlaß geben. Solche vereisten Dichtungen müssen

dann häufig mit Dampf aufgetaut werden. Da bei den meisten Maschinen, die mit Gleitringdichtungen ausgerüstet sind, Druck, Drehzahl und Temperaturen nicht beliebig variiert werden können, um fehlenden Gleitflächenkontakt wieder herzustellen, müssen stark verformte Gleitringe oft ausgewechselt werden. Das gleiche gilt in Übereinstimmung mit Ergebnissen aus der Praxis und Angaben von *Mayer* [177], *Norton* [218] und *Wood* [306] für Gleitringdichtungen, deren Rauhtiefen im Verhältnis zum p_g/p_1-Wert zu groß geworden sind und dann abheben. Diese Gleitringe müssen nachgeläppt oder durch neue ersetzt werden. Nach Beobachtungen von *Schmitz* [251] können bei entlasteten Dichtungen schlagartige Stöße auf die Welle in radialer Richtung zum Abheben der Dichtflächen führen. Je mehr sich das Belastungsverhältnis p_g/p_1 dem Wert 1 nähert, um so geringer wird die Gefahr, daß der Dichtflächenkontakt verlorengeht.

8.1.2. Bei belasteten Gleitringdichtungen

Gleitringdichtungen mit Werten von $p_g/p_1 \geqq 1$ verlieren normalerweise den Dichtflächenkontakt nicht, sofern der zeitliche Druckaufbau der hydraulischen Belastungskraft P_H nicht durch ungünstige Anordnung und Konstruktion der Dichtung behindert wird. Hier können sich vor allem Druckstöße sehr unangenehm bemerkbar machen. Beispielsweise hoben die Dichtflächen von Gleitringdichtungen, die in Wirbelbremsen (hydroretarder) von schweren Nutzfahrzeugen eingebaut waren, bei plötzlichen Drucksteigerungen durch Einschalten der Wirbelbremse in starkem Gefälle ab. In Bild 140 ist der Einbau der Dichtung dargestellt. Bei dieser Anordnung treffen Druckstöße zunächst die Stirnfläche des stationären Gleitringes B und schieben ihn gegen die Kraft P_F der Wellfeder 1 zurück. Der hohe Leckstrom durch den nun geöffneten Dichtspalt verhindert einen Druckaufbau von p_1 im Raum R, so daß die hydraulische Belastungskraft $P_H \approx 0$ bleibt, vgl. Gl. (3a). Bei Reduzierung des Druckes p_1 stellt die Federkraft P_F wieder den Gleitflächenkontakt her und bei langsamer Druckaufgabe vermag sich p_1 auch im Raume R auszubilden und die Dichtung läuft dann einwandfrei. Wird der rotierende Gegenring A als axial verschieblicher Teil ausgebildet, indem beispielsweise die

Bild 140
Auswirkung von Druckstößen.
A rotierender Gegenring
B stationärer Gleitring
R Flüssigkeitsraum
1 Wellfeder
2 Gehäuse

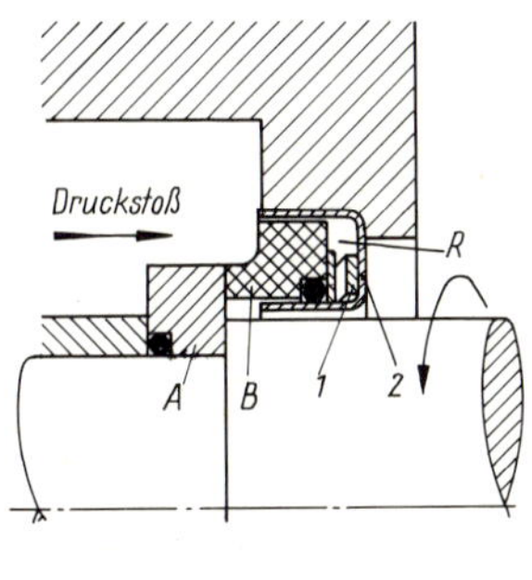

Feder von Ring B nach Ring A verlegt wird, so ist die Gefahr des Abhebens der Dichtflächen beseitigt, da Druckstöße zunächst die Rückenfläche von Ring A belasten und damit den Spalt schließen, s. Bild 141.

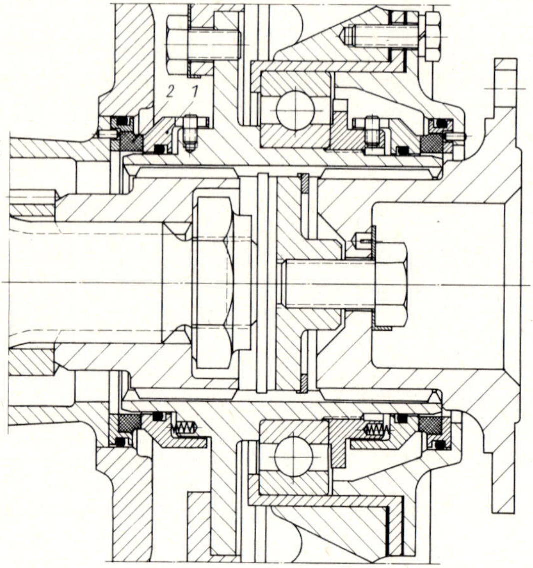

Bild 141
Abdichtung einer Lkw-Wirbelbremse mittels Gleitringdichtung.
1 rotierender Gleitring
2 feststehender Gegenring
$v_g = 0$ bis 15 m/s
$p_1 = 0$ bis 7 bar
Öltemperatur 80 bis 150 °C

8.1.3. Bei hydrodynamischen und hydrostatischen Gleitringdichtungen

Aus Sicherheitsgründen werden hydrodynamische und hydrostatische Gleitringdichtungen meistens mit einem Wert von $k = 0{,}8$–$1{,}1$ entworfen. Wird aus irgendeinem Grunde der hydrodynamisch oder hydrostatisch erzeugte Spaltdruck p_{sp} größer als der Gleitdruck p_g, so erfolgt ein Öffnen des Dichtspaltes. Hierdurch sinkt zwangsläufig wieder der Spaltdruck p_{sp}, so daß sich der Spalt wieder schließt. Der Zustand $p_{sp} > p_g$ ist also für das Belastungsverhältnis $p_g/p_1 > 1$ instabil und korrigiert sich durch erhöhte Leckverluste sofort. Jedoch ist es möglich, daß bei hohen Öffnungsfrequenzen Flatterbewegungen der Dichtflächen auftreten können, die Verschleiß zur Folge haben können.

8.2. Unzulässige Temperaturen

Gleitwerkstoffe und Dichtungskonstruktion sollen so gewählt werden, daß die Dichtspalttemperatur im Betriebszustand mit genügender Sicherheit unterhalb der kritischen Verdampfungstemperatur des Schmiermediums bleibt. Bei Vergasung

des Schmierfilmes ist mit teilweisem Trockenlauf, erhöhter Reibungswärme, Verschleiß und Versagen durch thermische Spannungsrisse, Auslaufen von Metallimprägnierungen, erhöhter Verschweißneigung bei metallischen Paarungen und Verbrennungen von Kunststoffen zu rechnen. Die hierbei auftretenden Temperaturen können die thermischen Einsatzgrenzen der Dichtungswerkstoffe überschreiten oder zu untragbaren thermischen Verwerfungen führen. Bei plötzlicher Wärmebelastung können Wärmespannungsrisse auftreten, Ringe brechen und Absplitterungen auftreten. Durch unzulässige Temperaturänderungen können sich Schrumpf- und Preßsitze lösen, andererseits die zulässigen Spaltweiten für die radialen Dichtelemente überschritten werden, so daß diese durch den Innendruck p_1 herausgequetscht werden können. Wie bereits erwähnt, sind Schrumpf- und Preßsitze im Stillstand der Dichtung besonders gefährdet. Es kann ferner durch unterschiedliche Dehnungen bei hohen oder niedrigen Temperaturen zum Blockieren von Dichtungen kommen. Durch hohe Temperaturen werden u. U. Ablagerungen begünstigt, die die Funktion der Dichtung behindern.
Durch entsprechende Sicherheitsvorkehrungen, wie gekühlte Dichtungsräume, die Verwendung von doppeltwirkenden Gleitringdichtungen mit speziellen Kühl-, Sperr- und Schmierflüssigkeiten, durch die Wahl von Gleitringdichtungen mit Pumpwirkung und durch Einschalten von Hochdruckwärmeaustauschern, s. Abschn. 9.7, lassen sich die Einsatzgrenzen von Gleitringdichtungen, ihre Betriebssicherheit und Lebensdauer wesentlich erweitern. Bei der Auswahl der Werkstoffpaarungen ist ferner auf ausreichende Notlaufeigenschaften, fehlende Verschweiß- oder Klebeneigungen, hohe Wärmeableitfähigkeit und ausreichendes Widerstandsvermögen gegen thermische Spannungsrisse zu achten. Manchmal ist es auch möglich, den Verdampfungsbereich des Schmiermediums durch Zusätze zu erhöhen. Beispielsweise zeigten Gleitringdichtungen in Kühlwasserpumpen von Kraftfahrzeugen Pfeifgeräusche durch Reibschwingungen der Stirnflächen, die durch teilweisen Trockenlauf ausgelöst wurden. Durch Zugabe von einigen Tropfen Bohröl oder Glyzerin zum Kühlwasser verschwanden diese Erscheinungen sofort.
Normalerweise ist für Gleitringdichtungen zu sagen, daß die Lebensdauer und Betriebssicherheit um so größer sind, je kühler eine Dichtung im Betriebszustand läuft.

8.3. Bruchgefahr

Dichtungsteile sind mit ausreichenden Sicherheiten, vor allem bei Verwendung von kerbempfindlichen Kunstharzpreßstoffen, Kunstkohlen und Graphiten und Metalloxiden, zu bemessen. Scharfkantige Querschnittsübergänge sind bei diesen Werkstoffen unter allen Umständen zu vermeiden, ebenso direkte Krafteinleitung mit hohen örtlichen Flächenpressungen durch Verdrehsicherungsstifte usw. In Bild 142 sind einige typische Versagensfälle dargestellt. Pulsierende Schwingungen und Druckstöße können zusätzliche Gefahrenquellen bilden.

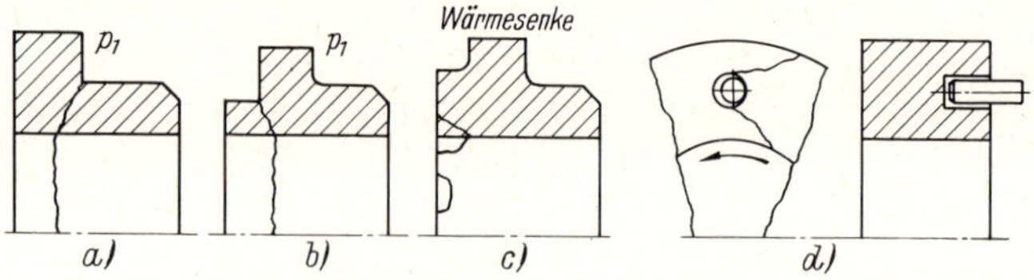

Bild 142. Typische Bruchlinien in Kohleringen.

a) u. b) durch scharfe Querschnittsübergänge
c) thermische Überlastung
d) Stoßbeanspruchung mit örtlicher Überlast

8.4. Verdrehsicherung von Gleit- und Gegenringen

Die Übertragung des Reibmoments von der Dichtung zur Welle und vom Gegenring zum Gehäuse ist besonders sorgfältig zu entwerfen, da ein Versagen zum Ausfall der Dichtung führt. Grundsätzlich ist es von Vorteil, den gesamten Ringumfang, vor allem bei Kohlen und Keramik, zur Drehmomentübertragung heranzuziehen, um örtlich hohe Pressungen und Verformungen zu vermeiden. Gewöhnlich geschieht dies durch Preß- oder Schrumpfsitze und durch die Verwendung von gummielastischen Profilringen. Sollen O-Ringe das Drehmoment allein übernehmen, Bild 143a und b, so ist darauf zu achten, daß $d_1 > d_m$ ist, da das Moment

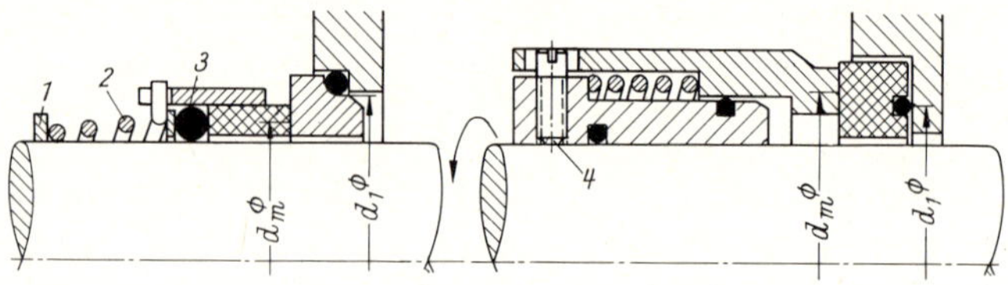

Bild 143. Verdrehsicherungen zur Reibmomentübertragung bei Gleit- und Gegenring.

1 innenspannender Federring
2 konische Druckfeder
3 O-Ring
4 Gewindestift
a) $d_1 > d_m$ sichere Ausführung
b) $d_1 < d_m$ nicht betriebssicher

M_R zwischen Gleit- und Gegenringen leicht größer als das maximal übertragbare Moment zwischen Gegenring und O-Ring werden kann, d. h., der O-Ring schleift dann am Gegenring oder Gehäuse. Es ist ferner zu beachten, daß der O-Ring-Innendurchmesser kleiner als der Ringsitzdurchmesser beim Gegenring gewählt wird und zwischen beide kein Schmiermittel bei der Montage gebracht wird, das den Reibungsbeiwert verringern würde. Bei Verwendung von PTFE-Ringen ist eine zusätzliche Verdrehsicherung notwendig, da Haft- und Gleitreibungsbeiwerte gleich groß und niedrig sind. Die Verdrehsicherung von Gleit- und Gegenringen kann durch Gewindestifte, Klebeverbindungen, Ringspannelemente sowie Stifte, Federenden oder innenspannende Federn übernommen werden. Dichtungsausführungen nach Bild 19 und Bild 143a bieten den Vorteil, daß sowohl O-Ringe als auch konische Federn das Drehmoment übertragen, wobei durch die progressive Dämpfung durch die Federn auch hohe Anfahrstöße aufgenommen werden können. Es ist möglich, solche Dichtungen unter Last bis $p_1 = 75$ bar auf 10 m/s ohne schädliche Auswirkungen zu beschleunigen. Als Nachteil ist die Drehrichtungsabhängigkeit von konischen und innenspannenden Federn zu erwähnen, die je nach der Drehrichtung mit Links- oder Rechtswickelung eingesetzt werden müssen.

8.5. Zusatzsicherungen

Die entscheidende Funktion einer Dichtung bei einer Maschine oder Anlage bringt es mit sich zu versuchen, diese Dichtwirkung so lange wie möglich aufrechtzuerhalten.

Diese Aufgabe kann nach Ausfall der Gleitringdichtung, Bild 144, von einer Hilfsstopfbüchse übernommen werden, die bei normalen Betriebsverhältnissen die Leckage oder eine Kühl- oder Sperrflüssigkeit abdichtet.

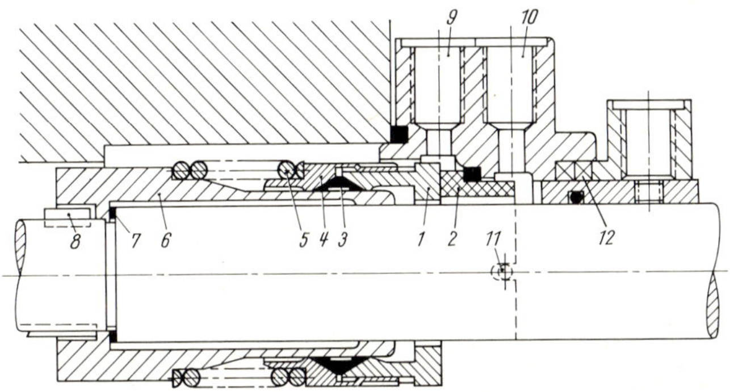

Bild 144. Entlastete Gleitringdichtung mit Hilfsstopfbuchse [6*].

1 Gleitring
2 Gegenring
3 PTFE-Dichtelement
4 Dichtungsgehäuse
5 Drehrichtungsabhängige innenspannende Feder
6 Entlastungshülse
7 Dichtung für Entlastungshülse
8 Keil als Verdrehsicherung
9 Zirkulationsanschluß
10 Leck- oder Sperrflüssigkeitsanschluß
11 Verdrehsicherungsstift
12 Hilfsstopfbuchse

Unbeaufsichtigte Maschinenanlagen, bei denen Gleitringdichtungen eingesetzt sind, können mit Reservedichtungen in Tandem-Anordnung, Bild 145, oder mit doppeltwirkenden Gleitringdichtungen ausgeführt werden. Zusätzliche Regelkreisläufe, Bild 146, die mit Pumpen, Wärmeaustauschern, Druckreglern und Warngeräten ausgerüstet sein können, versorgen die Dichtungen mit Kühl-, Spül-, Sperr-

und Schmierflüssigkeiten [76; 219]. Temperatur- und Leckmengenmessungen können durch Fernanzeige übermittelt werden und zeigen eine Versagensgefahr meistens rechtzeitig an. Ferner arbeitet man mit Druckdrosselung im Dichtungsraum durch Vorschaltung von Labyrinthen, Drosselspalten oder Drosselrohren, um die Lebensdauer zu erhöhen, wobei ein Teil der Flüssigkeit wieder zur Saugseite oder zum Reservoir zurückgeleitet werden kann. Andererseits wird auch bei Pumpen zu Kühl- und Spülzwecken ein Teilstrom der Druckleitung entnommen und in die Dichträume zurückgeleitet.
Bezüglich weiterer Zusatzsicherungen wird auf die nachfolgenden Abschnitte verwiesen, in denen spezielle Anwendungsfälle ausführlich behandelt werden.

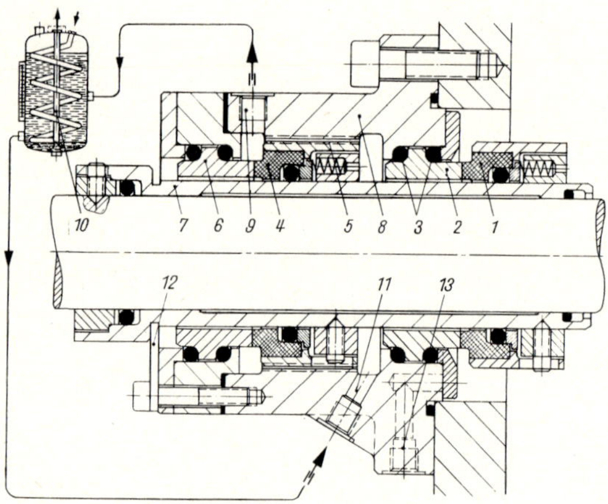

1 Hauptdichtung
2 Gegenring
3 reihengeschaltete Lagerringe
4 Sicherheitsdichtung
5 Fördervorrichtung
6 Gegenring
7 Wellenhülse
8 Dichtungsgehäuse
9 Auslaßleitung
10 gekühlter Vorratsbehälter
11 Einlaßleitung
12 Montagelehre
13 Entlüftung

Bild 145. Montagefertige Sicherheits-Tandemdichtung für vertikale Raffinerie-Mischpumpen [2*].

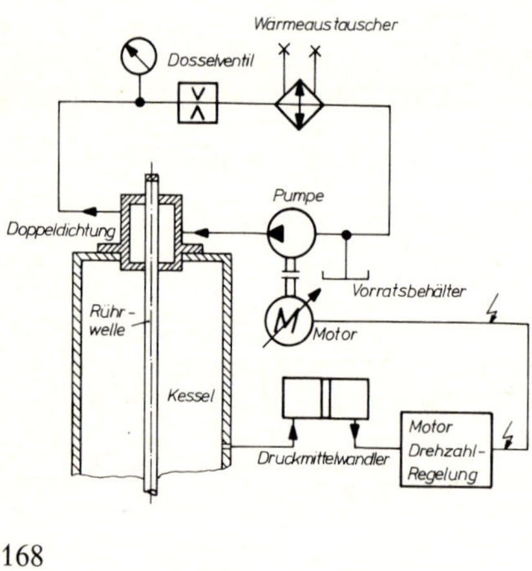

Bild 146
Regelkreislauf für doppeltwirkende Gleitringdichtungen im Hochdruckgebiet [76].

9. Sonderkonstruktionen

In dem erweiterten Schrifttum dieses Buches werden viele zusätzliche Informationen über Gleitringdichtungen gegeben, die unter ganz speziellen Einsatzbedingungen arbeiten. In den folgenden Abschnitten sollen einige besonders interessante und vom Einsatz her besonders akute Dichtungsprobleme, die mit Gleitringdichtungen in Sonderausführung und durch die Verwendung von Spezialzubehör wie Wärmetauschern, Magnet- und Zyklonabscheidern oder Zusatzvorkehrungen, wie Kühlung und Fremdspülung, gelöst werden, behandelt werden.

9.1. Rührwerksdichtungen

In der europäischen Verfahrenstechnik setzen sich, wie in den USA, Gleitringdichtungen bei der Abdichtung von Rührwerkswellen immer mehr durch. Dies ist einerseits darauf zurückzuführen, daß die Vibrationen und Taumelbewegungen der Rührwerkswellen mit konventionellen Weichpackungen nur unzureichend abgedichtet werden können, während andererseits die sich laufend erschwerenden Betriebsbedingungen und Sicherheitsforderungen nach einer Gleitringdichtung verlangen. Im Rahmen der schnell fortschreitenden Automation ist ferner die Wartungsfreiheit der Gleitringdichtungen und die Einsparung von Personal ein weiterer wesentlicher Faktor.

Nach *Bierl* [469] sind Gleitringdichtungen an Rührkesseln in der westdeutschen Großchemie als Stand der Technik anzusehen. Für niedrige Innendrücke bis 6 bar können häufig noch einfachwirkende, außen angeordnete Gleitringdichtungen verwendet werden. Die in Bild 147 dargestellte einfachwirkende, außen angeordnete Gleitringdichtung mit Kühltasse ist für den Einsatz von emaillierten Behältern nach DIN und Baseler Normen vorgesehen. Bei höheren Belastungen respektive verschärften Sicherheitsbedingungen gegen unzulässige Emissionswerte werden doppeltwirkende Dichtungen vorgesehen. In Bild 148 ist eine montagefertige, werksgeprüfte Einheit mit integriertem Pendelrollenlager gezeigt. Diese Dichtungskonzeption wurde in Zusammenarbeit mit dem deutschen Normenausschuß sowie deutschen und ausländischen Chemieunternehmen für genormte Rührbehälter und Rührerwellen entwickelt. Das Wesentliche der Gleitringdichtung sind die metallfreien Ausführungen der produktberührten Teile, die leichte Montier- und Demontierbarkeit, die kurze Bauhöhe sowie der doppeltelastisch ge-

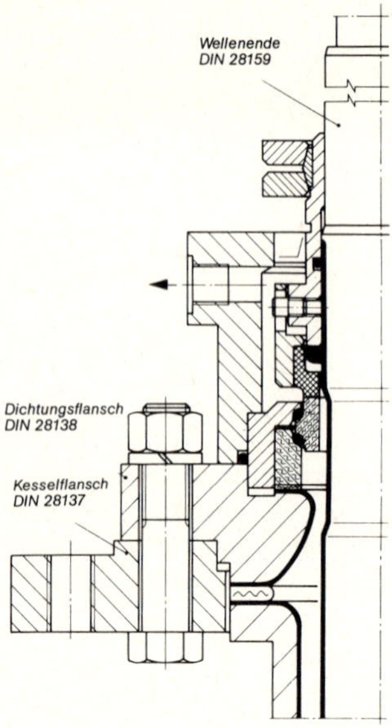

Bild 147
Einfachwirkende Rührwerksdichtung mit Kühltasse für emaillierte Behälter.

D_W = alle genormten Wellendurchmesser
p_1 = Vakuum bis 6 bar
t = 150 °C
v_g = 2 m/s

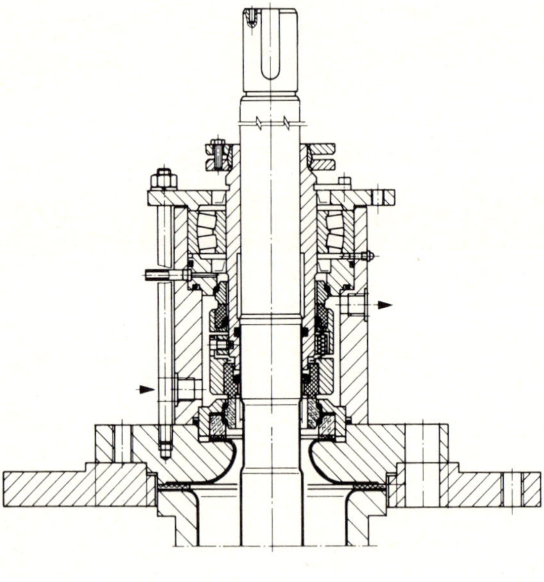

Bild 148
Doppeltwirkende Rührwerksdichtung mit integriertem Pendelrollenlager für emaillierten Behälter.

D_W = alle genormten Wellendurchmesser
p_1 = Vakuum bis 6 bar nach Norm, ausgelegt bis ND 16, mit verstärkten Innenteilen auch bis ND 25
t = 180 °C
v_g = 2 m/s

lagerte Gegenring auf der Produktseite [506]. In Sonderfällen müssen in der Höhe extrem niedrig bauende Gleitringdichtungen vorgesehen werden. In Bild 149 ist eine doppeltwirkende koaxiale Dichtungsausführung gezeigt. Die Darstellung der linken Wellenhälfte zeigt die Ausführung für emaillierte Behälter mit Wellenenden nach DIN 28159, die Darstellung der rechten Wellenhälfte zeigt die Ausführung für Edelstahl- und Stahlbehälter mit Wellenenden nach DIN 28154. Diese Dichtungen verlangen eine hohe Laufruhe der Wellen. Die Leckwerte der atmosphärenseitigen Dichtung sind auf Grund der Strömungsrichtung höher.

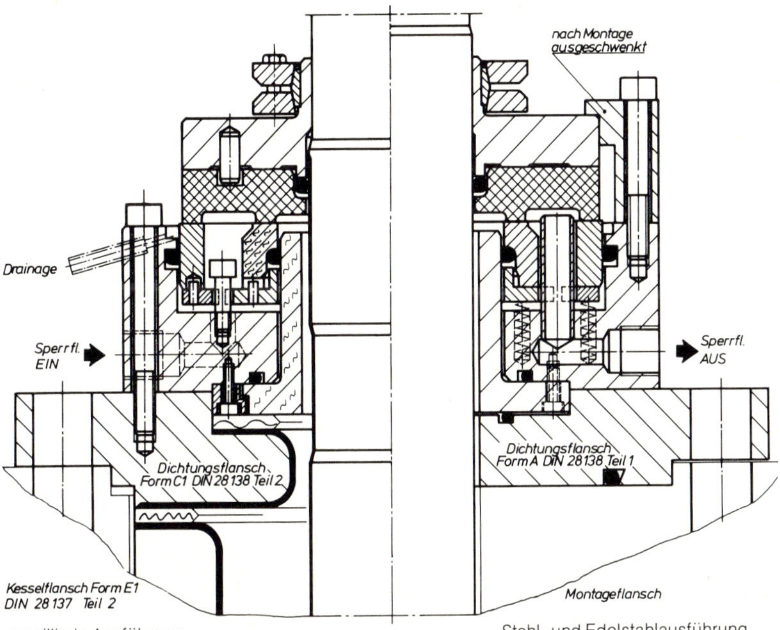

Bild 149. Doppeltwirkende, kurzbauende Rührwerksdichtung in koaxialer Ausführung. D_W = alle genormten Wellendurchmesser, p_1 = Vakuum bis 6 bar, $t = 150\,°C$, $v_g = 2$ m/s

Von *McClelland* [196] wurden interessante Werte in Tabelle 25 über die Anschaffungs- und Wartungskosten von Packungs- und Gleitringdichtungsausführungen auf Grund der Erfahrungswerte, die in der US-Firma Dow Chemical gewonnen wurden, 1968 veröffentlicht. Bei Betrachtung von Tabelle 25 ist zu berücksichtigen, daß zunächst die Kesselinnendrücke p_1 für Packungen niedriger liegen als für die zu vergleichenden Gleitringdichtungsausführungen. Trotzdem ist sofort zu ersehen, daß die Gleitringdichtungen auf Grund der niedrigeren Leckverluste von Sperrflüssigkeit und Kesselprodukt und der größeren Betriebssicherheit und Wartungsfreiheit den Packungsausführungen ganz wesentlich überlegen sind. Der Wert 1,0 der Tabelle 25 gibt die Kosten für einen 3,7 kW oben angetriebenen Turbinenrührer, 68 U/min, mit Standardstopfbuchse an, wobei alle produktberührten Teile aus rostfreiem Stahl AISI 304 gefertigt sind. Alle übrigen Kosten sind in Relation zu diesem Ausgangswert angegeben.

Während die reinen Anschaffungskosten der Packungsausführung niedriger als die der Gleitringdichtungen sind, verschieben sich diese Werte schon beim Einbau und bei der Inbetriebnahme. Die lohnintensiven Wartungskosten sind bei Packungen ca. 20fach höher. Trotz der aufwendigeren Ersatzteile für Gleitringdichtungen liegen auf Grund der höheren Standzeiten die Ersatzteilkosten unter denen der Packungen.

McClelland kommt bei einem Gesamtkostenvergleich über fünf Jahre zu dem Ergebnis, daß Packungsausführungen ca. doppelt so teuer wie Gleitringdichtungen in Rührwerken sind. Hierbei ist noch zu berücksichtigen, daß die Wirtschaftlichkeit der Gleitringdichtungen durch Einsparung von Wartungspersonal, durch niedrigere Leckverluste, höhere Betriebssicherheit und damit kürzere Stillstandsperioden der Rührwerke noch wesentlich günstiger wird.

Zu ähnlichen Ergebnissen ist auch die europäische Großchemie gekommen, die Neuanlagen fast ausschließlich mit Gleitringdichtungen ausrüstet und ältere Rührwerksanlagen umrüstet.

Bei den in Bild 150 gezeigten Rührwerksdichtungen handelt es sich um doppeltwirkende Gleitringdichtungen mit integriertem Lager, ähnlich Bild 151. Die Reibungswärme wird bei diesen Ausführungen über eine Wasserkühlung der Dichtungsgehäuse — der sogenannten Mantelkühlung — abgeführt, während der Druck über einen Differenzdruckregler mit Handnachspeisemöglichkeit gesteuert wird. Die beiden Aggregate sind an der Rührwerkslaterne montiert und in Bild 150 gut sichtbar.

In Bild 151 ist eine bewährte doppeltwirkende Gleitringdichtung dargestellt, die in belasteter Ausführung mit hydrodynamischen Zirkulationsnuten bis $p_1 = 50$ bar eingesetzt werden kann. Durch die elastische Lagerung der Gegenringe können Wellenauslenkungen und Vibrationen des Rührwerkes gut überbrückt werden. Die separate Kammerung des Lagers in einer doppeltwirkenden Dichtungseinheit hat den Vorteil, daß praktisch jedes mit dem Kesselprodukt harmonierende Medium einschließlich Wasser verwandt werden kann.

Bei Anordnung des Lagers zwischen den beiden Dichtungssätzen kommt normalerweise als Sperrmedium nur Öl oder Glyzerin in Frage. Der produktseitige Gegenring ist leicht austauschbar, doppeltelastisch gelagert und gegen ein Herausdrücken durch den Kesseldruck p_1 beim Ausfall des Sperrdruckes p_3 gesichert. Die Flüssigkeitssperre 2,6 verhindert bei Verwendung geeigneter Lösungsmittel und Weichmacher auch die Ablagerung von Polymerisationsprodukten in den unteren Dichtungszonen.

Tabelle 25. Anschaffungs- und Wartungskosten von Dichtungen an Rührwerken nach *McClelland* [196].

	Stoffbuchs-Packung			Gleitringdichtung		
	Niederdruck	Mitteldruck	Hochdruck	Einfachwirkend belastet	Doppeltwirkend belastet	Doppeltwirkend entlastet
	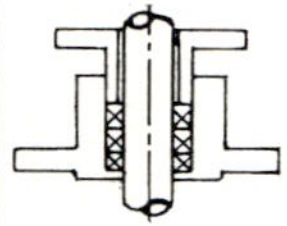	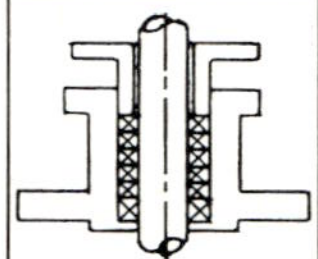	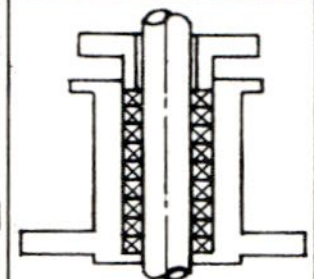	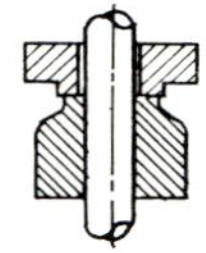	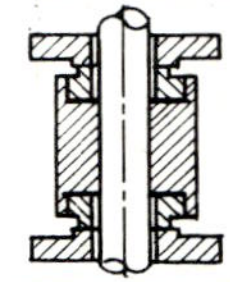	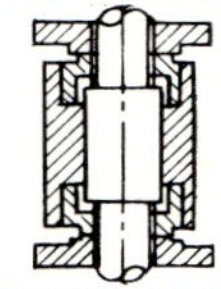
Innendruck in bar	2	14	145	5	17,5	175
Produkt-Verunreinigung (Eintritt von Schmiermitteln)	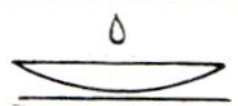	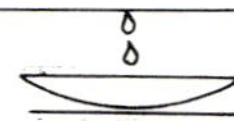		unbedeutend		
Luftverunreinigung (Austritt von Produktgasen)	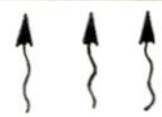				unbedeutend	
Kostenvergleich						
Anfangskosten 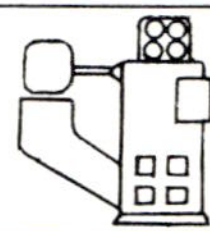	0,90	1,00	1,35	1,40	1,60	2,50
Einbau und Inbetriebnahme 	0,25	0,30	0,50	0,20	0,25	0,30
Routine-Wartung (über 5 Jahre) 	4/Monat 0,85	15/Monat 3,00	30/Monat 6,00	1/Monat 0,70	2/Monat 0,14	4/Monat 0,28
Ersatzteilkosten (Arbeit und Material für 5 Jahre)	0,50	0,35	0,75	0,17	0,25	0,62
Gesamtkosten-Index (für 5 Jahre)	2,50	4,65	8,60	1,84	2,24	3,70

Bild 150. Teilansicht einer mit doppeltwirkenden Gleitringdichtungen ausgerüsteten Rührwerkskolonne eines führenden deutschen Chemiekonzerns.

$D_W = 120$ mm, $p_1 = 16$ bar, $t = 200\,°C$, $n = 80$ U/min

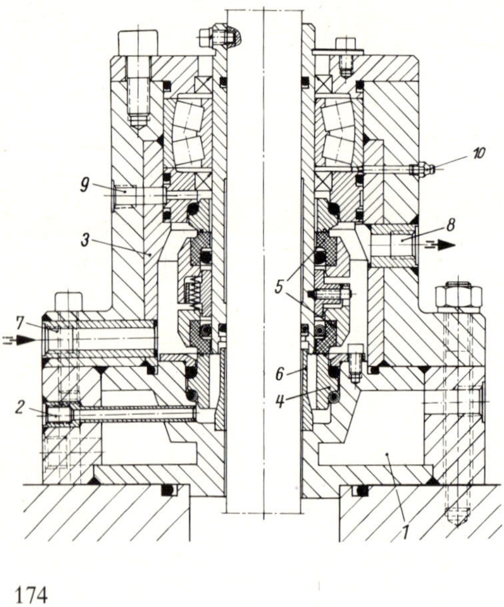

Bild 151
Doppeltwirkende Rührwerksdichtung mit separat gekammertem Doppelpendelrollenlager, Kühlflansch und Polymerisationssperre als montagefertige Dichtungseinheit [2*].

1 Kühlflansch
2 Polymerisationssperre und Leckkontrolle
3 korrorionsfeste Sperrauskleidung
4 doppelt gelagerter Gegenring
5 doppeltwirkende Gleitringdichtung
6 Auffang- und Sperrtasse
7 Sperrflüssigkeitseinlaß
8 Sperrflüssigkeitsauslaß
9 Drainagebohrung

Darüber hinaus können in der Auffang- und Sperrtasse Verschleißpartikel und die Leckage kontrolliert und leicht abgezogen werden. Von besonderem Vorteil ist ferner die Tatsache, daß derartige werksmäßig geprüfte Konstruktionen als komplette Einheit angeliefert werden und auch durch ungelernte Kräfte installiert werden können. Bei Überholungen dieser Dichtungen können die Stillstandszeiten der Rührwerksanlagen sehr kurz gehalten werden, wenn eine komplette Reservedichtung vorhanden ist.

Bei hohem chemischem Angriff können Rührwerksdichtungen so ausgeführt werden, daß das Kesselprodukt nur mit chemisch hochbeständigen Werkstoffen, wie beispielsweise Keramik, Kohle, Teflon und Hastelloy, in Berührung kommt.

Grundsätzlich sollte der Sperrdruck p_3 bei doppeltwirkenden Gleitringdichtungen ca. 2 bar über dem Kesseldruck p_1 gehalten werden.

In Bild 152 ist die erste hydrodynamische Gleitringdichtung mit Zirkulationsnuten nach einer Laufzeit von ca. 31 000 Betriebsstunden in einem PVC-Rührwerk der Firma Wacker-Chemie, Burghausen, dargestellt. Die Kühlung erfolgt durch reine Schwerkraftumwälzung des demineralisierten Sperrwassers nach dem Thermosyphonsystem, Bild 153.

Der Sperrdruck wurde auch im Vakuumbereich konstant auf $p_3 = 16$ bar gehalten. Der Kohleverschleiß betrug nach dem Ausbau nach über vier Jahren nur ca. 0,1 mm, was einem mittleren Verschleißwert von $A \approx 0{,}003$ µm/h entspricht. Bei konstantem Sperrdruck sind normalerweise auf Grund der kleineren mechanischen und thermischen Deformationen der Gleitflächen die Leck- und Verschleißwerte niedriger.

Bild 152
Erste thermohydrodynamische Rührwerksdichtung nach 31 000 Betriebsstunden in einem PVC-Autoklaven [2*].
$D_W = 100$ mm, belastete Ausführung $k = 1{,}1$, Kesseldruck p_1 = Vakuum bis 14 bar, $n = 180$ U/min, $p_3 = 16$ bar konstant, kunstharzimprägnierte Kohle/Metall, $A \approx 0{,}003$ µm/h

Bei Drücken bis $p_1 = 25$ bar, niedrigen Kesseltemperaturen und Drehzahlen werden in der chemischen Industrie gerne Thermosyphon-Anlagen zur Aufrechterhaltung des Sperrdruckes und der Kühlung verwandt. Auf Grund der höheren Rohrrei-

bungswiderstände sollten die Viskositäten der Sperrmedien die von Wasser nicht wesentlich überschreiten. Die Wartung derartiger Anlagen ist sehr einfach und die Betriebssicherheit sehr hoch. Eine genaue Kontrolle der Leckage ist möglich. Darüber hinaus verhindert die Thermosyphon-Anlage ein Abblasen des Kesseldruckes bei Stromausfall. Beim Betrieb von Thermosyphon-Anlagen sollten folgende Punkte Berücksichtigung finden:
Der Inhalt des Vorratsbehälters sollte ca. 5 bis 15 l betragen. 20% dieses Volumens sollten für das Gaspolster vorgesehen werden. Der Vorratsbehälter ist nach Möglichkeit mindestens 2 m über dem Dichtungsauslaß (s. Bild 153) anzuordnen.

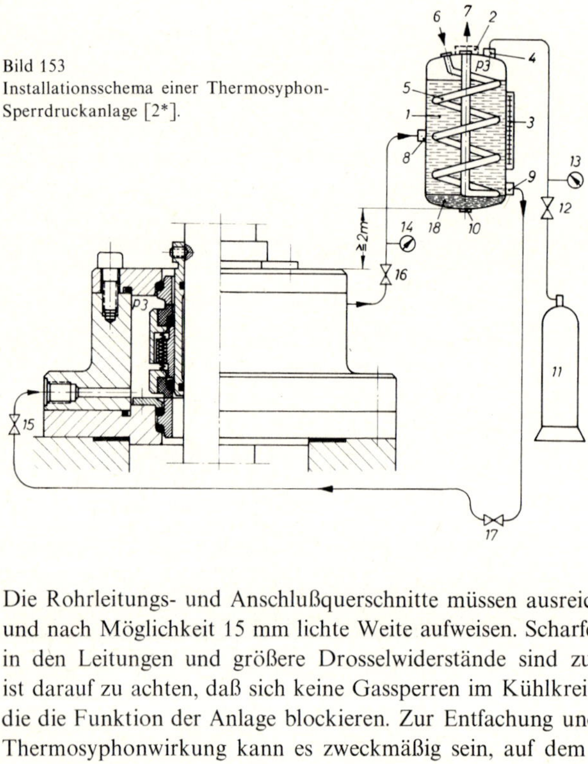

Bild 153
Installationsschema einer Thermosyphon-Sperrdruckanlage [2*].

1 Vorratsbehälter
2 Einfüllstutzen
3 Schauglas
4 Druckgasanschluß
5 Kühlschlange
6 Kühlwassereintritt
7 Kühlwasseraustritt
8 Sperrflüssigkeitseintritt
9 Sperrflüssigkeitsaustritt
10 Ablaßschraube
11 Gasnachspeisung
12 Reduzierventil
13 Manometer
14 Thermometer
15 Einlaßventil
16 Auslaßventil
17 Schmutzablaß
18 Sumpfzone

Die Rohrleitungs- und Anschlußquerschnitte müssen ausreichend bemessen sein und nach Möglichkeit 15 mm lichte Weite aufweisen. Scharfe Krümmungsradien in den Leitungen und größere Drosselwiderstände sind zu vermeiden. Ferner ist darauf zu achten, daß sich keine Gassperren im Kühlkreislauf bilden können, die die Funktion der Anlage blockieren. Zur Entfachung und Unterstützung der Thermosyphonwirkung kann es zweckmäßig sein, auf dem umlaufenden Dichtungskörper ein axialförderndes Gewinde vorzusehen.
Um den Druck oder die Sperrflüssigkeit bei derartigen Anlagen nachzuspeisen, kann man automatisch arbeitende Aggregate, wie Membran-Pumpen, Magnetventile etc., vorsehen, oder Thermosyphonbehälter mit handbetätigter Nachspeisung einsetzen. Bei höheren Belastungen werden Sperrdruckanlagen eingesetzt, die die Aufgaben eines Sperrsystems, nämlich Umwälzung, Kühlung, Druckaufgabe und

Leckageausgleich, übernehmen. Solche Aggregate müssen in vielen Fällen individuell für die Gleitringdichtungen der Rührwerksantriebe gefertigt werden. In Bild 154 befinden sich derartige Sperrdruckaggregate nach Kundenspezifikation in der Endmontage. Auf Grund der speziellen Gegebenheiten in der Chemieindustrie müssen in der überwiegenden Anzahl der Einsatzfälle Gleitringdichtungen, zwar unter Berücksichtigung von teilweise serienmäßigen Dichtungsteilen, den individuellen Betriebsbedingungen angepaßt werden. Dies gilt insbesondere für sehr hohe Drücke, Temperaturen, toxide Medien oder besonders große Abmessungen.

Bild 154. Sperrdruckanlagen mit Druckspeicher, Wärmetauscher und Regelarmaturen bei der Endmontage [2*].

Im Jahre 1969 wurde eine Anlage in einem Polymerisationskessel für Styropor mit einer doppeltwirkenden thermohydrodynamischen Burgmann Gleitringdichtung in Betrieb genommen. Bei einem Kesselinhalt von 160 m^3 ist der Behälter 10 m hoch und hat einen Durchmesser von 4,50 m. Die Rührwelle ist fliegend gelagert bei einer freien Wellenlänge von 9 m und einem Wellendurchmesser von

450 mm. In Bild 155 ist die doppeltwirkende Gleitringdichtung mit integriertem Pendelrollenlager dargestellt, die zwischenzeitlich über 90000 Betriebsstunden ohne Störungen und Nacharbeit erreichte. Während dieser großen Laufzeit wurden maximale Leckwerte von 70 cm^3/h für die Doppeldichtung gemessen. In

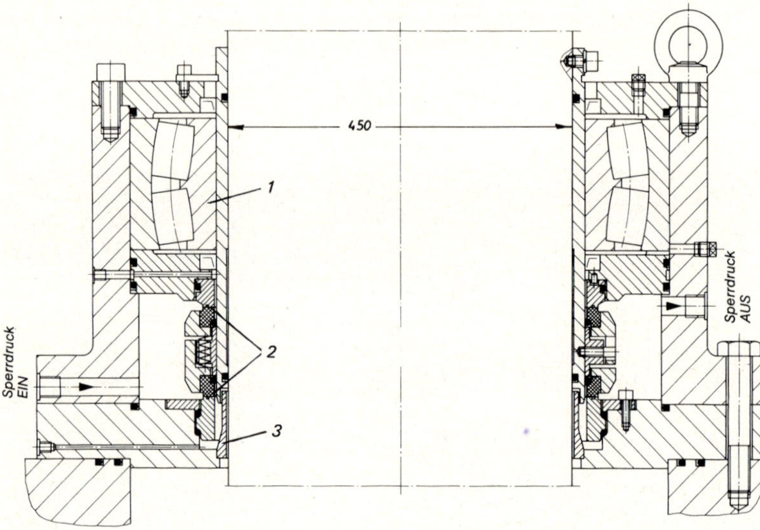

Bild 155. Thermohydrodynamische Gleitringdichtung für Großautoklaven als montagefertige Einheit [2*].

$D_W = 450$ mm; $p_1 = 0{,}5$ bar, Polystyrol und Äthylbenzol; $p_3 = 1{,}5$ bar, Öl SAE 20; $n = 34$ U/min

1 Pendelrollenlager
2 thermohydrodynamische Gegenringe
3 Lecktasse

Bild 156 ist ein Größenvergleich der Dichtung zu einem Personenkraftwagen dargestellt bei etwa gleichen Gewichten.

Während die überwiegende Anzahl der Rührwerksdichtungen für Obenantrieb eingesetzt wird, kann der Welleneintritt in die Rührwerksbehälter auch an anderen Stellen erfolgen. In Bild 157 ist eine doppeltwirkende belastete Rührwerksdichtung für Untenantrieb an einem Steril-Fermenter gezeigt. Die Dichtung ist für Steril-Betrieb ausgelegt und während der Stillstandsphase mit Sattdampf innen und außen sterilisierbar. Die Sterilität wird durch entsprechende Auswahl der Spalte und Toträume gewährleistet, die vom Dampf einwandfrei durchspült werden können. Alle produktberührten Flächen 1 sind poliert. Ein besonderes Merkmal dieser Dichtung ist die Innenbeaufschlagung durch Sperrdruck für Kon-

Bild 156
Gegenwärtig größte hydrodynamische Gleitringdichtung für 120-m^3-Autoklav [2*].

Masse (Gewicht) 1280 kg

Bild 157
Doppeltwirkende Rührwerksdichtung für Untenantrieb eines Steril-Fermenters [2*].

$D_W = 140$ mm
$p_3 = 5{,}5$ bar
Kondensat, $t = 140\,°C$
$n = 12$ bis 120 U/min

1 polierte Flächen
2 stationärer Gleitring
3 rotierender Gegenring
4 Leithülse

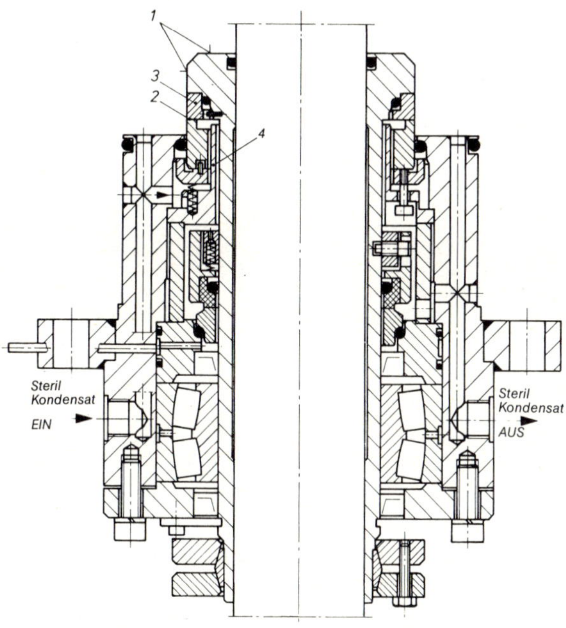

densatströmung von innen nach außen. Hierdurch wird verhindert, daß sich ein Produkt im Dichtspalt ablagern kann. Eine Leithülse 4 zwischen Wellenhülse und produktseitigem Gleitring sorgt für eine günstige Sperrflüssigkeitsführung und für die Entlüftung und Durchspülung des Totraumes unter den produktseitigen Gleitflächen.

Für einen horizontalen Wellendurchtritt der Rührerwelle, einen sogenannten Seitenantrieb, sind in Bild 158 Gleitringdichtungen als montagefertige Patroneneinheiten dargestellt.

Bild 158. Thermohydrodynamische Rührwerksdichtungen für Seitenantrieb [2*].
$D_W = 290$ mm; $n = 2$ bis 15 U/min; $p_1 = 5{,}6$ bar, $t_1 = 335\,°C$; $p_3 = 8$ bar, Äthylenglycol

Um eine optimale Durchmischung inhomogener Produkte, beispielsweise in der Farbenindustrie, zu erzielen, werden Spezialrührwerke mit gegenläufigen Mischerwellen notwendig. Diese Wellen müssen bei Druckbehältern und umweltgefährdenden Medien durch doppeltwirkende Rührwerksdichtungen gegeneinander abgedichtet werden, Bild 159. Mittels Montagelehren 1 werden die beiden Wellen zueinander in die richtige Lage gebracht. Um die Montage der Innendichtung zu erleichtern, wurde für die Drehmomentübertragung der rotierenden Einheit ein

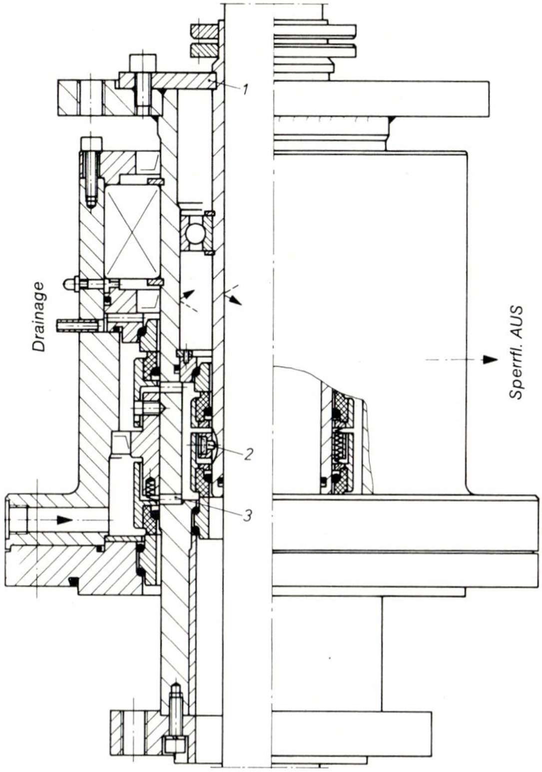

Bild 159
Abdichtung eines gegenläufigen Balken- und Ankerrührwerkes durch zwei Doppeldichtungen [2*].

D_W = 60/140 mm
p_3 = 22 bar, Orthoxylol
n_{60} = 66 U/min
n_{140} = 5 U/min

1 Montagelehren
2 Mitnehmerstift
3 Sperrflüssigkeitsführung

befederter Mitnehmerstift 2 vorgesehen, s. a. Bild 160. Durch geeignete Sperrflüssigkeitsführung 3 wird eine günstige Abfuhr der Reibungswärme des Balkenrührwerkes mit gegenläufigen Wellen gewährleistet.

Für den Hochdruckbereich bis zu 300 bar müssen verformungssteife Konstruktionen eingesetzt werden. Bild 161 zeigt eine montagefertige, werksgeprüfte Einheit für höchste Betriebsdrücke. Als besondere Konstruktionsmerkmale wären zu nennen — hydraulisch entlastete Gegenringe — geschweißte, beziehungsweise geschmiedete Gehäuseteile — Los- oder Festlagerung — Zusatzeinrichtung wie Kühlflansch oder Leckabzug möglich.

Spätestens bei Betriebsdrücken über 40 bar werden Rührwerksdichtungen hydraulisch entlastet. Dies gilt nicht nur für die Entlastung der Gleitflächen (k-Faktor), sondern auch für die Aufnahmen der Gleit- und Gegenringe. Hierdurch wird vermieden, daß sich Verformungen der Anlagefläche, bedingt durch Druck und Temperaturspannungen, auf die Gleitflächen übertragen. Als Gleitwerkstoffpaarungen

Bild 160
Dichtungskombination für ein gegenläufiges Balken- und Ankerrührwerk nach Bild 159 als Schnittmodell [2*].

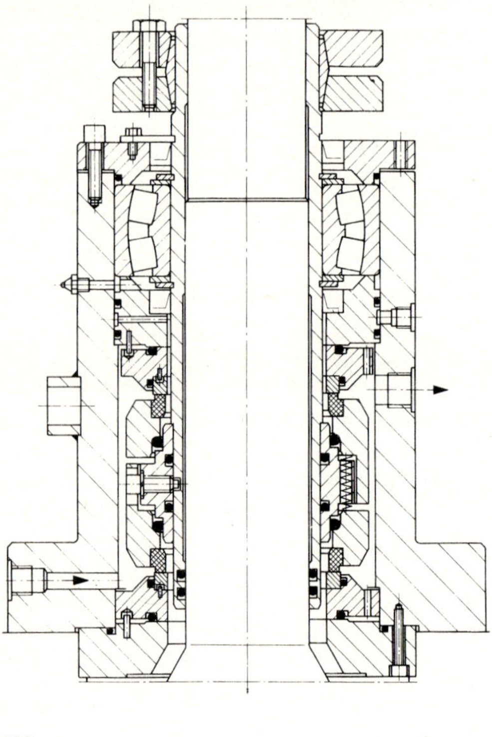

Bild 161
Doppeltwirkende thermohydrodynamische Hochdruckdichtung bis 300 bar [2*].

D_W = 20 bis 500 mm
p_1 = 40 bis 300 bar
t = − 80 bis 350 °C

kommen im Hochdruckbereich primär Siliziumkarbide, Wolframkarbide und hochfeste Kohlen, vor allem antimonimprägnierte Hartkohlen respektive silizierte Kohlen, zum Einsatz.

9.2. Höchstdruckdichtungen

Können schon im Mittel- oder Hochdruckbereich mechanische und thermische Verwerfungen die Funktionsfähigkeit und Betriebssicherheit einer Gleitringdichtung gefährden — vgl. Abschn. 4.3, 4.4 und 4.6 —, so ist die Versagensgefahr im Höchstdruckbereich noch wesentlich gesteigert.

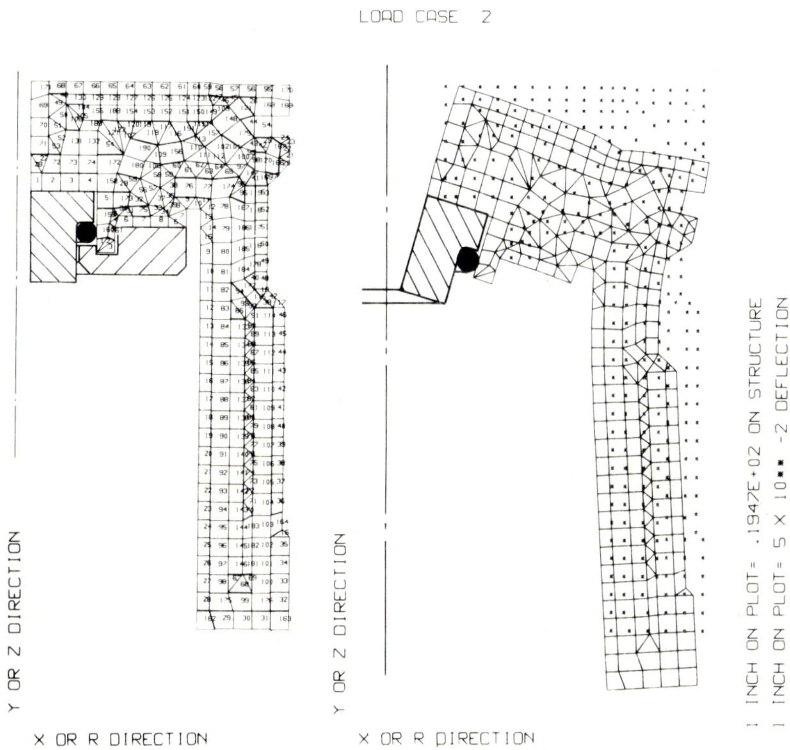

Bild 162. Verformungsdiagramm eines Aufnahmeflansches mit Gegenring einer Primärpumpe eines Druckwasserreaktors nach Computerrechnung mit Finiten Elementen [488].
$D_W = 180$ mm; $p_1 = 158$ bar; $s = -30$ µm

Die kohlekeramischen Gleitringe stellen hier auf Grund ihrer niedrigeren Festigkeitswerte den schwächsten Teil dar. Vorzugsweise sollten hier metallimprägnierte und silizierte Kohlen eingesetzt werden, da sie höhere Spannungen aushalten, eine günstigere Wärmeleitzahl aufweisen und über einen höheren Elastizitätsmodul verfügen. Die mechanischen und thermischen Deformationen können so klein gehalten werden. Bei großen Ringabmessungen muß berücksichtigt werden, daß die mechanisch-physikalischen Kennwerte auf Grund der Herstellung ungünstiger werden. Mit wachsender Dichtbreite b steigen auch die thermischen Deformationen und der Verschleiß. Eine hydrostatische Entlastung der Gleitringdichtung erhöht die Leckverluste und vermindert die Betriebssicherheit durch die Gefahr des Abhebens der Dichtflächen. Hydrodynamische Gleitringdichtungen haben sich im Höchstdruckbereich auf Grund ihrer niedrigen Reibungskoeffizienten besonders gut bewährt. Selbstverständlich sind an die Werkstoffpaarungen bei hohen Gleitdrücken besondere Anforderungen auch hinsichtlich der Notlaufeigenschaften zu stellen. Vorzugsweise wird die Werkstoffpaarung Siliziumkarbid im Anlauf gegen metallimprägnierte Kohlen eingesetzt, wobei die Gleitflächen poliert und, wenn möglich, hochtrainiert werden sollten (s. Abschn. 5.3.8). Die niedrigen Ausdehnungskoeffizienten der Karbide und Kohlen halten auch die thermischen Deformationen klein.

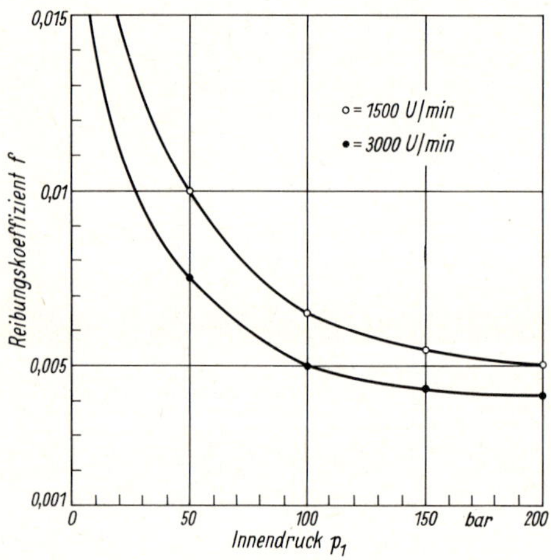

Bild 163
Reibungsbeiwerte einer hydrodynamischen Höchstdruckdichtung.
$D_W = 50$ mm, Speisewasser,
$t = 30$ bis 60 °C

Bild 162 zeigt die Deformation eines Anlageflansches um $s = -30$ µm für einen Gegenring bei einem abzudichtenden Innendruck von $p_1 = 158$ bar, wodurch sich

eine starke Erhöhung des k-Wertes mit verstärkter Flächenbelastung im Außendurchmesser der Dichtbreite ergibt. Derartige ungünstige Einwirkungen auf die Gleitringdichtungen können durch geeignete Werkstoffauswahl und konstruktive Mittel behoben werden. In diesem Zusammenhang wird auf Abschn. 9.1, Bild 161, verwiesen. Bei entsprechender Auslegung der Dichtung und der Gehäuseteile können mechanische und thermische Deformationen klein gehalten werden. Bild 163 zeigt den Abfall der Reibungskoeffizienten mit wachsender Drehzahl bei Innendruck bis 200 bar.
Die Wahl der O-Ring-Härte und der Spaltweiten sollten im Höchstdruckbereich unter Berücksichtigung der Werte nach Bild 26 erfolgen. Um die Dichtungsspalte nicht zu eng zu halten, empfiehlt es sich, mindestens eine Härte von 80 Shore A für die O-Ringe vorzusehen und diese durch separate Stützringe gegen Herausquetschen zu schützen. Bei der Dimensionierung der Spalte müssen auch die Maßänderungen im Betriebszustand, die sich durch mechanische und thermische Einflüsse ändern können, berücksichtigt werden. Mit wachsenden Dichtdrücken müssen die Laufgenauigkeiten der Wellen, der Reinheitsgrad des Dichtmediums und die Kühlung verbessert werden.

9.3. Hochtourendichtungen

Schnellaufende Maschinen, wie Pumpen, Kompressoren und Turbinen, verlangen Sonderdichtungen. Bis zu Gleitgeschwindigkeiten von $v_g = 25$ m/s können bei Gleitringdichtungen noch innenspannende Federn umlaufend angeordnet werden [169] und bis $v_g = 35$ m/s noch mit Federführung. Bei höheren Gleitgeschwindigkeiten müssen die Federn wegen der hohen Fliehkrafteinflüsse und dadurch bedingte Funktionsbehinderungen stationär angeordnet werden. Grundsätzlich sollten bei hohen Drehzahlen die umlaufenden Massen und damit die Schwingungen und Unwuchterscheinungen so klein wie möglich gehalten werden. In Bild 164 ist eine stationäre Gleitringdichtung mit schwimmendem Zwischenring dargestellt. Die Kompressorwelle läuft mit $n = 11\,200$ U/min um.
Das Spiel zwischen Welle und Zwischenring 2 beträgt rund 1 mm. Der erhoffte Vorteil der Drehzahlreduzierung durch schwimmende Zwischenringe — nach *Elonka* [76] würde ein Ring die Gleitgeschwindigkeit auf die Hälfte reduzieren — tritt jedoch nicht ein. Theoretisch wäre dies auch nur möglich, wenn Haft- und Gleitreibungsbeiwerte gleich groß wären. In der Praxis ist jedoch die Haftreibung meistens höher als die Gleitreibung.
Stroboskopische Untersuchungen haben dies auch bei Verwendung von mehreren Zwischenringen eindeutig bestätigt. Vorteilhaft ist jedoch die verbesserte Wärmeableitung. Erhitzt sich beispielsweise während des Laufes (der Ring 2 sei stationär) der Dichtspalt Nr. 1 so stark, daß seine Reibung die Haftreibung des ruhenden

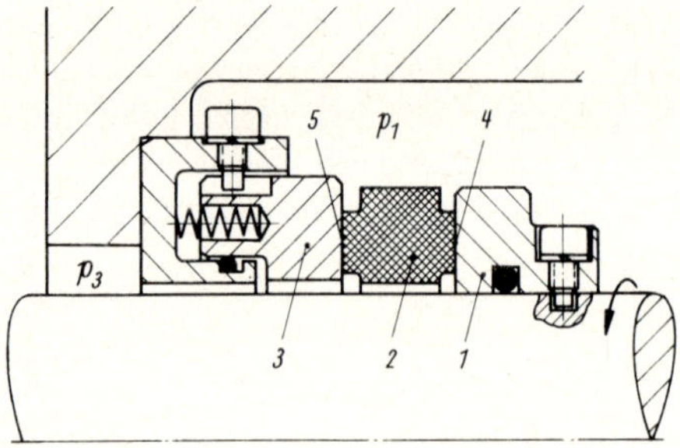

Bild 164
Gleitringdichtung mit schwimmendem Zwischenring.

$D_W = 90$ mm, $v_g = 62$ m/s

1 rotierender Gegenring
2 schwimmender Kohle-Zwischenring
3 stationärer Gleitring
4 Dichtspalt Nr. 1
5 Dichtspalt Nr. 2

Spaltes Nr. 2 übersteigt, so läuft anschließend der Zwischenring 2 mit um, während der Dichtspalt Nr. 1 zur Ruhe kommt. Dieser Wechsel kommt der Temperatursicherheit der Dichtung zugute, jedoch nehmen die Leckverluste zu.

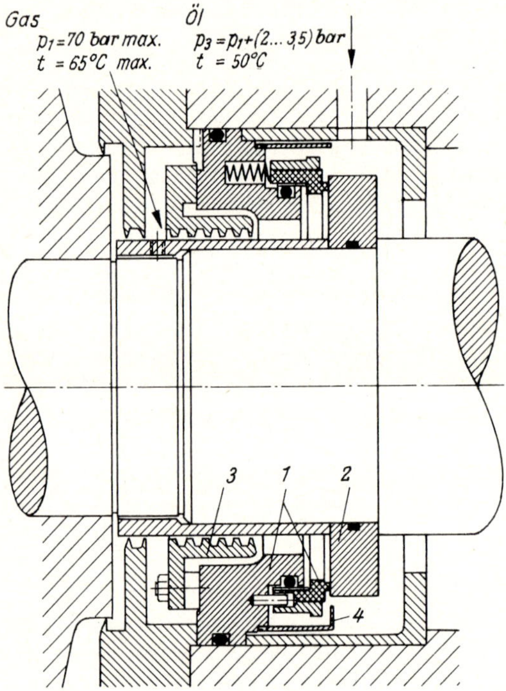

Bild 165
Hochtourendichtung [310].

$D_W = 140$ mm, $d_m = 200$ mm, $n = 6500$ U/min, $v_g = 68$ m/s

1 stationäre Gleitringdichtung
2 rotierender Gegenring
3 Rückfördergewinde
4 Montagesperre

Eine Hochtourendichtung, die ebenfalls eine sehr schmale Dichtbreite aufweist, wird in Bild 165 in stationärer Anordnung gezeigt.

Der Sperr-, Schmier- und Kühlöldruck p_3 liegt 2 bis 3,5 bar höher als der Gasdruck von $p_1 = 70$ bar. Im Gegensatz zu den in Bild 164 und 165 dargestellten einfachwirkenden Gleitringdichtungen zeigt Bild 166 eine doppeltwirkende, hydrodynamische Hochtourendichtung.

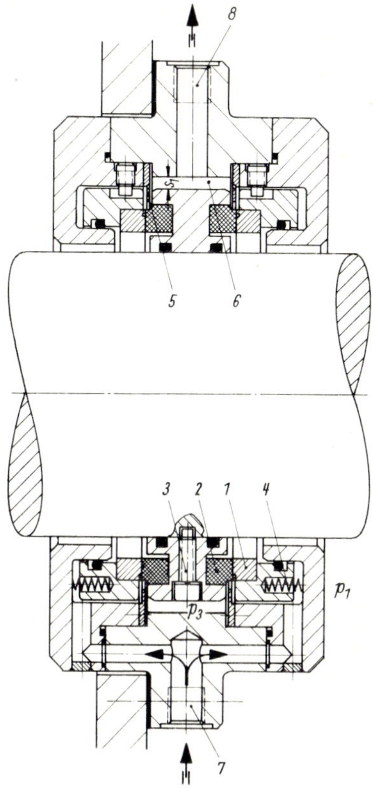

Bild 166
Doppeltwirkende Hochtourendichtung [2*].
$D_W = 90$ mm, $p_3 = 25$ bar, $v_g = 85$ m/s

1 stationäre Gleitringdichtung
2 umlaufender Gegenring
3 Verdrehsicherung
4 Gruppenfederung
5 Leitblech
6 Wirbelraum
7 Sperrflüssigkeitseinlaß
8 Sperrflüssigkeitsauslaß

Trotz der hohen Rundlaufgenauigkeit und Planität der umlaufenden Gegenringe 2 werden diese zweckmäßigerweise aus dem leichter verschleißenden Werkstoff, im vorliegenden Fall Kohle, gefertigt, da die Dichtungen sich so schneller durch Einlauf anpassen. Bei Verwendung von Ölen als Sperrflüssigkeit sollten möglichst niedrige Viskositäten angestrebt werden, dazu eine möglichst geringe Löslichkeit für Gase und eine möglichst geringfügige Verkokungsneigung. Bei den hohen Temperaturen an den Gleitringen sollte das Sperrmedium möglichst rückstandsfrei verdampfen. Häufig wird es nicht zu umgehen sein, hier synthetische Medien, beispielsweise Polyglykole, einzusetzen. Die Durchsatzmengen des Kühlmediums sind für Hochtourendichtungen sehr hoch und liegen in der Größenordnung von 50 bis 100 l/min. Hierbei ist zu berücksichtigen, daß normalerweise die Turbulenzverluste durch Taylor-Wirbel wesentlich größer als die Stirnflächenreibung sind. Die Wirbelkammer 6 sollte eine Spalthöhe von $s_1 \approx 7{,}5$ bis 10 mm aufweisen. Veränderungen dieser Werte nach oben und unten erhöhen normalerweise die Turbulenzverluste. Für die in Bild 166 dargestellte Dichtung betrugen bei Verwendung von Öl mit einer Viskosität von 18 bis $28 \cdot 10^{-3}$ Pas die Turbulenzverluste $M_F \approx 14{,}7$ kW. Bei den hohen Gleitgeschwindigkeiten muß mit zusätzlicher Ölschaumbildung oder Gasaufnahme gerechnet werden. Auf Grund der großen Gewichtsunterschiede zwischen Flüssigkeit und Gas legen sich häufig Gasblasenringe um die Dichtungszonen und führen zur Überhitzung und Trockenlauf. Bei Inbetriebnahme ist für eine gute Entlüftung zu sorgen. Durch die Leitbleche 5 können heißere evtl. mit Gas versetzte Ringzonen des Sperrmediums auf Grund der günstigeren Strömungsführung und höheren Strömungsgeschwindigkeit ausgespült werden. In den kritischen Zonen sollte die Strömungsgeschwindigkeit bis auf 10 m/s gesteigert werden.

Neben einer ausreichenden mechanischen Festigkeit sind insbesondere die thermischen Kennwerte der Werkstoffe unter Beachtung einer optimalen Wärmeableitung zu berücksichtigen. Werkstoffprobleme bei sehr hohen Gleitgeschwindigkeiten werden von *Glaeser* und *Allen* [93] sowie *Taschenberger* und Mitarbeitern [279] behandelt. Die Hauptgefahren bei Hochtourendichtungen sind durch Wärmespannungsrisse, thermische Verwerfungen, Überschreitung der zulässigen Einsatztemperaturen sowie durch Ablagerung, wie Ölkohle und Crack-Produkten, gegeben. Die Leckverluste steigen mit wachsender Gleitgeschwindigkeit stark an, s. Bild 68.

9.4. Hochtemperaturdichtungen

Bei Gleitringdichtungen nehmen mit steigender Betriebstemperatur der Verschleiß und die Korrosion zu und die Betriebssicherheit ab. Aus diesem Grunde sollten die Gleitringdichtungen so gut wie möglich gekühlt werden und insbesondere die Temperatur im Dichtspalt unterhalb der kritischen Verdampfungstemperatur gehalten werden, um Trockenlauf zu vermeiden.

In Bild 167 ist eine doppeltwirkende Gleitringdichtung dargestellt, bei der nur der Gegenring umläuft, der gleichzeitig auch als doppelflutiges Pumprad ausgebildet ist. Die Dichtung kommt in einer Vollmantelzentrifuge zum Einsatz, die Hexan von 100°C mit Feststoffen trennt. Um keine Verdampfung im Dichtspalt zu erhalten, wird sauberes Hexan über die Pumpvorrichtung durch einen Wärmetauscher geleitet, so daß die Dichtungen durch kaltes Hexan von ca. 30 bis 40°C gekühlt werden. Bei hohen Betriebstemperaturen empfiehlt es sich, das Dichtmedium in unmittelbarer Nähe der Gleitringdichtung soweit wie möglich herunter zu kühlen. Dies kann durch eine in der Dichtung eingebaute Pumpvorrichtung mit Wärmetauscher, Mantelkühlung oder aber auch durch Kalteinspritzung geschehen — s. Abschn. 9.7 und 9.8.

Da thermisch betrachtet im Normalfalle die elastomerischen Werkstoffe den schwächsten Punkt bei einer Gleitringdichtung darstellen, empfiehlt es sich, die Dichtungstemperatur auch im Stillstand so niedrig wie möglich zu halten. Auf die Blockierungsgefahr durch Ablagerungen bei hohen Temperaturen wurde bereits hingewiesen. Da häufig die in der Dichtungszone vorhandenen Betriebstemperaturen die max. Dauereinsatztemperatur auch von Polytetrafluoräthylen von ca. 250 °C überschreiten, werden in solchen Fällen Metallfaltenbalg-Dichtungen eingesetzt.

Bild 167
Doppeltwirkende, hydrodynamische Gleitringdichtung mit integrierter doppelflutiger Pumpvorrichtung für Vollmantelzentrifuge [2*].
$D_W = 225$ mm,
$v_g = 25$ m/s

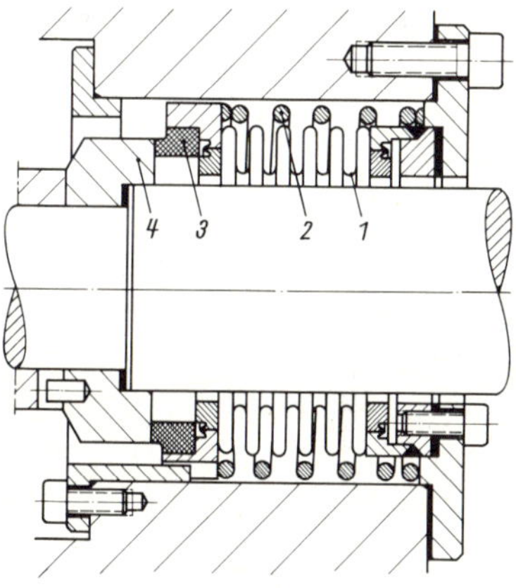

Bild 168
Metallfaltenbalg-Gleitringdichtung mit gerolltem Balg.
1 Metallfaltenbalg
2 Druckfeder
3 geschrumpfter Gleitring
4 Gegenring

In Bild 168 ist eine Metallfaltenbalg-Dichtung mit gerolltem Edelstahlbalg und Längsnahtschweißung dargestellt. Wegen der Gefahr von Dauerschwingungsbrüchen sollten Metallfaltenbalg-Konstruktionen möglichst stationär angeordnet und der Balg durch Verdrehsicherung von Torsionsbeanspruchungen freigehalten werden — s. Bild 168. Die Kohlegleitringe werden normalerweise eingeschrumpft. Derartige Dichtungen können je nach Abmessung und Betriebsbedingungen mit einwandigen Bälgen bis ca. 10 bar und 400 bis 500 °C eingesetzt werden.

Auf Grund der kürzeren axialen Einbaumaße, der höheren Druckbelastung und der günstigeren Federungscharakteristik werden heute in zunehmendem Maße Metallfaltenbälge mit geschweißten Lamellen eingesetzt, Bild 169. Nähere Einzelheiten über diese Balg-Konstruktionen können den Literaturnachweisen [316; 323; 324] entnommen werden. Bei Verwendung von Inconel und besonders oxidationsbeständigen Kohlen können Temperaturen bis 650 °C erreicht werden. Nachdem die kohlekeramischen Werkstoffe einen sehr niedrigen Ausdehnungskoeffizienten aufweisen — s. Tabelle 13 —, müssen bei Schrumpfsitzen auch die Trägerwerkstoffe mit möglichst niedrigen α-Werten gewählt werden, beispielsweise 42% Ni-Stahl.

Bild 169
Stationäre Faltenbalgdichtung mit Lamellenbalg [2*].

9.5. Tieftemperaturdichtungen

Durch die Versprödung vieler Werkstoffe bei tiefen Temperaturen sind hier besondere Vorsichtsmaßnahmen und eine sorgfältige Materialauswahl notwendig. Elastomere können normalerweise nur bis −50 °C eingesetzt werden. Aus diesem Grunde werden auch bei tiefen Temperaturen häufig Metallfaltenbalg-Gleitringdichtungen eingesetzt. Als Bauwerkstoffe kommen bis −200 °C legierte Stähle, wie Cr-Mo-Stahl, Cr-Ni-Mo-Stahl, Ni-Stahl oder Cr-Ni-Stahl, zum Einsatz, beispielsweise die Werkstoffe 1.6900 und 1.6903. Bei tiefen Temperaturen sollten die Schrauben zumindest aus dem zähen Werkstoff 1.4541 gefertigt sein. Selbstverständlich muß auch das Verhalten der abzudichtenden Medien bei tiefen Temperaturen berücksichtigt werden. Hauptsächlich handelt es sich hier um verflüssigte Gase. Nähere Einzelheiten über Gaskonstanten sind aus Tabelle 26 zu ersehen. In Bild 170 ist eine Gleitringdichtung für Flüssiggas dargestellt.
Durch die großen Temperaturunterschiede bei Inbetriebnahme von Tieftemperaturanlagen müssen die thermischen Verwerfungen durch Verwendung geeigneter Werkstoffe klein gehalten werden. Ferner muß der Zutritt von atmosphärischem Wasserdampf zur Dichtung verhindert werden, damit nicht durch Eisbildung die Dichtung blockiert wird.

Tabelle 26. Physikalische Gaskonstanten nach *Scott* [259] und *Squire* [268].

Gas	A	CO_2	N_2	O_2	H_2	H_e	Luft
Siedepunkt t_S bei 1 bar in °C	−185,9	−78,5*)	−195,8	−183	−252,8	−268,9	−194,0
Gefrierpunkt t_G in °C	−189	—	−210	−218	−259	—	—
Dichte ϱ des Gases bei 1 bar und 0 °C in kg/m^3	1,78	1,98	1,26	1,43	0,09	0,178	1,293
Dichte ϱ der Flüssigkeit bei t_S in kg/m^3	1374	—	807	1150	71	126	875
Viskosität η d. Gases bei 20 °C in 10^{-3} Pas	0,223	0,0148	0,0176	0,0203	0,00888	0,0195	0,0185
Viskosität η der Flüssigkeit bei t_S in 10^{-3} Pas	0,252	—	0,158	0,19	0,013	0,0047	0,16

*) sublimiert.

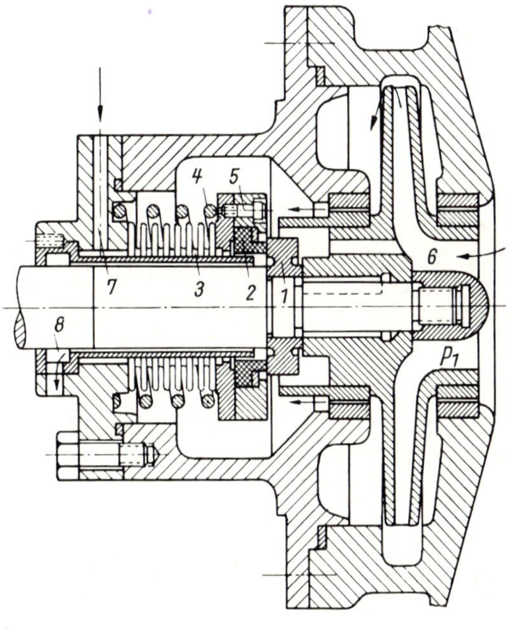

Bild 170
Gleitringdichtung für Flüssiggase mit Inertgassperre [1*].

1 rotierender Gegenring
2 stationärer Gleitring
3 Metallfaltenbalg
4 Druckfeder
5 Klemmvorrichtung mit Tellerfeder
6 Pumpsystem für Flüssiggas
7 Einlaß für trockenes Sperrgas
8 Sperrgasauslaß

Das Verschleißverhalten von Werkstoffpaarungen kann sich bei tiefen Temperaturen vollständig ändern. Während beispielsweise eine hochverschleißfeste Paarung Metall/Kohle bei Raumtemperaturen im reinen Trockenlauf — $v_g = 10$ m/s, $p_g = 15$ N/cm^2 — noch Standzeiten über 4000 Betriebsstunden erzielte, fiel sie bei der Abdichtung von flüssigem Sauerstoff binnen weniger Stunden durch Verschleiß aus. Die Standzeiten von Gleitringdichtungen, die flüssigen Sauerstoff bei $p_1 = 30$ bar und $v_g = 13{,}7$ m/s abdichten, lagen früher noch in der Größenordnung von 300 bis 500 Betriebsstunden, während sie durch verbesserte Werkstoffpaarungen jetzt über das 10fache gesteigert werden konnten. Im Raffineriebetrieb werden bei der Förderung von verflüssigten Gasen, wie Pentan, Butan, Äthylen etc., vorzugsweise doppeltwirkende Gleitringdichtungen eingesetzt. Als Sperrmedien kommen hierfür insbesondere ein- und mehrwertige Alkohole, wie Methyl-, Äthylalkohol, Äthylenglykol und Glyzerin, zum Einsatz, wobei beispielsweise Propylalkohol bis $-120\,°C$ eingesetzt werden kann.

9.6. Gleitringdichtungen für schleißende Medien

Wie schon in Abschn. 5.3.7 ausgeführt, verringern abrasive Fremdkörper im Dichtmedium die Lebensdauer einer Gleitringdichtung ganz wesentlich. Auch bei hochverschleißfesten Werkstoffpaarungen sollte der Eintritt von abrasiven Teilchen in den Dichtspalt möglichst verhindert werden. Hoher Verschleiß und Blockierungsgefahr durch Ablagerungen sind auch bei faserigen Förderprodukten und gelösten Bestandteilen zu erwarten. Dies gilt beispielsweise für Salz- und Zuckerlösungen, Wasser mit großer Karbonathärte und konzentrierten Laugen, aber auch für Medien, die bei hohen Temperaturen zu Crack-Ablagerungen oder zur Polymerisation neigen [481; 498].

Durch entsprechende Werkstoffpaarungen, Konstruktionen und Zusatzvorkehrungen können auch bei schleißenden Medien sehr hohe Standzeiten erzielt werden.

9.6.1. Bei Sand- und Festkörpern

Unter Umständen können schon bei einfachen Betriebsbedingungen, beispielsweise bei der Abdichtung vom Schwimmbadpumpen, die stark verschmutztes oder kalkhaltiges Wasser abzudichten haben, oder die mit Kieselgurfilterung arbeiten, Schwierigkeiten auftreten.

Bei der in Bild 171 gezeigten Konstruktion verhindert die innenspannende Kegelfeder auf Grund ihrer Pumpwirkung die Ablagerung von Festkörpern im Dichtraum, wobei gleichzeitig durch die Zirkulation in Richtung der heißen Gleitfläche die Temperaturen niedrig gehalten werden. Durch Verlängerung der Rotornabe kann auf eine korrosionsfeste Motorwelle verzichtet werden. Neben einer hohen Verschleißfestigkeit muß im vorliegenden Fall die Werkstoffpaarung notlaufsicher sein, da unter Berücksichtigung der speziellen Betriebsgegebenheiten mit Trocken-

lauf, beispielsweise beim Absaugen des Bodenschmutzes, gerechnet werden muß. Standzeiten von vielen Jahren sind die Regel.
Bei Tauchpumpen, die beispielsweise in stark verschmutzten Baugruben zum Einsatz kommen, sind besondere Forderungen von der Dichtungsseite her zu stellen.

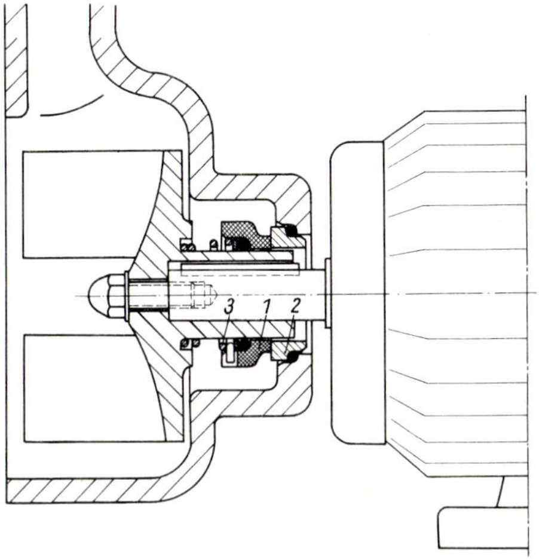

Bild 171
Gleitringdichtung in einer Schwimmbadpumpe [2*].
1 Hartkohlegleitring
2 verschleißfester Gegenring
3 innenspannende Kegelfeder

Auf Grund des hohen Verschmutzungsgrades der Fördermedien — der Festkörperanteil kann über 50% hinausgehen — muß die Primärdichtung hochverschleißfest ausgeführt werden, Bild 172. Hier kommt insbesondere die Werkstoffpaarung Wolframkarbid/Wolframkarbid zum Einsatz. Beim Absinken des Fördermediums kann Trockenlauf bei der Primärdichtung auftreten, der von der hartmetallbestückten Dichtung, die hierbei Reibungsbeiwerte von $f > 0{,}3$ erreicht, nicht ohne die Gefahr von Wärmespannungsrissen übernommen werden kann. Deshalb wird eine Ölvorlage bei den Pumpen vorgesehen, die für ausreichende Schmierung in Richtung des Zentrifugaldruckes bei der Primärdichtung und Kühlung dient. Zur Motorseite wird das Öl durch eine notlaufsichere Sekundärdichtung abgedichtet, die auch beim Absinken des Öles noch für einen längeren Zeitraum funktionssicher sein muß. Wegen der hierbei auftretenden höheren Temperaturen sind bei der Sekundärdichtung die O-Ringe vorzugsweise aus Fluorelastomeren wie Viton vorzusehen. Durch entsprechende Nabengestaltung des Rotors — s. Bild 172 — können auch Blockierungsgefahren beim Eindringen von Drähten und Seilen in den Dichtungsraum verhindert werden.
Während die in Bild 172 dargestellten Gleitringdichtungen drehrichtungsabhängig sind, ist die Tandemschaltung nach Bild 173 drehrichtungsunabhängig.
Bei größeren Wellendurchmessern und Gleitgeschwindigkeiten muß eine ausreichende Kühl- und Austauschzone 4 vorgesehen werden, da sonst beim Trockenlauf

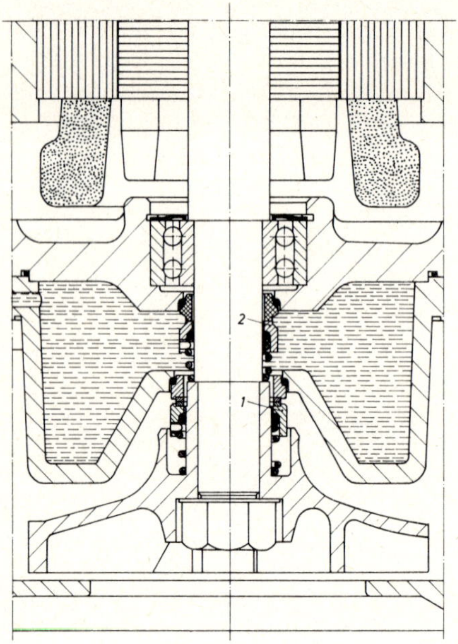

Bild 172
Tauchpumpe mit Gleitringdichtungen in Tandemanordnung [2*].

1 doppelseitig hartmetallbestückte Primärdichtung
2 notlaufsichere Sekundärdichtung

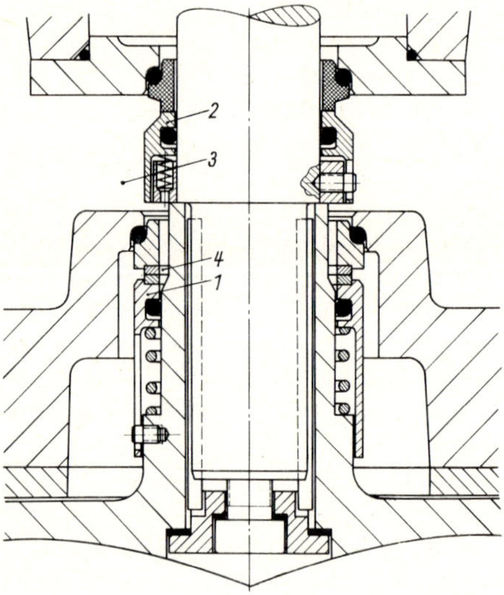

Bild 173
Drehrichtungsunabhängige Gleitringdichtungen in Tandemschaltung für Baugrubenpumpe [2*].

1 Primärdichtung
2 Sekundärdichtung
3 Ölraum
4 Kühl- und Austauschzone

der Pumpe die Wärmeableitung für die produktseitigen hartmetallbestückten Gleitringe nicht mehr ausreichend ist.
Schmutzhaltige Medien können insbesondere, wenn sie unter hohem Druck austreten, zu kolkartigen Auswaschungen in den Gleitzonen führen.

Bild 174
Ausgewaschener Kohlering einer Bergwerkspumpe.

In Bild 174 ist ein stationärer Kohle-Gegenring mit derartigen kolkartigen Auswaschungen abgebildet. Durch einen plötzlichen Wassereinbruch im Bergwerk erhöhten sich die Festkörperbestandteile wesentlich, so daß es zu diesen Erosionserscheinungen kam. Der Eintrittswinkel der Festkörper läßt sich gut aus Bild 174 ersehen. Nach *Koch* [148] können sich abrasive Partikel auch in dem Spalt zwischen Welle und Gegenring ablagern und so zu starkem Verschleiß an diesen Teilen führen.

Einsatzbedingungen:
$D_W = 45$ mm
$n = 2900$ U/min
Wasser mit 35% Sandbeimengungen
$p_1 = 6{,}4$ bar
6600 Betriebsstunden

Bild 175
Produktseitiger Gegenring einer doppeltwirkenden Gleitringdichtung mit aufgelötetem Gleitring aus Metallkarbid [148].

In Bild 175 sind die erosiven Auswaschungen im Trägermaterial des Gegenringes nach 6600 Betriebsstunden gut ersichtlich. In derartigen Fällen werden doppeltwirkende Gleitringdichtungen auf der Produktseite mit bestem Erfolg hydrodynamisch ausgebildet. Durch die Einspeisung von sauberem Spülmedium können auch bei sehr kritischen Betriebsverhältnissen Blockierungen und Erosionserscheinungen ganz verhindert werden — s. Bild 182 und 188. Anschließend soll noch auf das Abdichtungsproblem an Lauf- und Antriebsrädern bei Gleiskettenfahrzeugen hingewiesen werden, die unter erschwerten Betriebsbedingungen arbeiten.

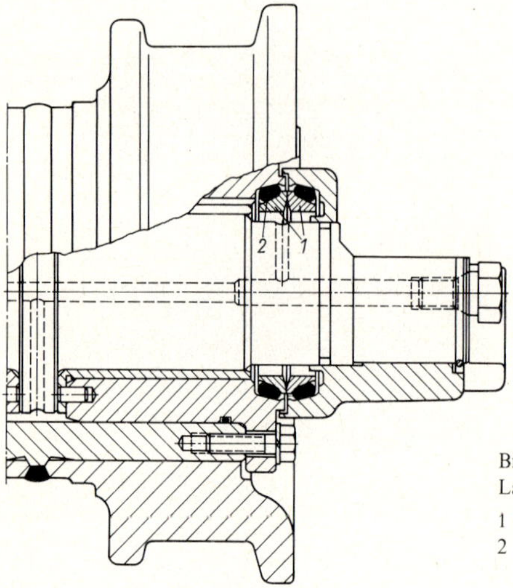

Bild 176
Laufrollenabdichtung eines Kettenfahrzeuges.
1 Stahlgleitringe
2 gummielastische Dicht- und Federungsringe

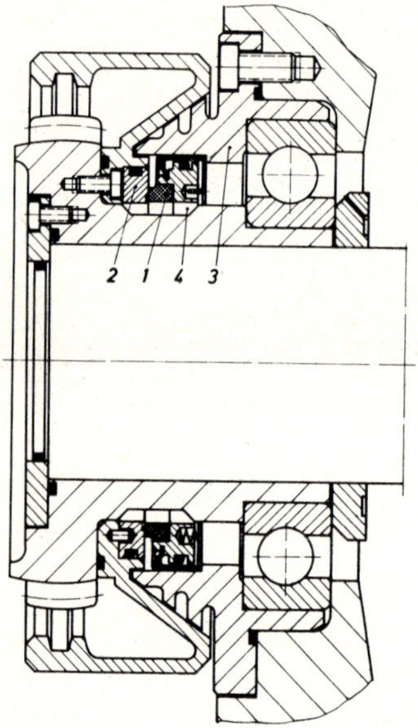

Bild 177
Gleitringdichtung im Endantrieb eines Amphibienfahrzeuges [2*].
1 stationäre Gleitringdichtung
2 umlaufender Gegenring
3 Labyrinth-Vordichtung
4 Kühl- und Austauschraum

Bild 176 zeigt eine kurzbauende sehr robuste Laufrollenabdichtung, bei der der Dichtring 2, der mit ca. 15 bis 20% diametraler Pressung eingebaut wird, auch gleichzeitig die Federung übernimmt und eine spezifische Flächenpressung von $p_f \approx 30$ N/cm^2 erzielt. Die Gleitwerkstoffpaarung sollte, wenn möglich, korrosionsfest ausgeführt sein, da sonst insbesondere im Stillstand durch Rostbildung erhöhter Verschleiß und Leckverluste auftreten können. Durch die Behinderung der Ableitung der Stirnflächenreibung durch die großdimensionierten O-Ringe 2 nach Bild 176 sollten derartige Dichtungen bei Fettschmierungen nur bis zu Gleitgeschwindigkeiten von $v_g \approx 5$ m/s und bei Ölschmierungen von $v_g \approx 10$ m/s eingesetzt werden.
Auf Grund der günstigeren Gleitwerkstoffpaarung und der Wärmeableitung kann die Ausführung nach Bild 177 bei Verwendung von Fluorelastomeren bis zu Gleitgeschwindigkeiten von 20 m/s eingesetzt werden. In beiden Fällen, Bild 176 und 177, gelangt unter dem Einfluß der Fliehkraft Schmierfett oder Öl, das häufig durch Graphitzusätze verbesserte Notlaufeigenschaften aufweist, in den Dichtspalt und schmiert also einerseits die Gleitflächen und verhindert zum anderen das Eindringen von Schmutz und Wasser.

9.6.2. Bei Salzen und Kristallen

Salz- und Kristallösungen stellen für Gleitringdichtungen immer ein kritisches Dichtproblem dar, da auf der einen Seite durch Ablagerungen mit hohem Verschleiß oder Blockierungen gerechnet werden muß und auf der anderen Seite mit korrosiven Erscheinungen. Durch Verwendung hochverschleißfester Gleitwerkstoffe können nach *Koch* [148] auch kritische natrium- und kaliumgesättigte Lösungen sowie Mutterlaugen mit Kaliumchloridkristallen und einem Festkörpergehalt von 35% über Langzeiträume durch Gleitringdichtungen einwandfrei abgedichtet werden. Wenn keine Fremdspülung möglich ist, muß jedoch unter Umständen durch entsprechende Entlastungsbohrungen im Pumpenrotor eine ausreichende Zirkulation und Kühlung im Stopfbuchsraum sichergestellt werden. Günstiger ist jedoch, wenn mit Fremdspülung gearbeitet werden kann, Bild 178.
Die Gleitringe aus Hartmetall sind dabei in Trägerringe eingeschrumpft, deren Werkstoffe jedoch abgestimmt werden müssen, um elektrolytische Korrosionen zu verhindern, Bild 179.
Bei Salzlösungen hat sich hier der Werkstoff 1.4582 (25 Cr, 7 Ni, 1,5 Mo) als sehr widerstandsfähig erwiesen. Wolframkarbidringe mit Kobaltbinder zeigen bei Seewasser starke Korrosionserscheinungen am Binder, wenn Kupfer aus Pumpenteilen oder Armaturen gelöst wird. Wird Nickel an Stelle des Kobaltbinders verwandt, treten derartige Erscheinungen nicht auf. Oxidkeramische Gleitringe, insbesondere hochreines Al_2O_3, sind chemisch außerordentlich beständig und verfügen auch auf Grund ihrer Härte über eine sehr gute Verschleißfestigkeit. Auf Grund

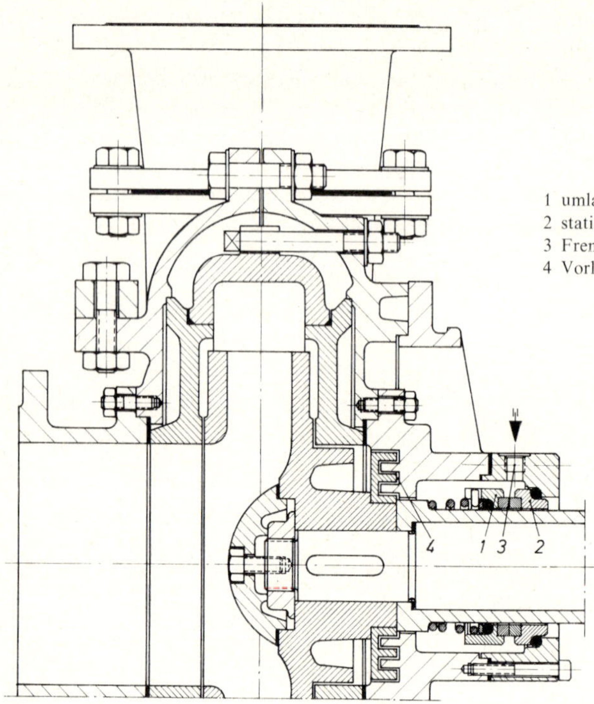

1 umlaufende Gleitringdichtung
2 stationärer Gegenring
3 Fremdspülanschluß
4 Vorlabyrinth

Bild 178
Einfachwirkende, hochverschleißfeste Gleitringdichtung mit Fremdspülung in einer Panzerpumpe zur Förderung von stark festkörperhaltigen Salzlösungen [2*].

Bild 179
Elektrolytisch-korrodierter Trägerring aus Cr-Ni-Stahl.

der Porosität und des verminderten Traganteiles sollten derartige Ringe jedoch nur bis zu Gleitdrücken von 250 N/cm^2 eingesetzt werden.
Bild 180 zeigt eine doppeltwirkende Gleitringdichtung mit einem produktseitigen Keramikring 3 im Anlauf gegen Hartkohle mit Sperrwasserzirkulation, die sich bei der Abdichtung von übersättigter Ammoniumsulfatlauge mit 10% H_2SO_4 bei 90°C sehr gut bewährt hat.

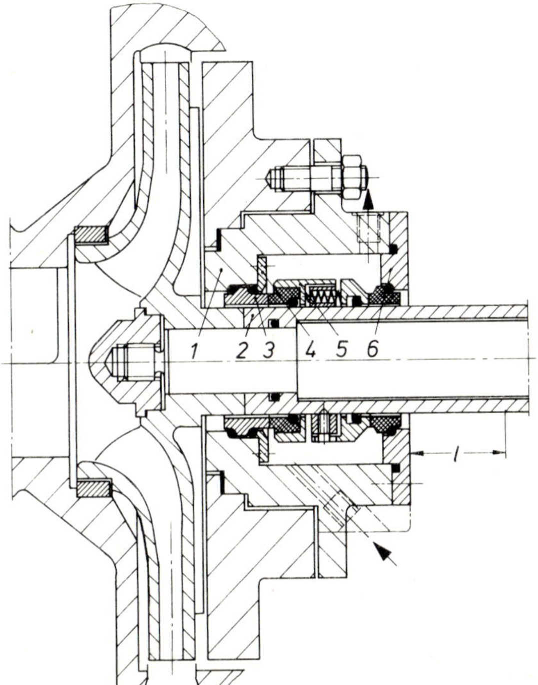

Bild 180
Doppeltwirkende Gleitringdichtung mit Zwangszirkulation [2*].
1 Dichtungsgehäuse
2 Wellenhülse
3 Keramikring
4 Spannflansch
5 produktseitige Gleitringdichtung
6 Außenflansch

Aus Konstruktions- oder Kostengründen kann auch die Werkstoffpaarung Keramik/Wolframkarbid eingesetzt werden. Die Werkstoffpaarung Keramik/Keramik ist nicht zu empfehlen, da sie sehr hohe Verschleißwerte zeigt und beim Trockenlauf zu hohen statischen Aufladungen, die einige 1000 Volt betragen können, neigt.
Durch konzentrierte Natronlauge wird Al_2O_3 angegriffen. Hier hat sich die Werkstoffpaarung Wolframkarbid/Wolframkarbid sehr gut bewährt, Bild 181. Für die Elastomere ist vorzugsweise Äthylen-Propylen einzusetzen. Die konische Aufdrehung des Gegenringes 2 (s. Bild 181) ermöglicht eine bessere Freispülung des Spaltes.

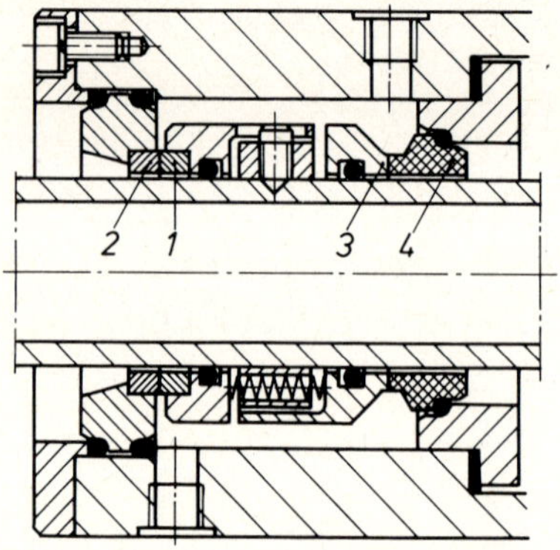

Bild 181
Doppeltwirkende Gleitringdichtung zum Einsatz gegen hochprozentige Natronlauge.

1 rotierender Hartmetallring
2 stationärer Hartmetallring
3 atmosphärenseitiger Gleitring
4 atmosphärenseitiger Gegenring

Im Hochdruckbereich treten bei der Harnstoffsynthese insofern Probleme auf, als die Temperatur der Gleitringdichtung unter 70 °C gehalten werden muß, ein Wert, bei dem bereits Kristalle aus der Ureumsyntheselösung ausfallen.
In Bild 182 ist eine doppeltwirkende Gleitringdichtung mit innerer Spülung dargestellt. Damit im Betriebszustand keine Ablagerungen zwischen Wellenhülse und dem stationären Gegenring entstehen können, wird durch die Einlaßleitung 1 kaltes Sperrwasser über die Verteilerbohrungen 2 eingespeist. Der Drosselring 3 bildet ein enges Labyrinth, das auch bei evtl. Berührung noch einwandfrei arbeitet.

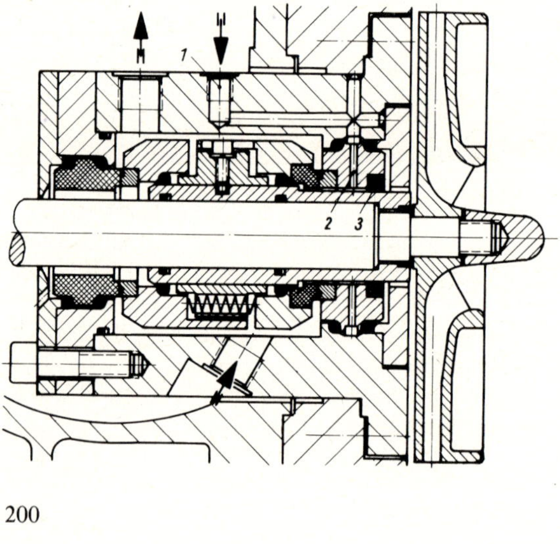

Bild 182
Doppeltwirkende, hydrodynamische Gleitringdichtung mit innerer Spülung für Ureumsyntheselösung.

$n = 2900$ U/min
$p_1 = 95$ bis 180 bar
$t = 183$ °C

1 Spülflüssigkeitseinlaß
2 Verteilerbohrung
3 Drosselring

9.6.3. Bei Fasern und Fäkalien

Bei faserigen Produkten müssen insbesondere die Federn der Gleitringdichtung geschützt werden, um ein Blockieren zu verhindern.

In Bild 183 ist eine einfachwirkende Gleitringdichtung mit Federschutzvorrichtung dargestellt.

Bei faserhaltigen Förderprodukten, wie sie beispielsweise in Wasch- und Färbereimaschinen auftreten, kann der Schutz der Feder durch ein spezielles Gehäuse bewirkt werden, Bild 184. Die Kühlung der Dichtung wird hierdurch kaum beeinträchtigt.

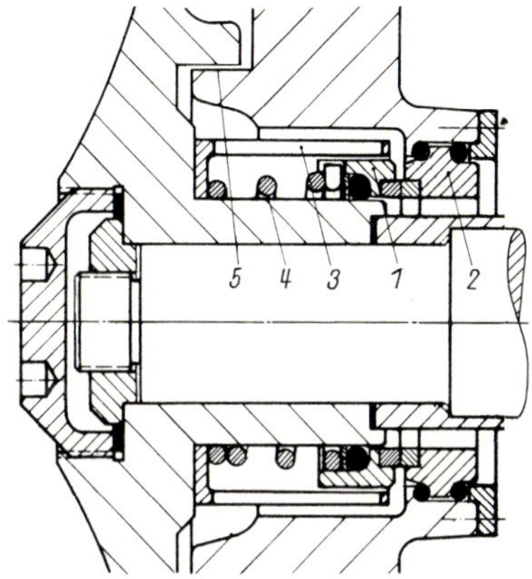

Bild 183
Einfachwirkende Gleitringdichtung mit geschützter Feder [148].

1 umlaufende Gleitringdichtung
2 stationärer Gegenring
3 Federschutz
4 Druckfeder
5 Vorlabyrinth

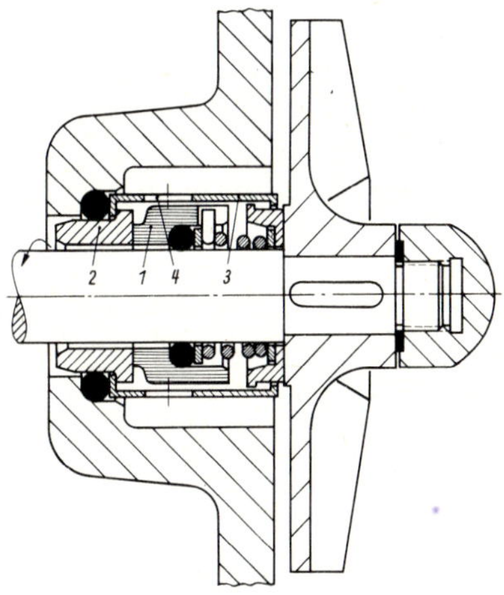

Bild 184
Gleitringdichtung mit Siebgehäuse als montagefertige Einheit.

1 umlaufende Gleitringdichtung
2 stationärer Gegenring
3 stationäres Siebgehäuse
4 Sieb

In Bild 185 wird eine Tandemschaltung von Gleitringdichtungen in einer Fäkalienpumpe gezeigt, bei der die produktseitige Primärdichtung eine gekapselte Feder 2 aufweist. Der O-Ring 3 bewirkt eine Zentrierung des Gehäusegleitringes 1 beim Lauf.

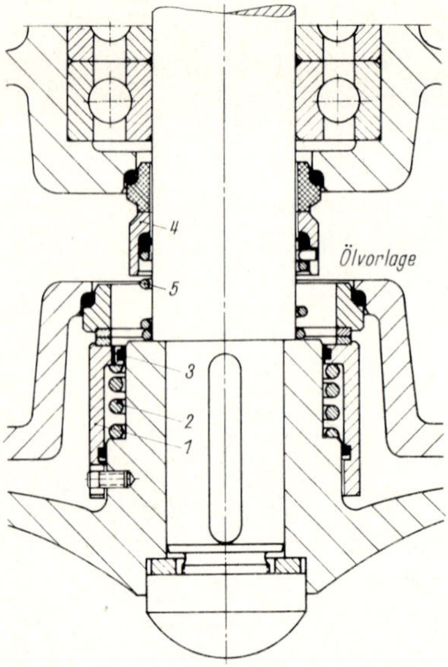

Bild 185
Tandemgeschaltete Gleitringdichtung in einer Fäkalienpumpe [2*].

1 Gehäusegleitring
2 Feder
3 Stabilisierungs-O-Ring
4 motorseitige Gleitringdichtung
5 innenspannende Kegelfeder

9.6.4. Bei Lösungen und Suspensionen

Gelöste Stoffe und Suspensionen sind ebenfalls für Gleitringdichtungen sehr kritisch. Die Abdichtung einer Quenchölpumpe soll hierfür als Beispiel dienen, Bild 186.

Viele Raffinerien fertigen heute Vorprodukte für die chemische Industrie. Bei der Acetylen-Herstellung verläßt das Gas die Fraktionierung mit einer Temperatur von 580 bis 700 °C. Durch entsprechende Kühler wird die Temperatur auf ≈ 300 bis 400 °C gesenkt. Eine weitere Reduzierung erreicht man durch Einspritzen von Quenchöl (Gasöl) in das Gas. Die Temperatur sinkt dabei auf ≈ 170 bis 200 °C. Bei diesem Einspritzprozeß kommt es zur Bildung von Kokspartikeln und bei Ausnutzung der oberen Temperaturwerte zur Bildung von Polymerisationsprodukten, die nur unter großen Schwierigkeiten ausgefiltert werden können. Für diesen Einsatzfall wurde eine doppeltwirkende Gleitringdichtung in Sonderbauart erstellt, die sich in der Praxis hervorragend bewährt hat [148]. Als produktseitige Gleitwerkstoffpaarung kommt Hartmetall/Hartmetall zum Einsatz. Der Gegenring 2 ist rotierend angeordnet, so daß Festkörper nur entgegen der Zentrifugalkraft in den Dichtspalt eindringen können. Als Sperrflüssigkeit wird sauberes Gasöl verwendet. Produktseitig wird mit ungefiltertem Medium gespült, um Ablagerungen zu vermeiden.

Daß derartige Ablagerungen zum Blockieren einer Dichtung führen können, ist aus Bild 187 leicht ersichtlich. Während die Gleitfläche dieses Gehäusegleitringes

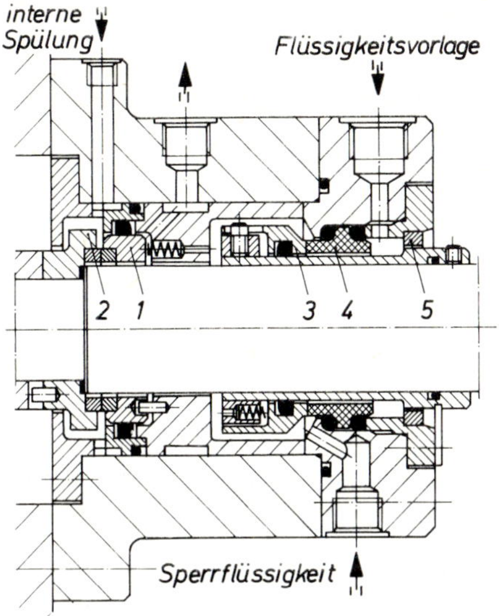

Bild 186
Doppeltwirkende Gleitringdichtung mit produktseitigem, rotierendem Gegenring für Quenchölpumpe [2*].

$p_1 = 8,7$ bar, $t = 130$ bis $150\,°C$, $v_g = 8$ m/s

1 stationäre Gleitringdichtung
2 umlaufender Gegenring
3 atmosphärenseitige Gleitringdichtung
4 atmosphärenseitiger Gegenring
5 Vordrossel

Bild 187
Gehäusegleitring mit starken Ablagerungen.

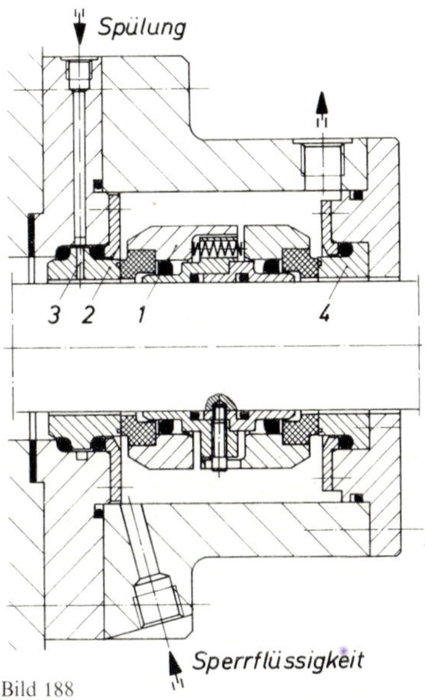

Bild 188
Doppeltwirkende Gleitringdichtung für Hochdrucksynthesepumpe [2*].

$p_3 = 55$ bar, Pentan mit gelösten Kunststoffen, $t = 100\,°C$

1 umlaufende Gleitringdichtung
2 produktseitiger Gegenring
3 Spülbohrung
4 atmosphärenseitiger Gegenring

noch voll funktionsfähig war, hatten sich in den Außenzonen Kalk- und Gipsablagerungen, die bis zu 2 mm betrugen, bereits abgelagert.

In Bild 188 ist eine Hochdruckdichtung dargestellt, die mit innerer Spülung arbeitet. Hierdurch wird einmal der Gegenring intensiver gekühlt und darüber hinaus Ablagerungen des zur Polymerisation neigenden gelösten Kunststoffes verhindert. Der niedrige Siedepunkt von 37 °C für Pentan erschwert im vorliegenden Fall das Dichtungsproblem. Von der Verfahrensseite her wird jedoch Pentan vorgeschrieben.

9.7. Gleitringdichtungen in Kraftwerken

Die Verfügbarkeit und damit die Wirtschaftlichkeit moderner Kraftwerke hängt nicht unwesentlich von der Funktions- und Betriebssicherheit der verwendeten Dichtungen ab. In den vollautomatisierten Anlagen haben sich Gleitringdichtungen auf Grund ihrer Wartungsfreiheit, Betriebssicherheit und ihrer hohen Standzeiten sehr gut eingeführt [488; 494; 508]. Um bei den hohen Speisewassertemperaturen ein Verdampfen in der Dichtungszone zu verhindern, ist es notwendig, durch Zusatzkühlungen die Temperatur in diesen Zonen auf ca. 70 °C herunterzukühlen. Die Betriebssicherheit aller Dichtungen steigt mit sinkender Temperatur. Darüber hinaus beeinflußt die Wasserqualität die Standzeiten von Dichtungen entscheidend. Im Langzeiteinsatz, d. h. bei wartungsfreien Laufzeiten von einigen Jahren, können Gleitringdichtungen jedoch nur einwandfrei arbeiten, wenn die Reinheitsvorschriften nach den VGB-Richtwerten für Speisewasser [288] (s. Tabelle 27) vom Betreiber eingehalten werden, sonst muß mit Ablagerungen, erhöhtem Verschleiß und eventuell sogar mit dem Blockieren der Dichtungen gerechnet werden.
Auch für die Mantelkühlung und die Wärmetauscher muß aufbereitetes Wasser verwendet werden, da sonst die Wärmeübergangswerte und die Strömungsquerschnitte sich schnell verschlechtern.

Bild 189. Turbinengetriebene Großspeisepumpe mit Vorpumpe der Firma Weller Pumpen GmbH, Kamen, im VEW Kraftwerk Schmehausen.

$D_W = 182$ mm, $n = 87$ bis 4870 U/min, $v_g = 09$ bis 51,8 m/s, $t = 185$ bis 196 °C.
Kühlwassereinlaß 15 bis 38 °C, $Q < 1$ l/h, Laufzeit der Dichtungen > 66000 Betriebsstunden.

Tabelle 27. VGB-Richtwerte für Speisewasser; Stand April 1972 [288].

Kesselbauart	Einheit	Großwasserraum- und Umlaufkessel		Durchlaufkessel
Betriebsüberdruck	bar	≦ 0,5	< 64	< 64
allgemeine Anforderung	—	klar und farblos		
Härte	mval/kg	< 0,03	< 0,02	
Sauerstoff O_2	mg/kg	< 0,10	< 0,02	< 0,02
Kohlensäure CO_2				
gebunden	mg/kg	< 25	< 25	
frei	mg/kg			
Gesamt-Eisen Fe	mg/kg	—	< 0,05	< 0,02
Gesamt-Kupfer Cu	mg/kg	—	< 0,01	< 0,003
pH bei 25 °C Rücksichtnahme auf Speisepumpen und Vorwärmer erforderlich	—	> 9	> 9	9,0 bis 9,5 nur flüchtige Alkalisierungsmittel
Kieselsäure SiO_2	mg/kg	nur Richtwerte für Kesselwasser maßgebend		< 0,02 im Dauerbetrieb
Leitfähigkeit bei 25 °C im Durchfluß vor Ort bei ständig laufender Probenahmestelle hinter stark saurem Kationenaustauscher (gilt nur für CO_2-freie Wässer)	µS/cm	nur Richtwerte für Kesselwasser maßgebend		< 0,20 im Dauerbetrieb
Kaliumpermanganatverbrauch	mg/kg	möglichst < 10	möglichst < 10	möglichst > 5
Öl	mg/kg	< 3	< 1	< 0,5

Steigende Betriebsbedingungen haben in modernen Kraftwerksanlagen konventionelle Flechtpackungen weitgehend verdrängt. Dies ist einmal darauf zurückzufüh-

ren, daß Grenzwerte von 30 m/s nicht mehr überschritten werden konnten, zum anderen, daß die Leckverluste sehr hoch sind und das Anfahren unter Last kritisch ist [393]. Darüber hinaus werden an das Wartungspersonal hohe Anforderungen gestellt. Aber auch die wirtschaftlichen Überlegungen entschieden eindeutig zugunsten der Gleitringdichtung [382; 393; 508].
Die technische Entwicklung der Gleitringdichtungen in den letzten Jahren war außerordentlich erfolgreich [412; 413; 488; 494], so daß auch für kritische Betriebszustände in Kraftwerken beispielsweise von der Firma Feodor Burgmann Dichtungswerke in Wolfratshausen Laufzeitgarantien bis zu 10000 Betriebsstunden übernommen werden können. Bis zu Gleitgeschwindigkeiten von 25 m/s können die Dichtungen noch rotierend angeordnet werden, bei Federführung sogar bis zu 35 m/s. Darüber hinaus werden stationäre Dichtungen zum Vermeiden von Unwuchterscheinungen vorgesehen.

9.7.1. Gleitringdichtungen für Speisepumpen

Durch den wachsenden Kostendruck werden die Blockleistungen und Kraftwerkseinheiten immer größer; das gleiche gilt auch für die Hauptspeisepumpen, insbesondere in Kernkraftwerken. Mit steigenden Leistungen steigt naturgemäß auch das wirtschaftliche Risiko, so daß der Betriebssicherheit eine besondere Bedeutung zukommt, wenn aus Kostengründen häufig Reserven bei den Hauptspeisepumpen kaum noch oder nur in geringem Umfang vorgesehen werden. Bei Hauptspeisepumpen ist folgende Entwicklung sichtbar:

	in Betrieb	in Bau	zukünftig
Förderleistung in t/h	1000	2500	4000
Wellen-Dmr. D_W in mm	150	200	250
Druck p_1 in bar	10 bis 20	20 bis 30	40 bis 60
Geschwindigkeit v_g in m/s	20 bis 45	50 bis 60	60 bis 70

Die einwandfreie Abdichtung der mit wachsenden Gleitgeschwindigkeiten laufenden Speisepumpen großer Leistung ist ein entscheidender Faktor für die Verfügbarkeit der Kraftwerke. Schwimmringdichtungen mit mehreren, hintereinander geschalteten Drosselringen haben sich im Langzeiteinsatz als sehr zuverlässig erwiesen. Außerordentlich aufwendig sind jedoch die notwendige Kaltkondensateinspritzung und die zugehörigen Regelvorrichtungen, so daß bei Großpumpen der Preis der Schwimmringdichtung im Vergleich zu einer Gleitringdichtung mit Zubehör ca. 3- bis 4mal teurer ist [508]. Darüber hinaus liegen die Leckverluste um einige

Zehnerpotenzen höher, und die Probleme im Trudelbetrieb und bei Verdampfungserscheinungen können sehr kritisch werden [393]. Die besonderen Vorteile der Gleitringdichtung in Speisepumpen bezüglich der Leckage (die Leckwerte können im gesamten Einsatzbereich zwischen Trudeldrehzahl und Schnellschlußdrehzahl unter 5 l/h gehalten werden), und der Standzeiten (Werte von einigen Jahren sind die Norm; der Energie- und damit der Kühlwasserbedarf sind sehr günstig) haben der Gleitringdichtung einen hervorragenden Platz eingeräumt [334; 339; 375; 382; 389; 394; 488; 494; 508].

Von speziellen Betriebsgegebenheiten abgesehen, bei denen Kaltkondensat zur Kühlung der Gleitringdichtungen eingespritzt werden kann [393], weisen Gleitringdichtungen für Speisepumpen integrierte Pumpvorrichtungen auf, die das zum Kühlen der Dichtung notwendige Zirkulationswasser von 150 bis 200°C über einen Wärmetauscher auf eine Temperatur von ca. 50°C reduzieren.

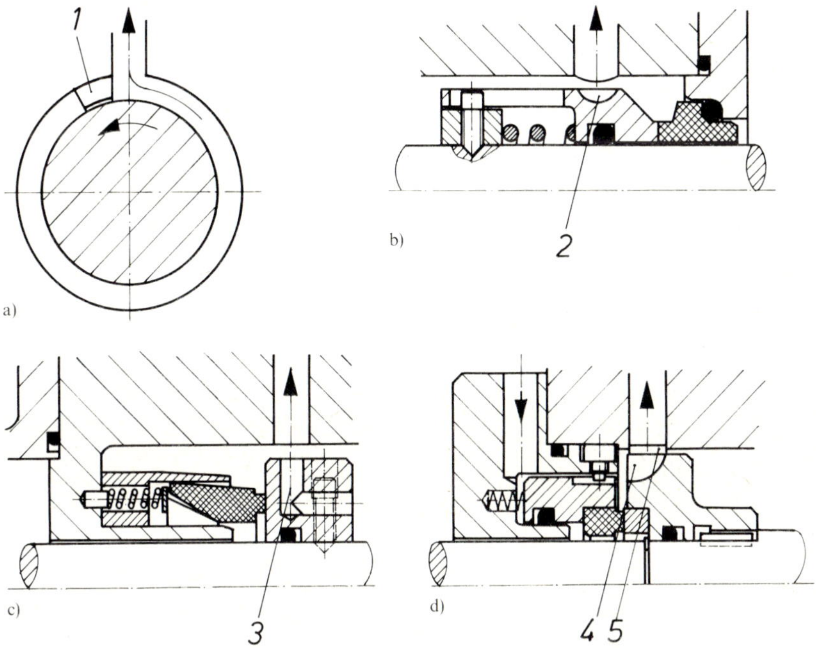

Bild 190
Integrierte Pumpvorrichtungen von Gleitringdichtungen.

a) Ablenkstück 1
b) radiale Pumpnut 2
c) Pumpbohrung 3
d) halbaxiale Pumpnut 4 mit exzentrischer Druckkammer 5

In Bild 190 sind ältere Ausführungen von Pumpvorrichtungen bei Gleitringdichtungen dargestellt. Bild 190a zeigt die einfachste Ausführung mit einem Ablenkstück 1, das den rotierenden Wasserring zum Wärmetauscher führt. Auf Grund der hier nur vorhandenen Schleppströmung ist naturgemäß der Wirkungsgrad sehr gering. Das gleiche gilt für Radialnuten nach Bild 190b wegen der sehr ungünstigen Querschnittsverhältnisse. Ausführungen nach Bild 190c mit einer Pumpbohrung und 190d mit halbaxialen Nuten weisen einen besseren Wirkungsgrad auf, obgleich der erzeugte Druck gering ist und mit Kavitationserscheinungen bei Gleitgeschwindigkeiten oberhalb 40 m/s gerechnet werden muß. Praktisch alle in Bild 190 dargestellten Konstruktionen werden im Trudelbetrieb und bei höheren Gleitgeschwindigkeiten problematisch.

In der Bundesrepublik Deutschland werden neue Speisepumpen fast ausschließlich mit thermohydrodynamischen Gleitringdichtungen ausgerüstet. Die grundsätzliche Entscheidung zugunsten der Gleitringdichtung wurde auch von der Electricité de France für die Speisepumpen der französischen Kernkraftwerksblöcke gefällt [494]. Bild 191 zeigt eine moderne Patronendichtung für Speisepumpen. Die Flüssigkeitszirkulation erfolgt durch das gegenläufige Hochleistungsfördergewinde 6 und 8, wobei durch eine spezielle Leitapparatur 12 die Gleitringe 1 und 5 intensiv gekühlt werden.

Wichtig ist, daß durch die Vorsehung einer gekühlten Vordrossel zur heißen Pumpenseite die Wassertemperatur im Dichtungsraum auf ca. 75 °C gehalten wird. Das Radialspiel des Drosselspaltes sollte $s \leqq 0{,}5$ mm betragen. Die Drossellänge l sollte in etwa dem Wellendurchmesser der Pumpe entsprechen $l \approx D_{\mathrm{W}}$. Die meist vollautomatisch arbeitenden Kraftwerksblöcke werden in zunehmendem Maße mit Temperaturdoppelfühlern 14 ausgerüstet, die bei Betriebsstörungen, wie beispielsweise dem Ausfall des Kühlwassers, Verschmutzung der Filter, einen entsprechenden Voralarm auslösen und spätestens bei 90 °C die Speisepumpe abschalten sollten. Um eine gute Thermosiphonwirkung des Wärmetauschers im Stillstand zu erreichen, sollten vor dem Abstellen der Pumpe entweder die Magnetfilter frisch gesäubert oder aber das Bypassventil 13 geöffnet werden. Hierdurch erfolgt bei eingeschaltetem Kühlwasser durch den Wärmetauscher eine ausreichende Kühlung der Dichtungspatrone.

Unter Umständen können hierdurch auch Temperaturschichtungen in der Pumpe, die zu unzulässigen Wellenkrümmungen führen können, verhindert werden. Schon bei Trudeldrehzahlen ist die Flüssigkeitszirkulation durch die Fördervorrichtung der Gleitringdichtung wirksam.

Von entsprechend konstruierten Gleitringdichtungen können folgende Zusatzbedingungen beherrscht werden:

a) Wellenverschiebung im Bereich der Dichtung von ± 3 mm,
b) Planlauftoleranzen von ± 10 µm und
c) eine Exzentrizität $\leqq 200$ µm.

1 Kohlering
2 Gehäusering
3 Druckfeder
4 Dichtring
5 SiC-Ring
6 Trägerring mit Fördergewinde
7 Dichtring
8 stationäres Fördergewinde
9 Wellenhülse
10 Gehäusedeckel
11 Montagelehre
12 Leitapparatur
13 Bypass
14 Temperatur-Doppelfühler

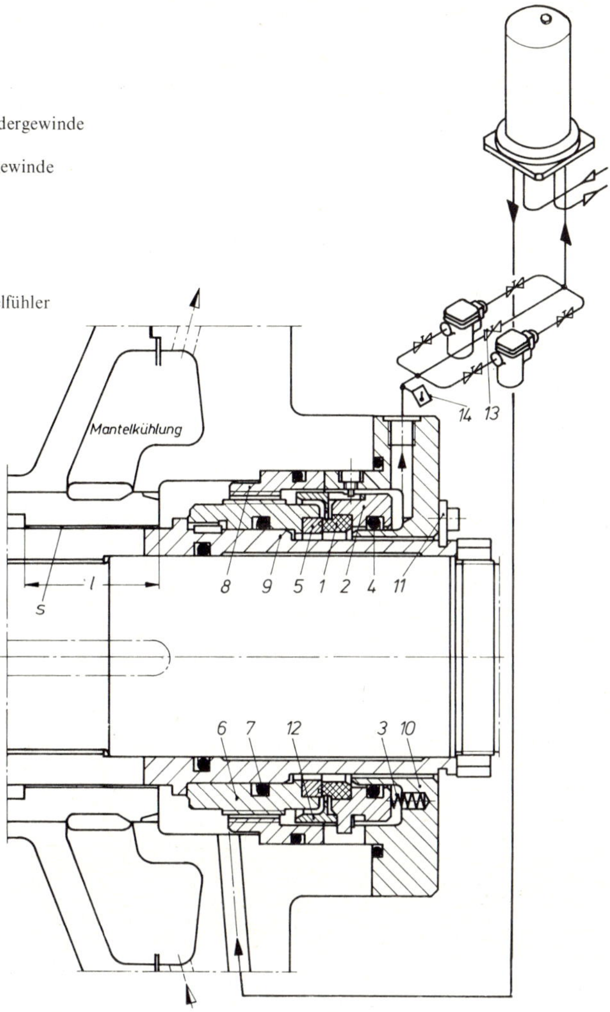

Bild 191
Moderne thermohydrodynamische Gleitringdichtung in Patronenausführung für hochbelastete Speisepumpen [2*].

$D_W = 200$ mm, $p_1 \leqq 70$ bar, $v_u \leqq 70$ m/s

Thermohydrodynamische Gleitringdichtungen nach Bild 191 haben sich in hochbelasteten Speisepumpen hervorragend bewährt, was unter anderem auf die konstruktive Gestaltung zurückzuführen ist:

a) Durch die thermohydrodynamische Zirkulationsnuten in der Gleitfläche des Hartmetallringes wird der Reibungskoeffizient sehr niedrig und damit auch die Reibung und der Kühlwasserbedarf.
b) Die Verwendung des sehr effektiven, gegenläufigen Fördergewindes ermöglicht es, für praktisch alle Betriebsbedingungen (von der Trudel- bis zur Schnellschlußdrehzahl) einen ausreichenden Flüssigkeitsstrom zu erzeugen bei ausreichender Druckhöhe von 2 bis 4 bar zur Überwindung der Widerstände von Rohren, Magnetfiltern und Wärmetauschern [95; 97; 393; 494].
c) Durch die Flüssigkeitsführung der Leitapparatur 12 wird das gekühlte, beschleunigte Wasser in den heißen Raum bei den Ringen 1 und 5 eingespeist, wobei die Wärme der Gleitflächenreibung zusammen mit eventuell vorhandenen Gasblasen und Schmutzpartikeln mit abgeführt wird.
d) Die schwimmende Lagerung des umlaufenden Gegenringes 5 und 6 verhindert mechanische und thermische Verspannungen und garantiert so weitgehend einen Planspalt bei allen Betriebszuständen.

Bild 192
Thermohydrodynamische Burgmann-Gleitringdichtung für Großraumspeisepumpen französischer Kraftstationen.

$D_W = 191$ mm, $p_1 = 28$ bar, $t = 188\,°C$, $n = 4610$ U/min, $v_g = 48{,}2$ m/s
Richtlinienleistung des Wärmeaustauschers 36 kW

1 Gegenring mit Hochleistungsfördervorrichtung
2 Wellenhülse
3 stationärer Gleitring
4 Gehäusedeckel
5 Flüssigkeitsleitapparatur
6 stationäres Fördergewinde

In zunehmendem Maße werden die Gleitwerkstoffe Wolframkarbid mit Co- oder Ni-Binder durch Wolframkarbid mit Ni-Cr-Binder und Siliziumkarbid ersetzt, da die in letzter Zeit erfolgte Umstellung in den Kraftwerken auf „Neutrale Fahrweise" (pH = 6,5 bis 7,5, H_2O_2-Impfung, keine Alkalisierung) zu einem chemischen Angriff am Kobalt (respektive Nickelbinder) führt [494]. Metallimprägnierte Kohlen werden in zunehmendem Maße durch kunstharzimprägnierte bzw. neuentwickelte silizierte Kohlen ersetzt.

Bild 192 zeigt die Einzelteile einer Patroneneinheit, s. Bild 191, die normalerweise als montagefertige Einheit angeliefert wird, so daß ein eventuell notwendiger Austausch binnen kürzester Zeit stattfinden kann.

Die Instrumentierung des Kühlkreislaufes mit Wärmetauschern, Filtern, Manometern und Ventilen ist als Beispiel in Bild 193 dargestellt. Sämtliche Absper-

Bild 193. Instrumentierung einer Speisepumpe im Gruppenkraftwerk Herne der STEAG. $D_W = 104$ mm, $p_1 = 15$ bar, $n = 4088$ U/min, $t = 170\,°C$

rungen im Kühlkreislauf für die saug- und druckseitigen thermohydrodynamischen Gleitringdichtungen wurden als Kugelhähne ausgeführt. Hierdurch werden die Strömungswiderstände sehr niedrig gehalten und darüber hinaus eine schnelle Bedienung mit stets einwandfreier Sichtkontrolle ermöglicht. Die senkrecht angeordneten Wärmetauscher mit einer Richtleistung von je 9 kW verfügen über separate Entlüftungen sowohl der Kühlschlangen als auch des Kühlmantelgehäuses.

Jede thermohydrodynamische Burgmann-Gleitringdichtung für Speisepumpen wird zur Aufnahme der Funktionsdaten wie Leistungsbedarf, die auch die Wirbelverluste im Dichtungsraum, die Leistungsaufnahme der Fördergewinde und die Stirnflächenreibung beinhalten, sowie der Kühlströme und Drosselwiderstände prüfstandsmäßig abgenommen. Bild 194 zeigt die Endabnahme der in Bild 192 dargestellten Dichtungen.

Bild 194. Prüfstandsabnahme von Gleitringdichtungen für Großspeisepumpen nach Bild 192.

Die Kennlinien für gegenläufige Fördergewinde sind bei verschiedenen Umfangsgeschwindigkeiten in Bild 195 dargestellt. Bei der Ermittlung des Leistungsbedarfs der Dichtungen und der Kapazität der Wärmetauscher ist zu berücksichtigen, daß die Turbulenzverluste des rotierenden Wasserringwirbels etwa mit der 3. Potenz der Gleitgeschwindigkeit ($= v_g^3 \approx v_F^3$) und etwa mit der 4. Potenz des Durchmessers des rotierenden Flüssigkeitszylinders ($\approx D^4$) ansteigen, d. h., schon bei Gleitgeschwindigkeiten von ca. 50 m/s können die Turbulenzverluste die Stirnflächenreibung der Gleitringdichtung übersteigen.

Da sich heiße Flüssigkeits- und Gasringe um den Dichtspalt legen können, die sich mit steigender Temperaturdifferenz noch zusätzlich stabilisieren, müssen in Abhängigkeit von der Umfangsgeschwindigkeit die Vorwarn- und Abschalttemperaturen mit wachsender Gleitgeschwindigkeit (s. Tabelle 28) gesenkt werden.

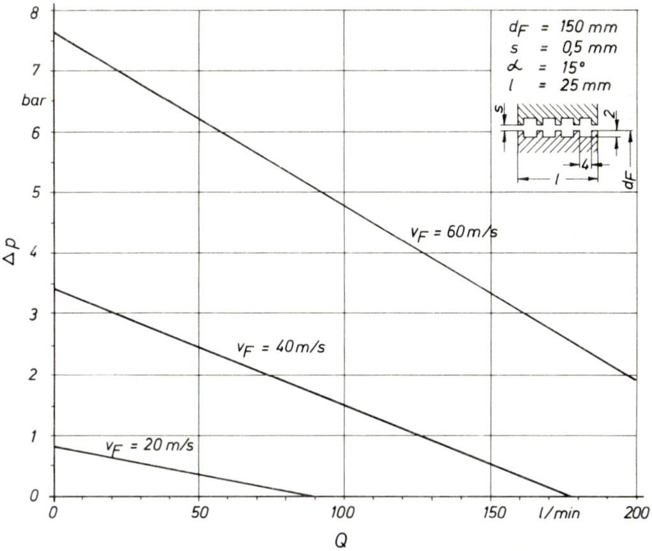

Bild 195
Kennlinien für gegenläufiges Fördergewinde bei verschiedenen Umfangsgeschwindigkeiten v_F.

Tabelle 28.
Vorwarn- und Abschalttemperaturen für Gleitringdichtungen in Speisepumpen.

v_g m/s	Vorwarntemperatur °C	Abschalttemperatur °C
<40	65	75
<50	60	70
<60	55	65
>60	50	60

Für eine einwandfreie Kühlung und Entgasung der Zirkulationsflüssigkeit muß in jedem Falle gesorgt werden, da sonst an den Hartmetallringen Wärmespannungsrisse und an den Kohlen kraterförmige Absplitterungen (blistering) auftreten.
Um für Gleitringdichtungen bei kurzfristigen Betriebsstörungen (wie beispielsweise Verdampfen, Kavitation usw.) einen zusätzlichen Schutz zu haben, wurde in Bild 196 der Hauptdichtung 1 eine doppeltwirkende, berührungsfreie, gegenläufige Gewinde-Dichtung 3 und 4 vorgeschaltet. Diese zusätzliche Sicherheitsdichtung bewirkt einmal durch ihren intensiven Kühlkreislauf einen Zusammenfall von

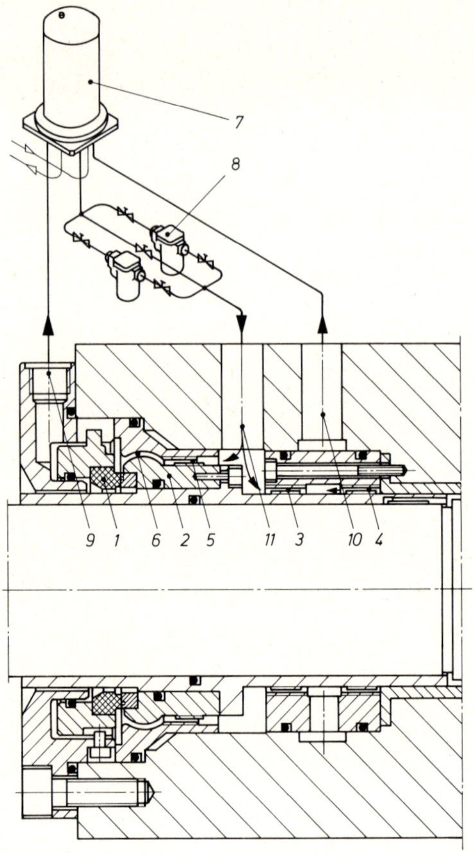

1 stationärer Gleitring
2 umlaufender Gegenring
3 atmosphärenseitige Fördervorrichtung
4 produktseitige Fördervorrichtung
5 Fördervorrichtung der Hauptdichtung
6 Leitapparat
7 Doppel-Wärmetauscher
8 Magnetfilter
9 Auslaß-Hauptdichtung
10 Auslaß-Vordichtung
11 Einlaß Haupt- und Vordichtung

Bild 196
Dichtungskombination für die KSB-Vollastspeisepumpen des 650 MW-Spitzenlastkraftwerkes Weiher/Saar; Nettoförderleistung 2530 m^3/h.

$n = 100$ bis 5600 U/min, $v_g = 1$ bis 58,5 m/s, $p_1 \leqq 20$ bar, $t = 157\,°C$.
Standzeiten 33000 h, $Q = 1$ bis 1,2 l/h.

Dampfblasen, die sonst die Hauptdichtung gefährden könnten, und darüber hinaus wird bei plötzlichem Abfall des Pumpeninnendruckes ein Zurückströmen des Sperrwassers in den Pumpeninnenraum durch die Fördervorrichtung 4 verhindert oder zumindest wesentlich verzögert. Der vertikale Wärmetauscher 7 weist separate Kühlschlangen für den Haupt- und Vorkühlkreislauf auf.
In Bild 197 ist das Druck-Leistungs-Diagramm für zwei Hauptdichtungen nach Bild 196 bei Schnellschlußdrehzahl $n = 5\,600$ U/min, $v_g = 58,5$ m/s im Druckbereich

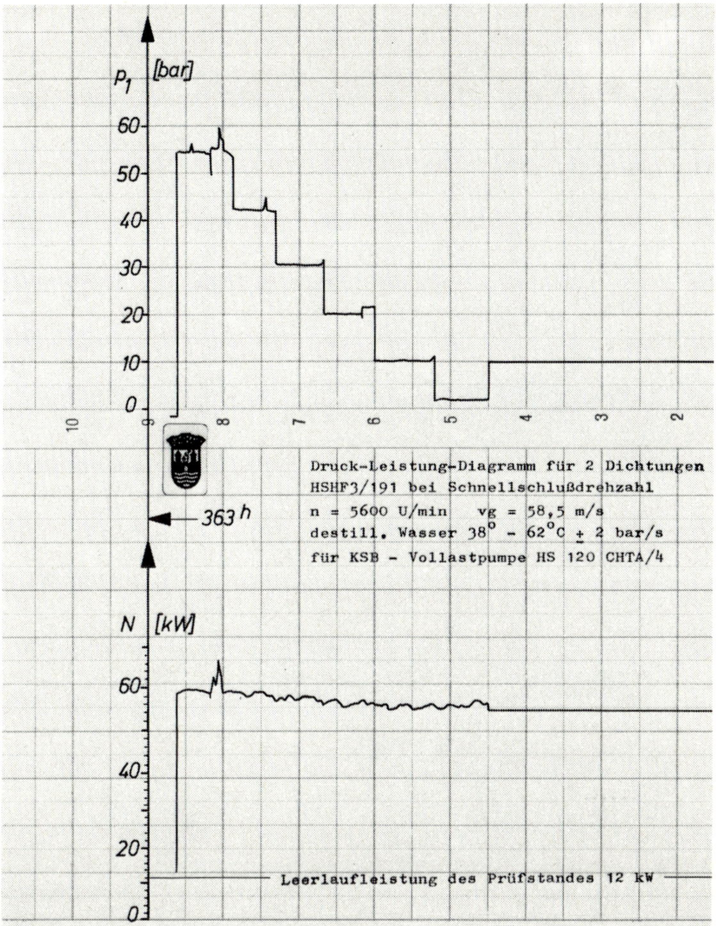

Bild 197
Abnahmediagramm von zwei Hauptdichtungen bei Schnellschlußdrehzahl für die Hauptspeisepumpen des Kraftwerks Weiher/Saar.
$D_W = 191$ mm.

bis 55 bar dargestellt. Die Leistungsaufnahme bei steigendem Druck ist sehr gering. Die absolute Höhe wird primär durch die Turbulenzverluste des rotierenden Flüssigkeitsringes bestimmt. Die Änderung der Leckverluste bei wechselnden Innendrücken ist klein. Stärker machen sich größere Temperaturdifferenzen bemerkbar.

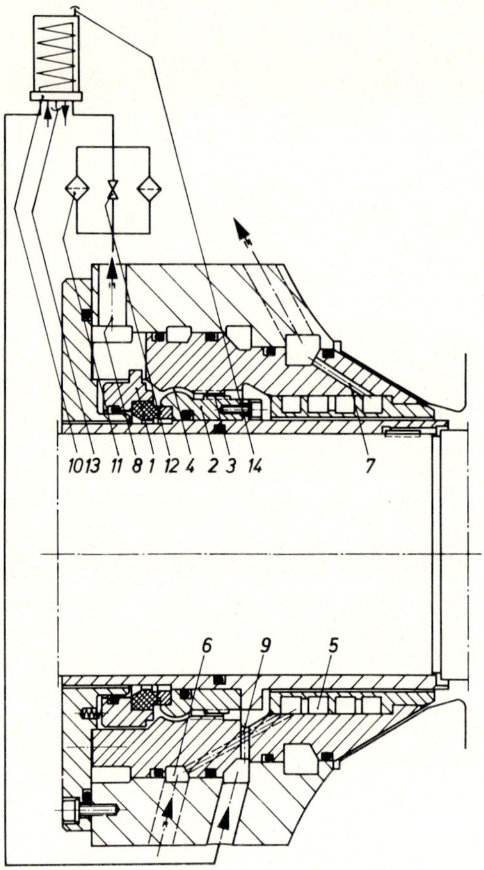

1 stationäre Gleitringdichtung
2 umlaufender Gegenring
3 Fördergewinde
4 Leitapparatur
5 Kühlstrecke
6 Kühlwassereintritt 24 °C
7 Kühlwasseraustritt 25 °C
8 Sperrwasseraustritt 44 °C
9 Sperrwassereintritt 32 °C
10 Wärmetauscher 25 °C ein, 27 °C aus
11 Magnetfilter
12 Bypass
13 Sperrwasserentlüftung
14 Kühlwasserentlüftung

Bild 198
Thermohydrodynamische Gleitringdichtung mit Vorkühlstrecke für 2300 t/h-Sulzer-Hauptspeisepumpen des 850 MW-Druckwasserreaktors Neckarwestheim [2*].
$p_1 \leqq 22$ bar, $n = 5050$ bis 5810 U/min, $v_g = 44{,}2$ bis 50,8 m/s, $t = 177$ °C

Bei der in Bild 198 gezeigten Dichtungskonstruktion ist die Vorkühlstrecke 5 als Bauteil der Dichtung ausgeführt. Diese Kühlstrecke übernimmt eine zusätzliche Wärmeabfuhr vor allem während Stillstandsperioden der Pumpen im Zusammenwirken mit dem vertikal angeordneten Wärmetauscher 10. Dazu ist die gesamte Dichtung noch als montagefertige, schnell wechselbare Patroneneinheit ausgebildet.
Alle Rohranschlüsse für die Kühlkreisläufe 5 bis 8 befinden sich an der Pumpe und brauchen bei einem Dichtungswechsel nicht gelöst zu werden.
Gelegentlich werden Wärmespannungsrisse, die durch Festkörper oder Kupferablagerungen auf den Wolframkarbidringen ausgelöst wurden, beobachtet. Ins-

besondere bei hohen Ammoniakkonzentrationen (pH > 9,4) werden Kondensator- und Wärmetauscherrohre sowie Armaturen aus Messing angegriffen, was zu Cu-Ablagerungen auf den Gleitflächen des Hartmetallringes führt, s. Bild 199. Sonst treten insbesondere nach Beizprozessen gelegentlich Magnetitablagerungen auf den Gleitflächen auf [494].

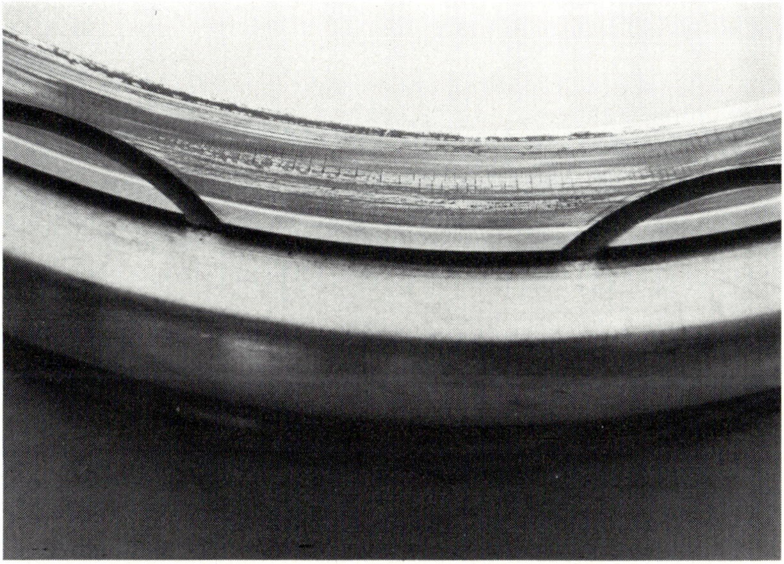

Bild 199
Durch starke Kupferablagerungen bedingte Wärmespannungsrisse an einem Wolframkarbidring.
$D_W = 170$ mm, $p_1 = 17$ bis 22 bar, $n = 100$ bis 6300 U/min, $v_g = 0{,}9$ bis 59,5 m/s, $t = 133$ bis 177 °C.

Erosionsprobleme, insbesondere an den Hartmetallringen, traten überwiegend im Stillstand bei hohen Innendrücken ($p_1 > 20$ bar) und hohen Temperaturen im Dichtungsraum durch mangelnde Kühlung und die hieraus resultierende thermische Stülpung der Gleitringe auf. Derartige Schäden wurden hauptsächlich bei Dichtungen von Stand-by-Pumpen beobachtet. In zunehmendem Maße erfolgt in Kraftwerken eine Voroxidation des Speisewassers, um eine bessere Passivierung der Eisen- und Messingteile im Kreislauf zu erzielen. Durch diese Voroxidation wurden aber auch loser Zunder, Sand, Schmutz und andere Fremdstoffe dadurch verstärkt abgelöst, daß eine Magnetitbildung unter diesen stattfindet und infolge der dabei auftretenden Eisenauflösung der Kontakt dieser Ablagerungen mit dem Grundmaterial verloren geht [473; 510]. Dies führt zu einem erhöhten Schmutzanfall im Bereich der Dichtungen, der jedoch durch intensive Wartung der Magnetfilter kompensiert werden kann. In Bild 200 ist ein stark erodierter Wolframkarbidring mit Nickel-Binder nach 2500 Betriebsstunden dargestellt, wobei die Spiralbahnen beim Lauf der Pumpe durch erosive Korrosion des Speise-

Bild 200
Nach ca. 2500 Betriebsstunden stark erodierte Gleitflächen eines Wolframkarbidringes mit Ni-Binder. $D_W = 150$ mm, $p_1 = 10{,}5$ bis 38 bar, $n = 5730$ U/min

wassers entstanden, während die tief auserodierten Strömungskanäle in radialer Richtung beim Stillstand der Pumpe auftraten. Solche Abtragungsprozesse sind außerordentlich komplex und hängen erheblich von der Gleitgeschwindigkeit der Dichtungen und hierdurch bedingt wahrscheinlich auch noch von der Temperatur ab [494]. Während die in Bild 200 ersichtlichen Korrosions-/Erosions-Schäden an den Dichtungen der Hauptspeisepumpen nach ca. 2500 Betriebsstunden bei $v_g = 47{,}1$ bis 54 m/s und $p_1 = 10{,}5$ bis 38 bar bei praktisch „Neutraler Fahrweise“ und einer Speisewassertemperatur von 185 °C auftraten, waren die mit gleicher Werkstoffpaarung ausgerüsteten Gleitringdichtungen der Vorpumpen im gleichen Kraftwerk und bei gleicher Wasserqualität bei $p_1 = 12$ bar, $v_g = 10{,}3$ m/s, $t = 185$ °C nach über 12000 Betriebsstunden noch einwandfrei.

Eine Umstellung auf Siliziumkarbidringe respektive silizierte Kohlen brachte eine wesentliche Verbesserung, da diese Werkstoffe über höhere chemische Beständigkeiten verfügen und einen wesentlich höheren Erosionswiderstand aufweisen. Die zukunftsweisende Entwicklung siliziumkarbidhaltiger Werkstoffe ist aber noch keineswegs abgeschlossen.

Bild 201 zeigt eine bewährte Gleitringdichtungskonstruktion mit beweglicher Flüssigkeitsleitapparatur und schwimmend angeordnetem umlaufenden Gegenring für Speisepumpen von Druckwasserreaktoren. Um den Wärmeübergang von der heißen Pumpenwelle zur Vordrossel und dem Dichtungsraum zu verhindern, wurden groß dimensionierte Luftspalte als Wärmesperre 5 und 6 vorgesehen.

1 stationäre Gleitringdichtung
2 umlaufender Gegenring
3 Pumpvorrichtung
4 bewegliche Leitapparatur
5 und 6 Wärmesperren

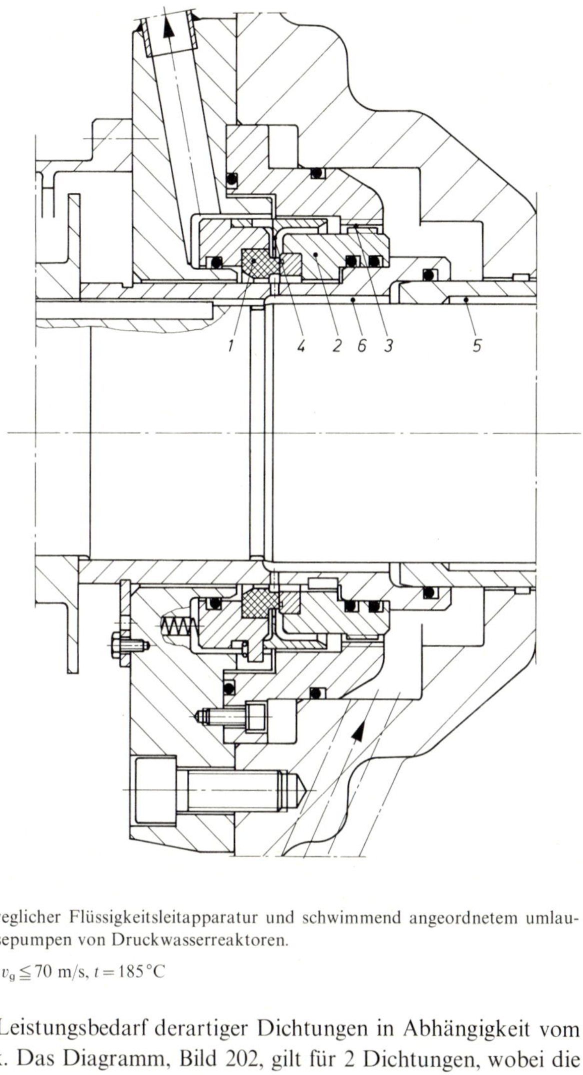

Bild 201
Gleitringdichtung mit beweglicher Flüssigkeitsleitapparatur und schwimmend angeordnetem umlaufenden Gegenring für Speisepumpen von Druckwasserreaktoren.

$D_W = 191$ mm, $p_1 \leqq 60$ bar, $v_g \leqq 70$ m/s, $t = 185\,°C$

Bild 202 zeigt den Leistungsbedarf derartiger Dichtungen in Abhängigkeit vom variablen Innendruck. Das Diagramm, Bild 202, gilt für 2 Dichtungen, wobei die Leerlaufleistung des Prüfstandes von 12 kW separat zu berücksichtigen ist.

Thermohydrodynamische Gleitringdichtungen, auch in hochbelasteten Speisepumpen, erreichen bei entsprechender Werkstoffauswahl und Konstruktion Standzeiten von einigen zigtausend Betriebsstunden bei Leckwerten in der Größenordnung von einigen Litern je Stunde. Sie stellen in Europa bereits den Stand der Technik dar.

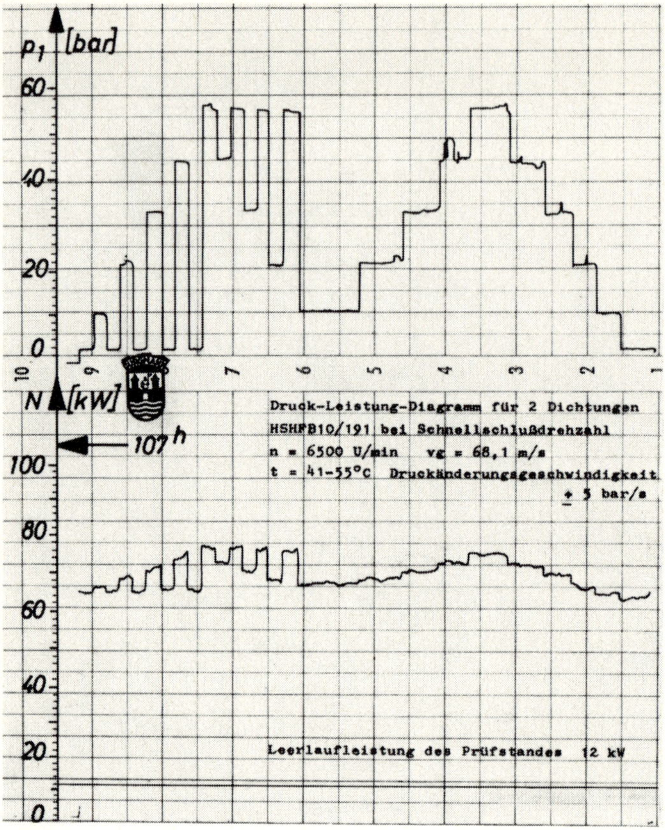

Bild 202
Abnahmediagramm von zwei thermohydrodynamischen Gleitringdichtungen mit beweglicher Leitapparatur bei verschiedenen Innendrücken.

$D_W = 191$ mm, $n = 6500$ U/min, $v_g = 68{,}1$ m/s

9.7.2. Gleitringdichtungen für Kondensatpumpen

Obgleich im Gegensatz zu den Speisepumpen die Betriebsbedingungen bezüglich Drehzahl und Druck bei den Kondensatpumpen nicht so schwierig sind, werden auch diese Großpumpen in zunehmendem Maße durch Gleitringdichtungen abgedichtet, Bild 203.

Zum schnellen Auswechseln wird die komplette Dichtung als Patronendichtung ausgebildet. Dies hat darüber hinaus den Vorteil, daß die Dichtungseinheit vor der Montage auf Dichtheit überprüft werden kann. Durch Vorsehen einer Sumpfzo-

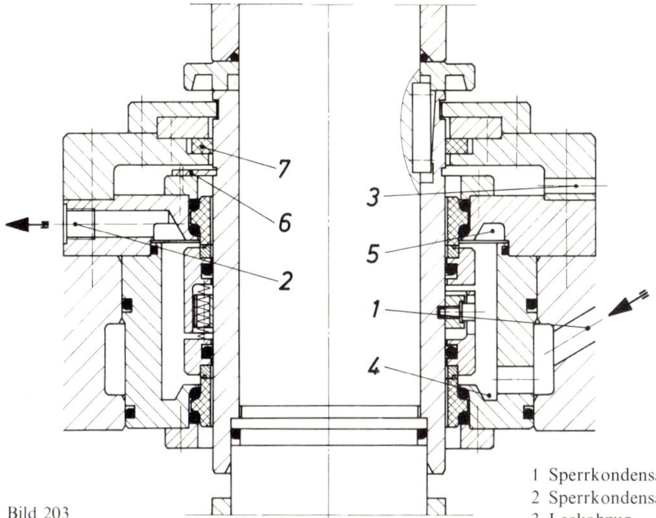

1 Sperrkondensat-Einlaß
2 Sperrkondensat-Auslaß
3 Leckabzug
4 Sumpfzone
5 Entlüftungsraum
6 Montagelehre
7 Vordichtung

Bild 203
Doppeltwirkende Gleitringdichtungen für Sulzer-Vertikal-Hauptkondensatpumpen für 1320 t/h des Kernkraftwerkes Neckarwestheim [2*].
$D_W = 160$ mm, $n = 1485$ U/min, $p_3 = 3$ bis 5 bar

Bild 204
Thermohydrodynamische Dichtungssätze für Hauptkondensatpumpen des 850 MW-Druckwasserreaktors Neckarwestheim [2*].

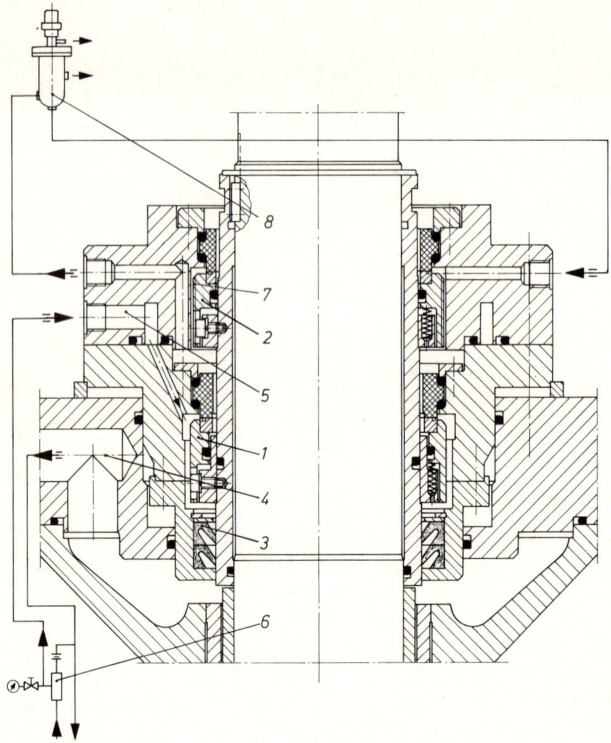

Bild 205
Gleitringdichtungen in Tandemanordnung für KSB-Hauptkondensatpumpen des 1250-MW-Siedewasserreaktors Krümmel.

$D_W = 160$ mm, $p_1 = 2$ bis 10 bar, $n = 1475$ U/min

ne 4 und einer Entlüftungszone 5 wurde die Lebensdauererwartung dieser Dichtungen weiter verbessert.

Bild 204 zeigt die versandfertigen Dichtungen einschließlich der Gehäuse nach Bild 203.

Bei der in Bild 205 dargestellten Dichtungskombination wird die Hauptdichtung 1 höher belastet, da nur ein Teilstrom zur Druckreduzierung über die Entlastungsleitung 4 abgeführt wird. Die Dichtung ist für den vollen Betriebsdruck ausgelegt. Während die Hauptdichtung durch einen Zirkulationsstrom von der Pumpenseite über die Einlaßleitung 5 gekühlt wird, wird die Kühlung der Sicherheitsdichtung 2 durch ein integriertes Fördergewinde 7 übernommen.

Die geringfügigen, über den Dichtspalt der Hauptdichtung 1 eintretenden Leckverluste in der Größenordnung von ca. 100 cm^3/h werden über das Lecküberwachungsgerät abgeführt, das mit dem Vorratsbehälter 8 kombiniert ist. Voraussetzung für eine derartige technische Lösung sind Werkstoffe höchster Verschleißfestigkeit, in Kombination mit der hydrodynamischen Gestaltung der Gleitflächen.
Unter Praxisbedingungen sind die Dichtungen außerordentlich zuverlässig und erreichen Standzeiten von 3 bis 5 Jahren.

9.7.3. Gleitringdichtungen für Heißwasser- und Umwälz-Pumpen

In Kraftwerken kommen für die Förderung von Heißwasser bei Spitzentemperaturen über 300 °C und Drücken über 100 bar verschiedene Pumpen zum Einsatz, die ebenfalls durch Gleitringdichtungen abgedichtet werden.
In Bild 206 ist eine sehr wirtschaftliche Dichtungsausführung dargestellt, die praktisch ohne Flüssigkeitszirkulation (dead-end-lubrication) arbeitet. Für derartige

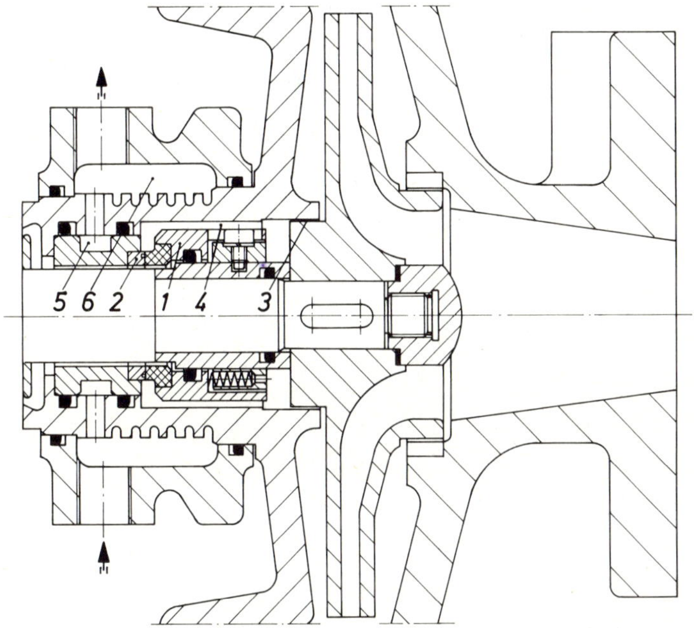

Bild 206
Heißwasserumwälzpumpe mit kombinierter Gegenring- und Mantelkühlung [2*].
$p_1 \leqq 20$ bar, $t \leqq 200$ °C, $v_g \leqq 10$ m/s

1 umlaufender Gleitring
2 hydrodynamischer Gegenring
3 Spaltdichtung
4 Dichtungsraum
5 Gegenringkühlung
6 Mantelkühlung

Dichtungen liegen Langzeitergebnisse über viele Jahre vor, wobei wartungsfreie Betriebsperioden von 20000 bis 30000 Betriebsstunden erreicht werden. Voraussetzung ist eine einwandfreie Wasserqualität, da Ablagerungen zum Ausfall der Dichtung führen. Für die Kühlung des Gegenringes genügt normalerweise eine Menge von 5 bis 10 l/min bei 20 °C. Wichtig ist, daß die Elastomere aus hochtemperaturbeständigem EP-Kautschuk gewählt werden.

Bei den in Bild 207 gezeigten Heißwasserumwälzpumpen wird die Abdichtung der Wellen durch thermohydrodynamische Gleitringdichtungen übernommen. Da im Betrieb der Reinheitsgrad des Wassers nicht den VGB-Richtwerten entsprach

Bild 207
Thermohydrodynamische Gleitringdichtungen in KSB-Hochdruckpumpen der Bauart RPK im Stahlwerksbetrieb Sidmar/Belgien.
$D_W = 65$ mm, $p_1 = 51$ bar, $n = 2900$ U/min, $t = 264$ °C

Werkbild KSB

[288], wurden Sicherheitsvorkehrungen, wie Sperrung der Dichtungen durch über Zyklone gereinigtes Kreislaufwasser sowie Magnetabscheider, getroffen. Die Verhältnisse sind ähnlich wie in der Schaltskizze in Bild 212 dargestellt.

Aus Bild 207 ist die Anordnung der Zyklone und Magnetfilter gut ersichtlich. Auf Grund der begrenzten Platzverhältnisse mußten die Wärmetauscher unterhalb der Auslaßleitung der Dichtung angeordnet werden. Obgleich die Raumtemperatur mit über 70 °C ungewöhnlich hoch ist und durch gewisse Störungen im Kühlkreislauf teilweise Austrittstemperaturen von 90 °C erreicht wurden, werden Standzeiten von 30000 bis 40000 Betriebsstunden erreicht.

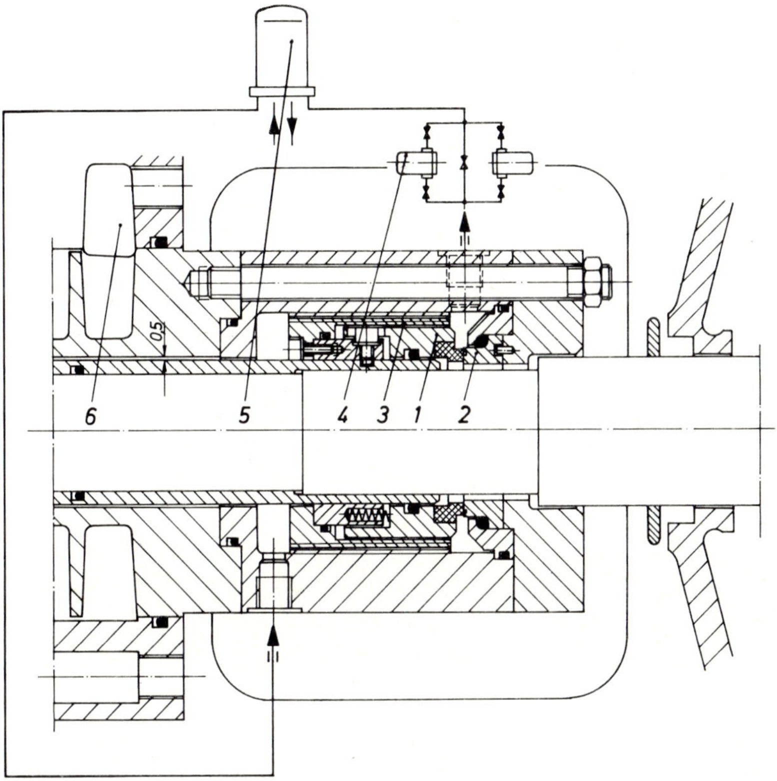

Bild 208

Moderne Umwälz-Pumpen-Dichtung mit Kühlvorrichtung.

$D_W = 65$ mm, $p_1 = 90$ bar, $t = 300$ °C, $n = 1450$ U/min

1 Gleitringdichtung
2 Gegenring
3 Fördervorrichtung
4 Magnetfilter
5 Wärmetauscher
6 Mantelkühlung

In Umwälz-Pumpen liegen in den meisten Fällen folgende Betriebsbedingungen vor:

$D_W \leqq 100$ mm
$p_1 \geqq 100$ bar
$n = 1500$ bis 3000 U/min.

Bei sehr hohen Wassertemperaturen muß aus diesen Gründen für eine einwandfreie Wärmeableitung bei den Dichtungen gesorgt werden, die ferner sehr verformungssteif dimensioniert sein müssen — s. Abschn. 9.7.1.

In Bild 208 ist die Dichtungsausführung für eine moderne Umwälz-Pumpe gezeigt. Auf Grund der niedrigen Drehzahlen können die Dichtungen rotierend angeordnet werden. Zur Erzeugung eines ausreichenden Förderdruckes zum Überwinden der Rohrreibungswiderstände muß jedoch das Fördergewinde entsprechend länger ausgebildet werden. Eine zusätzliche Mantelkühlung unterstützt die Wärmeableitung vor allem während Stillstandsperioden. Der Gegenring 2 aus Wolframkarbid mit sehr guter Wärmeleitzahl stützt sich an einem stabildimensionierten Metallflansch ab. Hierdurch bleiben die mechanischen Deformationen klein, während andererseits eine gute Wärmeableitung durch den sich nach hinten im Querschnitt erweiternden Gegenring 2 ermöglicht wird.

Bild 209
Thermohydrodynamische Gleitringdichtungen in Halberg-Umwälz-Pumpen 350 t/h.
$D_W = 60$ mm, Zulaufdruck = Stopfbuchsdruck = 139 bar, $n = 1480$ U/min, $t = 334$ °C — Werkbild Halberg

Die in Bild 209 dargestellten Umwälz-Pumpen werden einstufig durch thermohydrodynamische Gleitringdichtungen abgedichtet. Auf Grund der speziellen Betriebsverhältnisse wird hier Speisewasser von 334 °C der Druckleitung der Pumpe entnommen, über einen Hochdruck-Wärmetauscher auf ungefähr 40 °C gekühlt und in die Dichtungszone eingespeist.

9.7.4. Gleitringdichtungen für Generatoren

Auf die Abdichtungsprobleme von elektrischen Maschinen in Kraftwerken wurde von *Mayer* [189] und *Wanke* [292] bereits hingewiesen. Während bei wassergekühlten Generatoren niedrige Drücke von einigen Atmosphären vorliegen, treten besondere Schwierigkeiten durch die großen geometrischen Abmessungen und durch den extremen axialen Verschiebeweg zwischen Anfahr- und Betriebszustand auf [394].

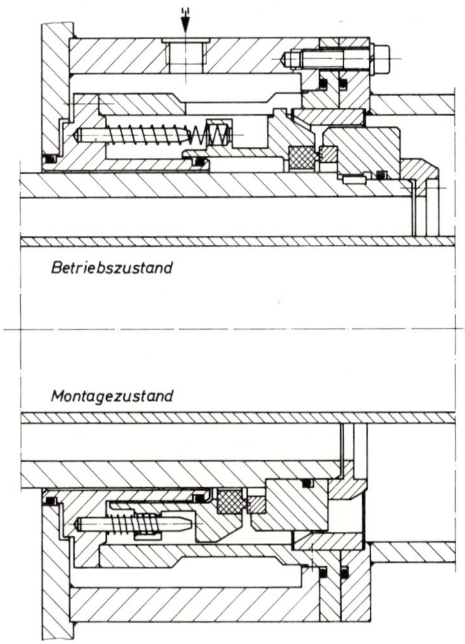

Bild 210
Abdichtung für wassergekühlte Turbo-Generatoren.
A Betriebszustand
B Montage- und Anfahrzustand

Bei den in Bild 210 und 211 dargestellten Gleitringdichtungen beträgt der maximale axiale Verschiebeweg zwischen Anfahr- und Betriebszustand 65 mm. Durch entsprechende Bearbeitung und Vorbehandlung der Gleitbahnen und Verwendung von Sonderfedern mit Federführung können diese Probleme konstruktiv gelöst werden.

Bild 211
Ansicht einer Generatordichtung.
$D_W = 190$ mm

Die Einsatzmöglichkeiten derartiger Dichtungen für wassergekühlte Generatoren werden gegenwärtig durch die folgenden Herstellungsgrenzen der Gleitwerkstoffe bei einteiligen Ringen bestimmt:

SiC-imprägnierte Hartkohlenringe	bis 250 (400) mm Außen-Dmr.
Siliziumkarbid-Ringe	bis 350 mm Außen-Dmr.
Kunstharzimprägnierte Hartkohle	bis 530 mm Außen-Dmr.

9.7.5. Zubehör und Hilfseinrichtungen

Wie bereits in den vorhergegangenen Abschnitten erwähnt, können hohe Betriebssicherheiten und Standzeiten von Gleitringdichtungen häufig nur durch Zusatzeinrichtungen und den Einsatz von Spezial-Zubehör erzielt werden. Es handelt sich hier insbesondere um Vorrichtungen zur Kühlung der Gleitringdichtungen oder zum Fernhalten von Festkörpern aus den Dichtungsräumen.
In Bild 212 ist eine Anordnung bei verschmutztem Heißwasser dargestellt (vgl. Bild 207). Unter Bezugnahme auf Tabelle 28 gibt das Doppelkontakt-Thermometer 1 beispielsweise bei 60 °C Voralarm und schaltet bei 70 °C den Antriebsmotor aus. Damit keine Schmutzpartikel in die Dichtungszone gelangen können, wird ein Teilstrom vom Druckstutzen der Pumpe entnommen, über einen Zyklonabscheider 3 gereinigt, über den Hochdruckkühler 6 gekühlt und vor dem Dichtungsraum zur Sperrung eingespeist, Bild 213.

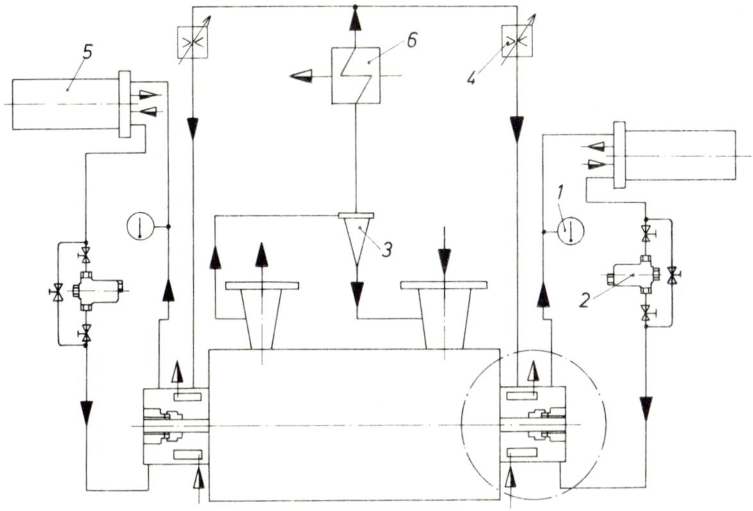

Bild 212
Schaltschema für Gleitringdichtungen bei leicht verschmutztem Wasser.

1 Doppelkontakt-Thermometer
2 Magnetfilter
3 Zyklonabscheider
4 Einstellblende
5 Wärmetauscher
6 Hochdruckkühler

1 stationäre Gleitringdichtung
2 umlaufender Gegenring mit Pumpvorrichtung
3 Auslaß
4 Wärmetauscher
5 Magnetfilter
6 Einlaß
7 Vorkühlung Einlaß

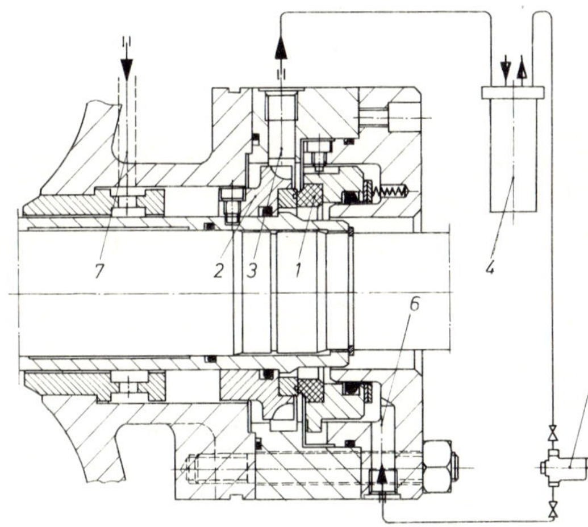

Bild 213. Vergrößerung der Dichtungszone von Bild 212.

Auf Grund der hohen Wartungsfreiheit von Kraftwerken werden Wärmetauscher für Gleitringdichtungen ausschließlich in Chromnickelstahl mit Richtleistungen von 3 bis 60 kW gefertigt. In modernen Anlagen werden diese Wärmetauscher vorzugsweise vertikal angeordnet. Hierdurch wird einmal die Thermosiphonwirkung während Stillstandsperioden oder des Trudelbetriebs wesentlich verbessert; darüber hinaus kann der sekundärseitige Kühlwasserraum durch Abnehmen des Außenmantels 7 ohne Lösen der Rohrverschraubungen, die am Flansch 8 befestigt sind, gesäubert werden. Neben einer einwandfreien Entlüftung des Kühlwasserraumes durch die Schraube 5, muß bei schnellaufenden Gleitringdichtungen auch der Sperrwasserraum einwandfrei entlüftet werden. Dieses geschieht zweckmäßigerweise durch eine separate Entlüftung 6 der Kühlrohre an den höchsten Stellen, Bild 214 und 215.
Als Kühlwasser wird in den Kraftwerken vorzugsweise Kondensat verwendet.

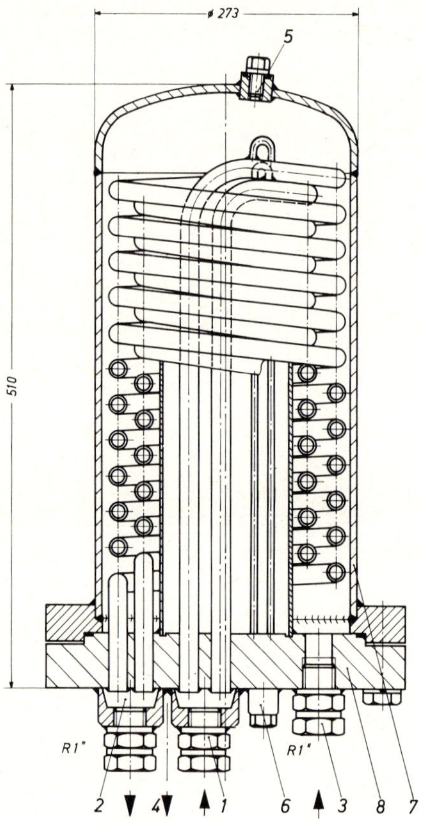

Bild 214
Vertikaler Wärmetauscher zur Kühlung von Gleitringdichtungen mit einer Richtleistung von 24 kW [2*].

1 Sperrwassereinlaß
2 Sperrwasserauslaß
3 Kühlwassereinlaß
4 Kühlwasserauslaß
5 Kühlwasserentlüftung
6 Sperrwasserentlüftung
7 Außenmantel
8 Flansch

Bild 215
Wärmetauscher für Gleitringdichtungen mit entlüfteten Kühlwendeln, Richtleistung 36 kW.

A kompletter Wärmetauscher
B Rohrbündel
C Mantelrohr

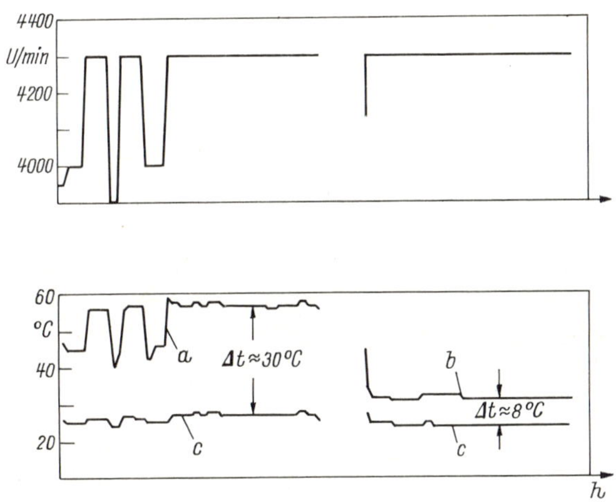

Bild 216
Einfluß der Rohrreibungswiderstände von Wärmetauschern auf die Auslaßtemperatur von Gleitringdichtungen mit halbaxialen Nuten (Bild 190d) nach Messungen der Nordwestdeutsche Kraftwerke AG, Lübeck.

$p_1 = 14{,}3$ bar, $n = 4300$ U/min, $t = 193\,°C$

a Wärmetauscher I (6 kW, Kühlrohr-Innendurchmesser 9 mm ($F = 0{,}63$ cm^2))
b Wärmetauscher II (6 kW, Kühlrohr-Innendurchmesser 12 mm ($F = 1{,}13$ cm^2))
c Temperatur des Kühlwassers

Unter Berücksichtigung der Druckerzeugung der Pumpvorrichtung der Gleitringdichtung und des Strömungswiderstandes in den Rohrleitungen müssen die Querschnitte der Wärmetauscher gewählt werden.

Bild 216 zeigt den Einfluß der Drosselwiderstände von Wärmetauschern mit unterschiedlichen Innendurchmessern auf die Auslaßtemperatur von Gleitringdichtungen. Die beiden Wärmetauscher I und II mit gleicher Kapazität unterschieden sich nur durch unterschiedliche Rohrquerschnitte, was sich jedoch in einer Temperaturdifferenz von ca. 22°C bemerkbar machte. Dieser Wert kann jedoch die Lebensdauer einer Gleitringdichtung schon wesentlich beeinflussen. Aus diesem Grunde sollte in jedem Falle eine möglichst effektvolle Pumpvorrichtung für den Zirkulationsstrom gewählt werden, wobei die Strömungsgeschwindigkeit 2 bis 3 m/s betragen sollte.

Falls in Sonderfällen zur Kühlung der Wärmetauscher auf Brauchwasser zurückgegriffen werden muß, das neben Carbonaten teilweise zusätzlichen Schmutz und Mikroalgen enthalten kann, sollten pro Dichtungsseite zwei parallel geschaltete Wärmetauscher mit doppelter Kapazität angeordnet werden (s. Bild 217). Hierdurch ist es möglich, die notwendigen Reinigungen ohne Pumpenstillstand durchzuführen.

Unter Bezugnahme auf Tabelle 28 ist in Bild 218 der Einfluß der Kühlwassertemperatur bei Turmkühlung in Abhängigkeit von der Jahreszeit aufgezeichnet. Nachdem

Bild 217
Kesselspeisepumpe mit je zwei parallel geschalteten Wärmetauschern für Saug- und Druckseite.

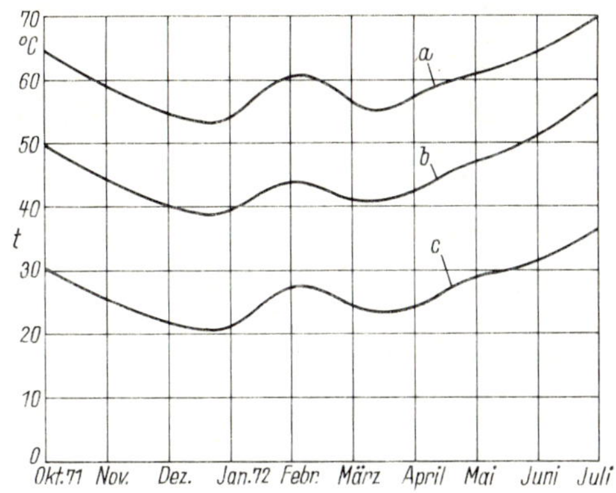

Bild 218
Einfluß von Pumpvorrichtungen von Gleitringdichtungen auf die Auslaßtemperatur bei Kühlturm-Kühlung in Abhängigkeit von der Jahreszeit [393].
$D_W = 182$ mm, $p = 4850$ U/min, $v_g = 51{,}2$ m/s, $p_1 = 18{,}5$ bar, $t = 185$ bis 195 °C
a thermohydrodynamische Gleitringdichtung mit halbaxialen Nuten (Bild 190d) $\Delta p = 0{,}4$ bar
b thermohydrodynamische Gleitringdichtung mit Fördergewinde (Bild 191) $\Delta p = 2{,}5$ bar
c Kühlturmwasser

in zunehmendem Maße in Kraftwerken auf Turmkühlung umgestellt werden wird, ist zu berücksichtigen, daß die hierdurch jahreszeitlich abhängigen Kühlwassertemperaturen sich praktisch linear auf die Endauslaßtemperatur aus dem Dichtungsgehäuse auswirken. Gegebenenfalls muß bei sehr hohen Kühlwassertemperaturen die Kapazität der Wärmetauscher von vornherein größer gewählt werden. Der Kühlwasserbedarf pro Wärmetauscher liegt in der Größenordnung von 0,5 bis 3 m^3/h und muß unter Berücksichtigung der sich verändernden Kühlwassertemperatur geregelt werden.

Um bei Gleitringdichtungen magnetische und sonstige Verunreinigungen von den Gleitflächen fernzuhalten, werden in den Kühlkreislauf zweckmäßigerweise Magnetfilter eingesetzt, Bild 219. Diese stellen eine Kombination aus Magnetabscheider und Filter dar. Um die Durchflußwiderstände möglichst klein zu halten, werden die Filtersiebe mit Maschenweiten von 25 bis 100 µm ausgeführt. Es stehen serienmäßig Magnetfilter für Drücke bis 200 bar, Durchflußmengen von 1 bis 4 m^3/h, bei Rohranschlüssen von R $^1/_2$″ bis R $1\,^1/_4$″, in Chromnickelstahl zur Verfügung.

Um einen kontinuierlichen Reinigungsprozeß der Fördermedien während der gesamten Betriebsperiode gewährleisten zu können, empfiehlt sich die Parallelschaltung von zwei Magnetfiltern mit einer Bypass-Leitung. Die Dauermagneten 1 und das Filtersieb 2 können durch Lösen des Deckels 3 sehr schnell ausgetauscht werden.

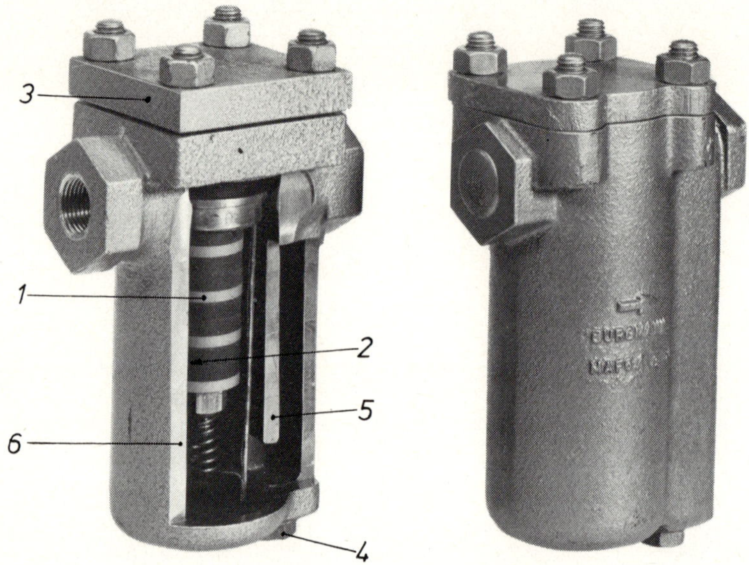

Bild 219
Hochdruck-Magnetfilter für Zirkulationsleitungen von Gleitringdichtungen [2*].

1 Magnetpatrone
2 Filtersieb
3 Gehäusedeckel
4 Ablaß- und Entlüftungsschraube
5 Leitwand
6 Druckgehäuse

Steht aus betriebsbedingten Gründen kein reines Förder- oder Spülmedium zur Verfügung, oder ist kein Überdruck p_3 vorhanden, so kann ein Teilstrom des verschmutzten Produktes aus der Druckleitung entnommen, über einen Zyklonabscheider gereinigt und in den Dichtungsraum eingeleitet werden. Bei dem in Bild 220 dargestellten Zyklonschmutzabscheider tritt der verunreinigte Teilstrom 1 in den Zyklon ein. Die Festkörperteilchen werden durch die hohe Rotationsgeschwindigkeit in die Außenzonen gedrängt und über eine Trichterstrecke durch den Auslaß 3 in das Produkt an der Saug- oder Niederdruckseite des Systems zurückgeleitet. Die gereinigte Flüssigkeit wird im Zentrum des Zyklons entnommen und über den Auslaß 2 in den Dichtungsraum in unmittelbare Nähe der Gleitflächen eingespeist. Die auszuscheidenden Teilchen müssen ein höheres spezifisches Gewicht als die Trägerflüssigkeit haben. Die Druckdifferenz zwischen Ein- und Auslaß soll im Bereich von 2 bis 10 bar liegen. Die Ausscheidungsquote der Feststoffe hängt in weiten Maßen von der Partikelgröße, der Dichte, der Druckdifferenz, der Strömungsgeschwindigkeit und der Konstruktion des Zyklons ab. Normalerweise können 95 bis 99,5% der Feststoffe ausgeschieden werden.

Je kleiner die Partikel werden, um so schwieriger ist die Trennung. Bei einer Druckdifferenz von 7 bar bei sandhaltigem Wasser konnten beispielsweise Teilchen von 0,25 µm noch zu 96 bis 99,2% getrennt werden, während Teilchengrößen von 0,2 µm noch zu 94,3% und Teilchen von 0,06 µm jedoch nur noch zu 87,3% abgeschieden werden konnten.

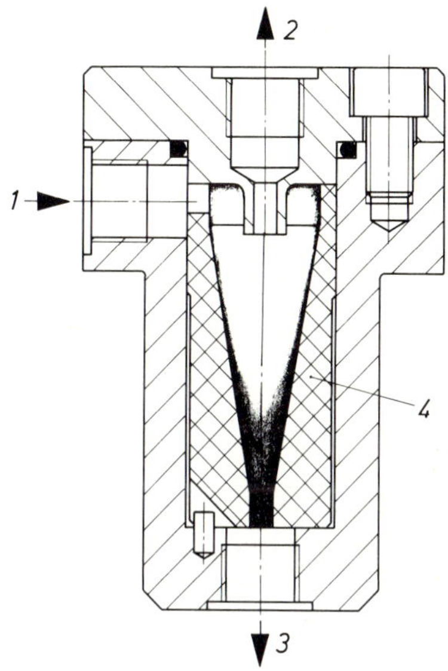

Bild 220
Zyklonabscheider für Zulaufleitungen von Gleitringdichtungen.

1 Eintritt des verschmutzten Mediums
2 Austritt des gesäuberten Mediums
3 Austritt des festkörperhaltigen Mediums
4 auswechselbarer Einsatz

Bei stark abrasiven Partikeln empfiehlt es sich, den Zyklon innen mit verschleißfestem Material auszukleiden. Einsätze aus Keramik — Bild 220 Pos. 4 — haben sich sehr gut bewährt.

9.8. Gleitringdichtungen in Kernenergieanlagen

Noch wesentlich verschärfte Anforderungen müssen in Kernenergieanlagen, Bild 221, an die Dichtungen gestellt werden, da hier besonders gravierend die Probleme des Umweltschutzes mit minimalster Leckage und höchster Betriebssicherheit in Erscheinung treten, sowie die Gesichtspunkte größter Wirtschaftlichkeit unter Berücksichtigung höchster Standzeiten.

Der Stillstand eines 1200-MW-Kernkraftwerkes verursacht bereits Kosten von über 1 Mill. DM je Tag.

Nachdem erfahrungsgemäß Abschaltungen bei Kernkraftwerken in erster Linie durch „Dichtungsprobleme“ verursacht werden, müssen bei den Gleitringdichtungen besondere Anforderungen an Konstruktion, Werkstoff, Fertigung und Qualitätssicherung gestellt werden. Betriebsbedingungen wie hohe Drücke und Temperaturen, hohe Strahlungspegel mit daraus resultierender Unzugänglichkeit der Aggregate während des Betriebes und erschwerte Wartung, sind in der Regel nur mit

Bild 221
Ansicht der Kernkraftwerksblöcke. Links: Biblis B – 1300 MW; rechts: Biblis A – 1200 MW.
Werkbild Kraftwerk Union

Sonderkonstruktionen unter Aufwand erheblicher Mittel für Forschung und Entwicklung zu beherrschen. Die Anforderungen an die Betriebssicherheit der Gleitringdichtungen bedingen gegenüber konventionellen Erzeugnissen außergewöhnliche Maßnahmen zur Qualitätssicherung und machen häufig eine Erprobung der Dichtungen beim Hersteller unerläßlich.

9.8.1. Gleitringdichtungen in Primärpumpen

In jedem Kernkraftwerk werden Pumpen der verschiedensten Bauarten und Größen benötigt. Im sekundären Teil der Anlage unterscheiden sie sich kaum von denen eines konventionellen Kraftwerkes. An die Hauptkühlmittelpumpen, Bild 222, und Pumpen für Hilfs- und Sicherheitssysteme, die radioaktive Medien fördern, werden jedoch Forderungen gestellt, die z. T. nur mit besonderen Konstruktionen

Bild 222
Dichtungsmontage der Hauptkühlmittelpumpe der Firma Andritz/Graz für 850 MW-Druckwasserreaktor GKN Neckarwestheim.

$Q = 23\,250\ m^3/h$, $n = 1490\ U/min$, $p_1 = 158\ bar$, $t = 296\ °C$ Werkbild Andritz

zu erfüllen sind. Die Anforderungen an Betriebs- und Sicherheitsbedingungen sind ungewöhnlich. Gegenwärtig beherrschen die Leichtwasser-Reaktoren den Markt, wobei der Druckwasserreaktor gegenüber dem Siedewasserreaktor stärker bevorzugt wird. Parallel dazu laufen jedoch die Entwicklungen schneller Brutreaktoren mit Natriumkühlung. Darüber hinaus gibt es jedoch eine Reihe anderer Reaktortypen, auf die im weiteren noch hingewiesen wird.
Als metallische Bauwerkstoffe kommen bei Gleitringdichtungen hauptsächlich Cr-Ni-Stähle respektive Cr-Mo-Stähle hoher Festigkeit zum Einsatz. Zweckmäßigerweise sollten keine Werkstoffe mit hohen Halbwertzeiten verwandt werden. Die Verwendungsmöglichkeit von Dichtungsmaterial hängt jedoch sehr stark vom speziellen Einsatzort im Kernkraftwerk und noch mehr von der mit dem Material verbundenen Korrosionsrate respektive Verschleißfestigkeit ab.
Denn sowohl die Verschleppung von inaktiven Korrosions- oder Verschleißpartikeln in Bereiche höherer Strahlung als auch die Ablagerung von bestrahlten Partikeln in Toträumen ist entscheidend. Ferner muß die Beständigkeit gegen die unterschiedlichen Borsäurekonzentrationen bei Leichtwasserreaktoren gewähr-

leistet sein. Während die metallischen Bauteile und die Gleitringe aus kohlekeramischen und karbidischen Werkstoffen sehr strahlungsbeständig sind, vertragen die elastomerischen Werkstoffe nur begrenzte Strahlungsdosen, Tabelle 29.
Die Strahlung beeinflußt die Härte, die Zugfestigkeit und das Rückfedervermögen der elastischen Dichtungen — drei entscheidende Faktoren für die Dichtfunktion von O-Ringen.

Tabelle 29. Richtwerte über zulässige Strahlungsdosen bei Elastomeren.

Werkstoff	Temperatur °C	Gesamtstrahlungsdosis Megarad
Polytetrafluoräthylen	20	0,5
Perbunan	20	1 bis 3
Fluor-Äthylen-Propylen	20	3 bis 5
Fluor-Silicon	20	5 bis 10
Viton	20	5 bis 10
Butylgummi	20	40 bis 60
Äthylen-Propylen	20	50 bis 100
Silicon	20	50 bis 100
Silicon	100	10 bis 20

Unter dem Einfluß der Strahlung erfolgt eine Vernetzung der Molekülketten, so daß mit wachsenden Dosen die Härte steigt, die Zugfestigkeit sinkt und das Rückfedervermögen zurückgeht. Mit steigender Temperatur verschlechtern sich diese Werte noch. Vorzugsweise werden in Kernkraftwerken O-Ringe aus Spezial-Äthylen-Propylen eingesetzt.

9.8.1.1. Gleitringdichtungen in Druckwasserreaktoren

Hauptkühlmittelpumpen für Druckwasserreaktoren werden für folgende Betriebsbedingungen gebaut:

D_W	bis 260 mm Dmr.		
Fördermengen	bis 33000 m^3/h	Betriebstemperaturen	bis 300 °C
Förderhöhen	bis 140 m	Drehzahlen	bis 3000 U/min
Betriebsdrücke	bis 170 bar	Motorleistungen	bis 12000 kW

Bei älteren Anlagen wurde der hohe Innendruck über eine mehrstufige Dichtungskombination abgebaut, s. Bild 223.
Während die hydrostatischen Spaltringdichtungen 2 und 3 jeweils einen Druck von ca. 70 bar bei einer Leckmenge von 400 bis 500 l/h abbauen, läuft die Sicherheitsdichtung 4 unter einem Druck von 5 bis 10 bar bei einer Leckage von ca. 100 cm^3/h. Diese Dichtung ist jedoch auch für den vollen Betriebsdruck ausgelegt, der beispielsweise beim Abfahren von der Dichtung übernommen werden

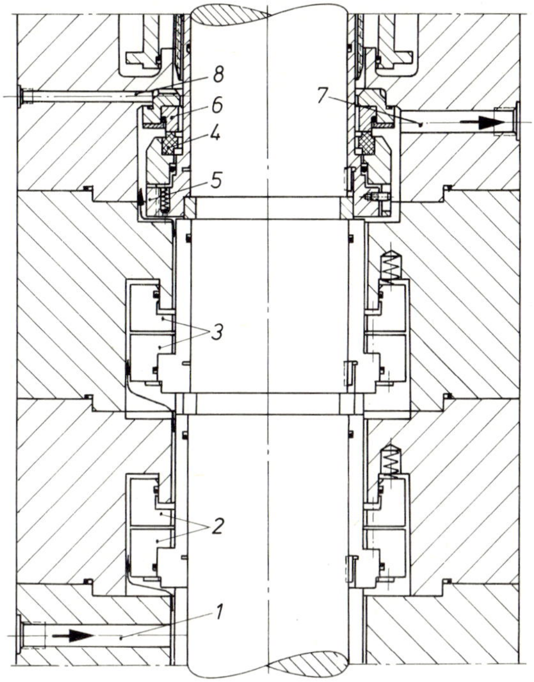

Bild 223
Dichtungskombination der KSB-Primärpumpen im 350-MW-Druckwasserreaktor KWO Obrigheim.
$D_W = 182$ mm, $p_1 = 140$ bis 150 bar, $n = 1490$ U/min, $v_g = 17{,}2$ m/s

1 Sperrwasserzuführung ca. 1,5 m³/h bei 40 bis 50 °C
2 erste hydrostatische Spaltringdichtung
3 zweite hydrostatische Spaltringdichtung
4 thermohydrodynamische Sicherheitsdichtung
5 Entlastungshülse mit Verdrehsicherung
6 stationärer Gegenring
7 Sperrwasserableitung
8 Leckabzug

muß. Die thermohydrodynamischen Burgmann-Gleitringdichtungen überschritten im Juni 1976 58000 Betriebsstunden ohne jegliche Reparatur im KWO Obrigheim.

Da die Dichtungen während der Betriebszeit grundsätzlich gereinigtes Sperrwasser erhalten, beträgt die Strahlungsdosis nur ca. 15 Rad/h. Dieser Wert der Neutronenstrahlung bleibt während des Betriebes konstant. Im Stillstand tritt eine geringe Gammastrahlung auf. Der Strahlenpegel wächst nur im Laufe des ersten und zweiten Betriebsjahres und bleibt dann gewöhnlich unverändert.

Das Kernkraftwerk Obrigheim, liegt bezüglich der Verfügbarkeit mit an der Spitze. Die Gesamtverfügbarkeit seit Inbetriebnahme im März 1969 bis Juli 1981 betrug >85%, was ein hervorragendes Betriebsergebnis darstellt und u. a. auf die außeror-

Bild 224
Thermohydrodynamische Primärpumpendichtungen HSV8/260 für die Druckwasserreaktoren Neckarwestheim, Philippsburg, Atucha/Argentinien und Trillo/Spanien [2*].
$D_W = 260$ mm, $p_1 = 25$ (175) bar, $n = 1490$ U/min, $v_g = 21{,}8$ m/s

dentliche Betriebssicherheit des Dichtungssystems der Primärpumpen zurückzuführen ist.

Tabelle 30. Kennwerte von Wellenabdichtungen nach *Honold* [126] gültig für $p_1 = 150$ bar, $D_W = 200$ mm, $n = 1470$ U/min.

Bauart	z	Q_L m³/h	N_R kW	N_E kW	N_{Th} kW	Q_K m³/h
1. Hydrodynamische Gleitringdichtung	2–3	0,001*)	13,5	rd. 1	8	3 bis 5
2. Hydrostatische Spaltringdichtung	1–2	0,3 bis 1,0	3	1 bis 4	14 bis 46	$> Q_L$
3. Schwimmring-dichtung	8	10 bis 25**)	5 bis 10	40 bis 100	460 bis 1150	$\approx Q_L$

z Anzahl der erforderlichen hintereinander zu schaltenden Dichtungen (Stufen)
Q_L Leckmenge
N_R mechanische Reibeleistung der z Dichtungen
N_E zum Rückfördern von Q_L auf Systemdruck erforderliche Einspeiseleistung
N_{Th} durch Abkühlung von Q_L verlorengegangene thermische Leistung
Q_K zur Kühlung des Dichtungssystems erforderliche Kühlwassermenge
*) Durch die Bypass-Leitung, über die der Druck zwischen den Stufen vorgegeben wird, fließt ein zusätzlicher Strom von rund 0,2 m³/h
**) Diese Werte sind vom Durchmesserspiel abhängig

In Tabelle 30 sind die Kennwerte für:

1. thermohydrodynamische Gleitringdichtungen,
2. hydrostatische Spaltringdichtungen und
3. Schwimmringdichtungen

bei einer Druckdifferenz von 150 bar, einem Wellendurchmesser von 200 mm und einer Gleitgeschwindigkeit von ca. 20 m/s nach *Honold* [126] angegeben. Dieser bereits 1969 von *Honold* vorausgesehene Trend zugunsten der Gleitringdichtung wurde durch die Entwicklung bestätigt, Bild 224.

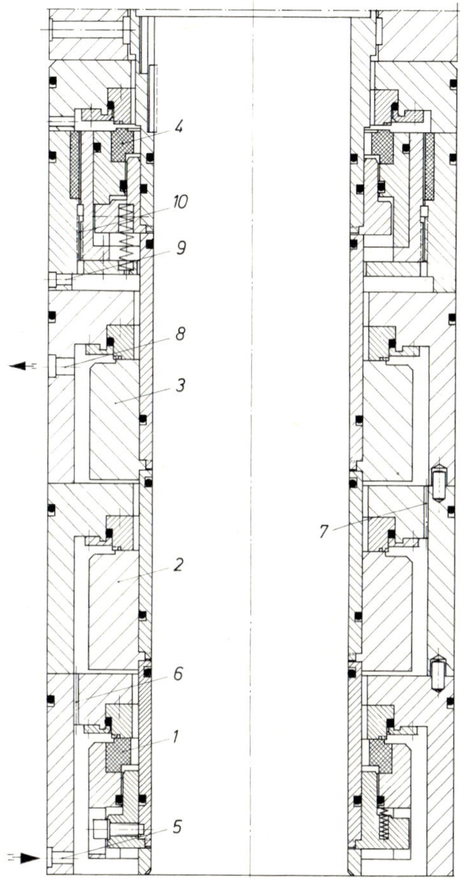

1 erste Gleitringdichtung
2 zweite Gleitringdichtung
3 dritte Gleitringdichtung
4 berührungsfreie Rückschlagdichtung
5 Sperrwassereinlaß
6 erste Drossel
7 zweite Drossel
8 gedrosselter Sperrwasserauslaß
9 Leckabzug
10 Schließvorrichtung

Bild 225
Thermohydrodynamische Dichtungskombination für Primärpumpen eines 440-MW-Druckwasserreaktors vom Typ Nowo-Woronesch [2*].

Bild 226
Abbildung der berührungsfreien Rückschlagdichtung 4 und der Gleitringdichtung 3 von Bild 225 [2*].
$D_W = 170$ mm, $p_1 = 152$ bar, $n = 1490$ U/min, $v_g = 15{,}4$ m/s

Auf Grund der großen Wellendurchmesser waren erhebliche Schwierigkeiten bei der Fertigung von karbidischen und kohlekeramischen Gleitringen für die sehr hohen Drücke zu überwinden. Um einen Ausbau der Dichtungen bei statischen Druckproben des Loops bis 250 bar zu vermeiden, mußten die Druckeinsatzgrenzen dieser Gleitringdichtungen noch einmal wesentlich erhöht werden. Bei Gleitringdichtungen in den Primärpumpen von Druckwasserreaktoren empfiehlt sich ein dreistufiger Druckabbau von je ca. 50 bar und Stufe, wobei jede Einzeldichtung für den vollen Betriebsdruck auszulegen ist. Bei konstanten Betriebsverhältnissen betragen hierbei die Leckwerte pro Gleitringdichtung ungefähr 10 l/h.
In Bild 225 und 226 ist eine thermohydrodynamische Burgmann-Dichtungskombination für die Primärpumpe eines 440-MW-Druckwasserreaktors vom Typ Nowo-Woronesch dargestellt, wobei der Innendruck von 152 bar in drei ca. gleichgroßen Druckstufen über die vorgesehenen Drosseln 6, 7 und 9 abgebaut wird. Zur Kühlung der Dichtungen wird kaltes Sperrwasser mit einem Druck von ca. 155 bar bei 5 eingespeist. Jede der drei Dichtungen ist für den vollen Betriebsdruck ausgelegt, so daß auch beim Ausfall einer Dichtung die Pumpe noch nicht stillgesetzt zu werden braucht. Bei der vertikalen Pumpe gewährleistet eine vierte nachgeschaltete, normalerweise berührungsfrei mitlaufende Sicherheitsdichtung ein einwandfreies Abfahren der Pumpe beim Ausfall der Hauptdichtungen. Wird diese Sicherheitsdichtung 4 von Flüssigkeit umspült, so bewirkt die axiale Schubkomponente der Schließvorrichtung, die sich aus einem gegenläufigen Fördergewinde in Kombination mit einem sehr engen, notlaufsicheren Drosselspalt zusammensetzt, ein Schließen des normalerweise berührungslosen Dichtspaltes.
Auf Grund der hohen Sicherheitsanforderungen wird außer der Qualitätssicherung, Bild 227, jede dieser Dichtungen einer zusätzlichen mehrstündigen Endabnahme auf dem in Bild 228 gezeigten Prüfstand unterzogen.
Hierbei werden jeweils zwei Dichtungen zur Kompensation des Axialschubes oder eine Dichtung und eine mehrstufige Dichtungspatrone (Bild 228) bei Druckänderungsgeschwindigkeiten von ± 10 bar/s bis zu den maximalen Innendrücken

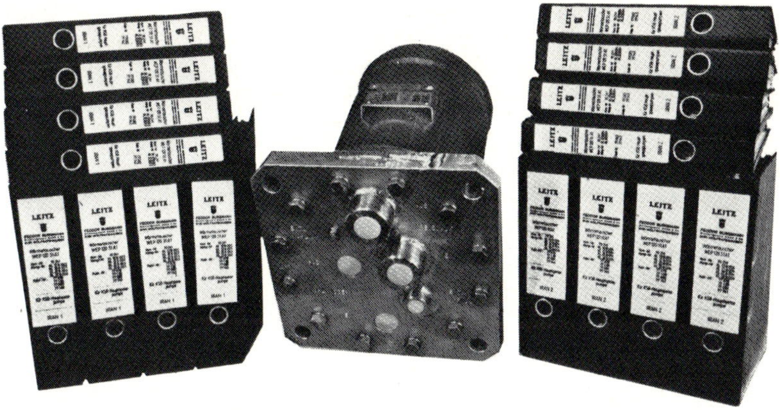

Bild 227
Hochdruckwärmetauscher, Richtleistung 36 kW, mit Dokumentation der Qualitätssicherung für ein deutsches Kernkraftwerk.

Bild 228
Endabnahme eines Dreifach-Tandem-Primärpumpendichtungssatzes [2*].
$D_W = 180$ mm, $p_1 = 155$ bar, $n = 1490$ U/min, $v_g = 17{,}8$ m/s

der Pumpe belastet, wobei ein Druck-Leistungs-Diagramm aufgezeichnet wird und die Leckwerte gemessen werden.

Bei einem normalen Druckabbau von ca. 50 bar pro Stufe liegt die Leckage in der Größenordnung von nur einigen l/h und beträgt bei den neuesten Ausführungen mit stabilisiertem Dichtspalt normalerweise auch unter 10 l/h bei Höchstdruck. Formstabile Aufnahmegehäuse sind hierfür jedoch Voraussetzung.

Auch in der Einlaufperiode können normalerweise keine Verschleißwerte bei diesen thermohydrodynamischen Gleitringdichtungen gemessen werden.

In Bild 229 ist eine thermohydrodynamische Primärpumpendichtung bei der Endabnahme für das Kernkraftwerk Biblis B sichtbar, und in Bild 230 das zugehörige Abnahme-Diagramm, das bei einer konstanten Drehzahl von $n = 1500$

Bild 229
Prüfstandsabnahme thermohydrodynamischer Gleitringdichtungen für Primärpumpen des 1300-MW-Druckwasserreaktors Biblis B [2*].

U/min gefahren wurde. Auf Grund des thermohydrodynamischen Prinzips sinkt der Reibungskoeffizient f mit wachsendem Druck p_1 und auch mit wachsender Gleitgeschwindigkeit v_g (Bild 231), so daß derartige thermohydrodynamische Gleitringdichtungen eine eingebaute Sicherheitsreserve gegen thermische Überbelastungen aufweisen.

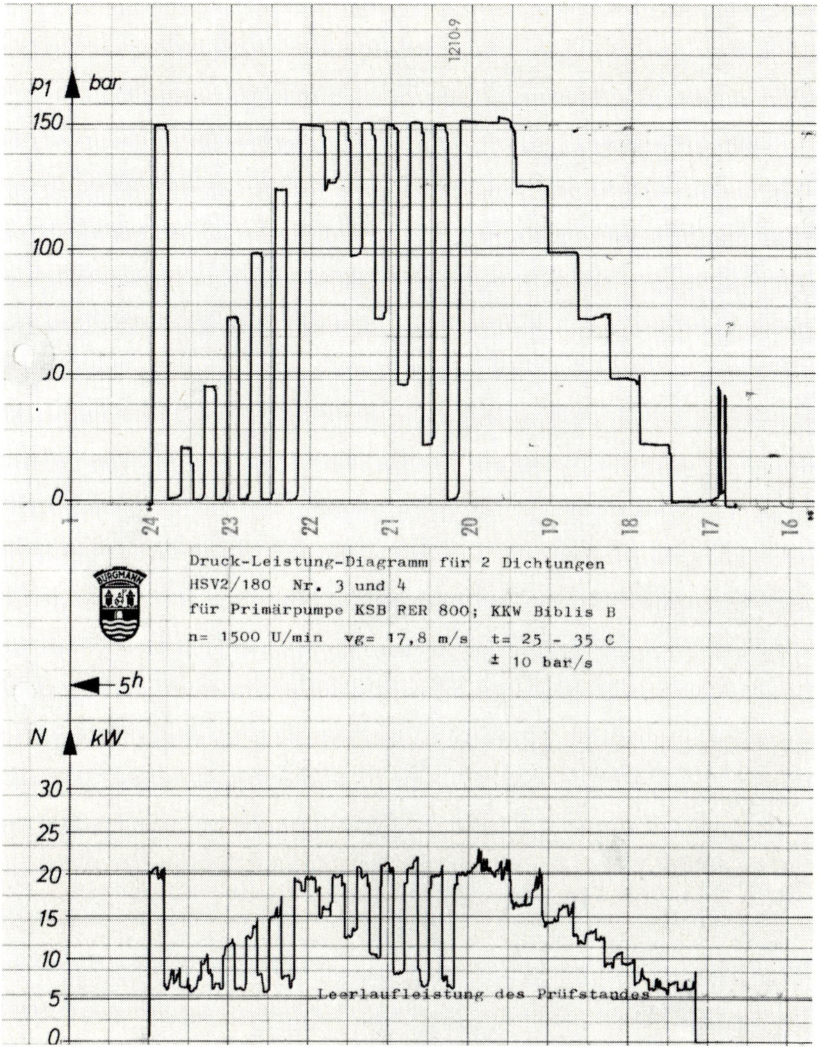

Bild 230

Abnahme-Diagramm für zwei Dichtungen für das Kernkraftwerk Biblis B.

$D_W = 180$ mm, $v_g = 17{,}8$ m/s, Druckänderungsgeschwindigkeit ± 10 bar/s.

Für derartige thermohydrodynamische Gleitringdichtungen, Bild 232, kann von der Herstellerfirma Feodor Burgmann Dichtungswerk für Reaktordichtungen eine

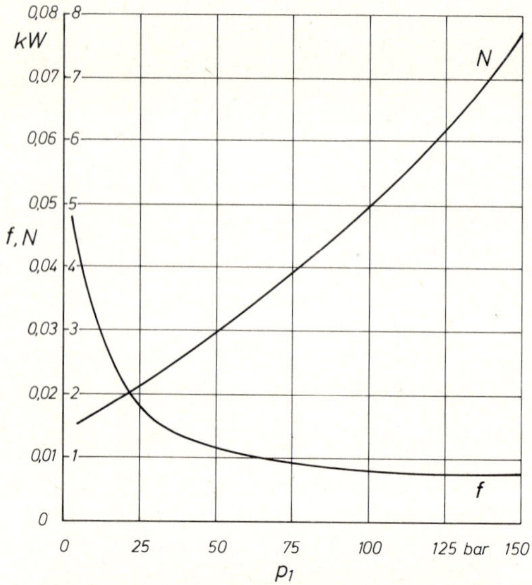

Bild 231
Verlauf des Reibungskoeffizienten f und der Leistungsaufnahme N der in Bild 230 untersuchten Gleitringdichtungen für die KSB-Primärpumpen Biblis B.

Durchmesser der Wellenhülse 205 mm, $n = 1500$ U/min

Bild 232
Endabnahme der Nachkühlpumpe mit thermohydrodynamischer Burgmann-Gleitringdichtung HSV7/142 im Prüfstand der Firma Andritz für KKW Cordoba/Argentinien.

$D_W = 142$ mm, $p_1 \leqq 105$ bar, $n \leqq 2500$ U/min, $v_g \leqq 20$ m/s, $t = 150\,°C$

Werkbild Andritz

Gewährleistung bis zu 10000 Betriebsstunden, bzw. zwei Jahre nach Inbetriebnahme oder fünf Jahre nach Auslieferung, übernommen werden.

9.8.1.2. Gleitringdichtungen in Siedewasserreaktoren

Bei Siedewasserreaktoren sind der abzudichtende Druck und auch die Dichtungsabmessungen kleiner. Dafür sind die Drehzahlen höher, die darüber hinaus entsprechend den Betriebsgegebenheiten geregelt werden. Die Borsäurekonzentration liegt meistens im Bereich von 1000 ppm.

Man unterscheidet interne und externe Hauptkühlmittelpumpen, bei denen folgende Betriebsbedingungen vorliegen können:

Betriebsbedingungen für Hauptkühlmittelpumpen
bei Siedewasserreaktoren

	interne Ausführung	externe Ausführung
D_W	bis 150 mm Dmr.	bis 180 mm Dmr.
Fördermengen	bis 12000 m^3/h	bis 14000 m^3/h
Förderhöhen	bis 55 m	bis 270 m
Betriebsdrücke	bis 75 bar	bis 90 bar
Betriebstemperatur	bis 300 °C	bis 300 °C
Drehzahlen	bis 2100 U/min	bis 3000 U/min
Motorleistungen	bis 2000 kW	bis 10000 kW

Da diese drehzahlgeregelten Pumpen häufig in den unteren Reaktorzonen angeordnet sind, in denen sich Verschleißpartikel ansammelten, haben sich Spaltringdichtungen auch wegen des variablen Betriebes nicht bewährt. Die Dichtungsräume wurden ursprünglich durch dreifach tandemgeschaltete normale Gleitringdichtungen abgedichtet. Auf Grund der wesentlichen Verbesserungen durch thermohydrodynamische Gleitringdichtungen wird nunmehr der Druck in zwei Stufen abgebaut. Wie bei den Dichtungen für Druckwasserreaktoren sind auch die Dichtungen für Siedewasserreaktoren jeweils für den vollen Betriebsdruck ausgelegt, Bild 233, der auch über einen längeren Zeitraum von einer Einzeldichtung übernommen werden kann. Die Sicherheitsdichtung 3 gewährleistet im Schadensfalle ein einwandfreies Abfahren der Pumpe und übernimmt dann die Dichtfunktion im Stillstand.

In Bild 234 ist das Druck-Leistungs-Diagramm für zwei Dichtungen bei der Endabnahme mit Druckänderungsgeschwindigkeiten von ± 10 bar/s aufgezeichnet.

Diese hydrodynamischen Gleitringdichtungen (Bild 235) sind außerordentlich formstabil, auch bei hohen Druckänderungsgeschwindigkeiten von ± 10 bar/s, so daß die Leckwerte im untersuchten Bereich 5 l/h nicht überschritten. Ein meßbarer Verschleiß konnte auch nach Beendigung des Prüflaufes von 100 h nicht festgestellt werden, s. Bild 236 und 237.

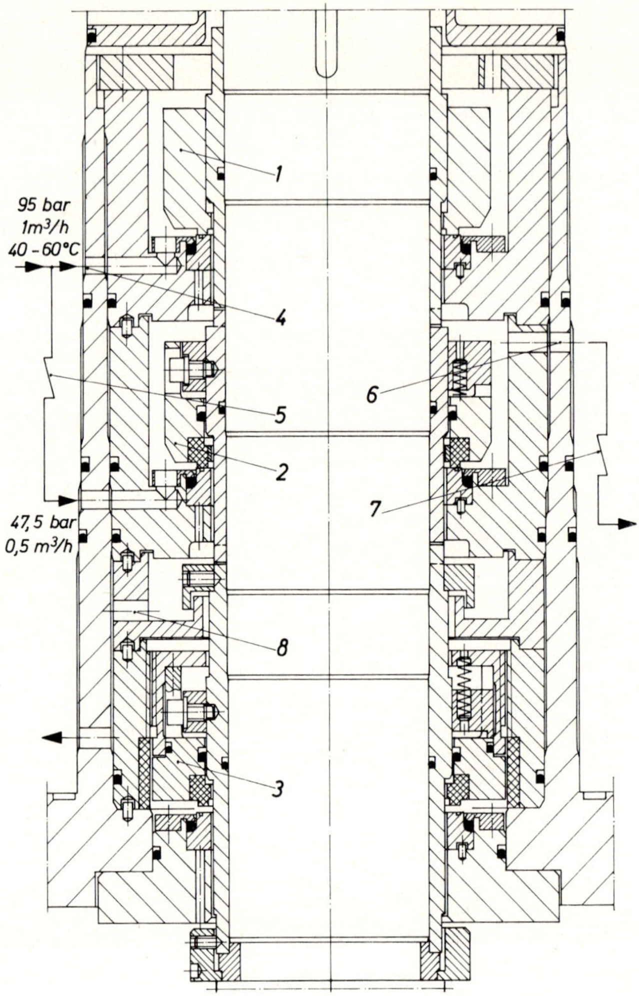

Bild 233
Moderne Dichtungskombination für KSB-Primärpumpen im 1250-MW-Siedewasserreaktor Krümmel [2*].

$p_1 = 71$ bis 90 bar, $n = 400$ bis 2100 U/min

1 erste Hauptdichtung
2 zweite Hauptdichtung
3 Sicherheitsdichtung
4 Sperrwassereintritt
5 Drossel 1
6 Sperrwasseraustritt
7 Drossel 2
8 Leckabzug

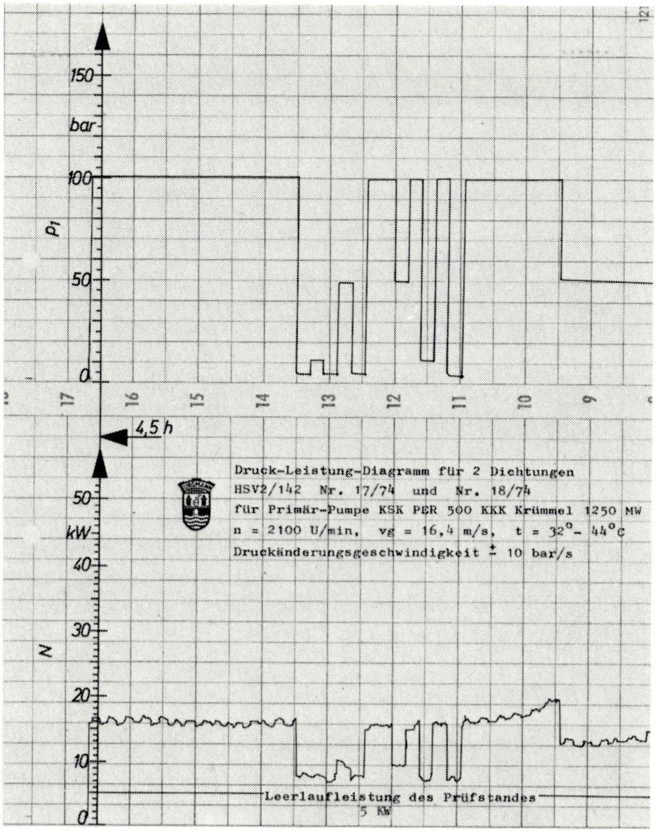

Bild 234
Abnahme-Diagramm für zwei thermohydrodynamische Gleitringdichtungen.
$D_W = 142$ mm, $n = 2100$ U/min, Druckänderungen bis 100 bar

Durch ein metallisches Stützkorsett im Kohlering, der sich ja auf Grund seines niedrigen Elastizitätsmoduls unter hohen Druckbelastungen wesentlich stärker verformt als der Gegenring aus Metallkarbid (s. Bild 238c), konnte das bisher schon sehr gute Betriebsverhalten herkömmlicher thermohydrodynamischer Gleitringdichtungen in höheren Druckbereichen noch wesentlich verbessert werden.
In Bild 237 sind die Unterschiede der Leistungsaufnahme N und der Leckage Q bei zwei sonst identischen Dichtungen (a und b) aufgezeichnet. Bei der Gleitringdichtung HSV mit stabilisiertem Dichtspalt a ist die Hydrodynamik der Zirkulationsnuten besser ausgebildet. Hierdurch wird die Leistungsaufnahme bei $p_1 = 100$

Bild 235
Thermohydrodynamischer Gleitringdichtungssatz für Primärpumpen des 1250-MW-Siedewasserreaktors Krümmel [2*].
$D_W = 142$ mm, $p_1 = 90$ bar, $n = 400$ bis 2100 U/min

bar um ca. ein Drittel niedriger. Die Leckverlustunterschiede in diesem Bereich verhalten sich sogar noch günstiger. Gleitringdichtungen mit stabilisiertem Dichtspalt sind darüber hinaus gegen Druckänderungen wesentlich unempfindlicher und erreichen noch höhere Standzeiten.

Bild 236
Montagefertige Dichtungspatrone mit thermohydrodynamischen Dichtungen in 3fach-Tandemanordnung.
$D_W = 138$ mm, $p_1 \leqq 120$ bar

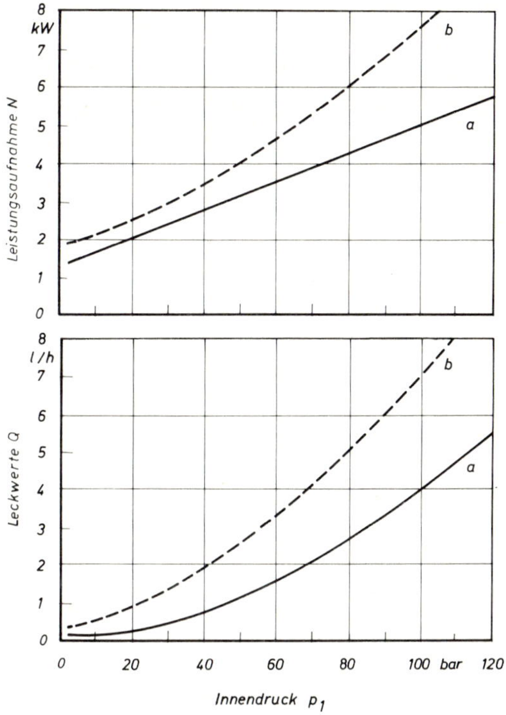

Bild 237
Leckwerte Q und Leistungsaufnahme N von thermohydrodynamischen Gleitringdichtungen für Siedewasserreaktoren.

$D_W = 142$ mm, $n = 2100$ U/min, $v_g = 16{,}8$ m/s, $t = 35$ bis 55 °C

a Dichtung HSV mit druck-stabilisiertem Kohlering [2*]
b Dichtung HS in Normal-Ausführung [2*]

Wie aus Bild 238 ersichtlich ist, kann bei den aufgeführten Betriebsbedingungen mit einer Verdoppelung der Lebensdauer bei $p_1 = 100$ bar für thermohydrodynamische Gleitringdichtungen HSV mit metallischem Stützkorsett für den Kohlering c gegenüber b gerechnet werden.

9.8.1.3. Gleitringdichtungen in Sonderreaktoren

Obgleich in absehbarer Zeit noch die wassergekühlten Reaktoren dominieren, werden bereits jetzt Prototyp-Reaktoren gebaut und betrieben.

Von besonderer Bedeutung sind die natrium-gekühlten schnellen Brutreaktoren, die in den 90er Jahren eine wichtige Rolle in der Energieversorgung spielen dürften. Da Flüssignatrium wegen seiner hohen Siedetemperatur fast drucklos übertragen werden kann, ergeben sich bezüglich der Dimensionierung des Systems besondere Vorteile. Auf diese Weise kann man in einer Niederdruck-Reaktoranlage Hochdruck-Heißdampf für moderne Turbomaschinen erzeugen, und gute thermodynamische Wirkungsgrade erzielen. Da Natrium wegen der Explosionsgefahr mit Wasser nicht in Berührung kommen darf, sind an die Flüssig-Natriumpumpen

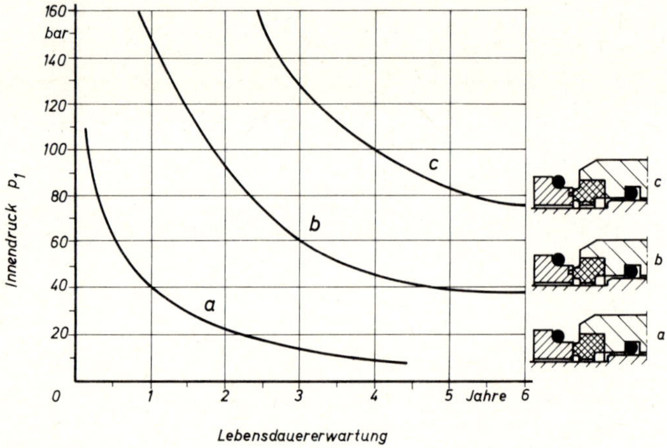

Bild 238
Lebensdauererwartung von Gleitringdichtungen bei kontinuierlichem Betrieb in Reaktorpumpen [2*].

Werkstoffpaarung Wolframcarbid gegen Hartkohle

$D_W = 100$ bis 150 mm, $n = 1000$ bis 2000 U/min, $t = 40$ bis 60 °C

a entlastete Gleitringdichtung H
b thermohydrodynamische Gleitringdichtung HS
c thermohydrodynamische Gleitringdichtung mit stabilisiertem Dichtspalt HSV

im Primär- und Sekundär-Kreislauf besondere Sicherheitsanforderungen zu stellen, vgl. Bild 239.

Natrium, das bei ungefähr 100 °C erstarrt, wird im Temperaturbereich von 500 bis 600 °C durch die Pumpe gefördert. Zwischen Pumpe und der ersten doppeltwirkenden Gleitringdichtung ist ein großer Ausgleichs- und Regelraum vorgesehen, in dem der Flüssigkeitsspiegel durch ein Argon-Schutzgaspolster auf einer bestimmten Höhe gehalten wird. Um die Leckverluste des Öles in dem Pumpenraum klein zu halten, werden doppeltelastisch gelagerte Gegenringe 2 vorgesehen, die die mechanischen und thermischen Deformationen der großen Gehäuseteile gut kompensieren. Ferner ist durch die In-Reihen-Schaltung von zwei O-Ringen eine zusätzliche Sicherheit, auch gegen die Diffusionsverluste von Argon, gegeben. Auf Grund der Sicherheitsforderungen für Katastrophenfälle ist die Dichtung für einen maximalen Druck von 18 bar ausgelegt. Das Sperröl wird durch eine Fördervorrichtung zirkuliert. Auch hier wurde bereits aus Sicherheitsgründen kein Wasserkühler vorgesehen. Die Dichtungen werden heute als schnell auswechselbare Patroneneinheiten ausgeführt, um bei Revisionen oder Schäden die Stillstandszeiten so kurz wie möglich zu halten.

Bei schwerwasser-moderierten Reaktoren wird zunächst einmal die Forderung gestellt, daß die Leckage so klein wie möglich gehalten werden sollte und wieder

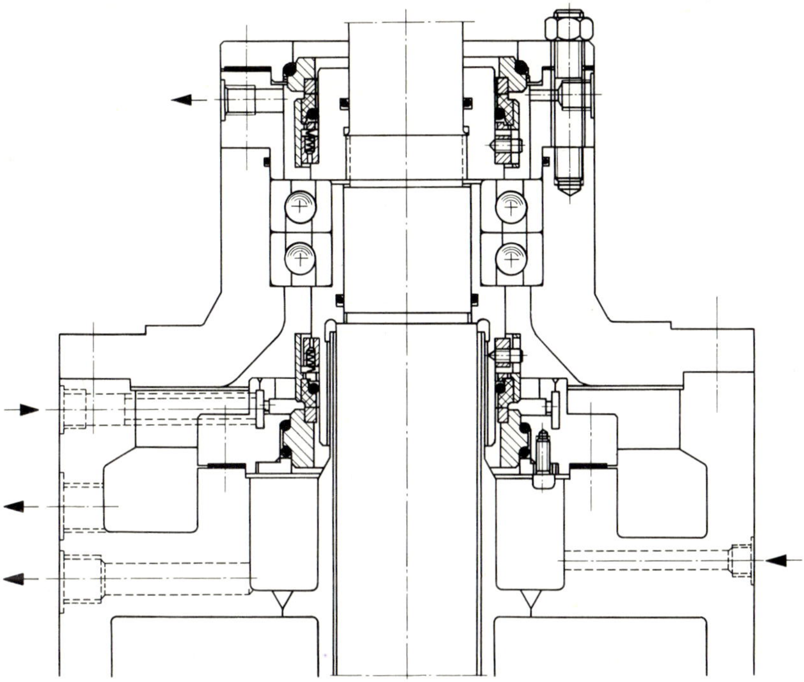

Bild 239
Dichtungskombination für Hauptkühlmittel-Umwälzpumpe des natriumgekühlten Reaktors KNK mit integrierter Lagerung.

$D_W = 105$ mm, $p_3 = 4$ bis 5 bar, $n = 0$ bis 1350 U/min, $v_g = 0$ bis 8,0 m/s, $t = 50$ bis 60 °C

zurückgewonnen werden kann, da 1 l D_2O gegenwärtig ca. 500,— DM kostet. Die gasförmig austretenden D_2O-Mengen werden in Bild 240 über trockenes, kaltes Sperrgas 5 aufgenommen und kondensiert. Durch die Neutronenbestrahlung bildet sich aus dem Schwerwasser das hochgiftige Tritium, dessen Eintritt in den Reaktorraum verhindert werden muß. Deshalb wird der Hauptdichtung 1 eine doppeltwirkende Sicherheitsdichtung 3 nachgeschaltet.
In Tabelle 31 sind die Betriebserfahrungen dieser Dichtungen aufgeführt. Die Leckwerte konnten mit der Leckagegleichung für Grenzreibungsbedingungen (47) mit sehr hoher Genauigkeit berechnet werden. Nachdem sich darüber hinaus, auf Grund der guten Wasserqualität und der hohen Verschleißfestigkeit der Werkstoffpaarung, die arithmetischen Mittenrauhwerte R_a nur geringfügig änderten, konnten auch im Langzeiteinsatz die geforderten minimalen Leckagen wesentlich unterschritten werden.

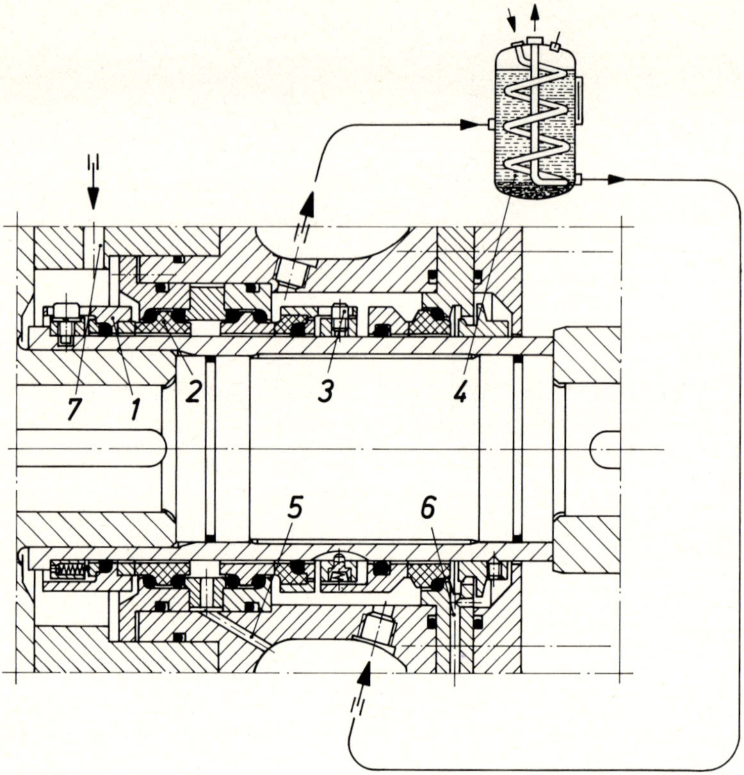

Bild 240
Abdichtung einer Moderatorpumpe für CO_2—D_2O-Druckröhrenreaktor [2*].

1 belastete Hauptdichtung
2 Gegenring
3 Doppeldichtung
4 Thermosiphonbehälter
5 Leckabzug
6 Drainage
7 innere Zirkulation

Die Verschleißwerte im Langzeiteinsatz sind geringer als $A > 0{,}05$ µm/h, 1981 wurden 38000 störungsfreie Betriebsstunden überschritten.

Der D_2O-moderierte Hochflußreaktor Grenoble wird in der Grundlagenforschung auf den Gebieten der Festkörper-Physik und Nieder-Energie-Kernphysik eingesetzt. Zweck des Reaktors ist es, einen hohen Fluß möglichst rein thermischer Neutronen in einem nahezu drucklosen Schwerwasser-Reflektor zu erzeugen. Die Abdichtung der Primärpumpe ist in Bild 241 dargestellt. Die Dichtungskombination ist in Ausführung und Betriebsverhältnissen der in Bild 240 gezeigten sehr ähnlich. Die maximal zulässige Leckage für die Hauptdichtung 1 betrug 5 cm^3/h

Tabelle 31. Betriebserfahrungen mit belasteten Burgmann-Gleitringdichtungen in Moderator-Pumpen eines CO_2—D_2O-Druckröhrenreaktors.

Nr.	Versuchsbedingungen		Laufzeit	Meßdatum	Leckage Q cm^3/h	Spalthöhe h µm	Verschleiß A µm/h
1	Prüfvorrichtung	H_2O	50	1969	1,864	0,66	0,1
2	Prüfvorrichtung	H_2O	50	1969	2,562	0,78	0,16
3	Prüfvorrichtung	H_2O	50	1969	2,652	0,79	0,4
4	Prüfvorrichtung	H_2O	50	1969	2,19	0,72	0,46
5	Prüfvorrichtung	H_2O	50	1969	7,724	1,35	0,46
6	Prüfvorrichtung	H_2O	103	1969	6,69	1,25	0,16
Mittelwerte aus 1 bis 6					3,947	0,92	0,29
7	Pumpe 1	H_2O	200	1970	2,3	0,75	0,13
8	Pumpe 2	D_2O	4564	1974	0,203	0,22	<0,05
9	Pumpe 3	D_2O	8494	1974	1,32	0,56	<0,05
10	Pumpe 1	D_2O	9746	1974	3,29	0,88	<0,05
Mittelwerte aus 8 bis 10					1,6	0,55	<0,05

$D_W = 100$ mm, $p_1 = 7$ bar, $n = 1480$ U/min, $v_g = 8{,}4$ m/s, $t = 85\,°C$.
Gleitwerkstoffpaarung: WC mit Ni-Binder Buka 4 gegen kunstharzimprägnierte Hartkohle Buko 02.

+200%. Nach einer Laufzeit von 1650 h wurde ein Wert von 0,6 cm^3/h bei einer Spalthöhe von $h = 0{,}3$ µm gemessen. Nähere Einzelheiten können Abschn. 4.9.1.2, Bild 68, entnommen werden.

9.8.2. Gleitringdichtungen in Hilfs- und Sicherheitspumpen

Neben den bekannteren Pumpen wie Primär-, Vor-, Anfahr-, Speise- und Kondensat-Pumpen wird für den Betrieb eines Kernkraftwerkes eine große Anzahl von zusätzlichen Pumpen für Hilfs- und Sicherheitssysteme benötigt. Nachfolgend seien die wichtigsten aufgeführt:

Abgabe-Filterspeisepumpen
Abwasserpumpen
Abwasserumwälzpumpen
Anschwemmpumpen
Borsäure-Umwälzpumpen
Borsäure-Meßpumpen
Dekontaminierpumpen
Dosierpumpen
Druckhaltepumpen
Druckerhöhungspumpen
Entgaserabziehpumpen
Entwässerungspumpen
Flutpumpen
Gebäudesprühpumpen
Harzspülpumpen
Hochdruck-Einspeisepumpen
Hochdruck-Förderpumpen
Kernsprühpumpen
Konzentratpumpen
Kühlmittelreinigungspumpen
Kühlmittelrückspeisepumpen
Lagerbeckenumwälzpumpen
Lagerdruckwasserpumpen
Nachkühlpumpen
Niederdruck-Einspeisepumpen
Notkondensationspumpen

Notkühlpumpen
Reaktorraumflutpumpen
Rückspeisepumpen
Sammeltank-Entwässerungspumpen
Sperrwasserpumpen
Steuerstabantriebspumpen
Sumpfpumpen
USUS-Pumpen (unabhängige Sicherheits- und Sabotage-Pumpen)
Verdampfer-Kondensatpumpen
Verdampfer-Speisepumpen
Vergiftungspumpen
Wasserabscheiderpumpen
Zirkulationspumpen
Zwischenkühlkreislaufpumpen

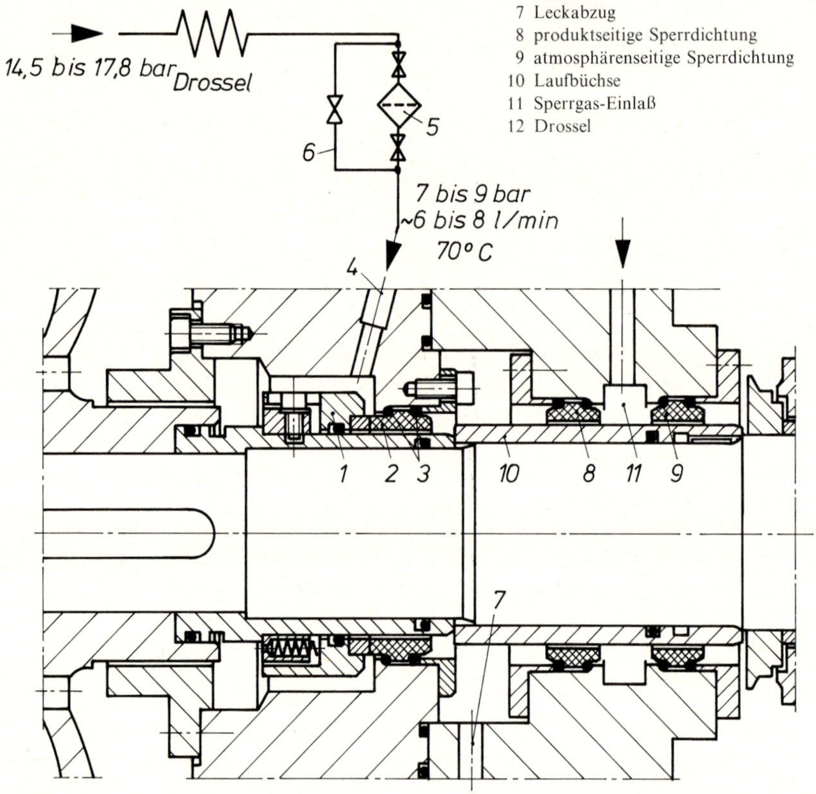

1 belastete Gleitringdichtung
2 Gegenring
3 reihengeschaltete O-Ringe
4 Zirkulationsleitung
5 Magnetfilter
6 Bypass
7 Leckabzug
8 produktseitige Sperrdichtung
9 atmosphärenseitige Sperrdichtung
10 Laufbüchse
11 Sperrgas-Einlaß
12 Drossel

Bild 241
Dichtungsanordnung für Halberg-D_2O-Primärpumpen des Hochfluß-Forschungsreaktors Grenoble/Frankreich [2*]. $D_W = 85$ mm, $n = 2960$ U/min, $p_1 = 8$ bar, $t = 80$°C

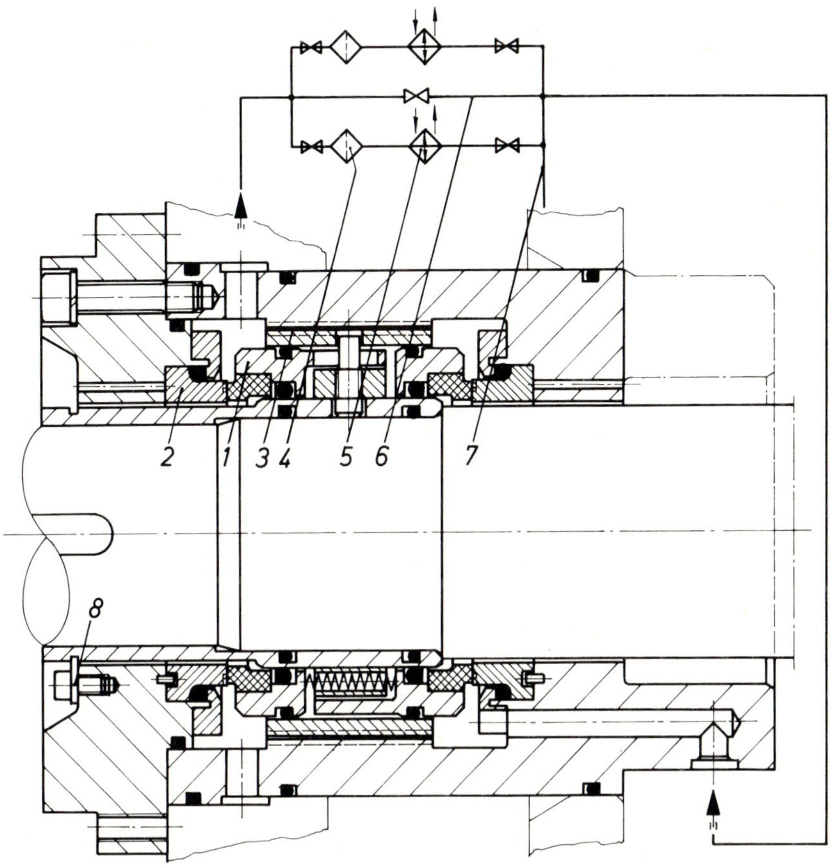

Bild 242

Doppeltwirkende Patronendichtung für Nachkühlpumpen von Druckwasserreaktoren [2*].

$D_W = 80$ bis 120 mm, $p_1 = 35$ bis 50 bar, $t = 150$ °C, $n = 1480$ U/min

1 umlaufende Doppeldichtung
2 stationärer Gegenring
3 Fördergewinde
4 Magnetfilter
5 Wärmetauscher
6 Bypass
7 Nachspeis- und Sperrdruckleitung
8 Montagelehre

In Bild 242 ist eine bewährte, doppeltwirkende Dichtungskonzeption für die Nachkühlpumpen von Druckwasserreaktoren dargestellt, wie sie unter anderem seit Jahren in den Kernkraftwerken Stade, Biblis A + B, Neckarwestheim und Borssele/ Holland eingesetzt werden. Wegen der hohen Temperatur und der Tatsache, daß das Nachkühlwasser nicht ganz sauber ist, wurde eine doppeltwirkende Dich-

Bild 243
Doppeltwirkende, thermohydrodynamische Gleitringdichtung für die Nachkühlpumpen des 630-MW-Druckwasserreaktors Stade [2*].
$p_3 = 40$ bis 50 bar

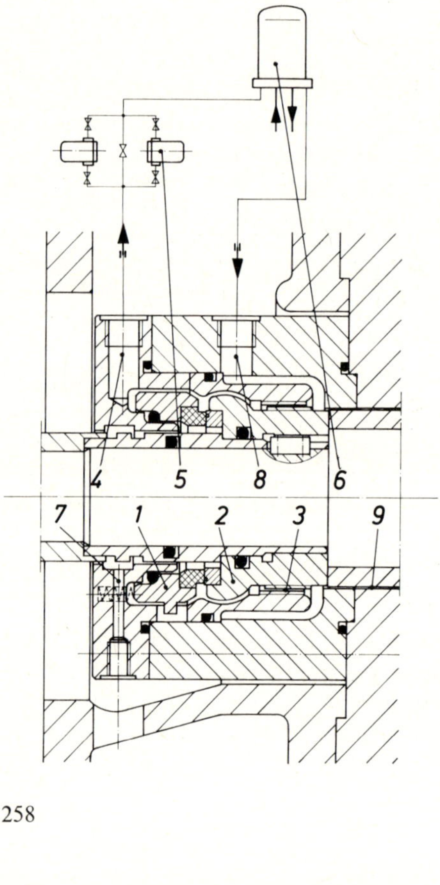

Bild 244
Gleitringdichtung für die Steuerstabantriebspumpe des 800-MW-Siedewasserreaktors Brunsbüttel [2*].
$D_W = 75$ mm, $n = 7200$ U/min,
$p_1 = 37$ bar, $t = 70$ bis $100\,°C$

1 stationärer Gleitring
2 umlaufender Gegenring
3 Fördergewinde
4 Kühlstrom-Auslaß
5 Magnetfilter
6 Wärmetauscher
7 Leckabzug
8 Kühlstrom-Einlaß
9 Drosselstrecke

tungskonstruktion mit integrierter Fördervorrichtung gewählt, die wegen einer schnellen Montage als Patronendichtung ausgeführt wird.

Die Leckverluste des sauberen Sperrdeionats werden über die Druckhalteleitung 7 nachgespeist, während die Kühlung über die Fördervorrichtung 3, s. a. Bild 243, und die Wärmetauscher 5 bewirkt wird.

Die Steuerstab-Antriebspumpen, die die wichtige Funktion der Reaktorregelung übernehmen, werden durch Gleitringdichtungen, Bild 244, abgedichtet, die den Ausführungen für Hochtourenspeisepumpen sehr ähnlich sind (s. Abschn. 9.7.1).

Bezüglich der Abhängigkeit der Elastomere von der Strahlungsdosis und der Betriebstemperatur ist es empfehlenswert, durch größere Wärmetauscher 6 eine möglichst niedrige Auslaßtemperatur zu erzielen.

Auf Grund der sehr hohen Mediums-Temperatur von 285 °C sind für die Gleitringdichtungen von Clean-Up-Pumpen, Bild 245, einige Sondervorkehrungen getroffen worden. Die Dichtungen werden mit einer Kaltkondensatmenge von ca. 10 l/min bei 50 °C gekühlt, die unter einem Überdruck von $p_3 = 72$ bar eingespeist wird.

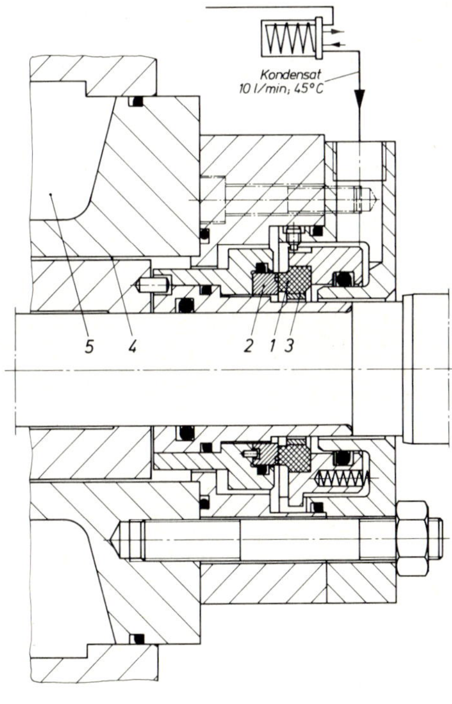

Bild 245
Thermohydrodynamische Hochdruckdichtung für Clean-Up-Pumpen in Siedewasserreaktoren [2*].

$D_W = 50$ mm, $p_1 = 70$ bar, $n = 2950$ U/min, $t = 285$ °C

1 stationärer Gleitring
2 rotierender Gegenring
3 metallischer Stützring
4 Drosselspalt
5 Mantelkühlung

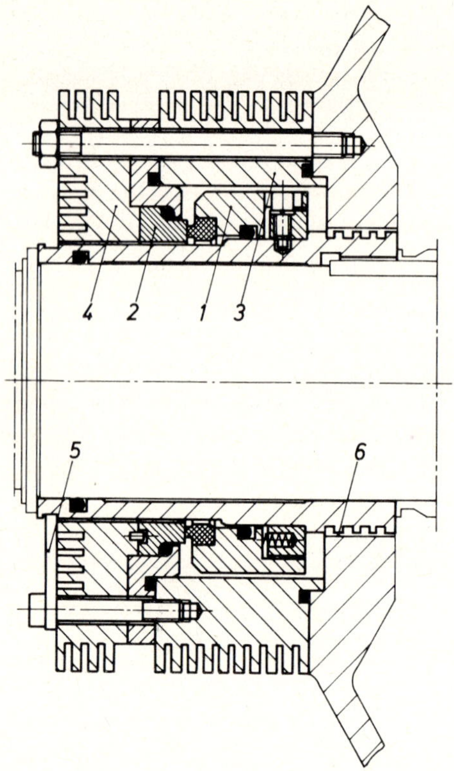

Bild 246
Luftgekühlte Gleitringdichtung für Katastrophen-Pumpen in Kernkraftwerken [2*].

p_1 = bis 50 bar, t = bis 200 °C

1 Gleitringdichtung
2 Gegenring
3 Kühlmantel
4 Kühlflansch
5 Montagelehre
6 Drossellabyrinth

Um den kritischen Betriebsbedingungen im Stillstand zu begegnen, wurde eine Mantelkühlung mit wirkungsvoller Vordrossel vorgesehen.

Auf Grund strengerer Anforderungen wurden für Kernkraftwerke die Sicherheitsbedingungen für die Aufrechterhaltung des Notkühlsystems in Katastrophenfällen verschärft.

In Bild 246 ist die Gleitringdichtung für eine unabhängige Notkühlpumpe dargestellt, bei der die Ableitung der Mediums- und Reibungswärme ausschließlich über luftgekühlte, verrippte Kühlteile 3 und 4 erfolgt. Von der Werkstoffseite her, müssen derartige Dichtungen besonders sorgfältig ausgelegt werden.

Auf Grund der verschärften Sicherheitsbedingungen ist der Anschluß von außen verlegten Rohrleitungen, die im Katastrophenfall beschädigt werden könnten, nicht zulässig. Für den Fall, daß die normale Luftkonvektion die Wärmeableitung nicht mehr gewährleisten kann, ist in Bild 247 und 248 die Dichtungskombination für eine sog. USUS-Pumpe (unabhängige Sicherheits- und Sabotage-Pumpe) mit integrierter Lüfterkühlung dargestellt. In diesem Falle wird durch das in die Dich-

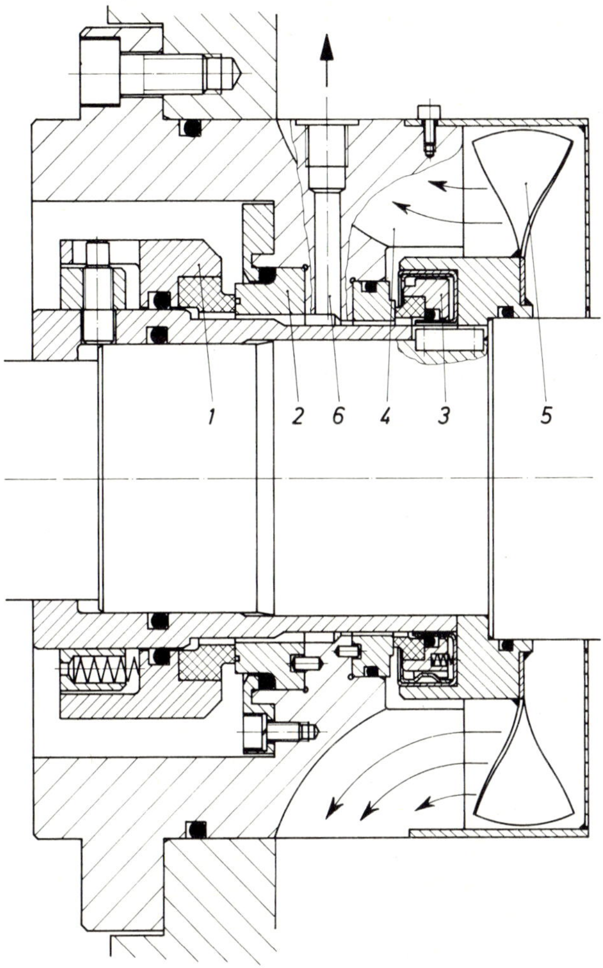

Bild 247
Gleitringdichtungskombination für unabhängige Sicherheits- und Sabotagepumpen für Kernkraftwerke mit integrierter Luftkühlung [2*].

1 Hauptdichtung
2 Gegenring
3 Leckagedichtung
4 Kühlflansch
5 Lüfter
6 Absaugung

Bild 248
Luftgekühlte Gleitringdichtung für unabhängige Nachkühlpumpen des 1250-MW-Siedewasserreaktors Krümmel von Bild 247 [2*].

$D_W = 123$ mm, $p_1 = 10$ bar, $n = 1470$ U/min, $t_{max} = 151$ °C

tungseinheit integrierte Lüfterrad 5 ein Zirkulationsstrom auf den stark verrippten Kühlflansch 4 geleitet. Die Stirnflächenreibungswärme wird überwiegend über den Gegenring 2 abgeführt, der eine sehr gute Wärmeleitzahl aufweist. Eventuelle radioaktive Leckverluste werden über die Drainageleitung 6 abgesaugt.
Nachdem Gleitringdichtungen in der Reaktortechnik die an sie gestellten Erwartungen bezüglich Leckage, Betriebssicherheit und Lebensdauer im Primär- und Sekundärteil über viele Jahre voll erfüllt haben, werden in Kernkraftwerken heute fast ausschließlich Gleitringdichtungen eingesetzt.

9.9. Gleitringdichtungen in der Energietechnik

Die Zukunft der Industrienationen wie auch der Entwicklungsländer wird weitgehend durch das Energieangebot mitbestimmt. Die Energiequellen der Erde sind dank dem Fortschritt der Ingenieurwissenschaften noch längst nicht alle erschlossen, aber ihre Nutzung wird technisch aufwendiger und wirtschaftlich in zunehmendem Maße teurer.

Bild 249
Trans-Alaska-Pipeline im Permafrostgebiet; jede Stütze verfügt über 2 Luftkühler.

Ein typisches Beispiel ist die Trans-Alaska-Pipeline mit einem Durchmesser von 1200 mm, die vom Prudhoe Bay nach Valdez über 1280 km durch unwegsamstes Gelände führt und eine maximale Kapazität von 100 Mill. Tonnen je Jahr aufweist, Bild 249.

In unerschlossenen Gebieten der Kontinente und Meere werden auch heute noch technische Pionierleistungen gefordert, die sich auch auf das Maschinenelement der Gleitringdichtung erstrecken. Die Verfügbarkeit der Energie ist sehr eng mit der Verläßlichkeit der Dichtungen und bei Reparaturen mit der problemlosen, schnellen Austauschbarkeit gekoppelt. In Kraftwerken und Pumpstationen, in Schrämmaschinen und Kohlevergasungsanlagen werden bei schwierigsten Betriebsbedingungen in zunehmendem Maße Gleitringdichtungen (vor allem in energiesparender, hydrodynamischer Ausführung) eingesetzt. Die Betriebssicherheit dieser Dichtungen (insbesondere bei Verwendung hochverschleißfester, notlaufsicherer Werkstoffpaarungen) ist sehr hoch. In vielen Fällen sind Standzeiten von mehr als 10000 Betriebsstunden die Norm. Voraussetzung ist außer einer robusten, erprobten und zuverlässigen Konstruktion der Dichtung eine einwandfreie Kühlung und Wartung. Ferner setzen sich in zunehmendem Maße schnellwechselbare Patronendichtungen durch, die auch von nicht so geschultem Wartungspersonal getauscht werden können.

9.9.1. Gleitringdichtungen für Räum- und Schrämgeräte

Immer häufiger werden feste Brennstoffe wie Braun- und Steinkohlen, Ölsände und ölhaltige Schiefer für die Erzeugung von Primärenergie oder aber für Veredelungsprozesse abgebaut. Dies geschieht je nach örtlichen oder auch wirtschaftlichen Gegebenheiten im Tage- oder Untertagebau.

Bild 250
Experimentelle Streckenvortriebsmaschine für Düsenschneiden mit Hochdruckwasser.

Beispielsweise zeigt Bild 250 eine experimentelle Streckenvortriebsmaschine, die mit Hochdruckdüsen bis 3000 bar schneidet und durch Brechrollen den Abtransport des Fördergutes in die Wege leitet. Die Abdichtung der Drehdurchführungen bereitet insbesondere auch unter Berücksichtigung der Wasserqualität erhebliche Schwierigkeiten.

Die Schräm- und Schneidköpfe mechanisch arbeitender Abbaugeräte werden mit Kühlwasser versorgt, das auch zur Staubniederschlagung und Funkenlöschung

Bild 251
Moderne Vortriebsmaschine mit gekühltem Schneidkopfbereich Untertage.
Werkbild Paurat GmbH, Voerde

der Schneidewerkzeuge herangezogen wird. Die Intensiv-Bedüsung wird zwingend, wenn Gase (beispielsweise Methan oder Staub) beim Abbau sich entzünden könnten. Andererseits darf die Wassermenge nicht zu groß sein, da sonst beim Abbauprodukt Schlammbildung auftritt und Probleme beim Abtransport entstehen können. Bild 251 zeigt eine schwere Vortriebsmaschine im Streb. Diese Geräte können sowohl manuell als auch über Steuerkabel und Funk aus größeren Entfernungen bedient werden.
Das für die Bedüsung der Schrämköpfe benötigte Wasser wird über einen 100 µm-Filter vorgereinigt. Der verbleibende Schmutz bedingt aber bei den Gleitringen hochverschleißfeste, thermisch und mechanisch hochbelastbare Werkstoffe. Hier bieten sich besonders Wolframkarbid und Siliziumkarbid als Massivwerkstoff sowie SiC—C als Verbundwerkstoff respektive hochfeste Hartkohlen an. In Bild 252 ist eine doppeltwirkende Schrämkopfabdichtung mit Kühlwasserzuführung für die Bedüsung gezeigt. Auch hier wird die Dichtung als Patrone ausgebildet. Auf Grund des großen Wellendurchmessers von $D_W = 254$ mm und des hohen Innendruckes wurden Stützringe 9 für die Gleitringe vorgesehen.

In Bild 253 ist eine Walzenkopfabdichtung für eine Kohle-Schrämmaschine gezeigt, bei der durch Vorsehung einer Segmentkalotte 3 und einer im Gegenring angebrachten Durchtrittsbohrung 4 eine Segmentbedüsung des Walzenkopfes erzielt wird. Der normale Schwenkbereich für die Hochdruckbedüsung liegt bei 150 bis 180 Grad. Durch die Verwendung von speziellen Hochdruckdichtungen wird die Schneid- und Ladeleistung der Abbaugeräte wesentlich verbessert, zusätzlich eine bessere Staubniederschlagung und Kühlung der Schneidwerkzeuge erreicht und die Gefahr von Gas- oder Staubexplosionen ganz wesentlich ver-

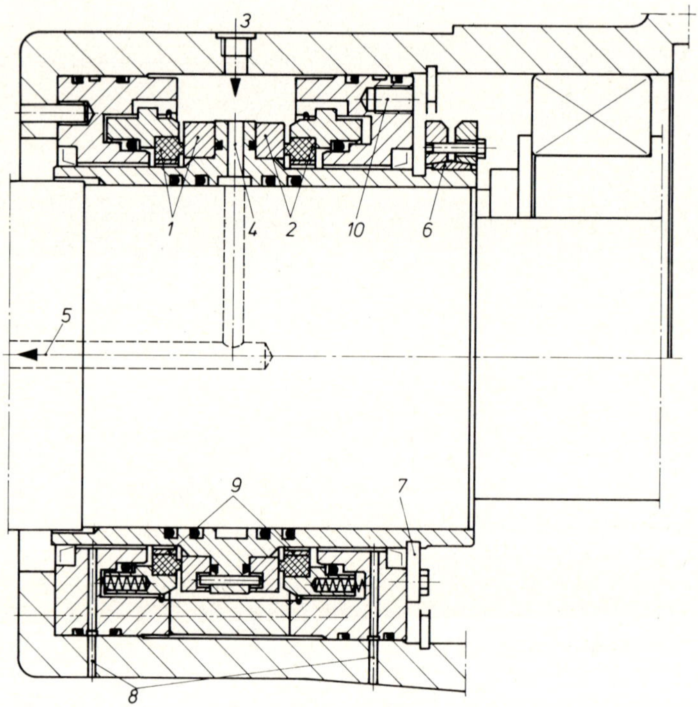

Bild 252
Doppeltwirkende Schrämkopfabdichtung als montagefertige Einheit [494].
$D_W = 254$ mm, $n = 41$ U/min, Kühlwasserdruck $p_1 = 150$ (250) bar

1 Gleitringdichtung I
2 Gleitringdichtung II
3 Wasserzuführung
4 Verteilerbohrungen
5 Wasser zum Schrämkopf
6 Schrumpfscheibe
7 Montagelehre
8 Drainage
9 Stützringe
10 Demontagehilfe

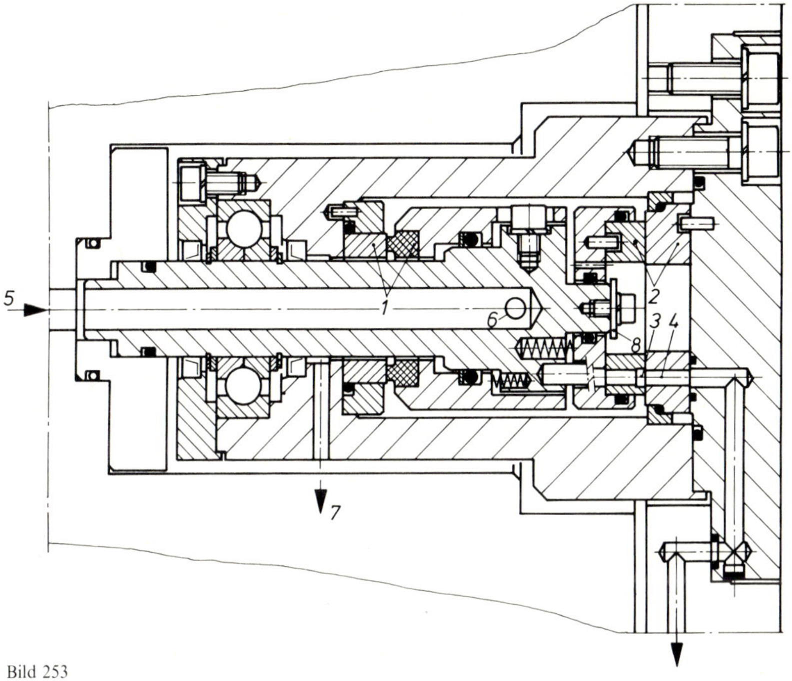

Bild 253
Walzenkopfabdichtung mit Segmentbedüsung [2*].
$D_W = 35$ mm, $n = 36$ U/min, Wasserdruck $p_1 = 50$ bis 150 bar

1 Gleitringdichtung I
2 Gleitringdichtung II
3 Segmentkalotte
4 Durchtrittsbohrung
5 Kühlwasserzuführung
6 Zuführungsbohrungen
7 Drainage
8 Montagehilfe

mindert. Bild 254 zeigt eine Vortriebsmaschine mit eingeschalteter Hochdruckbedüsung. Die speziellen Gegebenheiten vor Ort erfordern komplette, montagefertige Patroneneinheiten für die Gleitringdichtungen [494].

9.9.2. Gleitringdichtungen für Kohleveredelungsanlagen

Infolge der weltweiten Energieverteuerung und -verknappung werden jetzt in zunehmendem Maße Kohleveredelungsanlagen für vergasende oder hydrierende Prozesse gebaut. Die Kohle dürfte als Energieträger und Chemierohstoff wieder mehr an Bedeutung gewinnen. Extreme Anforderungen werden auf Grund der verfahrenstechnischen Probleme vor allem an die Dichtungstechnik gestellt, wobei Drücke von über 100 bar und Temperaturen von 900 °C bei hochbrennbaren, teilweise stark schleißenden Medien abgedichtet werden müssen. In gegenwärtig sämtlichen Kohledruckvergasungsanlagen der Bundesrepublik Deutschland sind erprobte thermohydrodynamische Burgmann-Gleitringdichtungen eingesetzt, die über Hochleistungssperrsysteme versorgt werden. In Bild 255 ist eine doppeltwirkende thermohydrodynamische Gleitringdichtung zur Abdichtung der Feststoffeintragsschnecke für die hydrierende Kohledruckvergasung der Rheinischen Braunkohlenwerke AG, Wesseling, gezeigt. Die Temperatur des abzudichtenden Kohlenstaubs, der durch die Förderschnecke in eine Wasserstoffatmosphäre von 800 bis 1200 °C gefördert wird, reduziert sich im Bereich der Gleitringdichtung durch das Sperröl auf 80 °C. Seit Erstinbetriebnahme der Anlage im Oktober 1974 wurden über 24000 Stunden unter Vollast störungsfrei gefahren [481]. Nach der bisher einzigen Inspektion konnte die Dichtung ohne Nacharbeit wieder in Betrieb genommen werden. Aus Sicherheitsgründen beinhaltet die Hochdrucksperranlage 7 eine komplette zweisträngige Reserveeinheit 8.

Die hohen Drücke und Temperaturen müssen bei den Dichtungen konstruktiv gesondert berücksichtigt werden. Beispielsweise können bei der in Bild 256 dargestellten Hochdruckdichtung thermische Längsdehnungen der Wellen von + 8 mm

Bild 254
Vortriebsmaschine mit eingeschalteter Hochdruckbedüsung.

Werkbild Paurat GmbH, Voerde

und mechanische Wellenverschiebungen von ±5 mm auftreten. Aus Gründen der Betriebssicherheit und der Wirtschaftlichkeit wird Wasser gegenüber Öl als Sperrmedium bevorzugt. Bei dem Rostantrieb werden Gleitringdichtungen zur Abdichtung von hocherhitztem Kohlenstaub mit Teer und Wasser bei 100 bar und 340 °C verwendet. Die montagefertige Patronendichtung weist eine zusätzliche

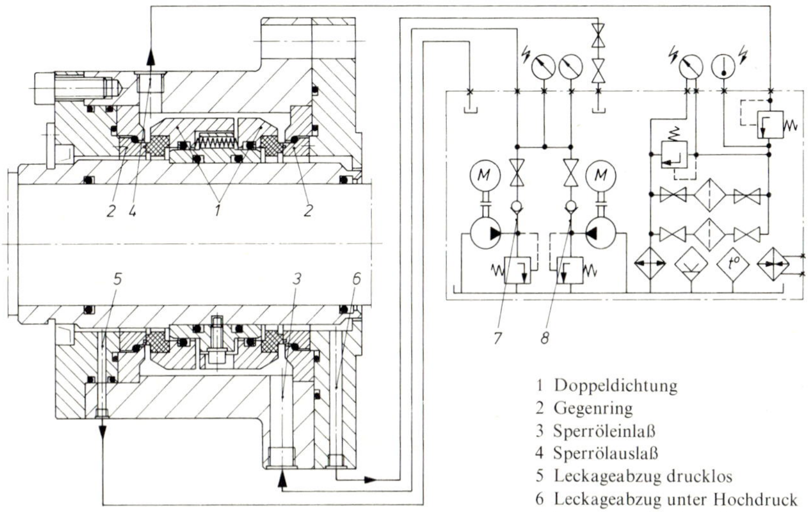

1 Doppeldichtung
2 Gegenring
3 Sperröleinlaß
4 Sperrölauslaß
5 Leckageabzug drucklos
6 Leckageabzug unter Hochdruck
7 Sperr- und Regeleinheit
8 Reserveeinheit

Bild 255
Abdichtung eines Schneckenkopfes durch doppeltwirkende thermohydrodynamische Gleitringdichtung HSH-D2/100 der hydrierenden Kohledruckvergasung der Rheinischen Braunkohlen AG, Wesseling [494].
$D_W = 100$ mm, $n = 25$ U/min, $p_3 = 110$ bar, Hydrauliköl,
$t = 900$ °C Kohlenstaub in heißer Wasserstoff-Atmosphäre

Reserve und Sicherheitsdichtung 3 auf, die in normalem Betriebszustand nur unter einem Teildruck von p_3 mitläuft. Diese Dichtung garantiert beim Ausfall der doppeltwirkenden Dichtung ein gefahrloses Abfahren der Anlage, das ca. 12 Stunden in Anspruch nehmen würde. Als Sperrmedium wird vollentsalztes Wasser verwandt, das über spezielle Sperr- und Kühleinheiten, die mit Reserve-Spaltrohrpumpen ausgerüstet sind, versorgt wird [494]. Die Sperr- und Kühleinheit weist eine hundertprozentige Reserve im Sicherheitskreislauf auf. Nach der werkseigenen Abnahme solcher Hochdruckdichtungen im Prüffeld wurden die Dichtungen beim Getriebehersteller, Bild 257, noch einer zusätzlichen Funktionskontrolle unterzogen, bevor sie in der Kohledruckvergasungsanlage zum Einsatz kamen. Als hochverschleißfeste Gleitpaarungen haben sich besonders Wolframkarbid mit Nickelbinder im Anlauf gegen antimonimprägnierte Hartkohle sowie SiC/Antimonkohle bewährt [488; 494].

Während bei den Dichtungen HSH-D2/210-Ta1 das Sperrmedium über separate Pumpen zirkuliert, wird bei der in Bild 258 dargestellten doppeltwirkenden Gleitringdichtung das Wasser über eine integrierte Hochleistungs-Fördervorrichtung gepumpt. Damit sich keine Rückstände des teerhaltigen Gaswassers im Bereich der produktseitigen Dichtung ablagern können, ist eine separate Spülung mit sauberem VE-Wasser vorgesehen. Die doppeltwirkende Gleitringdichtung wird

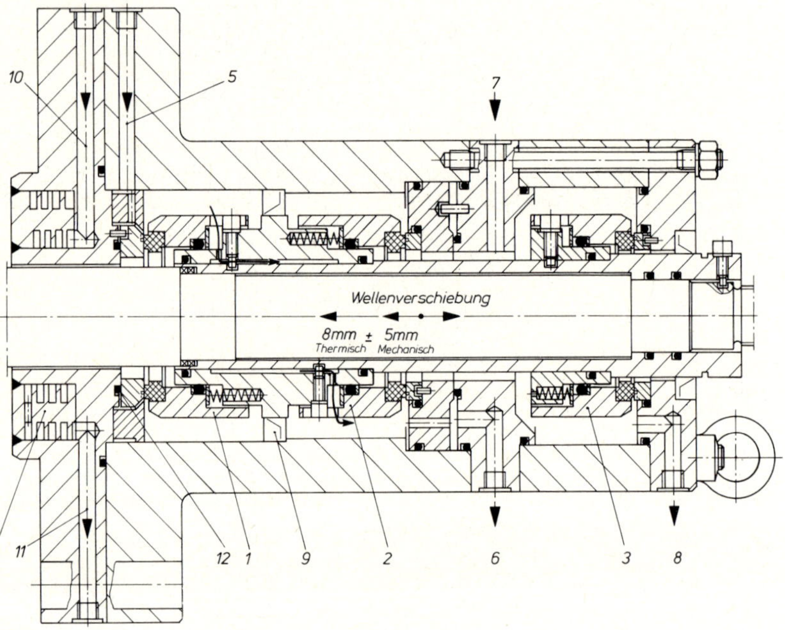

Bild 256
Thermohydrodynamische Burgmann-Tandemdichtung HSH-D2/210-Ta1 für Rostantrieb und Kohleverteiler der Kohledruckvergasungsanlage Dorsten der Ruhrkohle AG, Ruhrgas AG, Steag AG [2*].
$D_W = 210$ mm, $n = 1$ U/min, $p_3 = 110$ bar, VE-Wasser, $t = 340\,°C$

1 produktseitige Gleitringdichtung
2 atmosphärenseitige Gleitringdichtung
3 Reserve- und Sicherheitsdichtung
4 Kühlflansch
5 Sperrwassereinlaß 1
6 Sperrwasserauslaß 1
7 Sperrwassereinlaß 2
8 Sperrwasserauslaß 2
9 Umlenkdichtung der Wellenkühlung
10 Kühlwassereinlaß
11 Kühlwasserauslaß
12 Kalrez-0-Ring

Bild 257
Funktionskontrolle der Hochdruckdichtungen bei einem Getriebehersteller.
Werkbild Flender GmbH, Bocholt

über eine spezielle Versorgungseinheit mit Kühl- und Überwachungseinrichtungen gesteuert, Bild 259. Das Sperrwasser wird über Hochdruckmagnetfilter mit 25 µm Maschenweite geleitet. Auch im Bereich der Kohleveredelung werden aus Sicherheits- und Montagegründen überwiegend Gleitringdichtungen in Patronenausführung vorgesehen.

Nach der erfolgreichen Erprobung der Demonstrationsanlagen für Hochtemperatur-Vergasungsverfahren und Hochdruckhydrierung werden jetzt großtechnische Anlagen gebaut, die sich auf bereits praxiserprobte Gleitringdichtungskonstruktionen und Sperr- und Regelanlagen stützen können.

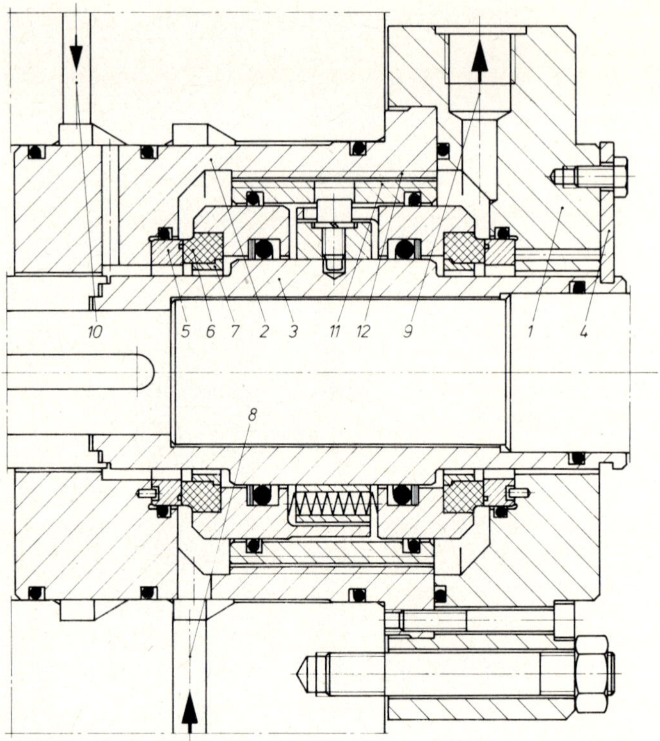

Bild 258
Doppeltwirkende thermohydrodynamische Gleitringdichtung mit integrierter Fördervorrichtung für Waschkühler-Umwälzpumpe der Kohledruckvergasungsanlage Dorsten [2*].

$D_W = 60$ mm, $n = 2900$ U/min, $p_1 = 110$ bar, teerhaltiges Gaswasser, $t = 190$ bis 280 °C, $p_3 = 112$ bar, VE-Wasser

1 Dichtungsflansch
2 Dichtungsgehäuse
3 Wellenhülse
4 Montagelehre
5 Gegenring aus SiC
6 Gleitring aus Antimonkohle
7 Stützring
8 Sperrwassereinlaß
9 Sperrwasserauslaß
10 Spülung mit VE-Wasser
11 rotierendes Fördergewinde
12 stationäres Fördergewinde

9.9.3. Gleitringdichtungen bei der Erdölgewinnung

Für die Förderung von Erdöl werden hochbelastete Pumpen mit zuverlässigen, strapazierfähigen Gleitringdichtungen benötigt, da das Rohöl außer Sand und Wasser auch Gase enthält, die gute Notlaufeigenschaften und Verschleißfestigkeit der Gleitflächen fordern. Die abzudichtenden Drücke überschreiten häufig 100 bar, und Gleitgeschwindigkeiten von über 60 m/s werden bereits erreicht [494]. Berücksichtigt man ferner, daß die Ölförderung meist in schwer zugängigen Gebieten (Dschungel, Wüste, Meer und Arktis) bei hohen Kosten und Risiken statt-

Bild 259
Versorgungseinheit SPF 120 mit Kühl- und Überwachungseinrichtungen für Gleitringdichtung nach Bild 258 [2*].

findet, so werden von den Explorationsfirmen der Ölgesellschaften zu Recht besonders kritische Forderungen an die Gleitringdichtungen gestellt. Hochfeste Kohlen im Anlauf gegen Siliziumkarbid oder SiC + C-Werkstoffe haben sich besonders gut bewährt, da die chemische Beständigkeit, das Unterbinden der Wärmespannungsrißgefahr, der Erosionswiderstand und die Notlaufeigenschaften besonders günstig sind. Konstruktiv müssen die Dichtungen so ausgelegt sein, daß es durch Festkörperpartikel nicht zu Sedimentablagerungen und zum Blockieren der Dichtungen kommt.

9.9.3.1. Gleitringdichtungen für Pipeline-Pumpen

Der Transport des Erdöls durch Pipelines verläuft über große Entfernungen durch oft unwegsames Gelände, Bild 249, bei teilweise großen Temperaturunterschieden durch häufig automatisch arbeitende Pumpstationen. In Bild 260 ist für die Öl-

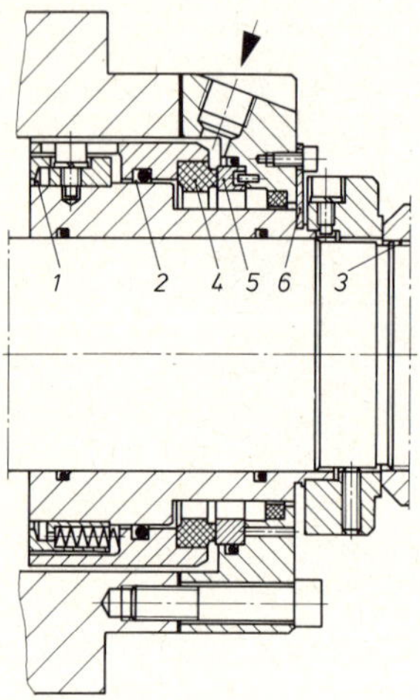

1 Mitnehmerring
2 Wellenhülse
3 Axial-Justierung
4 Gleitring Antimonkohle
5 Gegenring SiC
6 Montagelehre

Bild 260
Einfachwirkende Gleitringdichtung für Pipeline-Pumpe in Patronenausführung [494].
$D_W = 120$ mm, $n = 1850$ U/min, $v_g = 20{,}6$ m/s, $p_1 = 30$ bar, Rohöl, $t = 35\,°C$

leitung Ingolstadt–Karlsruhe eine einfachwirkende Gleitringdichtung in Patronenausführung dargestellt. Die besondere konstruktive Gestaltung des Mitnehmerringes 1, in dem die Federn angeordnet sind, gewährleistet eine ständige Produktdurchspülung des Federraumes und verhindert somit ein Zusetzen der Federn und Blockieren der Gleitringdichtung. Die Wellenhülse 2 ist im Bereich des O-Ring-Sitzes stellitiert, um ein Einarbeiten von Verschleißpartikeln möglichst zu verhindern. Auf Grund der hohen Verschleißfestigkeit der Gleitwerkstoffpaarung Siliziumkarbid gegen antimonimprägnierte Hartkohle werden Pipeline-Pumpen-

Dichtungen normalerweise einfachwirkend ausgeführt. In Sonderfällen sieht man bei erhöhtem Risiko Tandemdichtungen mit druckloser Vorlageflüssigkeit vor.

Immer öfter wird das Gas von den Ölfeldern in Pipelines weitergeleitet, da das früher praktizierte Abfackeln nicht mehr zeitgemäß ist. Auf Grund der besonderen Zusammensetzung der natürlichen Flüssiggase NGL empfiehlt es sich, dabei grundsätzlich mit Doppeldichtungen und Öl als Sperrflüssigkeit zu arbeiten, um Trockenlauf, thermische Überhitzungen und Vereisung im Stillstand zu vermeiden.

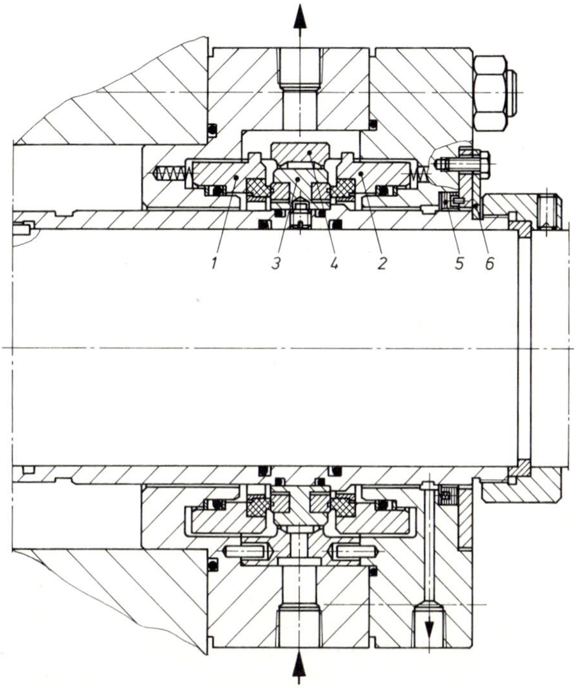

Bild 261
Doppeltwirkende thermohydrodynamische Gleitringdichtung für Pumpen der NGL-East-West-Pipeline Shedgum–Yanbu der Arabian American Oil Co., Saudi-Arabien [2*].

$D_W = 155$ mm, $n = 5000$ U/min, $v_g = 45{,}55$ m/s,
$p_1 = 53{,}5$ bis 56 bar, NGL (vorwiegend Propan), $p_3 = 62$ bar, Öl

1 produktseitige Gleitringdichtung
2 atmosphärenseitige Gleitringdichtung
3 umlaufender Gegenring
4 Verteiler- und Leitring
5 Sicherheitsdichtung
6 Montagelehre

In Bild 261 ist eine doppeltwirkende thermohydrodynamische Gleitringdichtung für die NGL-East-West-Pipeline Shedgum–Yanbu in Saudi-Arabien gezeigt. Über zwei parallel geschaltete Großpumpen, Bild 262, wird das Gas über eine Entfer-

Bild 262
Hochdruckpumpeneinheit für NGL-East-West-Pipeline Shedgum–Yanbu der Aramco/Saudi-Arabien.
Antriebsleistung 5150 kW
$n = 5000$ U/min, $p_1 \leqq 170$ bar

nung von 1160 km von Shedgum nach Yanbu gepumpt. Die Größenordnung dieser Aggregate wird durch eine Masse (Gewicht) von 86 t der in Bild 262 gezeigten Einheit dokumentiert. Der $p_1 \cdot v_g$-Faktor = 2824 bar m/s ist bereits recht

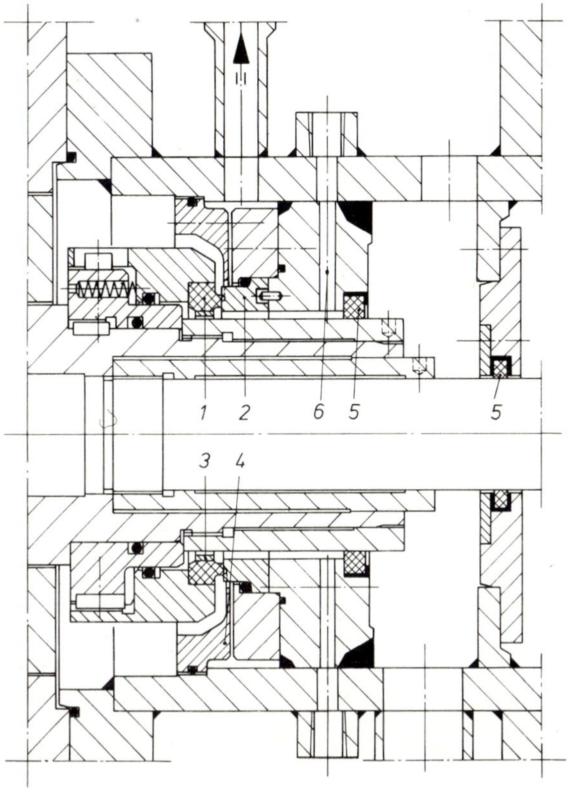

Bild 263
Einfachwirkende Gleitringdichtung für Injektionspumpe.
$D_W = 104$ mm, $n = 3000$ U/min, $v_g = 19{,}2$ m/s, $p_1 = 73{,}3$ bar, Salzwasser, $t = 45\,°C$

1 Gleitring Antimonkohle
2 Gegenring WC + Ni
3 Stützring
4 Leitblech
5 Drosselringe
6 Quenchanschluß

hoch. Er wird aber schon von den Gasinjektionspumpen der Firma Aramco, s. Bild 268, 269, 270, um fast das Doppelte überschritten. Als hochbelastbare Werkstoffpaarung vom thermischen und mechanischen Gesichtspunkt hat sich die

Werkstoffpaarung Siliziumkarbid/antimonimprägnierte Hartkohle hervorragend bewährt. Bei kritischen Betriebsstörungen, beispielsweise beim Ausfall des Sperrdruckes, der zum automatischen Abschalten der Pumpen führt, übernimmt die Sicherheitsdichtung 5 (s. Bild 261) eine zusätzliche Dichtfunktion zur Atmosphäre. Die Dichtungseinheiten werden grundsätzlich als schnellwechselbare Patroneneinheiten ausgebildet.

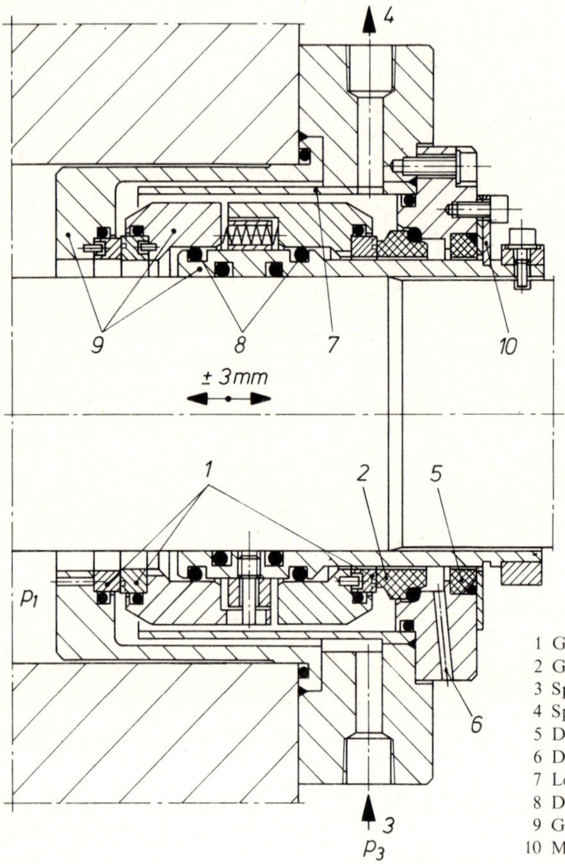

1 Gleitringe SiC
2 Gegenring Antimonkohle
3 Sperröleinlaß
4 Sperrölauslaß
5 Drosselring
6 Drainage
7 Leitrohr
8 Dichtringe Viton
9 Gehäuseteile aus Carpenter 20
10 Montagelehre

Bild 264
Doppeltwirkende Patronen-Gleitringdichtung für Injektionspumpen in saudiarabischen Erdölfeldern [2*].

$D_W = 100$ mm, $n = 3600$ U/min, $v_g = 23{,}6$ m/s, $p_1 = 7$ bar, „Formations-Wasser“, $t = 32$ bis 77 °C, $p_3 = 10{,}5$ bar Turbinenöl, $t = 65$ °C

9.9.3.2. Gleitringdichtungen für Injektionspumpen

Die Gewinnung des Erdöls wird nach längerer Förderzeit aus den Erdölfeldern immer schwieriger, da sowohl der Druck als auch die Ergiebigkeit nachlassen. Das in porösen Schichten wie Sand- und Kalkstein vorhandene Öl muß durch geeignete technische Zusatzmittel an die Oberfläche gefördert werden. Durch Hochdruck-Injektion von Wasser, Erdgas, Heißdampf, Kohlendioxid etc. wird eine effektivere Entölung des Porenraumes des Speichergesteins bewirkt. Über die Art des zu injizierenden Hochdruckfluids entscheiden die örtlichen Gegebenheiten. Beispielsweise werden in den saudiarabischen Erdölfeldern vorzugsweise Seewasser-Einspeisungen — bis zu 11 Mill. Barrels je Tag — unter einem Druck von 175 bar neben NGL-Gasinjektionen vorgenommen.

Bild 265
Endmontage der in Bild 264 gezeigten doppeltwirkenden Gleitringdichtungen für Injektionspumpen.

In Bild 263 ist eine einfachwirkende Gleitringdichtung für eine Injektionspumpe eines holländischen Erdölfeldes gezeigt. Trotz des zu fördernden salzhaltigen Grundwassers, das sich wegen der Meeresnähe von 2 km ergibt, laufen derartige

Dichtungen bereits über 25000 Betriebsstunden einwandfrei. Durch das Anbringen eines Flüssigkeitsleitbleches 4 wird eine besonders günstige Wärmeabführung erreicht. Darüber hinaus werden durch einen Jet-Effekt Fremdkörperpartikel und Gasblasen aus dem Gleitflächenbereich herausgespült [494].

Bild 266
Endabnahme der Injektionspumpen mit thermodynamischen Gleitringdichtungen auf dem Prüffeld der Firma Ingersoll Rand/Großbritannien.

Hochdruck-Injektionspumpen der Firma Aramco für saudiarabische Erdölfelder wurden auf Grund der Wasserqualität mit doppeltwirkenden Gleitringdichtungen nach Bild 264 ausgerüstet. In großen Entwässerungs- und Entsalzungsanlagen wird vorher das Crude-Oil von „Formations-Wasser" und Gasen getrennt. Bei „Formations-Wasser" wurden auf Grund des sehr feststoffhaltigen Mediums mit 20 bis 30% Salzgehalt (das bedeutet knapp unter der Löslichkeitsgrenze) sowie kleineren Mengen Sand doppeltwirkende Gleitringdichtungen mit der produktseitigen Werkstoffpaarung Siliziumkarbid im Anlauf gegen Siliziumkarbid mit bestem

Erfolg eingesetzt. „Formations-Wasser" hat einen pH-Wert von 4,2 und enthält ferner gelöste Gase, unter anderem H_2S in Mengen von 500 mg/l. Alle mit dem Produkt in Berührung kommenden Teile 9 wurden aus diesem Grunde aus dem Sonderwerkstoff Carpenter 20 (34% Ni, 20% Cr, 3,5% Cu, 2,5% Mo) wegen der starken Korrosionsgefahr gefertigt. Um ein schnelles Auswechseln der Siliziumkarbidringe 1 zu ermöglichen, sind diese lose eingelegt. Als Sperrmedium wurde für diesen Einsatzfall auf Grund der örtlichen Gegebenheiten das Turbinenöl der Antriebe gewählt. Die Gleitringdichtungen überbrücken eine axiale Wellenverschiebung von ±3 mm. Ein zusätzlich im Dichtungsgehäuse vorgesehenes Leitrohr 7 ermöglicht eine optimale Flüssigkeitsführung und dadurch eine besonders intensive Kühlung auch der produktseitigen Dichtung. Die Dichtung wird aus Montagegründen als komplette, schnell austauschbare Patronendichtung ausgeführt. Trotz der sehr rauhen Praxisbedingungen laufen diese Dichtungen in großen Stückzahlen seit Jahren sehr zufriedenstellend. Bild 265 zeigt die Endmontage

Bild 267
Injektionspumpen mit thermohydrodynamischen Gleitringdichtungen im Ölfeldeinsatz bei Aramco, Saudi-Arabien.

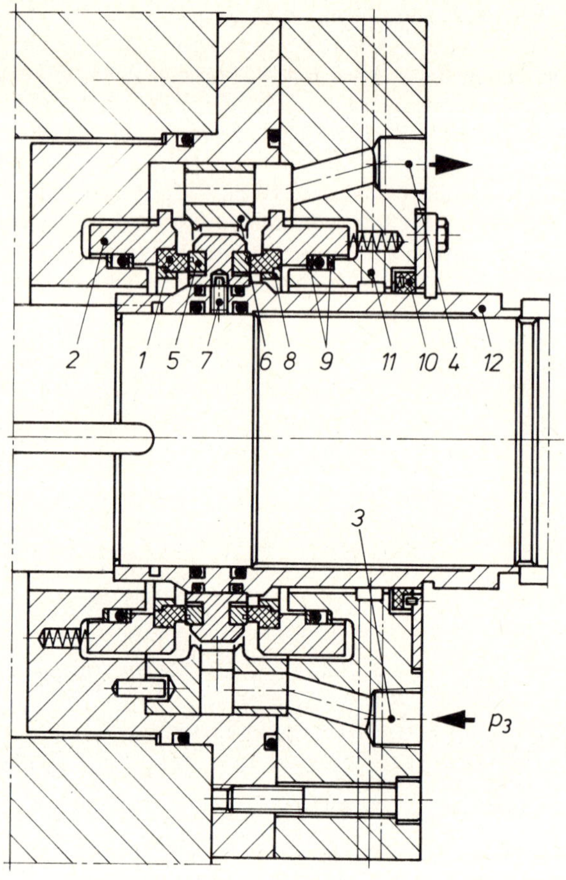

Bild 268
Thermohydrodynamische Doppeldichtung für Gas-Reinjektionspumpen für Saudi-Arabien [2*].
$D_W = 140$ mm, $n = 6000$ U/min, $v_g = 50{,}3$ m/s, $p_1 \geqq 80$ bar, Propan, Butan, Pentan,
$p_3 = 100$ bis 105 bar, Turbinenöl, $t = 10$ bis 50 °C

1 Gleitring	7 Verdrehsicherung
2 Trägerring	8 Stützring
3 Sperröleinlaß	9 Kammerungsringe
4 Sperrölauslaß	10 Sicherheitsdichtung
5 Gegenring	11 Quench
6 Leitring	12 Wellenhülse

der thermohydrodynamischen Gleitringdichtungen für die Injektionspumpen, die in Bild 266 einer zusätzlichen Endkontrolle in den Hochdruck-Injektionspumpen unterzogen werden. Bild 267 zeigt den endgültigen Einsatz der Dichtungen in den Injektionspumpen auf saudiarabischen Ölfeldern.
Das auf den Ölfeldern zusammen mit dem Erdöl anfallende Erdgas wird häufig zur Lagerung wieder in das Feld an geeigneter Stelle eingespeist. In Bild 268 ist eine thermohydrodynamische Doppeldichtung für Gas-Reinjektions-Pumpen dargestellt, die Propan, Butan und Pentan unter einem Druck von 175 bar wieder in

Bild 269
Endabnahme der doppeltwirkenden thermohydrodynamischen Dichtungen nach Bild 268 auf einem Prüfstand [2*].

die Formation zurückdrücken. Der $p_1 \cdot v_g$-Faktor ist mit $\leqq 5200$ bar m/s extrem hoch. Durch das Anbringen von metallischen Stützringen 8 wird der planparallele Dichtspalt auch bei schwankenden Drücken weitgehend aufrecht erhalten; dies hat niedrige Leckage und Verschleiß zur Folge. Die atmosphärenseitige Leckage wird durch ein zusätzliches Quench- und Drainagesystem wieder aufgefangen. Bild 269 zeigt die Endabnahme der doppeltwirkenden thermohydrodynamischen Gleitringdichtungen HSHV-D1/140 im Prüffeld der Firma Burgmann. In Bild 270 wird die Einlaufleckage und der Leistungsbedarf der Doppeldichtungen über eine Zeit-

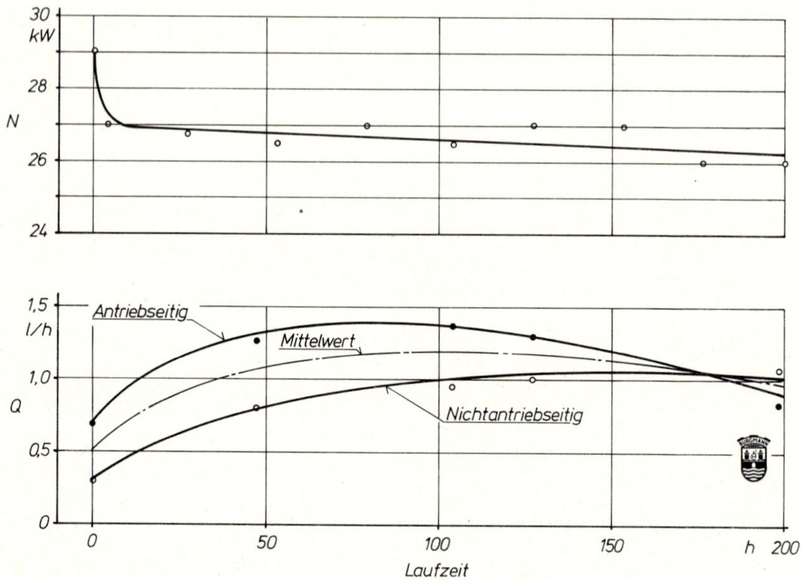

Bild 270
Leck- und Leistungskurven der in Bild 268 dargestellten thermohydrodynamischen Doppeldichtung bei der Langzeiterprobung.

spanne von 200 Stunden gezeigt. Nach ca. 150 Laufstunden stabilisiert sich der Leckwert bei ca. 1 l/h bei guter Mittelung sowohl für die antriebsseitige wie auch die nichtantriebsseitige Dichtung. Bei der Antriebsleistung für die Doppeldichtung ist eine Leerlaufleistung von 9,5 kW für den Hochtouren-Prüfstand abzuziehen. Hierdurch ergibt sich ein mittlerer Reibungskoeffizient für die thermohydrodynamischen Gleitringdichtungen von $f = 0{,}008$, der als hervorragend zu bezeichnen ist, zumal er noch wesentliche Verlustanteile durch die Flüssigkeitsverwirbelung im Stoffbuchsraum enthält. Besonders hohe Belastungen treten an den Dichtungen durch häufiges Anfahren der Pumpen bei vollem Sperrdruck p_3 auf, wobei die Pumpen trotz des heißen Wüstenklimas durch expandierendes Propan stark vereist sind, so daß außer den hohen Anfahrmomenten noch Tem-

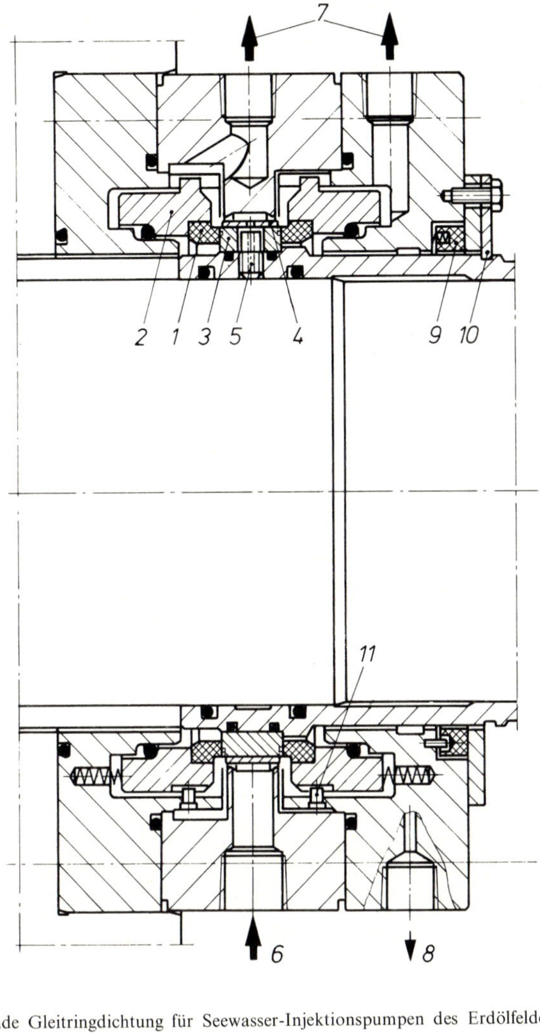

Bild 271
Doppeltwirkende Gleitringdichtung für Seewasser-Injektionspumpen des Erdölfeldes Prudhoe Bay, Alaska [2*].

$D_W = 225$ mm, $n = 3596$ U/min, $v_g = 45{,}2$ m/s, $p_1 = 12{,}8$ bar, Seewasser,
$p_3 = 16$ bar, 60% Glykol + 40% Wasser

1 Gleitring
2 Trägerring
3 Gegenring
4 Bandage
5 Verdrehsicherung
6 Sperrflüssigkeitseinlaß
7 Sperrflüssigkeitsauslaß
8 Drainage
9 Sicherheitsdichtung
10 Montagelehre
11 Anlaufsperre

peraturdifferenzen an den produktseitigen Gleitringdichtungen von über 100 K auftreten können.

Die Einsatzbedingungen für die Öl- und Gasförderungen im Offshore-Betrieb sind ebenfalls außerordentlich schwierig. Die Sicherheitsanforderungen liegen extrem hoch. In Bild 271 sind für die Seewasser-Injektionspumpen des Erdölfeldes Prudhoe Bay, Alaska, die doppeltwirkenden Gleitringdichtungen veranschaulicht. Die Dichtungen werden auf Grund der extrem niedrigen Außentemperaturen durch ein Äthylenglykol-Wasser-Frostschutzgemisch gesperrt. Nähere Angaben können dem Diagramm in Bild 272 entnommen werden. In den Ölfeldern der Nordsee sind die Arbeitsbedingungen durch schwere Stürme und extreme Wellen-

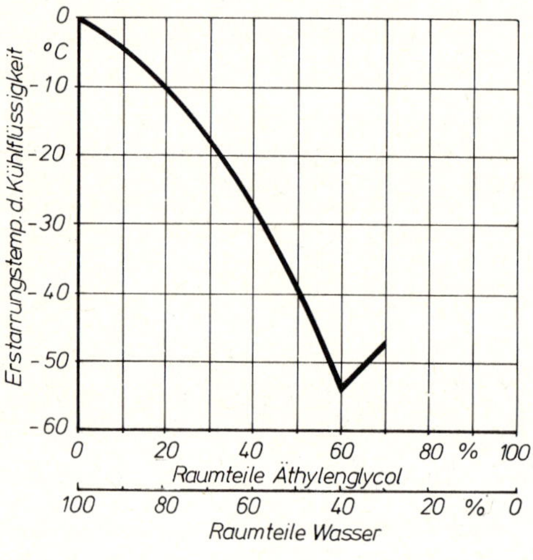

Bild 272
Erstarrungsdiagramm von Äthylenglykol-Wasser-Gemischen.

höhen ebenfalls äußerst schwierig, Bild 273. Für eine schnell drehende Injektionspumpe der Firma Ingersoll Rand/Großbritannien mit über 11000 U/min ist eine Gleitringdichtung in Patronenausführung in Bild 274 dargestellt. Das gegenläufige Fördergewinde 3 unterstützt auf der Saugseite der Pumpe den Zirkulationsstrom, während die Leitapparatur 4 für eine intensive Kühlung sorgt und darüber hinaus durch eine Düsenwirkung Fremdkörper und Gasblasen aus der kritischen Dichtungszone entfernt. Es ist selbstverständlich, daß solche hochbelasteten Dichtun-

Bild 273
Bohrinsel der BP im Ölfeld Forties/Nordsee. Werkbild BP

gen außerordentlich robust und betriebssicher sein müssen, da ein Austausch auf den Bohr-Plattformen besonders schwierig ist. Aus diesem Grunde kommen auch hier ausschließlich schnell montierbare und werkseitig abgenommene Patronendichtungen zum Einsatz.

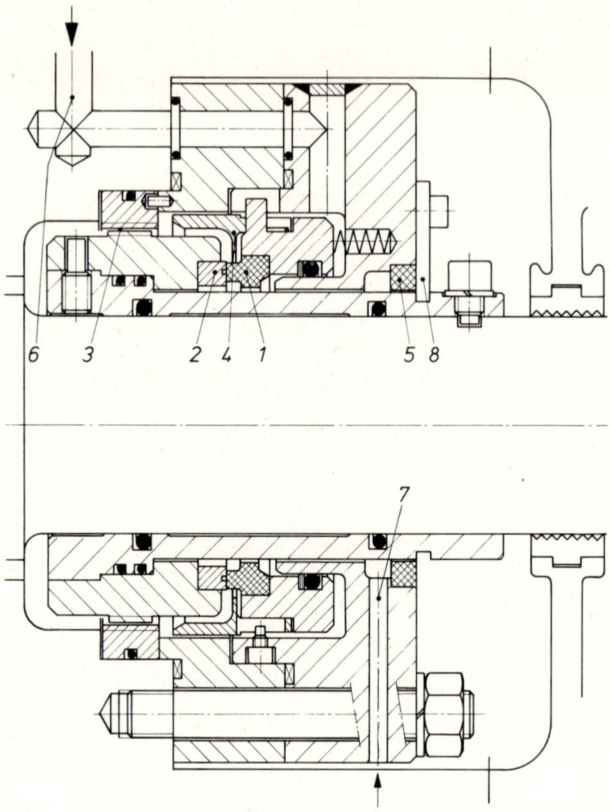

Bild 274
Hochtouren-Gleitringdichtung mit Leitapparatur für Seewasser-Injektionspumpen im Ekofisk-Feld, Nordsee [2*].

$D_W = 92$ mm, $n = 11\,000$ bis $12\,000$ U/min, $v_g = 60{,}3$ bis $63{,}5$ m/s, $p_1 = 20$ bis 50 bar, Seewasser

1 stationäre Dichtung
2 umlaufender Gegenring
3 Fördervorrichtung
4 Leitapparatur
5 Drosselring
6 innere Zirkulation
7 Spülung
8 Montagelehre

10. Schrifttum

[1] *Abbat, J. P.:* Picking the Plastic for Abrasion Resistance. Prod. Eng. (March 31, 1958) S. 105/07.

[2] *Adams, M. L., u. R. J. Colsher:* Design Optimization of Self Energized Hydrostatic Shaft Seals. 4th Int. Conf. Fluid Sealing, Philadelphia/USA, May 1969, FICFS-38.

[3] *Allen, C.:* Study of shaft sealing concepts for circulating pumps for pressurized water reactor applications. Resume of Literature. Contract W-7405-eng-92.

[4] American Petroleum Institute: Centrifugal Pumps for General Refinery Services. API Standard 610, July 1965.

[5] American Society of Lubrication Engineers: Standard for End Face Seals. ASLE 68-5 (T) Oct. 1968.

[6] *Anno, J. N., J. A. Walowit* u. *C. M. Allen:* Microasperity lubrication. Proceedings of the 3rd Int. Conf. on Fluid Sealing, Cambridge, England 1967, Paper E 2.

[7] —, — u. —: Load Support and Leakage from Microasperity-Lubricated Face Seals. 4th Int. Conf. Fluid Sealing, Philadelphia/USA, May 1969, FICFS-21.

[8] —, — u. —: Microasperity Lubrication. ASME Paper 67-WA/LUB-1.

[9] *Archard, J. F.:* Contact and Rubbing of Flat Surfaces. J. Appl. Phys. 24 (1953).

[10] *Arnold, R.:* Neuere Untersuchungen an Graphit. Z. angew. Phys. H. 9 (1955) S. 453/60.

[11] —: Elastische Eigenschaften von Kunstgraphit. Z. angew. Phys. H. 9 (1959) S. 179/83.

[12] *Arnold, W. C., u. W. J. Eser jr.:* Materials and Designs for Nonlubricated Seals. Mechanical Engineering, Dec. 1964.

[13] *Atkins, B. R., u. D. P. Griffiths:* Electrical Sliding Contacts and their Behaviour at High Altitudes. Proc. of the Conf. on Lubrication and Wear, IME, ASTM, Oct. 1957, London, S. 371/75.

[14] *Austin, R. M., u. M. J. Fisher:* A hydrostatic seal for boiler feed pumps. Proceedings 2nd Int. Conf. Fluid Sealing, Cranfield, England 1964, Paper E 4.

[15] *Badeke, K. D.:* Gleitringdichtungen für Chemiekreiselpumpen. Vortrag 2. Dichtungstagung Dresden, Nov. 1964.

[16] *Bäumler, H.:* Dichtheit, Reibung und Verschleiß bei Gleitringdichtungen. Kältetechnik 16. Jg. (1964) S. 12/18.

[17] *Balakrishnan, K., u. S. Kar:* A Theoretical and Experimental Investigation of a Mechanical Seal. 4th Int. Conf. Fluid Sealing, Philadelphia/USA, May 1969, FICFS-17.

[18] *Baskey, R. H.:* A Research Program on the Investigation of Seal Materials for High Temperature Application. P. B. 151451, June 1958.

[19] *Batch, B. A.:* Pressure generation in radial-face seals. Proceedings 2nd Int. Conf. Fluid Sealing, Cranfield, England 1964, Paper F 4.

[20] *Bauer, P., F. Glickman* u. *F. Iwatsuki:* Analytical Techniques for the Design of Seals for Use in Rocket Propulsion Systems. Volume I, Static Seals, Volume II, Dynamic Seals. AFRPE-TR-65-61.

[21] *Beacham, T. E.:* Rotary and Oscillating Seals. The Engineer Bd. 187 (1949) S. 228/29.

[22] *Beleckij, D. G.:* Einführung einer neuen Technologie des Läppens von Gleitringdichtungen (Übersetzung aus dem Russischen) Chim. i. neft. mas. (1968) 8, S. 29/32.

[23] *Bialkowski, L. S.,* u. *J. D. Staichiw:* Metallic Seals for Deep-Submergence Underwater Vehicles. ASME Paper 64-WA/UNT-7.

[24] *Biezeno, C. B.,* u. *R. Grammel:* Engineering Dynamics. The Shell. Blackie u. Son Ltd. London 1956, S. 313/19.

[25] *Billet, A. B.:* Hydraulic Seals in Long Term Space Exposures. Int. Conf. on Fluid Sealing (Brit. Hydromech. Research Ass.) England, April 1961, Paper G 2.

[26] *Billington, E. J., W. D. Smillie* u. *B. C. Stonehill:* Shaft Seals for Liquid Metal Applications in a Space Environment. Canadian Aeronautics and Space Journal, Vol. II, Nov. 1967.

[27] *Billington, I. J.:* Characteristics of hydrostatically-actuated, controlled-leakage, rotary-shaft seals pressurized from an external source. ASME Paper 63-WA-91.

[28] *Billington, J. J.:* Experimental assessment of the validity of pressure measurements in the fluid film between seal faces. Proceedings 2nd Int. Conf. Fluid Sealing, Cranfield, England 1964, Paper F 3.

[29] *Bisson, E. E., Johnson, R. L.,* u. *W. J. Anderson:* Friction and Lubrication with Solid Lubricants at Temp. to 1000 F with Particular Reference to Graphite. Proceedings, Inst. of Mech. Eng. Conf. on Lubrication and Wear (1957) S. 348/54.

[30] *Boon, E. F.:* Afdichting voor roterende assen (Abdichtung von rotierenden Wellen) De Ingenieur 62 (1950) S. 43/50.

[31] *—:* Enige Opmerkingen over abdichting van chemische pompen (Ausführungen über die Abdichtung der Pumpen in der chem. Industrie) De Ingenieur 67 (1955).

[32] *—, S. Honingh,* u. *D. C. van Rijssen:* Some Notes on Seals for Rotating Shafts. Proceedings on the 4th World Petroleum Congress Rom 1955.

[33] —, u. *S. E. Tal:* Hydrodynamische Dichtung für rotierende Wellen. Chem.-Ing.-Techn. 31 (1959) Nr. 3, S. 208.

[34] *Born, D.:* Die Betriebssicherheit von Kesselspeisepumpen. Industrie-Anzeiger 85 Jg. (1963) Nr. 49, S. 1034.

[35] *—:* Umwälzpumpen im Primärkreis von Kernkraftanlagen. KSB Technische Berichte 12, Mai 1967.

[36] *Bowden, A. T.,* u. *G. H. Martin:* Design of Important Plant Items. J. Brit. Nuclear Energy Conf. 2, 1957, S. 156/67.

[37] *Bowden, F. P.,* u. *D. Tabor:* Friction and Lubrication of Solids. Oxford University Press 1950.

[38] —, u. *J. E. Young:* Friction of Diamond, Graphite and Carbon, and the Influence of Surface Films. Proc. of the Roy. Soc. Vol. 208 (1951) S. 444/55.

[39] *Boyd, T.,* u. *B. P. Robertson:* The Friction Properties of Various Lubricants at High Pressures. Trans. Amer. Soc. Mech. Engrs. 67 (1945) S. 51.

[40] *Brewer, D.:* Shaft seals in medium pressure low cost fluid power pumps. Proceedings 3rd Int. Conf. on Fluid Sealing, Cambridge, England 1967, Paper G 2.

[41] *Brkich, A.:* Mechanical Seals, Theory and Criteria for their Design. Product Engng. Vol. 21 (1950) April, S. 85/89.

[42] *Brockhause, H.:* Gleitring-Stopfbüchsen für stehende Kälteverdichter. Die Technik 10 (1955) H. 3, S. 174/82; H. 4, S. 319/20.

[43] *Brown, P. F.:* A Glossary of Seal Terms. ASLE Special Publication SP-1, 1969.

[44] *Brown, P. F. jr.:* Glossary of Seal Terms and Their Definitions. 4th Int. Conf. Fluid Sealing, Philadelphia/USA, May 1969. ASLE SP-1.

[45] *Brown, P. F., N. Gordon* u. *W. J. King:* A Test Method for Evaluating Gas Turbine Engine Seal Materials. ASLE Preprint 65 AM 3 C-5.

[46] *Buchter, H.:* Apparate and Armaturen der chemischen Hochdrucktechnik. Berlin, Springer 1967, S. 469/470 u. S. 510/511.

[47] *Bupara, S. S., J. A. Walowit* u. *C. M. Allen:* Gas lubrication and distortion of high pressure mainshaft seals for compressors. Proceedings of the 3rd Int. Conf. on Fluid Sealing, Cambridge, England 1967, Paper B 3.

[48] *Burns, D. L.:* Leakage of water from pump mechanical seals. DP-666 (Nov. 1961).

[49] *Burwell, I. T.,* u. *C. D. Strang:* The Increment Friction Coefficient a Nonhydrodynamic Component of Boundary Lubrication. J. Appl. Phys. 20 (1949) S. 79.

[50] *Cheney, A. J., W. B. Happoldt,* u. *K. G. Swayne:* Nylon Resin and Teflon as Bearing Materials SAE Paper 654 (1956).

[51] *Cheng, H. S.:* A study of the radial film and pressure distribution of high pressure face seals. Proceedings 3rd Int. Conf. Fluid Sealing, Cambridge, England 1967, Paper E 3.

[52] *Cieslik, W. J.:* Helium Face Seals in a Cryogenic Environment. 4th Int. Conf. Fluid Sealing, Philadelphia/USA, May 1969, FICFS-24.

[53] *Clark, G. L., W. W. Woods,* u. *J. R. White:* Lubrication at Extreme Pressures with Mineral Oil Films. J. Appl. Phys. 22 (1951) S. 474.

[54] *Crook, A. W.:* Some Studies of Wear and Lubrication. Wear Vol. 2 (1958/59) S. 368.

[55] *Dabney, M. J.,* u. *W. W. Holt:* Mechanical Seals Effective on Main-Line Pumps. Oil and Gas Journal 1951, Jan. 4.

[56] *Davies, A. R.,* u. *J. P. O'Donoghue:* The Lubrication of High Pressure Face Seals. ASME Paper 66-WA/LUB-7.

[57] *Decker, A. L.:* Sealing of Hazardous Fluids. Intern. Conf. on Fluid Sealing (Brit. Hydromech. Research Ass.) England, April 1961, Paper H 2.

[58] *Decker, O.:* Advances in Dynamic Seal Technology. ASME Paper 67-DE-50.

[59] *Dega, R. L.,* u. *J. D. Symons:* Seal Testing to Establish Quality. SAE-Paper 130, B. Jan. 1960.

[60] *Dega, R. L.:* Corrosion at the Seal. Mechanical Engineering, (Nov. 1966), S. 48/52.

[61] *Denny, D. F.:* Contribution to Discussion. 1958 Proc. Inst. of Mech. Engrs. London, Vol. 172, S. 499.

[62] *Denny, D. F.* u. *D. E. Turnbull:* Sealing Characteristics of Stuffing-Box Seals for Rotating Shafts. The Inst. of Mech. Engrs. London 15/1959.

[63] *Denny, D. F.:* Some Measurements of fluid pressures between plane parallel thrust surfaces with special reference to the balancing of radial face seals. Wear, 4 (Jan./Febr. 1961) 1, S. 64/83.

[64] *Diefenbach, G.:* Neue Anwendungsgebiete für stopfbüchsenlose Abdichtungen. Chem.-Ing.-Techn. 23 (1951) S. 491/94.

[65] *—:* Trocken laufende Schleifringdichtungen. Z. VDI 94 (1952) Nr. 2, S. 48.

[66] *—:* Gleitringdichtungen für drehende Wellen. Chem.-Ing.-Techn. Nr. 7 (1954) S. 397/400.

[67] *Dollin, J. H.:* What Pump Design Does to Seals. Lubrication Engineering, Vol. 22, No. 11 (Nov. 1966) S. 442/446.

[68] *Doman, R. E.:* Some Special Consideration Necessary to Achieve Optimum Seal Performance. ASLE Preprint 66 AM 2 C-2.

[69] *Drais, J. A.:* Face Seals for Rotating Applications. ASME Paper 67-DE-43.

[70] *Drescher, H.:* Zur Berechnung von Axialgleitlagern mit hydrodynamischer Schmierung. Konstruktion 8 (1956) S. 94/104.

[71] *Droscha, H.:* Oxidkeramische Gegenlaufringe in axialen Gleitringdichtungen. Maschinenmarkt, Jg. 72 (1966) Nr. 62.

[72] —: Gleitringdichtungen mit oxidkeramischen Gegenringen. Konstruktion 20 (1968), Heft 5, S. 189/191.

[73] *Eck, B.:* Technische Strömungslehre. Berlin—Göttingen—Heidelberg 1957, S. 158/59.

[74] *Eisner, J. H.:* Kompakte Gleitringdichtungen hoher Betriebssicherheit. Konstruktion 21 (1969) Heft 6, S. 236/237.

[75] *Elwell, R. C.:* Study of Dynamic and Static Seals for Liquid Rocket Engines. General Electric Company under NASA contract NAS 7-102 (available to U. S. Government agencies and U. S. Government contractors only)

A. Description of Program and Results of Evaluation of Currently Available Sealing Methods. Vol. 1, Final Report for period Febr. 26, 1962 to Febr. 25, 1963, N 63-19595.

B. Studies on Special Topics in Sealing. Vol. 2, Final Report for period Febr. 26, 1962 to Febr. 25, 1963, N 65-19498.

C. Bibliography of ASTIA Literature on Seals. Vol. 3A, Final Report for period Febr. 26, 1962 to Febr. 25, 1963, N 63-19596.

D. Bibliography of Open Literature on Seals. Vol. 3B, Final Report for period Febr. 26, 1962 to Febr. 25, 1963, N 63-19597.

E. Description of Program and Results of Analysis of Seal Categories. Vol. 1, Final Report for period Febr. 26, 1963 to Nov. 30, 1963, N 64-16398.

F. Studies of Special Topics in Sealing. Vol. 2, Final Report for period Febr. 26, 1963 to Nov. 30, 1963, X 64-16399.

G. Studies of Fluid Sealing Fundamentals. Vol. 3, Final Report for period Febr. 26, 1963 to Nov. 30, 1963, X 64-16400.

H. Final Report for period April 1, 1964 to Oct. 1, 1964, X 65-10582.

J. Final Report for period Jan. 1, 1965 to Sept. 1, 1965, X 66-13001.

[76] *Elonka, E.:* Mechanical Seals. Power, March (1956) S. 118/21.

[77] *Elsey, H. M.:* Treatment of High-Altitude Brushes by Application of Metallic Halides. Electr. Eng. (Transactions) Vol. 64, No. 8, Aug. 1945, S. 576/79.

[78] *Engelking, F. S.*, u. *M. C. Keys:* Resilient Face Seals for Tractor Final Drives SAE Transactions Vol. 66 (1958) S. 75/80.

[79] *Englisch, C.:* Kolbenringe Bd. I, Berlin, Springer (1958) S. 115/43.

[80] —: Kolbenringe Bd. II, Berlin, Springer (1958) S. 180/90.

[81] *Ewbank, W. J.:* Dynamic Seals — A Review of the Recent Literature-ASME Paper 67-WA/LUB-24.

[82] *Fieldhouse, I. B.*, u. *I. C. Hedge:* Thermal Properties of High Temperature Materials. WADC-Report 57-487, Februar 1958.

[83] *Findlay, J. A.:* Cavitation in Mechanical Face Seals. ASME Paper 67-WA/LUB-20.

[84] *Findlay, J. A.:* Leakage in the Mechanical Face Seal Including the Effects of Inward Pumping and Gas Cavities. 4th Int. Conf. Fluid Sealing, Philadelphia/USA, May 1969, FICFS-19.

[85] *Fisher, M. J.:* An Analysis of the Deformation of the Balanced Ring in High Pressure Radial-Face Seals. Intern. Conf. on Fluid Sealing (Brit. Hydromech. Research Ass.) England April 1961, Paper D 4.

[86] *Föttinger, H.:* Über die Flüssigkeitsreibung umlaufender Scheiben, Zylinder und Zellenkörper, Z. angew. Math. und Mech. 17 (1937).

[87] *Fritz, W.:* Das Verhalten der Wärme- und Temperaturleitfähigkeit von Kohle. Z. VDI 88 (1944) S. 109/10.

[88] *Fuller, L. E.:* Mating Materials in Unlubricated, High-Load, Low Speed Wear Tests at High-Temperature in Air. SAE Paper T 43 June 1960.

[89] *Gardner, J. F.:* Combined Hydrostatic and Hydrodynamic Principles Applied to Noncontacting Face Seals. 4th Int. Conf. Fluid Sealing. Philadelphia/USA, May 1969, FICFS-36.

[90] *Gemma, A. E.:* Ring with Edge Moment. J. of the Aerospace Sciences, Nov. 1960, S. 867/68.

[91] *Gersdorfer, O.:* Axialdruck-Gleitlager, Konstruktion 8 (1956) S. 87/94.

[92] —: Werkstoffe, Fertigung und Betrieb von Gleitlagern. VDI-Z. 102 (1960) S. 1221/27.

[93] *Glaeser, W. A.,* u. *C. M. Allen:* The Friction and Wear of Refractory Materials For Use in High-Speed Mechanical Seals. Intern. Conf. on Fluid Sealing (Brit. Hydromech. Research Ass.) England April 1961, Paper F 2.

[94] *Goldwag, E.,* u. *R. S. Bounds:* Hydrostatic seals for waterturbine shafts. Proceedings 2nd Int. Conf. Fluid Sealing, Cranfield, England 1964, Paper E 3.

[95] *Golubiev, A. I.:* Studies on Seals for Rotating Shafts of High-Pressure Pumps. Wear 8 (1965) S. 270/288.

[96] —: On the existence of a hydrodynamic film in mechanical seals. Proceedings of the 3rd Int. Conf. on Fluid Sealing, Cambridge, England 1967, Paper E 1.

[97] —: The Development of a Three Stage Screw Type Labyrinth Seal. 4th Int. Conf. Fluid Sealing, Philadelphia/USA, May 1969, FICFS-35.

[98] *Greenshields, A. L.:* Materials for Mechanical Seals. Chemical and Process Engineering (Febr. 1967) S. 78/79.

[99] *Greiner, H.:* Rotating Seals for High Pressure. Product Eng. Februar 1956, S. 140/43.

[100] *Greiner, H.:* Mechanical Seals in the Marine Industry. Lubrication Engineering, Vol. 23, No. 6, S. 227/233, June 1967.

[101] —: Design & Test of an Unloading Gas Barrier Face Seal. 4th Int. Conf. Fluid Sealing, Philadelphia/USA, May 1969, FICFS-26.

[102] *Gremer, A.:* Kunststoff-Walzlagerkäfige — Notlaufeigenschaften von Kunststoffen. VDI-Z. 97 (1955) Nr. 17, S. 509/15.

[103] *Gronau, H.:* Untersuchungen von Stopfbüchsenpackungen und Manschettendichtungen für hohen hydraulischen Druck. Diss. TH Berlin 1935; s. a. Z. VDI Bd. 80 (1936) S. 607/09.

[104] *Hammilton, D. B., J. A. Walowit* u. *C. M. Allen:* A Theory of Lubrication by Microirregularities. ASME Paper 65-LUB-11.

[105] *Hardy, W. B.,* u. *K. J. Hardy:* Note on Static Friction and on the Lubricating Properties of Certain Chemical Substances. Phil. Mag. (6) 38 (1919) Nr. 223, S. 32/48.

[106] —, u. *I. Doubleday:* Boundary Lubrication. The Paraffin Series. Proc. Roy. Soc. Lond. A. 100 (1922) Nr. 707, S. 550/74.

[107] —*:* Collected Scientific Papers. Cambridge 1936.

[108] *Hart, F. D.,* u. *C. F. Zorowski:* Onset od Mechanical Separation in Bellows Supported Rotary Face Seals. ASME Paper 65-GTP-4.

[109] —, —*:* Dynamic Coupling Effects in Rotary Face Seal Separation Phenomena. ASME Paper 66-WA/MO-7.

[110] *Heidebroek, E.,* u. *A. Döring:* Vergleichende Untersuchungen an Lagerschalenwerkstoffen. Dtsch. Kraftfahrtforsch. Nr. 52, Berlin 1941.

[111] *Heinze, E.:* Über Gleitringdichtungen, mit besonderer Berücksichtigung ihrer Verwendung im Kältemaschinenbau. Kältetechnik 1 (1949) Nr. 2, S. 26/32; s. a. Konstr. 1 (1949) H. 12, S. 371.

[112] *Hershey, L. E.:* Comparison of water cooling methods for mechanical seals. Proceedings 3rd Int. Conf. on Fluid Sealing, Cambridge, England 1967, Paper B 2.

[113] —*:* Time Rate of Wear Testing Mechanical Seal Carbons. Lubrication Engineering, Vol. 24, No. 1, Jan. 1968.

[114] —*:* Evaporative Cooling Applied to Mechanical Seals. 4th Int. Conf. Fluid Sealing, Philadelphia/USA, May 1969, FICFS-11.

[115] *Herzig, P.:* Steckstopfbuchsen für Kreiselpumpen. Maschinenbautechnik 14 (1965) Heft 5, S. 241/3.

[116] *Hibbard, R. L.:* Carbon Bearings and Seals. Materials and Methods Vol. 45 (1957) Nr. 3, S. 116/19.

[117] *Hirabayashi, H., H. Ishiwata* u. *Y. Kato:* Excessive Abrasion of mechanical seals caused by salt solutions. Proceedings 3rd Int. Conf. on Fluid Sealing, Cambridge, England 1967, Paper B 1.

[118] —, *A. Oka* u. *H. Ishiwata:* The Relationship Between Ringing Heat Transfer and Sealing Condition. 4th Int. Conf. Fluid Sealing, Philadelphia/USA, May 1969, FICFS-13.

[119] *Hirano, F., H. Jshiwata,* u. *H. Kambayashi:* Friction and Sealing Characteristics of Oil Seals. Intern. Conf. on Fluid Sealing (Brit. Hydromech. Research Ass.) England April 1961, Paper A 4.

[120] —, u. *H. Tanoue:* Starting torque of a mechanical seal. Proceedings 2nd Int. Conf. Fluid Sealing, Cranfield, England 1964, Paper D 2.

[121] *Hockel, H. L.:* Untersuchungen über Grenzreibung von Metallen und Gummi bei höheren Gleitgeschwindigkeiten. Diss. TH Karlsruhe 1952.

[122] —*:* Untersuchungen über Grenzreibung von Metallen und Gummi bei höheren Gleitgeschwindigkeiten. Konstruktion 7 (1955) H. 10, S. 394/404.

[123] *Holm, R.:* Electric Contacts Handbook. 3rd Edition Berlin—Göttingen—Heidelberg 1958.

[124] *Holmberg, B. W.:* Axialdichtungen aus Gummi. 3. Intern. Dichtungstagung Dresden, Nov. 1967.

[125] *Holt, J. B.,* u. *W. S. Miller:* Dynamic Seals and Packings. Machine Design Okt. (1957) S. 70/98.

[126] *Honold, E.:* Reaktor-Umwälzpumpen. KSB Technische Berichte 14, Mai 1969, S. 3/14.

[127] *Hood, R. R.:* Heavy water moderated power reactors. DP-915-Progress Report (May-June 1964).

[128] *Hooke, C. J.*, u. *J. P. O'Donoghue:* The Elastohydrodynamic Lubrication of High Pressure Face Seals. 4th Int. Conf. Fluid Sealing, Philadelphia/USA, May 1969, FICFS-16.

[129] *Hudelson, J. C.:* Dynamic Instability of Undamped Bellows Face Seals in Cryogenic Liquid. ASLE Transactions, Vol. 9, No. 4 (Oct. 1966), S. 381/390.

[130] *Huhn, D.:* Carbon ring seals for larger shaft diameters. Proceedings 2nd Int. Conf. Fluid Sealing, Cranfield, England 1964, Paper E 2.

[131] —: Prüfmethoden für Großserien-Gleitringdichtungen. 3. Intern. Dichtungstagung Dresden, Nov. 1967.

[132] *Jny, E. H.*, u. *A. Cameron:* The Load Carrying Capacity of Rotary Shaft Seals. Intern. Conf. on Fluid Sealing (Brit. Hydromech. Research Ass.) England April 1961, Paper A 2.

[133] *Jwanami, S.*, u. *N. Tikamori:* Oil Leakage from an O-Ring Packing. Intern. Conf. on Fluid Sealing (Brit. Hydromech. Research Ass.) England, April 1961, Paper B 2.

[134] *Jackson, Ch.:* Practical Guide to Mechanical Seals. Hydrocarbon Processing, Jan. 1968, Vol. 47, No. 1, S. 100/109.

[135] *Jägersberger, J.:* Hochlegierte Stähle in Kernenergieanlagen. Atomwirtschaft. Jahrg. VI (1961) H. 3 und 5.

[136] *Jagger, E. T.:* Positive Action Seals in Europe. SAE-Paper 67-WA/LUB-2, April 1967.

[137] *Janetz, R. W.:* Mechanical Seals in Pumps for Hydronic Systems-Part II. ASLE Preprint 65 AM 3 C-3.

[138] *Johnson, R. L., Swikert, M. A.*, u. *J. M. Bailey:* Wear of Typical Carbon-Base Sliding Seal Materials at Temperatures to 700° F. NACA Report 3595, 1956, ebenfalls SAE 686.

[139] *Jung, K.:* Schrumpfverbindungen mit Kohlelagern. Schunk u. Ebe Blätter, H. 18, Nov. 1960.

[140] *Kamps, R.*, u. *H. Perret:* Lager- und Schmiertechnik. Düsseldorf, VDI-Verlag 1957.

[141] *Kauzlarich, J. J.:* Face Seal Wear of Metal Lubricant Composites. 4th Int. Conf. Fluid Sealing, Philadelphia/USA, May 1969, FICFS-23.

[142] *Kelley, R. W., G. M. Wood*, u. *D. V. Manfredi:* Cermet Face Seals for Inert Gas Environments. Lubrication Engineering, Vol. 22, Febr. 1966.

[143] *Kilbane, J. K.:* Pumps and Mechanical Seals. Mechanical Engineering (Nov. 1966) S. 72/73.

[144] *Kindscher, E.:* Neue Erkenntnisse über Reibung, Schmierung und Verschleiß. Die Technik 2, Februar 1947.

[145] *Kingery, W. D.:* Factors Affecting Thermal Stress Resistance. J. Amer. Ceram. Soc. (1955) S. 3/15.

[146] *Kluge, J.:* Schmierung als Grenzflächenvorgang. Z. Metall Kd. 40 (1949) Nr. 10.

[147] *Knott, O.:* Systematik in der Konstruktion von Maschinen und Apparaten für die chemische Industrie. Konstruktion 19 (1967), Heft 6, S. 221/22.

[148] *Koch, R.:* Gleitringdichtungen zum Einsatz gegen abrasive Medien. Pumps-Pompes-Pumpen, Nov. 1969.

[149] *Koenig, T. H.:* Review of Dynamic Seal Literature. 4th Int. Conf. Fluid Sealing, Philadelphia/USA, May 1969, FICFS-29.

[150] *Kojabashian, C.*, u. *H. H. Richardson:* A micropad model for the hydrodynamic performance of carbon face seals. Proceedings 3rd Int. Conf. Fluid Sealing, Cambridge, England 1967, Paper E 4.

[151] *Kral, E.:* Beitrag zur Erläuterung der Gleitverhältnisse in Dichtungsflächen von axialen Gleitringdichtungen. 3. Intern. Dichtungstagung Dresden, Nov. 1967.

[152] *Kunzer, W.*, u. *K. Vogel:* Bascodur, ein Konstruktionswerkstoff für die chemische Technik. Chemie-Ing.-Technik 25 (1954) S. 555.

[153] *Kuzma, D. C.:* Theory of the Mechanism of Sealing in Face Seals. 4th Int. Conf. Fluid Sealing, Philadelphia/USA, May 1969, FICFS-18.

[154] *Laux, R. J.:* Mechanics Training. The Key to Successful Mechanical Seals. ASLE Preprint 65 AM 4 C-1.

[155] *Leib, H.:* Betriebserfahrungen an Höchstdruckspeisepumpen mit einer neuen Schleifringabdichtung. Techn. Mitteilungen 51 (1958) H. 6, S. 247/52.

[156] *Leib, H.:* Betriebserfahrungen mit Gleitringdichtungen bei Hochdruck-Kesselspeisepumpen. Mitteilungen der VGB, Heft 69, (Dez. 1960) S. 406/10.

[157] *Lein, J.:* Mechanische Untersuchungen an Dichtungsringen für rotierende Wellen. Diss. TH Karlsruhe 1952.

[158] *—:* Mechanische Untersuchungen an Dichtungsringen für rotierende Wellen. Konstr. 5 (1954) H. 10, S. 384/89.

[159] *Leonetti, L.:* Récents progrés dans la construction des garnitures mécaniques d'étanchéité. La Revue Polytechnique No. 1218, S. 703/11.

[160] *Leuschner, G.:* Kleines Pumpenhandbuch für Chemie und Technik. Weinheim, Verlag Chemie 1967.

[161] *Liden, R.:* Der V-Ring, eine neue Wellendichtung. 3. Intern. Dichtungstagung Dresden, Nov. 1967.

[162] *Lindsey, M. H.:* Mechanical Seals: Carbon's Key Role. Chemical Engineering, (Febr. 27, 1967) S. 160/66.

[163] *Llewellyn, W. A.*, u. *J. E. Mealing:* Development of Carbon Sealing Ring Materials. Intern. Conf. on Fluid Sealing (Brit. Hydromech. Research Ass.) England, April 1961, Paper F 4.

[164] *Loch, E.:* Schwimmring-Dichtungen. Konstr. 16 (1964) Heft 8, S. 341/46.

[165] *Loch, E.:* Hydrodynamische Gleitringdichtung. Konstruktion 20 (1968) H. 9, S. 364/67.

[166] *Lohrentz, H. I.:* Die Entwicklung extrem hoher Temperaturen in Hydrauliksystemen und die Einflüsse dieser Temperaturen auf die Bauteile und ihre Funktion. Mineralöltechnik 13. Jg., (Nov. 1968) Heft 14/15.

[167] *Ludwig, L. P.*, u. *R. L. Johnson:* Shaft Face Seal with Self Acting Lift Augmentation for Advanced Gas Turbine Engines. 4th Int. Conf. Fluid Sealing, Philadelphia/USA, May 1969, FICFS-27.

[168] *Lutz, M. W.:* Five Kinds of Stuffing Boxes for Barrel-Type B-F Pumps. Power Eng. Sept. 1957, S. 73/76.

[169] *Lymer, A.:* Mechanical Sealing as it Stands Today. Eng. 21, April 1961.

[170] *Lymer, A.*, u. *R. P. Robinson:* The Development of on outboard seal for submersible drive, deep well drilling units. Proceedings 3rd Int. Conf. on Fluid Sealing, Cambridge, England 1967, Paper B 4.

[171] —, u. *A. L. Greenshilds:* Thermal Aspects of Mechanical Seals. Pumps-Pompes-Pumpen (Surrey, GB), Heft 24, (1968) S. 209/215.

[172] *—:* An Engineering Approach to the Selection and Application of Mechanical Seals. 4th Int. Conf. Fluid Sealing, Philadelphia/USA, May 1969, FICFS-25.

[173] *Macks, E. F.:* US-Patent 2.907.594.
[174] *Mann, J. E.:* Controlled Leakage Separates Seal Faces. Design News, Nov. 24, 1965.
[175] *Matt, R. J.:* How to Specify Dynamic Seals. Prod. Eng. March 20 (1961) S. 70/71.
[176] *May, E. M.:* Pressure Drop Across a Packing. Applied Hydraulics Mai 1957, S. 110/14.
[177] *Mayer, E.:* Belastete axiale Gleitringdichtungen für Flüssigkeiten. Diss. TH Stuttgart 1959.
[178] —: Leakage and Wear in Mechanical Seals. Machine Design March 3 (1960) S. 106/13.
[179] —: Doppeltwirkende axiale Gleitringdichtungen in der chemischen Industrie. Chem.-Ing. Techn. 32 (1960) S. 285/88.
[180] —: Belastete axiale Gleitringdichtungen für Flüssigkeiten. Konstr. 12 (1960) Nr. 4, S. 147/55, Nr. 5, S. 210/18.
[181] —: Das Widerstandsvermögen von Gleitwerkstoffen axialer und radialer Gleitringdichtungen gegen Wärmespannungsrisse. VDI-Z. 102 (1960) S. 728/32.
[182] —: Unbalanced Mechanical Seals for Liquids. Internat. Conf. on Fluid Sealing (Brit. Hydromech. Research Ass.) England, April 1961, Paper E 2.
[183] —: Leakage and Friction of Mechanical Seals with Special Consideration of Hydrodynamic Mechanical Seals. Internat. Conf. on Fluid Sealing (Brit. Hydromech. Research Ass.). England, April 1961, Paper E 3.
[184] —: Hydrodynamische Gleitringdichtungen für Kesselspeise- und Reaktorpumpen. IAHR Symposium Braunschweig, Sept. 1966.
[185] —: Axiale Gleitringdichtungen, 3. Aufl. Düsseldorf, VDI-Verlag 1966.
[186] —: Einsatzempfehlungen von axialen Gleitringdichtungen, Berechnung von Reibungs- und Leckverlusten. Konstruktionspraxis, 9. Jg., (1967) 4., S. 50/54.
[187] —: Hydrodynamic Mechanical Seals for Boiler-Feed- and Reactor-Pumps. Pumps in Power Station. Düsseldorf VDI-Verlag 1967, K 15/22 und 35/39.
[188] —: Hydrodynamische Gleitringdichtungen für Kesselspeise- und Reaktor-Pumpen. Sonderdruck der Firma Feodor Burgmann jr., Mai 1967.
[189] *Mayer, E.:* Gleitringdichtungen für Verbrennungsmotoren, elektrische Maschinen und Sondergetriebe, Konstruktion 20 (1968) Heft 2, S. 49/53.
[190] —: Berechnung und Konstruktion von axialen Gleitringdichtungen. Konstruktion 20 (1968) Heft 6, S. 213/219.
[191] —: Thermohydrodynamic in Mechanical Seals. 4th Int. Conf. Fluid Sealing, Philadelphia/USA, May 1969, Paper 14.
[192] —: Thermohydrodynamik bei axialen Gleitringdichtungen. Sonderdruck der Firma Feodor Burgmann jr., Asbest- und Packungswerk, Wolfratshausen, V/1969.
[193] —: Mechanical Seals. Iliffe Books, Ltd. London 1969.
[194] —: Hochbelastete Gleitringdichtungen, insbesondere für Kernkraftwerke. Sonderdruck Fa. F. Burgmann, Wolfratshausen 1970.
[195] *McCandless, E. L.:* Missile and Space Propulsion. SAE-Journal Sept. 1960.
[196] *McClelland, G. D.:* Maintenance and Safe Operation of High-Pressure Equipment. Chemical Engineering (Sept. 23, 1968) S. 202/214.
[197] *McGowan, M. T. A.:* The development of a rotary seal for the large CO_2 circulators used at the Trawsfynydd Power Station. Proceedings 2nd Int. Conf. Fluid Sealing, Cranfield, England 1964, Paper E 1.

[198] *McKibbin, A.*, u. *A. Parks:* Aircraft Gas Turbine Mainshaft Face Seals-Problems and Promises. 4th Int. Conf. Fluid Sealing, Philadelphia/USA, May 1969, FICFS-28.

[199] *Meyer, H.:* Plandichtungen an Kettenschleppern. Institut für Schlepperforschung. Braunschweig-Völkenrode, Bericht Nr. 113/6/22 ERPC (1957).

[220] *Michell, A. G. M.:* The Lubrication of Plane Surface. Z. Math. Phys. 52 (1905).

[201] *Moores, J.*, u. *M. C. Marsh:* The Effects of Eccentricity and Flat. ess of the Sealing Face of a Carbon Mechanical-Contact Face Seal. Intern. Conf. on Fluid Sealing (Brit. Hydromech. Research Ass.). England, April 1961, Paper H 1.

[202] *Morgan, R. E.*, u. *H. B. Hummer:* Mechanical Shaft Seals their Pressure Velocity Limitation. The Petroleum Engineer Vol. 23, Nov. 1956.

[203] *Mowers, R. E.:* Static and Dynamic Seals used on Rocketdyne Engines. SAE Paper 670563.

[204] *Mrozowski, S.:* Discussion of Home Paper. J. Amer. Ceram. Soc. 35 (1952) S. 282.

[205] *Müller, H. K.:* Self aligning radial clearance seals. Proceedings of the 3rd Int. Conf. on Fluid Sealing, Cambridge, England 1967, Paper H 6.

[206] —*:* Wellendichtungen für extreme Betriebsbedingungen. Ölhydraulik und Pneumatic 12 (1968) Nr. 2, S. 54/61.

[207] —*:* Externally Pressurized Barrier Shaft Seals. 4th Int. Conf. Fluid Sealing, Philadelphia/USA, May 1969, FICFS-37.

[208] *Nagel, W. S.:* Truck Retarder-Design and Development. SAE-Paper 650626, Aug. 1965.

[209] *Nau, B. S.*, u. *D. E. Turnbull:* Some Effects of Elastic Deformation on the Characteristics of Balanced Radial-Face Seals. Intern. Conf. on Fluid Sealing (Brit. Hydromech. Research Ass.). England, April 1961, Paper D 3.

[210] *Nau, B. S.:* A reconsideration of pressure generation in radial-face seals. BHRA. RR 699 (Sept. 1961).

[211] *Nau, B. S.:* An investigation into the nature of the interface film, the pressure-generating mechanism and centripetal pumping in mechanical seals. BHRA. RR 754 (Jan. 1963).

[212] —*:* Hydrodynamics of face-seal films, Proceedings 2nd Int. Conf. Fluid Sealing, Cranfield, England 1964, Paper F 5.

[213] —*:* Review of the mechanism of hydrodynamic lubrication in face seals. Proceedings of 3rd Int. Conf. on Fluid Sealing, Cambridge, England 1967, Paper E 5.

[214] —*:* Film Cavitation Observations in Face Seals. 4th Int. Conf. Fluid Sealing, Philadelphia/USA, May 1969, FICFS-20.

[215] *Neumeier, R.:* Handbuch neuzeitlicher Pumpenanlagen. Eigenverlag Pumpen- und Maschinenfabrik Lederle, Freiburg, 2. Aufl. 1966, S. 290/322.

[216] *Newman, M.*, u. *M. Forray:* Bending Stresses Due to Temperature in Hollow Circular Plates. J. of the Aerospace Sciences Oct. 1960, S. 792/93.

[217] *Niemann, G.:* Betriebssichere Gleitlager. Berlin—Göttingen—Heidelberg 1958.

[218] *Norton, R. D.:* Mechanical Seals for Handling Abrasive Liquids. Chem. Engrg. Sept. 1956, S. 199/201.

[219] —*:* Current Uses and Developments of Mechanical Seals for Abrasive Liquids in Centrifugal Pumps. Intern. Conf. on Fluid Sealing (Brit. Hydromech. Research Ass.). England, April 1961, Paper H 3.

[220] *Orcutt, F. K.:* An Investigation of the Operation and Failure of Mechanical Seals. 4th Int. Conf. Fluid Sealing, Philadelphia/USA, May 1969, FICFS-22.

[221] *Osola, V. J.:* Experiences in the use of mechanical seals in pumps and agitated pressure vessels. Proceedings 2nd Int. Conf. Fluid Sealing, Cranfield, England 1964, Paper D 3.

[222] *Pai, S.:* Viscous Flow Theory. I. Laminar Flow. Von Nostrand Co. (1956) S. 53/55.

[223] —*:* Viscous Flow Theory. II. Turbulent Flow. Von Nostrand Co. (1957) S. 56/57.

[224] *Pan, C. H. T.,* u. *J. H. Vohr:* Super-Laminar Flow in Bearings and Seals. Bearing and Seal Design in Nuclear Power Machinery, ASME 1967, S. 219/245.

[225] *Pape, J. G.:* Einige Bemerkungen über Berührungsdichtungen rotierender Wellen. Chemiker-Ztg./Chem. Apparatur, 92 Jg. (1968) Nr. 20, S. 745/48.

[226] *Parker, E. J.:* How to Design for O-Ring Seals. Applied Hydraulics Jun. 1957, S. 84.

[227] *Paxton R. A.,* u. *W. R. Shobert:* Testing Carbon for Seals and Bearings. J. of the Am. Soc. of Lub. Engns. (Jan. 1961) S. 27/33.

[228] *Paxton, R. A.:* Carbon and Graphite Materials for Seals, Bearings and Brushes. Electro-Chemical-Technology. Vol. 5, No. 5-6 (May-June 1967).

[229] *Peickii, V. L.,* u. *D. A. Christensen:* How to Choose a Dynamic Seal. Prod. Eng. March 20 (1961) S. 57/69.

[230] *Peterson, M. B.,* u. *R. L. Johnson:* Friction Studies of Graphite and Mixtures of Graphite with Several Metallic Oxides and Salts at Temperatures to 1000° F. NACA Report 3657, 1956.

[231] *Piehn, L. D.:* The Application of Tungsten Carbide for Mechanical Seals Faces. Lubrication Engineering, Vol. 21, Sept. 1965.

[232] *Pietsch, E.:* Zur Frage der Beanspruchung der Schmierstoffe an der Schmierstelle. Die Technik 10 (1955) H. 4.

[233] *Prandtl, L.:* Strömungslehre. Braunschweig 1956, S. 124/25.

[234] *Rabinowicz, E.:* The Relation Between Friction and Wear of Boundary-Lubricated Surfaces Proc. Phys. Soc. London B 68 (1955) S. 603/08.

[235] —*:* New Coefficients Predict Wear of Metal Parts. Product Eng. June 23, 1958, S. 71/73.

[236] —*:* Practical Approach to Friction Coefficients. Product Eng. Sept. 26, 1960, S. 51/53.

[237] *Roark, R. J.:* Formulas for Stress and Strain. New York 1938, insbes. S. 232.

[238] *Roberts, I.:* Gaskets and Bolted Joints. J. Appl. Mech. 1950, June.

[239] *Robinson, R. P.,* u. *H. Burton:* Temperature Gradients in Seal Rings: A Method of Analysis. 4th Int. Conf. Fluid Sealing, Philadelphia/USA, May 1969, FICFS-12.

[240] *Rotzoll, R.:* Untersuchungen an einer langsamläufigen Kreiselpumpe bei verschiedenen Reynoldszahlen. Diss. TH Braunschweig 1957.

[241] *Rozkydalek, J., K. Urbanek* u. *M. Splichal:* Ucpávky v chemickem prûmsylu (Dichtungen in der chemischen Industrie). Statní Nakladatelství Technické Literatury, Praha 1964.

[242] *Richards, M.:* The frictional characteristics of a waterlubricated rotary seal employing a soft seal ring in eccentric engagement with a hard counterface. Proceedings of 3rd Int. Conf. Fluid Sealing, Cambridge, England 1967, Paper A 1.

[243] *Richter, H.:* Kraftwerk Robert Frank III, KSB Technische Berichte 14, Mai 1969, S. 56/58.

[244] *Ruhl, F. F., A. B. Wendt,* u. *P. N. Dalenberg:* A New Approach to Face Type Sealing. ASLE Preprint 67 AM 6 C-3.

[245] *Samoiloff, A. A.:* Mechanical Seals. Longer Runs, Less Maintenance. Chemical Engineering, (Jan. 1968) S. 130/38.

[246] *Savage, R. H.:* The Vapor Lubrication of Graphite in Relation of Carbon Brush-Wear. Mechanical Wear. ASM (1950) S. 95.

[247] —: On the Friction and Wear of Graphite and other Layer-Latticed Solids. Fundamentals of Friction and Lubrication in Engineering ASLE (1954) S. 161.

[248] *Schaffer, R.:* Gleitringdichtungen für Kreiselpumpen der chemischen Industrie. Chemie-Ing. Technik 29 (1957) H. 4, S. 241/49.

[249] *Schallamach, A.:* Friction and Abrasion of Rubber Wear. Vol. 1 (1957/58) S. 384/417.

[250] *Schmidt, K.:* Elektrochemisches Verhalten von Gleitwerkstoffen und Korrosionsprobleme an Gleitringdichtungen. 2. Dichtungstagung Dresden, Nov. 1964.

[251] *Schmitz, C. E.:* The Mechanical Seal, its Construction, Application and Utility. Trans. ASME Vol. 71 (1949) S. 635/41.

[252] *Schnarkowski, H.:* Gleitringdichtungen an Kesseln für chemische Reaktionen. Chemie-Ing.-Techn. 36 (1964) Nr. 11.

[253] *Schnetzer, E.:* Low Leakage Clearance Seals for 600° F Potassium — Theoretical and Experimental. 4th Int. Conf. Fluid Sealing, Philadelphia/USA, May 1969, FICFS-40.

[254] *Schoenherr, K.:* Design Terminology for Mechanical End Face Seals. SAE Paper 650301.

[255] *Schwab, A.,* u. *E. Linck:* Gestaltung von Rührern und ihren Antrieben sowie Abdichtung der Triebwerkswellen. Chem.-Ing. Technik 30 (1958) S. 701.

[256] *Schwaigerer, S.,* u. *W. Seufert:* Untersuchungen über das Dichtvermögen von Dichtungsleisten. BWK 3 (1951) S. 144/48.

[257] *Schwetzer, E., H. Ernst, H. McGrew* u. *J. M., T. A. Phillips:* Design Criteria for Rotary Seals for a Space Environment. Part I, Rotating Fluid Ring Seal Evaluation. Part II, Screw Seal Evaluation. AFAPL-TR 65-89.

[258] *Scobel, H.:* Untersuchungen an Gleitringdichtungen für Werkzeugmaschinen. Diss. TH., Stuttgart 1958.

[259] *Scott, R. B.:* Cryogenic Engineering. New York 1960.

[260] *Scott, P. A.:* PRTR mechanical seal pump operating experience, HW-76646, Aug. 1960.

[261] *Seely, F. B.,* u. *J. O. Smith:* Advanced Mechanics of Materials. London 1955, S. 296.

[262] *Sibley, L. B.,* et al.: A Study of Refractory materials for Seal and Bearing Applications in Aircraft Accessory Units and Rocket Motors. PB 151483, Battelle Memorial Institute, Oct. 1958.

[263] *Siebel, E.,* u. *R. Kobitsch:* Verschleißerscheinungen bei gleitender, trockener Reibung. Berlin 1941.

[264] *Snapp, R. B.:* Analytical study of fluid films in face-type shaft seals (United States Naval Engineering Experiment Station, Annapolis, Maryland, July 1962).

[265] *Sneck, H. J.:* The Effects of Geometry and Inertia on Face Seal Performance — Laminar Flow. ASME Paper 67-WA/LUB-15.

[266] —: The Effects of Geometry and Inertia on Face Seal Performance — Turbulent Flow. ASME Paper 67-WA/LUB-16.

[267] —: The Misaligned Eccentric Face Seal. 4th Int. Conf. Fluid Sealing, Philadelphia/USA, May 1969, FICFS-15 A, FICFS-15 B.

[268] *Squire, Ch. F.:* Low Temperature Physics. New York 1953.

[269] *Staar, A.:* Gleitringdichtungen in Chemiepumpen. KSB Technische Berichte 5 (1963) S. 25/35.

[270] *Stair, W. K.:* A Bibliography on Dynamic Shaft Seals. University of Tennessee ME-5-62-3, 1962.

[271] *Steller, S.:* Die Berechnung von Gleitlagern mit Flüssigkeitsreibung. VDI-Z. 96 (1954) Nr. 4.

[272] *Stephens, C. A.:* Seals and Lubricants. Machine Design, Vol. 37, (Jan. 21, 1965), S. 172/76.

[273] *Stevens, J. B.:* Metal-Bellows Types. Machine Design (March 9, 1967), S. 36/38.

[274] *Strom, T. N., L. P. Ludwig, G. P. Allen* u. *R. L. Johnson:* Spiral Groove Face Seal Concepts. Comparison to Conventional Face Contact Seals in Sealing Liquid Sodium (400° F to 1000° F) ASME Paper 67-WA/LUB-17.

[275] *Strub, R. A.:* Turbomaschinen für Kernenergieanlagen. Technische Rundschau Sulzer 3/1958.

[276] *Summers-Smith, D.:* Laboratory Investigation of the Performance of a Radial Face Seal. Intern. Conf. on Fluid Sealing (Brit. Hydromech. Research Ass.). England, April 1961, Paper D 1.

[277] *Symons, J. D.:* Seal Design Parameters and Their Effect on Seal Operating Temperature. ASME Paper 66-MD-10.

[278] *Tankus, H.:* Axial Mechanical Seals. Machine Design, (March 9, 1967), S. 27/36.

[279] *Taschenberg, E. J.:* Evaluation of Designs and Materials for High Speed-High Temperature Shaft Seals for Turbojet Engine Applications. Teil I. Mai 1956, PB 121992, WADC-Report 56-267.

[280] *—: Brenza, J. J., J. H. Fuchsluger* u. *G. F. Hyde:* Titel wie [133] Teil II. Dez. 1958, PB 151915, WADC-Report 56-267.

[281] *Taylor, E. R.:* A shaft seal for gas-cooled nuclear reactor rotating machinery. Proceedings of the 3rd Int. Conf. on Fluid Sealing, Cambridge, England 1967, Paper H 3.

[282] *Thew, M. T.:* Further Experiments on the Hydrodynamic Disc Seal. 4th Int. Conf. Fluid Sealing, Philadelphia/USA, May 1969, FICFS-39.

[283] *Timm, K.:* Kreiselpumpen in der chemischen Industrie. Konstruktion, 19. Jg. (1967), H. 6, S. 201/16.

[284] *—:* Kreiselpumpen in der chemischen Industrie. KSB Technische Berichte 13, Mai 1968, S. 27/46.

[285] *Tjugin, V. G.:* Gleitringdichtungen für Wellen von Mischeinrichtungen und chemische Apparate. (Übersetzung aus dem Russischen.) Chim. i. neft. mas. (1969) 2, S. 38/40.

[286] *Tkac, L. I.,* u. *A. D. Domasnev:* Zur Bewertung der Dichte beweglicher Berührungsdichtungen. (Übersetzung aus dem Russischen.) Chim. i. neft. mas. (1968) 11, S. 6/8.

[287] *Trutnovsky, K.:* Berührungsdichtungen an ruhenden und bewegten Maschinenteilen. Berlin—Göttingen—Heidelberg 1958.

[288] Neue Richtlinien für das Kesselspeisewasser und das Kesselwasser von Dampferzeugern. Technische Vereinigung der Großkraftwerksbetreiber e. V., VGB 52 (1972) Nr. 2, S. 167/72.

[289] *Villim, P.:* Development of an improved facetype mechanical shaft seal for high temperature pressurized water centrifugal circulating pumps. Proceedings of the 3rd Int. Conf. Fluid Sealing, Cambridge, England 1967, Paper B 6.

[290] *Vogelpohl, G.:* Betriebssichere Gleitlager. 2. Aufl. Berlin, Springer 1967. Berlin—Göttingen—Heidelberg 1958.

[291] —*:* Reibung und Verschleiß in wirklichen Maschinen als Maßstab zur Beurteilung von Forschungsergebnissen. Forsch. Ing. Wes. 26 (1960) S. 108/16.

[292] *Wanke, K.:* Kühlmedien und Kühlsysteme großer Turbogeneratoren. Konstruktion 19 (1967), H. 3, S. 97/101.

[293] *Ward, R. L.:* Large diameter seals in a high pressure, sea water environment. Proceedings 2nd Int. Conf. Fluid Sealing, Cranfield, England 1964. Paper D 4.

[294] *Wasil, T. J.,* u. *G. P. McCleary:* Sealing Corrosive Materials with Hard Carbide Alloys. ASLE Preprint 67 AM 5 C-4.

[295] *Weiland, G.:* Fortschrittliche Konstruktionen für extreme Betriebsbedingungen mit Gleitringdichtungen und berührungsfreien Axialdichtungen. 3. Intern. Dichtungstagung Dresden, Nov. 1967.

[296] *Weinand, L. H.,* u. *R. C. Woblewski:* The principles of Hydrodynamic Sealing in Proceedings of Seal Symposium. Research Laboratories, General Motors Corp. Report GMR-532, Sept. 1965, S. 17/35.

[297] *Weissbarth, D.:* Berechnen von Flanschen an Hochdruckbehältern. VDI-Z. 102 (1960) Nr. 22, S. 1068/69.

[298] *Wilcock, D. F.:* The Hydrodynamic Pocket Bearing. ASME 1955, S. 311/319.

[299] *Williams, J. G.:* Shaft-Seal Systems for Large Power-Reactor Pumps. Nucleonics Vol. 23, (Febr. 1965), Nr. 2.

[300] —*:* High pressure pump seal development — Final. Report, AEC Contract No. AT (30-1)-2682.

[301] *Wilkinson, S. C. W.:* Development in the Uses of Radial Face Mechanical Seals for Gas Sealing Applications. Intern. Conf. on Fluid Sealing (Brit. Hydromech. Research Ass.). England, April 1961, Paper C 3.

[302] —*:* The application of face type mechanical seals to superheated water. Proceedings 2nd Int. Conf. Fluid Sealing, Cranfield, England 1964, Paper D 1.

[303] —*:* Large diameter shaft seal development. Proceedings of the 3rd Int. Conf. on Fluid Sealing, Cambridge, England 1967, Paper B 5.

[304] *Wisander, D. W., C. E. Maler* u. *R. L. Johnson:* Wear and Friction of Filled Polytetrafluorethylen Compositions in Liquid Nitrogen. Am. Soc. Lub. Eng. ASLE Transactions, Vol. 2, no. 1, April 1959, S. 55/66.

[305] —, u. *R. L. Johnson:* Wear and Friction of Impregnated Carbon Seal Materials in Liquid Nitrogen and Hydrogen. 1960 Cryogenic Eng. Conf., Boulder, Colorado, Aug. 23—25, 1960.

[306] *Wood, T. H.:* Mechanical Shaft Seals in the Chemical Industry. Trans. Instn. Chem. Engs. Vol. 32 (1954) S. 73/80.

[307] Argonne National Laboratory: The Experimental Boiling Water Reactor. (1957) S. 33/42.

[308] Select best Pump Seal. Chemical Engineering April 1958, S. 239/54.

[309] M. Merkel *KG* Handbuch „Dichtelemente" 1959, S. 205/211.

[310] Koppers Co. Inc.: Dynamic Sealing — Theory and Practice, 1959.

[311] Ebasco Services Inc.: Investigation of Types of Seals for Main Coolant Pumps for Large Pressurized Water Reactor Nuclear Plants. New York 1960.

[312] Untersuchungen an Gleitring-Dichtungen (Dissertationsreferat [177]) VDI-Z. 102 (1960) S. 82/84.

[313] A Solid Film Lubricant Composition for Use at High Sliding Velocities in Liquid Nitrogen. ASLE 1961.

[314] Dichtungen für Rührwerke. VDI-Z. (1961) Nr. 30 S. 1486/7.

[315] Pumps for Water-Cooled Power Reactors Nucleonics. Vol. 19 (1961) Nr. 7 S. 55/63.

[316] The Seals Book. Machine Design, Jan. 1961.

[317] Neuerungen auf dem Dichtungsgebiet. Energie Jahrgang 15 (1963) Nr. 4 S. 147/8.

[318] Seals. Machine Design, June 1964.

[319] Gleitringdichtungen für Kesselspeisewasserpumpen. Brennst.-Wärme-Kraft 17 (1965) Nr. 9, S. 455.

[320] *Feodor Burgmann* jr.: Burgmann-Handbuch, Ausgabe 1969, S. 45/75.

[321] Split Seals. Design and Components in Engineering, March 24, 1966.

[322] Intermediate Ring Saves Half the Wear in Dynamic Seals. Product Engineering, (July 18, 1966) S. 32.

[323] Damping Vibrations Reduces Seal Failure. Product Engineering, (August 1, 1966), S. 80.

[324] Seals. Machine Design, (March 1967).

[325] Hydrodynamische Gleitringdichtung. Pumps-Pompes-Pumpen, (Mai 1969-33), S. 276.

[326] *Bach, M.*: Hochdruckpumpen: gelöste Dichtungsprobleme. Maschinenmarkt Würzburg, 76 (1970) Nr. 29—FK 33.

[327] *Batkis, G. S.*: Experimentelle Untersuchung von Hochgeschwindigkeitsgleitdrucklagern für Kreiselverdichtermaschinen (Russ. Übers.). Vestnik masinostroenija 53 (1973) Nr. 6, S. 32/34.

[328] *Battilana, R. E.*: Fretting corrosin under mechanical seals. Chemical Eng. March 8, 1971, S. 130/132.

[329] *Bell, R. P., I. J. Billingham* u. *U. Kiesners:* Design and use of a large shaft seal test rig. 5th Int. Conference on Fluid Sealing Coventry/England 1971, Paper H 5.

[330] *Bernd, L. H.:* Survey of the theory of mechanical face seals I. Lubr. Eng. 24, 10, S. 479/84, Oct. 1968.

[331] *Bernd, L. H.:* Survey of the theory of mechanical face seals II. Lubr. Eng. 24, 11, S. 525/30, Nov. 1968.

[332] *Bernd, L. H.:* Survey of the theory of mechanical face seals III. Lubr. Eng. 24, 12, S. 597/604, Dec. 1968.

[333] *Blach, A. E.:* Thermoelastic behaviour of sealing rings for mechanical seals. 6th Int. Conf. on Fluid Sealing, Munich 1973, Paper D 3.

[334] *Blanchot, P., L. Mougey* u. *J. Pommier:* Banc d'essais de garnitures mécaniques d'étanchéité. Electricité de France, Juni 1973.

[335] *Bussemaker, E. J.:* The development of floating ring type shaft seals for centrifugal compressors. 5th Int. Conf. on Fluid Sealing, Coventry/England 1971, Paper B 2.

[336] *Bussemaker, E. J.,* u. *G. G. Hirs:* Viscoseals for free surface sodium pumps. 5th Int. Conf. on Fluid Sealing, Coventry/England 1971, Paper B 3.

[337] *Centemeri, L.:* Development of a shaft mechanical seal for steam circulators. 6th Int. Conf. on Fluid Sealing, Munich 1973, Paper F 1.

[338] *Dahlheimer, J. C.:* Stretching the life of face seals. Machine Design, 42, 27, pp. 170/73, Nov. 12, 70.

[339] *Diederich, H.:* Entwicklungsstand von Kesselspeisepumpen für konventionelle und nukleare Kraftwerke großer Leistungen. Pumpentagung Karlsruhe 2.—4. 10. 73, Sektion K 1.

[340] *Domasnev, A. D.:* Einfluß der Betriebsbedingungen auf die Zuverlässigkeit einer Gleitringdichtung (Russ. Übers.). Chim. i neft. masinostroenie (72) 11, S. 30/31.

[341] *Domasnev, A. D.:* Berechnung der Belastbarkeit von Gleitringdichtungen (Russ. Übers.). Chim. i neft. masinostroenie (72) 9, S. 6/8.

[342] *Domasnew, A. D.:* Experimentelle Untersuchung von Gleitringdichtungen für gasförmige Mittel (Russ. Übers.). Chim. i neft. masinostroenie (70) 11, S. 8/10.

[343] *Domasnev, A. D.:* Untersuchung der Besonderheiten einer Gleitringdichtung mit elliptischem Ring (Russ. Übers.). Chim. i neft. masinostroenie (73) 11, S. 14/15.

[344] *Eisner, J. H.:* Kompakte Gleitringdichtung hoher Betriebssicherheit. Konstruktion (1969) Nr. 6, S. 236/37.

[345] *Findlay, J. A.:* Inward pumping in mechanical face seals. ASME Transactions 418/July 1969.

[346] *Finkin, E. F.:* A theory for the effects of film thickness and normal load in the friction of thin films. ASME Transactions 552/July 1969.

[347] *Frei, A.*, u. *J. Kündig:* Pumpen für Kernkraftwerke. Techn. Rundschau Sulzer 3/71, S. 135/44.

[348] *Gaffal, K.:* Entwicklungskonzeption von Primärkühlmittelpumpen für Kernkraftwerke. Pumpentagung Karlsruhe 2.—4. 10. 73, Sektion K 1.

[349] *Gawlinski, M.:* Einfluß der Oberflächenrauhigkeit auf die Paarung Metall-Graphit in Gleitringdichtungen. 5. Int. Dichtungstagung, Dresden 1974, Sektion 4.

[350] *Golubev, A. I.:* Thermocracking of seal faces in mechanical seals. 5th Int. Conf. on Fluid Sealing, Coventry/England 1971, Paper A 2.

[351] *Golubev, A. I.:* Untersuchungen des Verschleißmechanismus von Gleitringdichtungen. 5. Int. Dichtungstagung, Dresden, 1974, Sektion 4.

[352] *Griskin, J. N.:* Untersuchung des Ölfilmes im Spiel einer Gleitringdichtung (Russ. Übers.). Chim. i neft. masinostroenie (71) 9, S. 35/37.

[353] *Griskin, E. N.*, u. *V. N. Naidyonov:* Wear-resistant fluid-tight seal systems of rotary shafts. 6th Int. Conf. on Fluid Sealing, Munich 1973, Paper F 2.

[354] *Hartmann, H.:* Über den Temperaturverlauf und die Einsatzgrenzen von trockenlaufenden Graphitdichtringen. Dissertation 1970, TH Darmstadt.

[355] *Hershey, L. E.:* Evaluation of an air cooled heat exchanger for mechanical seals. 5th Int. Conf. on Fluid Sealing, Coventry/England 1971, Paper A 3.

[356] *Hirabayashi, H.*, u. *H. Ishiwata:* Effect of difference in construction of mechanical seals on sealing characteristics. 6th Int. Conf. on Fluid Sealing, Munich 1973, Paper F 3.

[357] *Hoffmann:* Beitrag zur Klärung der Arbeitsweise von Gleitringdichtungen. 5. Int. Dichtungstagung, Dresden 1974, Sektion 4.

[358] *Hoppel, R. W.:* Primary nuclear pumps. Nuclear Eng. Int. Dec. 1971, S. 1004/05.

[359] *Hüttl, A.:* Die bisherige Erprobung von Axialpumpen. Kerntechnik 11 (1969), Nr. 9/10, S. 564/72.

[360] *Iny, E. H.:* The design of hydrodynamically lubricated seals with predictable operating characteristics. 5th Int. Conf. on Fluid Sealing, Coventry 1971, Paper H 1.

[361] *Jackson, Ch.:* Practical Guide to mechanical seals. Hydrocarbon Processing Jan. 1968, Vol. 47, No. 1.

[362] *Jafs, D.:* The finnatom loop test rig. Nucl. Eng. Int. Dec. 71, S. 1008/09.

[363] *Jagger, E. T.,* u. *D. Wallace:* Further experiments on the sealing mechanism of a synthetic rubber lip type seal operating on a rotating shaft. Proc. Inst. Mech. Eng. 1973, Vol. 187, 29/73.

[364] *Jost, H., A. Rotter* u. *E. Wesnigk:* Ein neuer Weg zur Verbesserung der Verschleißfestigkeit von PTFE-Dichtungswerkstoffen und die Anwendung bei Wellendichtringen.

[365] *Judickij, F. L.:* Untersuchung von Gleitringdichtungen an einem Schraubverdichter (Russ. Übers.). Chim. i neft. masinostroenie (72) 10, S. 7/8.

[366] *Judickij, F. L.:* Neue teilbare Gleitringdichtung (Wellendichtung) für Schraubenverdichter (Russ. Übers.). Chim. i neft. masinostroenie (71) 2, S. 40.

[367] *Karow, K.:* Concentric double screw seals with laminar flow. 5th Int. Conf. on Fluid Sealing, Coventry/England 1971, Paper B 4.

[368] *Kersenbaum, Ja.:* Untersuchung des Reibpaares Stahl–Kohlegraphit in Gleitringdichtungen (Russ. Übers.). Chim. i neft. masinostroenie (71) 1, S. 37/38.

[369] *Kluge, G.:* Dichtungen im Spiegel der neueren Literatur unter besonderer Berücksichtigung der Patentliteratur. Gummi, Asbest, Kunststoffe 6/1971, S. 618/22.

[370] *Koch, R.:* Gleitringdichtungen zum Einsatz gegen abrasive Medien. Burgmann-Firmensonderdruck 9/VI/71.

[371] *Koch, R.:* Tenute meccaniche per impiego en sostanze abrasive. La nuova chimica No. 4/April 1970.

[372] *Kornbichler, H.,* u. *W. Ringeis:* Das 800-MW-Kernkraftwerk Brunsbüttel. Atomwirtschaft April 1970.

[373] *Kral, E.:* A comparison of the stiffness friction losses and thermal distortions of hydrostatic seals. 6th Int. Conf. on Fluid Sealing, Munich, 1973, Paper D 4.

[374] *Kratzer, A.:* Korrosions- und Erosionsschäden an Pumpen für die Chemie und Verfahrenstechnik. Pumpentagung Karlsruhe 2.—4. 10. 73, Sektion K 7.

[375] *Laumer, H.,* u. *D. Florjancic:* Mechanical seals for high pressures and high circumferential speeds. 5th Int. Conf. on Fluid Sealing, Coventry/England 71, Paper A 4.

[376] *Lazarev, G. E.:* Gleitringdichtungen für umlaufende Wellen von Mischern in emaillierter Apparatur (Russ. Übers.). Chim. i neft. masinostroenie (72) 3, S. 43 ff.

[377] *Legkij, I. N.:* Neue patentierte Gleitring-Graphitdichtungen für umlaufende Wellen, die in einem großen Winkelgeschwindigkeits- und Temperaturbereich arbeiten (Russ. Übers.). Vestnik masinostroenija 49 (69) 4, S. 29/32.

[378] *Liss, D. B.:* Unusual problems associated with applications applying mechanical end face seals on chemical process and petroleum industry applications. ASLE Fluid Sealing Course, Houston 1972, Sess. 10, Topic X.

[379] *Lohou, J.:* Angular misalignments and squeeze-film effects in radial face seals. 6th Int. Conf. on Fluid Sealing, Munich 1973, Paper D 2.

[380] *Lukavsky, J.,* u. *J. Salus:* Zwei Abdichtlösungen für Rührwerkskessel. 5. Int. Dichtungstagung, Dresden 1974, Sektion 4.

[381] *Lymer, A.:* Selecting a mechanical seal. Pumps-Pompes-Pumpen 1970—46, S. 382/88.

[382] *McKenzie, D.:* A comparison of the cost-effectiveness of soft packing materials and renewable-face mechanical seals. Pumps-Pompes-Pumpen 1971.

[383] *Mayer, E.:* Axiale Gleitringdichtungen. 4. Aufl. Düsseldorf: VDI-Verlag 1970.

[384] *Mayer, E.:* High duty mechanical seals for nuclear power stations. 5th Int. Conf. on Fluid Sealing, Coventry/England 1971, Paper A 5.

[385] *Mayer, E.:* Hochleistungs-Gleitringdichtungen für Druck- und Siedewasserreaktoren. Burgmann-Firmensonderdruck 10/IX/71.

[386] *Mayer, E.:* High duty mechanical seals for pressurised and boiling water reactors. Burgmann-Firmensonderdruck 10/IX/71.

[387] *Mayer, E.:* Neuartige Gleitringdichtungen für Kernkraftwerke. Atomwirtschaft XVII Nr. 1, Jan. 72, S. 49/51.

[388] *Mayer, E.:* New developments in mechanical seals for nuclear power stations. Atomwirtschaft Vol. 17 No. 1, Jan. 72, S. 49/51.

[389] *Mayer, E.:* Garnitures mécaniques à hautes performances pour centrales nucléaires. Latty International, Paris, Firmensonderdruck 1972.

[390] *Mayer, E.:* Mechanical Seals 2nd edition. London: Butterworth 1972.

[391] *Mayer, E.:* Garnitures Mécaniques d'Etanchéité. Paris: Dunod 1972.

[392] *Mayer, E.:* Mechanical seals for high speed boiler feed pumps. Pumps-Pompes-Pumpen Febr. 73, S. 62/65.

[393] *Mayer, E.:* Hochgeschwindigkeits-Gleitringdichtungen für Großspeisepumpen. Burgmann-Firmensonderdruck 12D/III/73.

[394] *Mayer, E.:* Der Einsatz neuartiger Gleitringdichtungen in modernen Kraftwerksanlagen. 5. Int. Dichtungstagung, Dresden 1974, Sektion 4.

[395] *Metcalfe, R.:* A fluid mechanical analysis of axisymmetric face seals on the basis of constant viscosity, laminar flow. Atomic Energy of Canada 4073/Dec. 1971.

[396] *Metcalfe, R.:* An analysis and optimization of geometry for pocket and orifice-type hydrostatic face seals. Atomic Energy of Canada 4145/March 1972.

[397] *Metcalfe, R.:* Surface flatness measurement by broad source interference — related to mechanical face seals. Atomic Energy of Canada 4208/May 1972.

[398] *Metcalfe, R.:* Performance analysis of axisymmetric flat face mechanical seals. 6th Int. Conf. on Fluid Sealing, Munich 1973, Paper D 1.

[399] *Metcalfe, R.:* Performance analysis of axisymmetric flat face mechanical seals. Atomic Energy of Canada 4432/Febr. 1973.

[400] *Millar, T. R.:* The application of an angled face, large diameter seal to a reversible pumpturbine shaft. 5th Int. Conf. on Fluid Sealing, Coventry 1971, Paper A 1.

[401] *Morris, T. L.:* Bellows mechanical seals. Chemical and Process Eng. March 1972.

[402] *Müller, H. K.:* Face Seals: hydrostatic and hydrodynamic. ASLE Fluid Sealing Course, Houston, May 72, Sess. 6, Topic IX.

[403] *Müller, K. H.:* Die Ausbildung des thermischen Keils, untersucht an einer Gleitringdichtung für 100 mm Wellendurchmesser. 5. Int. Dichtungstagung, Dresden 1974, Sektion 4.

[404] *Müller, J.:* Druckübertragung an Gleitflächen bei erhöhtem Umgebungsdruck. Konstruktion 24 (1972) S. 401/06.

[405] *Nau, B. S.:* A review of recent rotary face seal literature. Review and Bibliography on Aspects of Fluid Sealing, BHRA 1972, Paper C.

[406] *Newman, G. T., O. D. Smith, C. R. Brooks* u. *D. Matthes:* Application of electron microscopy to the study of surface topography and subsurface microstructure in wear. 5th Int. Conf. on Fluid Sealing, Coventry 1971, Paper H 2.

[407] *Nothacker, H.:* Die Auslegung von Gleitringdichtungen. 5. Int. Dichtungstagung, Dresden 1974, Sektion 4.

[408] *Pape, J. G.:* Einige Bemerkungen über Berührungsdichtungen rotierender Wellen, Chemiker-Zeitung (1968) Nr. 20, S. 745/48.

[409] *Pape, J. G.:* Fundamental Aspects of Radial Face Seals. Dissertation TH Delft, 1969.

[410] *Passera, W.:* Concentric-running screw viscosity seals in laminar flow, I–Theory. 5th Int. Conf. on Fluid Sealing, Coventry 1971, Paper B 5.

[411] *Passera, W.:* Concentric-running screw viscosity seals in laminar flow, II–Experiments. 5th Int. Conf. on Fluid Sealing, Coventry 1971, Paper B 6.

[412] *Pedotti, G. P.:* Projektierungsfragen bei großen Kesselspeisepumpenanlagen. Techn. Rundschau Sulzer 2/71, S. 69/77.

[413] *Philips, J. J.:* Mechanical shaft seals — development and application for main cooling water pumps in power stations. Pumps-Pompes-Pumpen 1972, S. 236/39.

[414] *Rajakovics, G. E.:* On the sealing mechanism of dynamic fluid seals. 5th Int. Conf. on Fluid Sealing, Coventry 1971, Paper A 6.

[415] *Sataev, E. V.:* Resultate experimenteller Untersuchungen neuer Gleitringdichtungen für Hochdruckapparate (Russ. Übers.). Chim. i neft. masinostroenie (1973) 8, S. 44/45.

[416] *Schindler:* Wärmetechnische Probleme bei Gleitringdichtungen. 5. Int. Dichtungstagung, Dresden 1974, Sektion 4.

[417] *Seifert, E.:* Die Abdichtung von Rührwerken. Verfahrenstechnik 3 (1969) 11, S. 501/05.

[418] *Shaw, C. P.*, jr.: Training: key to mechanical seal life. Hydrocarbon Process. Febr. 1971, S. 121/24.

[419] *Sokolov, I. V.:* Neue Gleitringdichtung für Wellen von Apparaten zur Verarbeitung von Spinnlösungen und polymeren Suspensionen (Russ. Übers.). Chim. i neft. masinostroenie (73) 4, S. 38/39.

[420] *Strugala, E. W.:* The nature and causes of seal carbon blistering. 27th ASLE annual meeting, Houston/Texas 1972, May 1—4, preprint 72 AM 8.

[421] *Tjugin, V. G.:* Gleitringdichtungen für Wellen von Mischeinrichtungen und chemische Apparate (Russ. Übers.). Chim. i neft. masinostroenie (69) 2, S. 38—40.

[422] *Tkac, L. I.*, u. *A. D. Domasnev:* Zur Bewertung der Dichte beweglicher Berührungsdichtungen (Russ. Übers.). Chim. i neft. masinostroenie (68) 11, S. 6—8.

[423] *Trytek, J. J.:* The application of mechanical end face seals for hot water service. ASLE Anm. Meeting, Houston May 72, Paper 24.

[424] *Tschacher, M.:* Dichtungen aus PTFE. Sonderdruck 6060. die maschine Heft II/1972.

[425] *Victor, K. H.:* Neuzeitliche Gleitringdichtungen im Apparatebau: Die Abdichtung von Bodenantrieben an Rührkesseln unter Druck. Fachausschuß „Konstruktionselemente des Apparatebaus“ der verfahrenstechnischen Gesellschaft VDI 1969, Würzburg.

[426] *Vol'brom, B. A.:* Resultate einer Untersuchung der Technologie und der Verschleißstabilität metallkeramischer Gleitringdichtungen (Russ. Übers.). Vestnik masinostroenie 53 (73) 11, S. 42/44.

[427] *Versollmann, W.:* Hauptkühlmittelpumpen für Kernkraftwerke. Pumpentagung Karlsruhe 2.—4. 10. 1973, Sektion K 1.

[428] *Watson, R. D.:* High pressure rotary face-type shaft seals for water applications. Atomic Energy of Canada 2249/Dec. 1964.

[429] *Watson, R. D.:* Effect of seal ring deflection on the characteristics of face-type mechanical shaft seals in high pressure water. Atomic Energy of Canada 2242/April 1965.

[430] *Watson, R. D.:* Performance testing of conical-face high pressure rotary shaft seals. Atomic Energy of Canada 2551/Nov. 1965.

[431] *Watson, R. D.:* Endurance tests on large hydrostatic (conicalface) and hydrodynamic (taper-face) rotating shaft seals in pressurized water. Atomic Energy of Canada 4367/Jan. 1973.

[432] *Webster, G. R.:* Water reactor circulating pumps. Nuclear Eng. Int. Dec. 1971.

[433] *Wiemer, H.,* u. *H. Stein:* Untersuchungen über das Reibungs- und Verschleißverhalten an Polytetrafluoräthylen-Verbundstoffen im Vergleich zu Kunstkohle und Sintermetall. Sonderdruck VDI-Z Nr. 1 u. 5/73.

[434] *Wilkinson, S. C. W.:* Rotary shaft sealing under extremes of temperature and pressure. Process Eng. Febr. 1970.

[435] *Zikeev, V. A.,* u. *I. S. Ushakov:* Experimental study of leakage, pressure distribution an equilibrium conditions in plane annular films of 1 to 15 microns thickness. 5th Int. Conf. on Fluid Sealing, Coventry 1971, Paper H 3.

[436] *Zorowski, C.,* u. *H. Hill:* Post mechanical separation in elastically supported rotary face seals. ASLE Transactions 14, 73/80.

[437] *Zuk, J., L. P. Ludwig* u. *R. L. Johnson:* Compressibility flow across shaft seal faces. 5th Int. Conf. on Fluid Sealing, Coventry 1971, Paper H 6.

[438] *Ballilana, R. E.:* Design considerations of mechanical seals for process industries. Int. Techn. Seminar Indian Pump Manuf. Ass. Bombay, Nov. 1976.

[439] *Bergius, O.:* A comparative study of soft packings and mechanical seals in swedish cellulose industries — Consequences in costs and environmental control. 7th Int. Conf. on Fluid Sealing Nottingham 1975, Paper F 2.

[440] *Domasnev, A. D.,* u. *E. N. Gagarin:* Neue Untersuchungen und Berechnungen zur Dichtungsfähigkeit von Gleitringdichtungen (Orig. russisch). Chim. i neft. mas. (1977) 5, S. 7/10.

[441] *Domm, U.:* Pumps in nuclear power stations. Int. Techn. Seminar Indian Pump Manuf. Ass. Bombay, Nov. 1976.

[442] *Eskola, Kai:* Trends in design and application of submersible solids handling pumps. Int. Techn. Seminar Indian Pump Manuf. Ass. Bombay, Nov. 1976.

[443] *Gawlinski, M.:* Einfluß der Oberflächenrauhigkeit auf die Paarung Metall-Graphit in Gleitringdichtungen. 5. Int. Dichtungstagung Dresden 1974.

[444] *Golubev, A. I.,* u. *W. W. Gordejew:* Untersuchungen des Verschleißmechanismus von Gleitringdichtungen. 5. Int. Dichtungstagung Dresden 1974.

[445] *Golubev, A. I.:* Gleitringdichtungen für rotierende Wellen. (Orig. russisch). Masinostroenie Moskau 1974.

[446] *Golubev, A. I.,* u. *W. W. Gordejew:* Investigation of wear of mechanical seals in liquids containing abrasive particles. 7th Int. Conf. on Fluid Sealing Nottingham 1975, Paper B 3.

[447] *Green, R. A. W.:* The impact of high technology on mechanical seals for industrial applications. Int. Techn. Seminar Indian Pump Manuf. Ass. Bombay, Nov. 1976.

[448] *Griskin, E. N.:* The effect of dynamics on fluid flow in a face seal. 7th Int. Conf. on Fluid Sealing Nottingham 1975, Paper B 2.

[449] *Heald, J. M.:* The seal's environment — its housing. 7th Int. Conf. on Fluid Sealing Nottingham 1975, Paper B 4.

[450] *Hershey, L. E.:* Extending mechanical seal service life when operating in hot water. 7th Int. Conf. on Fluid Sealing Nottingham 1975, Paper B 1.

[451] *Hirano, F., S. Matsui* u. *T. Sakai:* Effect of composition of mineral oil on performance of mechanical seal. 7th Int. Conf. on Fluid Sealing Nottingham 1975, Paper F 1.

[452] *Hoffmann, R.,* u. *A. D. Domasnev:* Beitrag zur Klärung der Arbeitsweise von Gleitringdichtungen. 5. Int. Dichtungstagung Dresden 1974.

[453] *Kral, E.:* Effect of thermal deformation on shaft faces seal function. 7th Int. Conf. on Fluid Sealing Nottingham 1975, Paper F 3.

[454] *Lukavsky, J.,* u. *J. Salus:* Zwei Abdichtlösungen für Rührwerkskessel. 5. Int. Dichtungstagung Dresden 1974.

[455] *Massey, I. C.:* Pumps for offshore oil installations. Int. Techn. Seminar Indian Pump Manuf. Ass. Bombay, Nov. 1976.

[456] *Mayer, E.:* Der Einsatz von neuartigen Gleitringdichtungen in modernen Kraftwerksanlagen. 5. Int. Dichtungstagung Dresden 1974.

[457] *Mayer, E.:* Theorie und Praxis bei Gleitringdichtungen. Konstruktion 27 (1975), S. 169/75.

[458] *Mayer, E.:* Gleitringdichtungen in Kraftstationen. (Orig. russisch). Int. Messe „Pumpen und Kompressoren" Moskau 1975.

[459] *Müller, K. H.,* u. *G. Neugebauer:* Die Ausbildung des thermischen Keils, untersucht an einer Gleitringdichtung für 100 mm Wellendurchmesser. 5. Int. Dichtungstagung Dresden 1974.

[460] *Nothacker, H.:* Die Auslegung von Gleitringdichtungen. 5. Int. Dichtungstagung Dresden 1974.

[461] *Peredrij, N. V.:* Untersuchung des Einflusses konstruktiver Parameter hydrostatischer Gleitringdichtungen auf die Stabilität des Flüssigkeitsfilms. (Orig. russisch). Chim. i neft. mas. (1975) 4, S. 17/19.

[462] *Schindler, H.:* Wärmetechnische Probleme bei Gleitringdichtungen. 5. Int. Dichtungstagung Dresden 1974.

[463] *Sterling, L.:* Auxiliary systems and equipment for mechanical seals. Pompes-Pumps-Pumpen 3/1976, S. 59/67.

[464] *Stolze, D.,* u. *G. Neugebauer:* Ermittlung der Leckage- und Reibmomentwerte bei Gleitringdichtungen. 5. Int. Dichtungstagung Dresden 1974.

[465] *Vasiltsov, A. E.:* Berührungslose Dichtungen. (Orig. russisch). Masinostroenie Leningrad 1974.

[466] *Zaicenko, Ju. V.:* Neue Baugrößen sowjetischer Gleitringdichtungen. (Orig. russisch). Chim. i neft. mas. (1975) 3, S. 6/7.

[467] *Allen, B.:* The Bellows Seal in Modern Fluid Sealing. Pumps-Pompes-Pumpen (1978) Nr. 137, S. 68/71.

[468] *Bezak, R.:* Design and Application of Split Mechanical End Face Seals. Lubrication Engineering, June 1978, S. 304/08 u. 319.

[469] *Bierl, A.:* Untersuchung des Leckageverhaltens von dynamischen Dichtelementen. BASF AG, Mai 1981.

[470] *Brackenhammer, J.:* Betriebserfahrungen mit Axialpumpen im Hauptkühlmittelkreislauf des Gemeinschaftskernkraftwerkes Neckarwestheim. VGB Kraftwerkstechnik 58 (1978) Nr. 7, S. 478/84.

[471] *Buchter, H. H.:* Industrial Sealing Technology. New York/USA, Toronto/Canada: John Wiley & Sons. 1979.

[472] *Diederich, H., u. W. Schneider.:* Entwicklungsstand von Pumpen für konventionelle und nukleare Anlagen großer Leistung zur Förderung von Speisewasser, Kondensat und Hauptkühlmittel. VGB Vorträge Kraftwerks-Hilfseinrichtungen (1978) S. 47/54.

[473] *Effertz, P. H., u. W. Fichte:* Kombinierte Sauerstoff/Ammoniak-Konditionierung von Wasser-Dampfkreisläufen in Blockanlagen mit Durchlaufkesseln. Der Maschinenschaden 51 (1978) Nr. 3, S. 97/109.

[474] *Etsion, I.:* Squeeze Effects in Radial Face Seals. ASME Publication 79-Lub-10.

[475] *Etsion, I., u. A. Sharoni:* The Effect of Coning on Radial Forces in Misaligned Radial Face Seals. ASME Publication 79-Lub-17.

[476] *Etsion, I., u. Y. Dan:* An Analysis of Mechanical Face Seal Vibrations. ASME Publication 80-C2/Lub-8.

[477] *Gawlinski, M. J.:* Afdichtingen. Technische Hogeschool Eindhoven, Collegenr. 4.500.9, August 1977.

[478] *Günther, B.:* Hydrostatisch mittels Blenden stabilisierte Gleitringdichtung — Rechnerische Ermittlung der Einflußgrößen auf die Spaltsteifigkeit. Konstruktion 31 (1979) Nr. 12, S. 478/82.

[479] *Irons, D.:* Seal Systems for Onshore and Offshore Duties. Pumps-Pompes-Pumpen (1981) Nr. 175, S. 173/75.

[480] *Kanasaki, S.:* Sealing Boric Acid Solutions with Mechanical Seals in Nuclear Service. Lubrication Engineering, August 1977, S. 417/32.

[481] *Krause, W.:* Abdichtung feststoffhaltiger Medien. Sonderdruck Fa. F. Burgmann, Wolfratshausen, D24, 2/1980.

[482] *Krause, W.:* Sealing of Media Containing Solid Matter. Pumps-Pompes-Pumpen (1981) Nr. 173, S. 80/88.

[483] *Krevcun, E. P., I. I. Gavrik, u. S. P. Safonov:* Untersuchung der Arbeit des Reibpaares einer Gleitringdichtung durch Messung der elektrischen Leitfähigkeit. Masinostroenie (1980) Nr. 10, S. 22/23.

[484] *Labus, T. J.:* The Influence of Rubbing Materials and Operating Conditions on the Power Dissipated by Mechanical Seals. ASLE Preprint No. 80-AM-6B-3.

[485] *Marcenkovskij, V. A.:* Untersuchung der Schwingungen von Gleitringdichtungen für Kreiselverdichter. Masinostroenie (1979) Nr. 406031.

[486] *Mayer, E.:* Axiale Gleitringdichtungen. 6. Aufl. Düsseldorf: VDI-Verl. 1977.

[487] *Mayer, E.:* Mechanical Seals. 5. Aufl. London—Boston: Newnes-Butterworth 1978.

[488] *Mayer, E.:* Betriebserfahrungen mit hochbelasteten Gleitringdichtungen in Kraftwerken. Sonderdruck Fa. F. Burgmann, Wolfratshausen, 4/1978.

[489] *Mayer, E.:* Torzowije Uplotnenija. 1. Aufl. Moscow/UdSSR: Maschinostrojenije 1979.

[490] *Mayer, E.:* Selos Mecânicos Axiais. Ltda./Brasilien: Editorial Euro-América 1979.

[491] *Mayer, E.:* Axiális Csúszógyürüs Tömitések. Budapest: Müszaki Könyvkiadó 1980.

[492] *Mayer, E.:* Axiale Gleitringdichtungen — Praxisbewährungen. Sonderdruck Fa. F. Burgmann, Wolfratshausen, D23, 2/1980.

[493] *Mayer, E.:* Doswiadczenia Eksploatacyje Z Uszczelnieniami Pierscieniem Slizgowym W Elektrowniach. Polen, 6/1980.

[494] *Mayer, E.:* Gleitringdichtungen in der Energietechnik. Sonderdruck Fa. F. Burgmann, Wolfratshausen, D26, 6/1981.

[495] *Mayer, E.:* Mechanical Seals in Energy-Technology. Sonderdruck Fa. F. Burgmann, Wolfratshausen, E26, 8/1981.

[496] *Metcalfe, R.:* Predicted Effects of Sealing Gap Convergence on Performance of Plain End Face Seals. ASLE Transactions (1979) Nr. 21, S. 134/42.

[497] *Mowrey, C. C.:* High-Speed Seal Development Saltwater and Ammonia Service — What Customers Want Today. Lubrication Engineering (1979) S. 564/67.

[498] *Paxton, R. R.:* Wear Rates of Impregnated Carbons Sealing Warm Water. ASLE Preprint Nr. 73AM-6E-1.

[499] *Paxton, R. R.:* Rubbing Friction in Radial Face Seals. ASLE Preprint Nr. 79-AM-3C-2.

[500] *Paxton, R. R.:* Manufactured Carbon: A Self-Lubricating Material for Mechanical Devices. Boca Raton, Florida/USA: CRC Press Inc. 1979.

[501] *Schmid, E.* u.a.: Handbuch der Dichtungstechnik. expert verlag, ISBN 3-88508-504-6, 1980.

[502] *Schmidthals, W.:* Ursachen und Analysen von Schadensfällen. Sonderdruck Fa. F. Burgmann, Wolfratshausen, D20, 6/1979.

[503] *Schmidthals, W.:* Mechanical Seals — Causes and Analysis of Damage. Pumps-Pompes-Pumpen (1980) Nr. 163, S. 159/69.

[504] *Schmidt-Ott, N.:* Buffer Liquid Systems For Double Mechanical Seals — Absorption of Gases. Pumps-Pompes-Pumpen (1977) Nr. 133, S. 414/17.

[505] *Schöpplein, W.:* Hydrodynamische Gleitringdichtungen — Stand der Technik, Einsatzgrenzen. VGB Kraftwerkstechnik 60 (1980) Nr. 9, S. 706/09.

[506] *Seelig, J.,* u. *J. Hartung:* Rührwerksdichtungen — Werkstoffauswahl, Moderne Konstruktionen, Praktische Anwendung. Sonderdruck Fa. F. Burgmann, Wolfratshausen, D22, 4/1980.

[507] *Shepherd, K.:* Sealing in the Petrochemical Industry. Lubrication Engineering (Januar 1980) S. 40/44.

[508] *Svetnicka, F. V.:* Application of Mechanical Seals in Boiler Feed Pumps. Ontario Hydro Report 80155, June 1980.

[509] *Svetnicka, F. V.:* Overview of Shaft Sealing Methods Used in Pumpsets in Generating Stations. ASLE Preprint No. 81-AM-5B-1, Mai 1981.

[510] *Torborg, H. H.,* u. *R. K. Freier:* 500-MW-Blockanfahrt mit Voroxydation. VGB Kraftwerkstechnik 55 (1975) Nr. 12, S. 777/82.

[511] *Wallace, N. M.:* The Application of Mechanical Seals. Pumps-Pompes-Pumpen (1978) Nr. 137, S. 56/63.

[512] Carbon in Gland Packing and Carbides in Mechanical Seals. Pumps-Pompes-Pumpen (1980) Nr. 161, S. 68/72, 2/80.

11. Sachwortverzeichnis

12. Firmenverzeichnis

[1*] Borg-Warner Mechanical Seals, Los Angeles, Ca. USA
[2*] Burgmann, Feodor, Dichtungswerke GmbH & Co., Wolfratshausen
[3*] Crane Packing Comp., Morton Grove, Ill. USA
[4*] Deublin Comp., Northbrook, Ill. USA
[5*] Durametallic Corp., Kalamazoo, Mich. USA
[6*] Flexibox G.m.b.H., Frankfurt/Main
[7*] Kennametal Inc., Latrobe, Penna. USA
[8*] Koppers Co. Inc., Baltimore, Md. USA
[9*] KACO GmbH & Co., Dichtungswerke Heilbronn
[10*] Magnetic Seal Corp., Barrington, R.I. USA
[11*] Merkelwerke, Hamburg-Wilhelmsburg
[12*] Parker Seal Comp., Culver City, Ca. USA
[13*] Pure Carbon Co., Inc., St. Marys, Penna. USA
[14*] Schunk u. Ebe, Gießen
[15*] Stackpole Carbon Co., St. Marys, Penna. USA

Curriculum Vitae

Geboren 1930 in Bochum, als Sohn des Oberbaurats Dipl.-Ing. *Ludwig Mayer* und Enkel des Regierungsbaumeisters Prof. *Friedrich Euler*, wuchs der Autor im Ruhrgebiet auf. Nach einem Maschinenbaustudium an der Technischen Hochschule Stuttgart trat er 1959 in die Dienste der Goetze AG, Burscheid, wo er schon nach kurzer Zeit zum stellvertretenden Prüfstandsleiter ernannt wurde. Während dieser Zeit entstand die international viel beachtete Dissertation „Belastete axiale Gleitringdichtungen für Flüssigkeiten", mit der er 1959 an der TH Stuttgart promovierte.

Hierauf folgten einige Lehrjahre auf dem Gebiet der axialen Gleitringdichtungen in den Vereinigten Staaten, zunächst in der Entwicklungsabteilung der Firma Garlock Inc., Palmyra/NY und anschließend als Senior Research Engineer im Roy C. Ingersoll Research Centre in Des Plaines/Ill. der Borg-Warner Corp. Nach einem mehrmonatigen Aufenthalt in Alaska kehrte *Ehrhard Mayer* in die Bundesrepublik Deutschland zurück und übernahm 1962 für die Dichtungsfirma Feodor Burgmann den Neuaufbau einer Gleitringdichtungsfertigung. Heute ist die Firma Feodor Burgmann Dichtungswerke GmbH & Co., Wolfratshausen, mit 3 Fertigungswerken und über 750 Mitarbeitern der führende europäische Gleitringdichtungshersteller und weltweit als Spezialist für hochbelastete Gleitringdichtungen anerkannt. Als leitender Direktor betreut Dr.-Ing. *E. Mayer* diesen Aufgabenbereich.

Über 80 internationale Patente zeugen von einer außerordentlich schöpferischen und erfolgreichen Ingenieurtätigkeit des Autors, genauso wie mehr als 30 wissenschaftliche Publikationen, die häufig auf internationalen Dichtungskonferenzen präsentiert wurden. Das Konstruktionsbuch „Axiale Gleitringdichtungen", das 1963 erstmals beim VDI-Verlag erschien, wurde zwischenzeitlich auch ins Russische und Chinesische übersetzt und wurde zum internationalen Standardwerk über axiale Gleitringdichtungen.

Nach 25jähriger Tätigkeit auf dem Gleitringdichtungssektor zählt Dr.-Ing. *Ehrhard Mayer* zu den international anerkannten Dichtungsfachleuten.